“十三五”江苏省高等学校重点教材（编号：2018-2-159）

三维动画设计原理

3D ANIMATION DESIGN PRINCIPLE

霍智勇 ◎编 著

东南大学出版社
SOUTHEAST UNIVERSITY PRESS
·南京·

内 容 提 要

本书从设计原理上介绍三维动画设计方法，注重将设计思路和经验贯穿其中，面向三维动态或静态影像的制作过程，为读者提供一个脉络清楚、渐进提升的学习指南，让读者迅速掌握设计精髓。本书基于作者多年的教学和设计实践撰写而成，不针对单一设计软件平台。全书内容不仅涵盖了近年来三维动画的前沿发展状况，还详细解释了三维动画的各类专业术语，并给出了许多容易理解的示意图。全书共分十部分，主要内容包括：三维动画的基本概念理解、模型的创建、材质和贴图编辑、照明与摄像机设定、动画与特效制作等。

本书结构严谨、条理清晰、实例丰富、图文并茂，适合作为数字媒体相关专业、广告学、教育技术学等本、专科教学的课程教材，同时也可以作为三维动画设计和虚拟现实设计等专业设计人员的参考书。

图书在版编目(CIP)数据

三维动画设计原理 / 霍智勇编著. --南京 ：东南大学出版社，2024. 6. -- ISBN 978-7-5766-1528-9

Ⅰ. TP391.414

中国国家版本馆 CIP 数据核字第 202473QD59 号

责任编辑：史 静　**责任校对**：张万莹　**封面设计**：余武莉　**责任印制**：周荣虎

三维动画设计原理

Sanwei Donghua Sheji Yuanli

编　　著　霍智勇
出版发行　东南大学出版社
出 版 人　白云飞
社　　址　南京市四牌楼 2 号(邮编：210096　电话：025 - 83793330)
网　　址　http://www.seupress.com
电子邮箱　press@seupress.com
经　　销　全国各地新华书店
印　　刷　广东虎彩云印刷有限公司
开　　本　787 mm×1092 mm　1/16
印　　张　25.75
字　　数　518 千字
版　　次　2024 年 6 月第 1 版
印　　次　2024 年 6 月第 1 次印刷
书　　号　ISBN　978-7-5766-1528-9
定　　价　88.00 元

本社图书若有印装质量问题，请直接与营销部联系，电话：025 - 83791830。

PREFACE

前言

随着人类思维的不断拓展，新技术也加快了扩展速度，三维动画可以说是当代最重要的发明之一。它不仅重新定义了娱乐领域，而且为游戏开辟了一个全新的世界，是数字媒体设计的核心形式之一。三维动画的创新发展仍在超越我们的想象极限，推动着技术突破前行，赋予任何可想象的事物以生命。

三维动画通过虚拟视觉空间和运动视觉语言描绘世界，以超越人类感受的方式刻画与创造，推动视觉体验发展，完成情感传递及深层次的故事表达，呈现新的艺术审美张力。由于三维动画具有精确性、真实性和无限可操作的特性，其在今天的医学、建筑、新闻甚至司法取证等领域和行业也已成为不可或缺的重要工具。

全书共分十部分：第一部分介绍了三维动画的历史、设计软件和硬件环境配置，以及基本流程；第二部分介绍三维空间设计的基本概念，帮助读者理解和认识三维世界；第三部分主要介绍三维动画模型构成方式等模型建构的基本概念；第四部分介绍高级建模的基本原理和各种方法；第五部分介绍材质与纹理贴图的基本知识，以及材质设计方法；第六部分介绍动画中的摄像机的原理和应用方法；第七部分介绍三维灯光的基本理论、灯光的运用技术和布光的操作流程；第八部分介绍图像渲染的算法和输出高质量图像的方法；第九部分介绍三维动画的基本理论和各种方法；第十部分介绍合成原理与数字特效的基础理论和方法。

在编写本书过程中，笔者遵循全面准确的编写方针，按照严格的体系精心组织材料，结合以往教学中累积的经验，将三维动画最为核心的原理和理论归纳总结出来，收入书中，力求使读者能够尽快掌握其精要。本书内容针对设计类学习者的知识结构组织内容，面向主流计算机平台上的所有三维动画设计软件，不去描述复杂的数学和计算机图形技术。由于本书最初的编写目的是作为全日制本科数字媒体技术、数字媒体艺术、动画、教育技术学、广告学等专业的教学用书，因此编写过程中注重内容的广度和深度，注重三维动画基本设计原理和核心概念的介绍。通过对本书的课程学习，读者能够为更好地理解和学习更复杂的三维动画技术打下一个基础，能更快地进入创造性的设计领域，感受到三维动画强大的设计功能带来的愉悦体验和成就感。为便于理解内容，本书还提供了大量示意图，读者可扫描二维码，查看彩色版。

本书在编写过程中得到了南京邮电大学领导和同事的指导和支持，以及郝川艳、刘永贵、张金帅和江雪等老师的帮助，在此深表谢意。

限于作者的水平和经验，书中的不足和疏漏在所难免，希望广大读者予以批评指正。如果对本书有什么问题或建议，可以发送电子邮件到 huozy@njupt. edu. cn，我们必将尽力进行答复。

编者

2023 年 9 月

CONTENTS

目录

第一部分

绪论

三维动画中的一切都在计算机内完成，并从计算机输出。制作三维动画的过程简单来说分为三个阶段：建模（描述在场景中创建三维对象的过程）、场景布局和动画设计（描述对象在场景中如何定位、对象的纹理、光照和动画）、渲染输出（二维图像或图像序列）。通过上述阶段和其中几个子阶段的结合，我们可以完成一个三维动画的制作。

在传统的二维动画中，图片是手绘的，每一张图片都会显示出之前的图片间细微变化。当按顺序播放图片时，人们就会产生运动的错觉（图 1）。在定格动画制作中，真实模型被轻微地移动和拍摄。这样，图片序列会在回放时使人产生运动的错觉。随着科技的发展，传统动画从制作方式到观念，都产生了革命性的变化。计算机的应用使得动画制作摆脱了以往繁重的手工制作，人们能够以简便、高效和更具表现力的方式进行更为自由的创作。与传统的二维动画相比，三维动画的画面效果真实、生动，更能展现那些无法名状和震撼人心的场面（图 2）。三维动画在受到人们喜爱的同时，它所带来的经济效益也是非常巨大的，像皮克斯、迪士尼、梦工厂等大型影视动画公司所制作的三维动画影片不断刷新着票房纪录，其衍生产品所创造的经济效益和文化影响力都是空前的。

图 1　皮克斯公司的《汽车总动员》手绘设计图

图 2　《汽车总动员》电影截图

三维动画制作被看作艺术和技术的高层次紧密协作，成为具有创造力的人展示想象力和艺术才能的新空间，被看作当今数字文化产业的发展前沿。它依靠计算机图像技术，在虚拟的三维空间中建造模型、绘制材质、模拟灯光、设计动画，通过虚拟摄像机拍摄整个动画过程，渲染并生成生动真实的三维画面（图 3）。

图 3　网格模型与最终渲染

从艺术的角度来看，三维动画是数字艺术的重要组成部分，是影视特效、交互式多媒体、数字游戏等的基础。三维动画制作不仅需要体现创意，而且需要在画面色调、构图、明暗、镜头设计组接、节奏把握等方面进行艺术的再创造(图 4)。与传统的以平面为主的艺术设计相比，虽然三维动画多了时间和空间的维度，但仍然需要结合平面设计法则以及影视艺术的规律来进行创作。

图 4　三维动画作品

从技术的角度来看，三维动画技术是计算机图形学的重要发展方向，是计算机动画技术的重要分支，也是随着计算机软硬件技术的发展而产生的一项新兴数字图像技术，三维数字艺术与之相伴而生。三维动画技术是静态图形技术跨向动态交互图像技术的桥梁，其研究内容涉及计算机图形学的各个领域，包括运动控制技术以及与动画有关的造型、绘制、合成等技术，综合利用了数字图像处理、应用数学、物理学和其他相关学科的知识。

第一章
三维动画的过去和未来

三维(3D)动画有着悠久而迷人的历史,它彻底改变了视觉叙事世界。从20世纪70年代的萌芽起步到发展成为今天最先进的技术,三维动画不断突破创新和技术的界限。今天三维动画技术仍在快速发展,我们尚无法看到它将包含的一切。在技术层面,三维动画属于计算机图形学(Computer Graphics,CG)领域,是使用计算机软硬件进行设计开发的数字媒体产品,设计与制作始终是三维动画产业的主要任务。三维动画使用三维表示的几何数据(通常是笛卡儿几何)执行光照计算和渲染,生成二维图像和序列。近年来虚拟现实(Virtual Reality,VR)和增强现实(Augmented Reality,AR)的兴起表明三维动画还在不断发展。

下面来了解一下三维动画的发展历史。

一、三维动画的起步与发展

与绘画、雕塑和其他已经实践了几个世纪的传统艺术形式不同,三维动画仍处于起步阶段。要想真正了解三维动画的历史就必须看看其背后的技术,特别是计算机技术。如果没有计算机技术就不会存在三维动画,而计算机技术的许多突破又是由三维动画行业直接推动的。

1. 三维动画诞生前期

不少人认为世界上第一台机械计算机是Z1,由康拉德·楚泽(Konrad Zuse)于1938年设计,图1.1所示为德国技术博物馆中的Z1复制品。世界上第一台电子计算机是诞生于1946年的ENIAC,如图1.2所示。这些计算机还无法满足三维动画的制作要求。

1950年本·拉波斯基(Ben Laposky)使用光波显示器呈现光点的运动,这件作品被认为具有艺术价值。1951年,美国麻省理工学院(MIT)研究室从1945年开始推动的Whirlwind计算机项目首次展示了计算机屏幕,从此计算机不再局限于科学及计算,计算机屏幕的展现方式渐渐开启艺术表现的新纪元。1951年SAGE系统在伦敦实验室第一次使用光笔,从此人类能通过屏幕对计算机下指令。1956年,劳伦斯利弗莫尔国家实验室(Lawrence Livermore National Laboratory, LLNL)将图形显示模块成功连接于

IBM 704 计算机系统上。同年,全球第一部录像机诞生。此后还不断涌现许多相关发展,限于篇幅在此只针对应用方面进行介绍。

图 1.1　Z1 复制品

图 1.2　世界第一台电子计算机 ENIAC

20 世纪 50 年代末,计算机动画之父约翰·惠特尼(John Whitney)使用第二次世界大战防空炮用计算机 M5 创作了动画《眩晕》(*Vertigo*),这个计算机动画是基于 19 世纪数学家朱尔斯·利萨茹(Jules Lissajous)的参数方程图精确地绘制出的,而不是徒手绘制的,摆锤的运动与动画架的运动相关联,图 1.3 为动画创作场景。

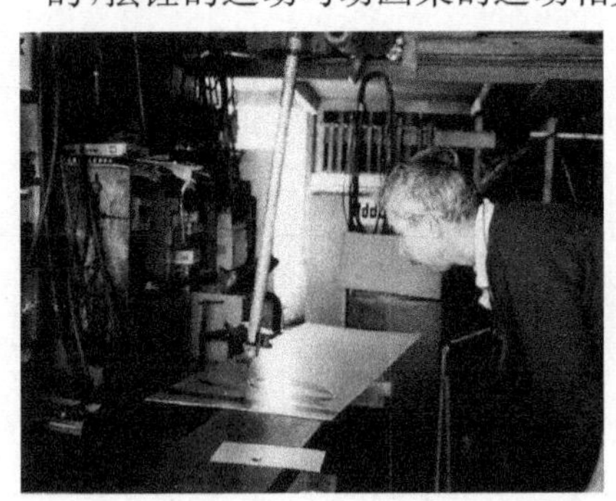

图 1.3　惠特尼创作动画《眩晕》

(a) 鼓式扫描仪

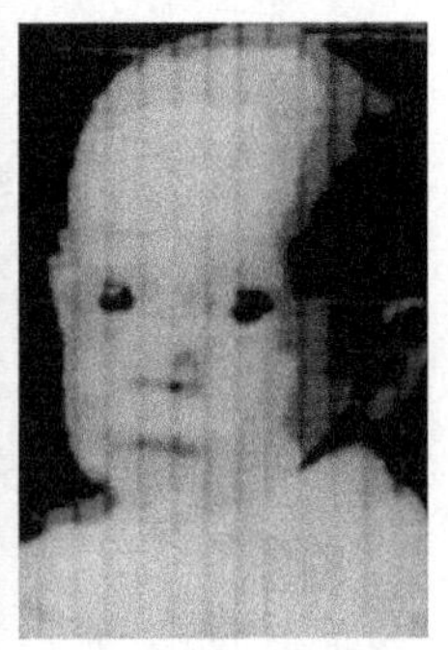

(b) 第一张数字像

图 1.4　基尔希的鼓式扫描仪及制作的第一张数字图像

1957 年,计算机先驱拉塞尔·基尔希(Russell Kirsch)和他的团队为 SEAC 推出了一款鼓式扫描仪,如图 1.4(a)所示,用于追踪照片表面强度的变化,并通过扫描照片制作出第一幅数字图像[见图 1.4(b)]。这幅数字图像描绘的是基尔希三个月大的儿子,只有 176×176 像素。他们使用计算机提取线条图,计算对象,识别字符类型并在示波器屏幕上显示数字图像。这一突破可以被视为所有后续计算机成像的先驱,《生活》杂志在 2003 年将这张照片列入"改变世界的 100 张照片"。

20 世纪 60 年代是创建计算机图形和计算机动画的开始。计算机从严谨的计算设备演变成信息处理工具,诞生了硬件的概念,其中包含允许实时信息处理的用户交互设备和软件。

威廉·费特(William Fetter)被视为三维动画之父,他在 1960 年创建了 Computer

Graphics 这个词。当时他在波音公司工作，从那时起他便能用计算机创建物体甚至人体的三维模型，如图 1.5 所示。

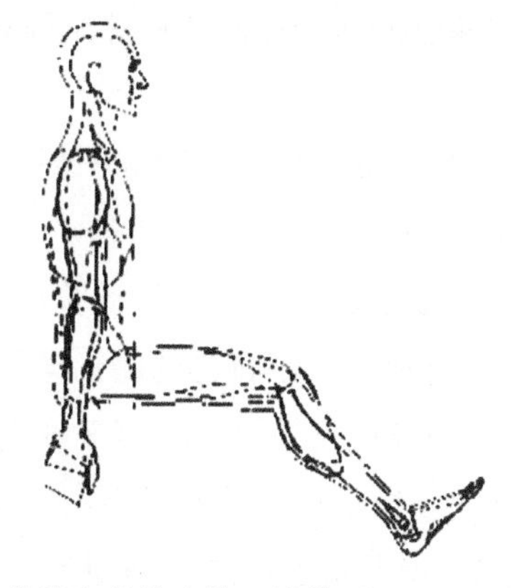
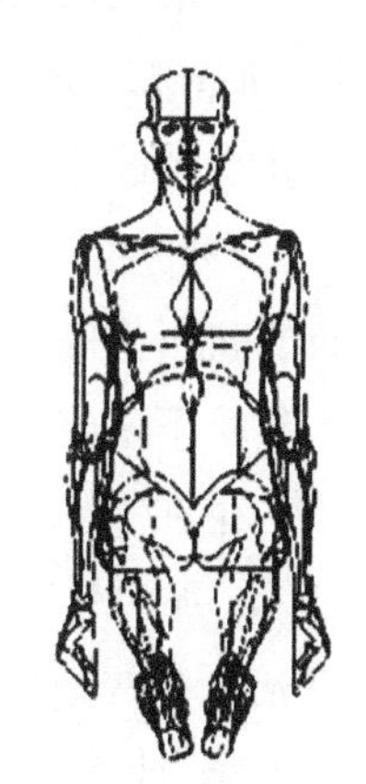

图 1.5　威廉·费特和他的人体三维模型

爱德华·扎亚克(Edward Zajac)于 1963 年在贝尔实验室制作了第一部由计算机生成的影片，名为“双陀螺重力梯度姿态控制系统”，该系统证明了一颗卫星可以在轨道运行时保持一面朝向地球。

1965 年，迈克尔·诺尔(Michael Noll)创作了由计算机生成的立体三维影片，其中包括一个在舞台上移动的棒图。此外影片还展示了投影到三维的四维超对象。大约在 1967 年，诺尔使用四维动画技术为商业电影短片《不可思议的机器》(*Incredible Machine*)(由贝尔实验室制作)和电视专辑《未解之谜》(*The Unexplained*)(由 Walt DeFaria 制作)制作计算机动画片头序列。

这些 CG 的最初成就惊人的地方在于，当时的计算机没有图形用户界面，使用者面对的是空白的屏幕和闪烁的光标，需要非常了解系统和内存情况才能完成设计。

1963 年，伊万·萨瑟兰(Ivan Sutherland)创建了一个名为 Sketchpad 的计算机绘图系统，使用一支光笔绘制简单的形状(图 1.6)。这个系统为今天的许多绘画程序铺平了道路，绘制约束使得直线和圆形的创作成为可能。用于萨瑟兰系统的光笔是除了键盘、开关和拨盘之外的另一个人机输入设备。该系统也被视为计算机的第一个图形用户界面。

图 1.6　萨瑟兰的光笔

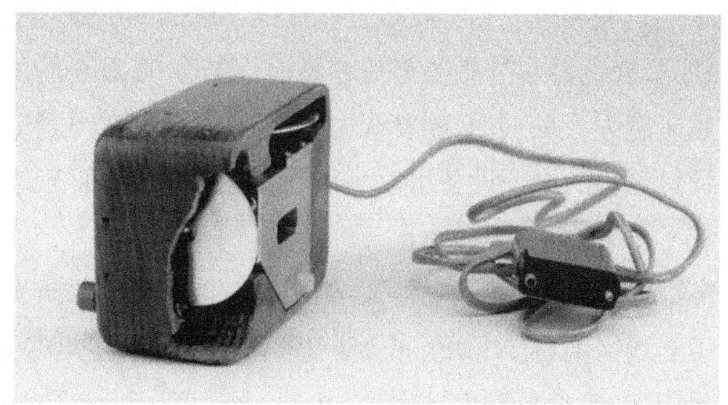

图 1.7　鼠标原型

大家使用计算机时无法缺少的鼠标，在1963年由道格·恩格尔巴特(Doug Englebart)发明。最初的鼠标是一块木头，底部有两个轮子，一个面向垂直方向，一个面向水平方向，如图1.7所示。轮子的转动控制着计算机屏幕上的指针。同年，第一个计算机人体图形由费特画出。

1969年，著名的SIGGRAPH计算机影像协会成立，同年，IBM制作出世界第一部用计算机影像完成的广告片。

接下来略过计算机的发展，直接介绍计算机动画及相关软件的发展。

早在1962年，计算机便有了自己的图形学基础理论，出现了线面渲染算法，如图1.8所示，那时计算机的任务仅仅是服务于军事方面。与此同时，著名的艺术家和设计大师乔治·开普斯在20世纪60年代成立了专门机构来研究计算机图形艺术。虽然从1965年开始，计算机便成为美术家手中的一种新型绘画工具，然而整个六七十年代的实验和探索是极其艰辛和沉寂的。

图1.8　线面渲染算法(20世纪60年代)

2. 三维动画的诞生与发展

从1970年开始至今，计算机动画进入新的发展阶段，这一阶段可以划分为四个时期：20世纪70年代为实验期，20世纪80年代为发展期，20世纪90年代为实用期，2000年以后为爆炸期。

(1) 实验期

20世纪70年代被称为计算机动画的实验期，许多我们今天仍然使用的三维动画知识，如着色器和渲染等都是在该时期被发明出来的。在20世纪70年代，计算机在性能越来越强大的同时，机体尺寸和使用成本也变得越来越小。1971年开发出的微处理器，使计算机的电子设备可以小型化到单个芯片，而三维动画的许多概念也在这10年间被提了出来。

在此期间，美国犹他大学是计算机动画技术研发的主要中心，其计算机科学系由大卫·埃文斯(David Evans)于1965年创立，许多3D计算机图形学的基本技术都是在20世纪70年代早期由ARPA(Advanced Research Projects Agency，高级研究计划局)资助开发的。其研究成果包括Gouraud、Phong和Blinn着色算法，纹理映射，隐藏曲面算法，曲面细分，实时线条绘制和光栅图像显示硬件，以及早期虚拟现实实验等。

美国犹他大学的研究人员创建了一种算法，可以将隐藏的表面渲染为屏幕上的 3D 表面，在此之前人们只能绘制线框线和在多边形平面填色。但是在 1971 年，亨利·古尔德(Henri Gouraud)创造了古尔德(Gouraud)阴影，它使得切面多边形表面可以渲染出光滑的效果。图 1.9 显示了 Flat(平面)和 Gouraud 着色的比较。

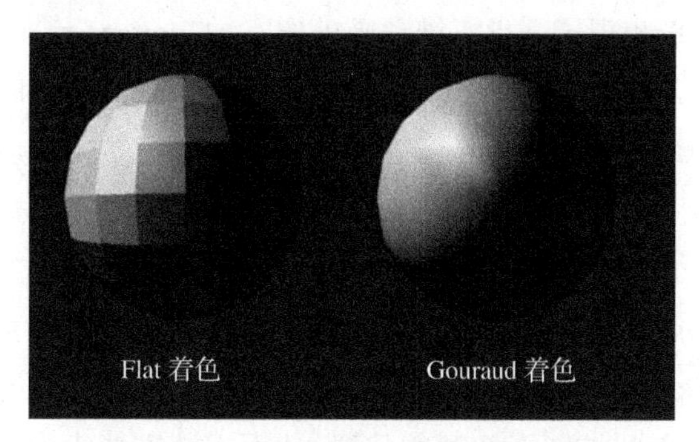

图 1.9 Flat 和 Gouraud 着色的比较

1974 年，埃德·卡特穆尔(Ed Catmull)在犹他州立大学发明了纹理映射，之后他还在抗锯齿和 z 缓冲方面取得进步，并成为皮克斯动画工作室和华特迪士尼动画工作室的总裁。

1975 年，马丁·纽维尔(Martin Newell)使用犹他茶壶(或纽维尔茶壶)来测试渲染算法。该模型至今仍在使用，有些程序还设有一个 Create Teapot 按钮，以纪念纽维尔。在测试渲染算法时，茶壶被认为是理想的，因为它有圆形手柄和喷嘴，可以在自身上投下阴影(图 1.10)。

图 1.10 著名的犹他茶壶(纽维尔茶壶)

1978 年，NASA(美国航空航天局)的詹姆斯·F. 布林(James F. Blinn)提出了凹凸贴图纹理技术，可以使对象表面看起来有凹凸效果，他还创建了一个称为环境映射的曲面纹理映射，以使对象看起来反射了周围的环境。与此同时，裴祥风(Bui Tuong Phong)

创建了一个着色模型，用于在闪亮的物体上产生高光，称为 Phong 反射模型。后来布林修改了 Phong 着色器，让高光具有一些柔化效果。

数字技术应用于电影制作引发了电影史上的第三次技术革命。和前两次（有声片的出现和彩色片的出现）不一样的是，数字技术的革命从 20 世纪 70 年代开始，直到今天还在继续，其历时之长，史无前例。

在 20 世纪 70 年代，出现了一批三维动画工作室，如 Information International Incorporated（现在称为 Triple-I）、Robert Abel & Associates、Digital Effects 和 Lucasfilm。Lucasfilm 还创设了一个名为 Graphics Group 的计算机图形部门，它最终成为皮克斯动画工作室。

1976 年，人们利用计算机生成的 3D 图像来复制演员彼得・方达（Peter Fonda）的头部。导演史蒂文・斯皮尔伯格于 1977 年也曾为科幻电影《第三类接触》（*Close Encounters of the Third Kind*）进行过计算机动画制作方面的尝试，不过最后并没有采用。同年，导演乔治・卢卡斯组织拍摄电影《星球大战》（*Star Wars*），在场景中使用"死星计划"的线框图像，还利用计算机控制图像源的位置，从而用数字技术弥补各种实际和机械特殊效果之间的缺陷。

在 20 世纪 70 年代中后期，三维动画开始在电影中得到运用，卡特穆尔和弗雷德里克・帕克（Frederic Parke）为 1976 年的电影《未来世界》（*Future World*）创作了线框手和脸。1979 年，电影《外星人》（*Alien*）中车载电脑屏幕使用三维动画序列来显示船舶的着陆过程，以帮助电影实现未来感。1979 年，迪士尼电影《黑洞》（*The Black Hole*）使用线框渲染来描绘黑洞。

20 世纪 70 年代末期，视频游戏出现，计算机图形学很快从壁垒森严的国家实验室和军方研究机构走出来。著名的视频游戏 *Pong*（图 1.11）由诺兰・布什内尔（Nolan Bushnell）于 1972 年为 Atari 创建，是较早开发的视频游戏之一，被视为现代商业游戏行业的先驱。虽然 *Pong* 是一款 2D 游戏，但它为我们今天看到的现代 3D 游戏奠定了基础。

图 1.11 视频游戏 *Pong*

重要的事件还有，1973 年世界第一部 2D 计算机动画《西部世界》（*West World*）发表;同年,SIGGRAPH举办计算机影像展览,并逐年举办至今,在推动及交流计算机动画方面做出了极其重要的贡献。1974年,世界第一部3D计算机动画《未来世界》(*Future World*)发表。1977年奥斯卡意识到计算机在电影视觉效果制作方面的重要性,增设了“视觉特效”奖项。史上第一部用CGI(Computer Generated Imagery,计算机生成影像)技术制作片头的电影就是1978年的《超人》(*Superman*),该片在当时引起热烈讨论。1979年,迪士尼公司在《黑洞》(*The Black Hole*)一片中也尝试使用CGI技术制作开头,这一尝试便发觉计算机动画的应用范围极广,引起了迪士尼公司的投资兴趣。值得一提的是,美国并不是最早发展计算机动画的国家,世界上第一部完全由计算机生成的动画电影是1974年出品的法国电影《饥饿》(*La Faim*)。

(2) 发展期

20世纪80年代被称为计算机动画的发展期,许多计算机动画制件公司及软件相继在这个时期成立及推出。在这一时期之前,计算机通常在大学和政府中出现,成为这些计算机的用户需要大量知识。在1975年比尔·盖茨创造了微软。1980年IBM让微软为该公司的第一台个人计算机创建了DOS操作系统。在微软诞生的同时,史蒂夫·乔布斯(Steve Jobs)和史蒂夫·沃兹尼亚克(Steve Wozniak)开发了首台苹果个人计算机。这些个人计算机都有一个用户界面,没有经过培训的人可以在家中使用。

20世纪80年代见证了计算机图形技术的出现。这导致了3D建模软件的开发,例如AutoCAD和Advanced Visualizer。这些工具使艺术家能够创建复杂的3D对象和场景,但渲染能力仍然有限,因此很难创建逼真的动画。

20世纪80年代,许多动画制作机构成立,如Triple-I、Digital Productions、Lucasfilm、工业光魔(Industrial Light & Magic, ILM)、皮克斯、太平洋数码图像(PDI),其中PDI后来被梦工厂(DreamWorks)并购,成为PDI/DreamWorks(图1.12)。这些制作机构中有许多今天仍在运营。

图1.12 PDI/DreamWorks公司总部

1982年电影《电子世界争霸战》(*TRON*)中有超过20分钟的三维动画由Triple-I制作,如图1.13所示为电影中两台机车的动画画面,好莱坞当时还不了解三维动画的潜力。同年,ILM在《星际迷航Ⅱ》中绘制了一个行星的几个三维动画序列,ILM还在1983年的《星球大战:绝地回归》中创造了数字死亡之星预测。

Lucasfilm于1984年制作了《安德烈和威利的冒险》(*The Adventures of André & Wally B.*),这是一部动画短片电影。虽然这部电影并非正式的皮克斯项目,但许多人认为,这是皮克斯后期电影的出发点,而且收录在皮克斯短片集中。1986年,迪士尼公司再次在电影《妙妙探》(*The Great Mouse Detective*)中尝试三维动画。当时,迪士尼在传统动画市场上占据垄断地位,被人们视为动画界的佼佼者,大力推动了三维动画的发展。

重要的事件还有,1980年PDI公司成立,该公司后来与DreamWorks SKG公司合作,推出脍炙人口的经典计算机动画片,例如《小蚁雄兵》(*ANTZ*)、《怪物史瑞克》(*Shrek*)。1982年,迪士尼公司制作了史上第一部计算机动画与真人合成的长片《电子世界争霸战》(*TRON*)。同年,美国当时最大的电视卡通公司Hanna-Barbera也规划投入计算机辅助的动画制作。1982年,AutoCAD软件首度发表。1983年,Alias公司成立。同年,随着研究人员对与计算机进行交互和交流的新途径的研究,数据手套被发明,如图1.14所示。它允许用户在3D空间中操纵3D对象。1984年,Wavefront 3D软件首次发行。同年,《最后的星球斗士》(*The Last Starfighter*)一片大量使用3D动画制作宇宙飞船场景。还是这一年,苹果公司发布了第一款使用图形用户界面的微型计算机Macintosh,成为个人计算机历史上的传奇。1986年,ILM的CG部门创立。1987年Metrolight、RezN8、Kleiser/Walczak等公司如雨后春笋般成立。

图1.13 电影*TRON*的部分画面(1982)

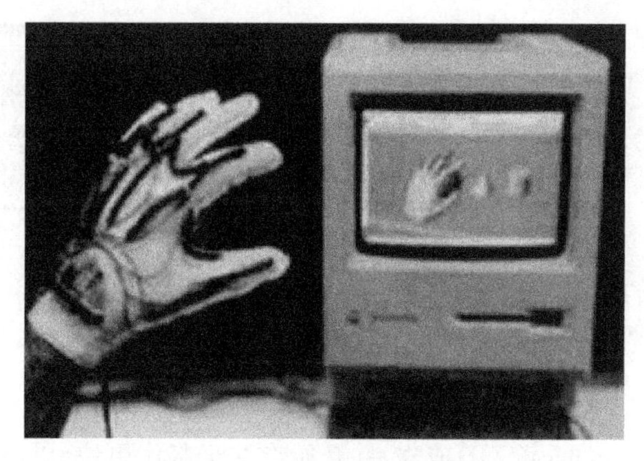

图 1.14　Macintosh 和数据手套

皮克斯(当时还不是迪士尼公司的一部分)在 1986 年和 1988 年发行了两部新的短片:《小台灯》(*Luxo Jr.*)和《锡铁小兵》(*Tin Toy*)。《小台灯》是皮克斯工作室的第一部电影,影片中的小台灯也成为其标志(图 1.15)。它由卡特穆尔创作并由约翰・拉塞特(John Lasseter)执导,这部短片让人们看到,三维动画可以创造一个有价值的角色表演,而不仅仅是着色和制作背景的工具。《锡铁小兵》是皮克斯工作室的第二部电影,由约翰・拉塞特执导,同时这也是第一部获得奥斯卡奖的三维动画短片。

图 1.15　三维动画短片《小台灯》和皮克斯的标志

1989 年,ILM 为电影《深渊》(*The Abyss*)创造了一种水生物,它可以像水中的蛇一样移动,通过水下船只来调查船上的人,呈现出照片般逼真的渲染和移动;它还可以与现场演员互动,甚至在表演中模仿他们。

20 世纪 80 年代早期,在计算机 3D 成像方面也有了新的进展,并使三维动画成为可行的商业行业。1980 年,特纳・惠特德(Turner Whitted)在一篇名为"改进的阴影显示照明模型"的论文中介绍了光线追踪。今天,光线追踪仍然被用作在表面上创建逼真反射的渲染技术,许多最新技术都基于这种算法,如全局照明技术和光追踪图像渲染技术,其效果如图1.16 所示。

图 1.16 全局照明和光追踪图像渲染技术效果

1982 年，Silicon Graphics(SGI)成立，并开始专注于制作更快、更高效的三维动画计算机。此后的 20 年，这些 SGI 计算机是几乎整个行业的支柱。同年，Autodesk 成立，该公司为个人计算机发布了 AutoCAD。Autodesk 现已成为全球最大的 CAD 和三维动画软件公司，并在推动计算机图形学从专业计算机向个人计算机普及的过程中发挥了重要作用。

1984 年，一家名为 Wavefront Technologies 的公司创建了第一款商用三维动画设计软件，这就是 MAYA 的前身。Photoshop 于 1988 年发布(Photoshop 1.0 于 1990 年在 Mac 上发布)，它是今天所有二维合成和照片操作软件的基础。

麻省理工学院及纽约理工学院同时利用光学追踪(optical tracking)技术记录人体动作。例如，演员将发光物体跟踪球穿在身上，在指定的拍摄范围内移动，同时有数部摄像机拍摄其动作，然后经计算机系统分析光点运动，生成动作跟踪数据统计，如图 1.17 所示。

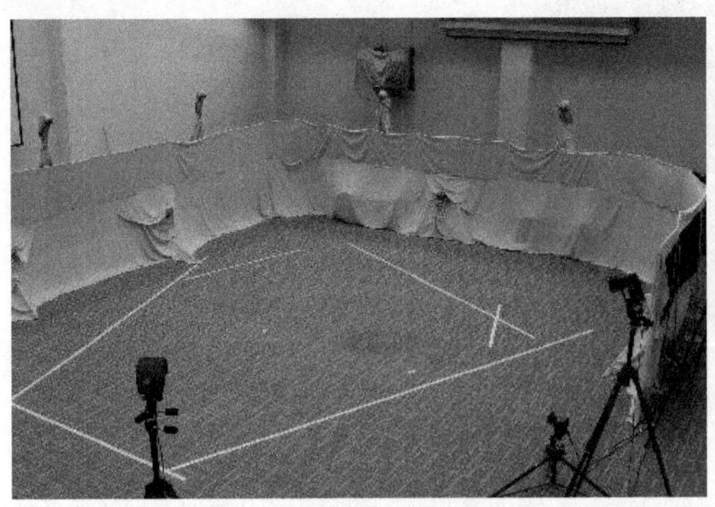

图 1.17 光学追踪示意图

20 世纪 80 年代后期，人们开始在三维图像的最终渲染效果上追求照片级真实感，一些复杂的 Shader 算法得到了发展，渲染图像的效果如图 1.18 所示。

图 1.18 照片级渲染效果

(3) 实用期

20 世纪 90 年代被称为实用期。此时计算机动画技术已经日趋成熟,大量的 3D 动画设计软件出现。1990 年,著名动画软件 3D Studio 问世,它是 3ds Max 的前身。1998 年,Maya 发布。三维动画技术真正开始在电影甚至视频游戏中获得商业动力。

在 20 世纪 90 年代,计算机动画技术应用于电影特效,与传统二维动画的融合,并逐渐往全三维动画剧情片发展(图 1.19)。1991 年,电影《终结者 2》(*Terminator 2:Judgement Day*,1991)展示了一个看起来像演员罗伯特· 帕特里克但具有变形能力的液态金属终结者,片中的计算机特效运用,开始让电影界认真考虑引进相关技术,此后随着影片的热映,《终结者 2》中的各种特效引起全球电影界的不断讨论,这也印证了光有计算机技术是无法吸引观众的。好莱坞开始关注三维动画技术可以为电影做些什么。同年,迪士尼发布了《美女与野兽》(*Beauty and the Beast*),将三维动画技术融入传统二维动画电影,其中包括利用三维动画技术创作的一系列舞蹈,摄像机可以在不同的角度和位置拍摄角色和背景。这部电影的成功推动好莱坞将三维动画作为一种新的电影制作技术的运用。

1997 年,《失落的世界:侏罗纪公园》(*The Lost World*:*Jurassic Park*)制作了实况环境和演员合成的逼真恐龙。该片部分使用传统道具,部分使用计算机技术,成功地让恐龙出现在银幕中。起初,工作室并不认为用计算机生成的 3D 生物可以达到所需的外观和可信度。该工作室和导演考虑过制作恐龙的定格动画,但 ILM 做了一个测试,证明他们可以创造这些生物所需的真实感。这部电影赢得了奥斯卡最佳视觉效果奖。

图 1.19 20 世纪 90 年代的三维动画电影海报

1994 年，第一个全三维动画电视系列 *Reboot* 播出。1994 年的电影《阿甘正传》(*Forrest Gump*)大量使用计算机合成技术，例如，开场时的羽毛随风及随场景飘浮(图 1.20)，历史场景的重现及放入主角的合成效果等。1999 年，由乔治·卢卡斯和 ILM 制作的电影《星球大战之幽灵的威胁》(*The Phantom Menace*)取得巨大成功。该片 90%以上的视觉元素通过计算机图形技术制作的三维动画得到增强。同年，电影《黑客帝国》(*The Matrix*)发布，使用三维动画制作了著名的"子弹时间(Bullet Time)"特效，如图 1.21 所示。1994 年梦工厂(DreamWorks)公司成立。同年皮克斯工作室制作出史上第一部全三维动画剧情片《玩具总动员》(*Toy Story*)。这部电影为更多三维动画电影铺平了道路，如 1998 年的《小蚁雄兵》(*ANTZ*)和《虫虫危机》(*A Bug's Life*)，以及 1999 年的《精灵鼠小弟》(*Stuart Little*)。

图 1.20 《阿甘正传》中飘落的羽毛动画

图 1.21 电影《黑客帝国》中的"子弹时间(Bullet Time)"特效

1998 年，电影《泰坦尼克号》创下全球票房最高纪录，片中采用三维动画技术虚拟了具有高度真实感的大海和冰山画面，完成了诸如船体扭曲、水浪和冰山多层画面合成场景，如图 1.22 所示。1999 年，华纳推出《铁巨人》(*Iron Giant*)，片中二维与三维动画技术的融合臻于完美。

图 1.22　电影《泰坦尼克号》海报和船体的三维模型

20 世纪 90 年代涌现了大量使用三维动画的电影，如《全面回忆》(*Total Recall*)、《面具》(*The Mask*)、《龙之心》(*Dragonheart*)、《独立日》(*Independence Day*)、《龙卷风》(*Twister*)、《星河战队》(*Starship Troopers*)、《第五元素》(*The Fifth Element*)、《世界末日》(*Armageddon*)、《美梦成真》(*What Dreams May Come*，1998)等。这些影片造就了一批闻名世界的数字特效和动画制作公司，如工业光魔、梦工厂、数字王国(Digital Domain)、维塔数码(Weta Digital)、索尼图形图像运作公司(Sony Pictures Imageworks)等。工业光魔公司由乔治·卢卡斯于 1975 年创立，其代表作有《阿凡达》(*Avatar*)、《变形金刚》(*Transformers*)、《终结者》、《加勒比海盗》(*Pirates of the Caribbean*)等，每一部作品都是传奇，如图 1.23 所示。维塔数码是总部设在新西兰惠灵顿的全球知名视觉特效公司，其代表作有《金刚》(*King Kong*)、《魔戒》(*The Lord of the Rings*)系列等，公司内景如图 1.24 所示。

图 1.23　工业光魔公司及其制作的影片

图 1.24　维塔数码公司内景

20 世纪 90 年代，三维渲染方面的另一个发展是非真实渲染（Non-Photorealistic Rendering，NPR）技术，它能够将三维场景渲染为铅笔画、油画、水彩画甚至迪士尼风格的卡通效果。非真实渲染通过刻意的人为处理.使三维影像呈现一种基于现实而又抽象于现实的极具表现力的艺术风格。NPR 技术的出现使得 CG 艺术和技术结合得更加紧密.三维作品更加具有艺术感，如图 1.25 所示。

图 1.25　使用非真实渲染技术的三维作品

NPR 技术通常通过减少影像的亮色中间层次，给图像添加边缘线条，从而获得一种强调形状、结构、色彩的主观风格化影像。采用 NPR 技术制作的图像可以模拟传统绘画工具的视觉表现效果，例如模拟水彩、铅笔、钢笔等笔触。

在视频游戏领域，1994 年，索尼 PlayStation 家用游戏机系统发布，是首批能够通过硬件加速处理 3D 图形的家用游戏系统。1997 年，在 Nintendo 64 上发布的《007：黄金眼》（*Golden Eye 007*）等游戏，与之前创建的 2D 侧滚动游戏相比，3D 自由漫游为更复杂的游戏体验铺平了道路。其他具有这种 3D 自由漫游效果的游戏还有《塞尔达传说：时之笛》

(*The Legend of Zelda*: *Ocarina of Time*, 1998)、《沉默》(*Hush*, 1999)和《车神》(*Driver*, 1999)。

硬件的变化也对视频游戏产生了很大的影响。在20世纪90年代,3D图形硬件加速器如3dfx Interactive Voodoo Graphics芯片和NVIDIA的TNT2处理器,成为个人计算机游戏的标准硬件配置。NVIDIA还发布了第一个消费级图形处理单元GeForce 256。这些加速器对游戏行业使用的3D游戏引擎是必需的,它们需要硬件加速才能给用户提供较好的游戏体验。

(4) 爆炸期

2000年以后,人们有幸置身于全面数字化当中,也感受到相关的三维动画技术应用成果带来的震撼,如《魔戒》三部曲中的千军万马及交战场景,《海底总动员》(*Finding Nemo*)中活灵活现的角色表演,令人们在赞叹之余,更坚信未来还会看到更多更好的作品呈现,因此称2000年以后为爆炸期,不足为过。

21世纪出现了更多的新技术来支持不断进步的三维动画行业,每年都会出现新的需求和技术,这些需求和技术决定了行业的发展。在21世纪初,个人工作站可以处理大多数商业3D设计软件,因此不再需要非常昂贵的图形工作站,推动了3D视频游戏逐渐占据视频游戏行业的主导地位。NVIDIA成为游戏显卡行业的领导者,其产品成为很多家用计算机的标配。新的视频游戏平台发布了更强的加速硬件,使视频游戏更具沉浸感,具有更逼真的显示效果和更高的帧速率。随着计算能力的提高,3D动画渲染性能也不断提高。光线追踪和全局照明等技术的发展改善了动画场景的光照和阴影效果,极大地提高了作品的视觉质量。

同时,电影业也在不断突破,尝试推出具有更先进的计算机生成图像(CGI)和视觉效果的CG/3D电影(图1.26)。2000年,影片《火星任务》中采用多项计算机动画最新技术。2001年,《怪物史莱克》大卖座,获得首次的奥斯卡最佳动画剧情片大奖。皮克斯工作室的《怪物公司》(2001)的推出表明皮毛及运动效果可以很好地被三维动画呈现出来。2001年,华纳和梦工厂合作的电影《人工智能》在视觉效果中突破了三维动画技术的界限。同年,美国哥伦比亚公司的3D电影《最终幻想:灵魂深处》(*Final Fantasy*: *The Spirits Within*)尝试为完整的3D动画电影创造逼真的人类角色。这部电影并没有做得很好,但确实推动三维动画行业去尝试创造更加逼真的人类角色。2000年,《太空战士》中的人物拟真技术达到炉火纯青的境界,连女主角脸上的雀斑都很真实。

2001年,《魔戒》第一部大量使用计算机特效技术;2002年,《魔戒》第二部再度挑战计算机特效技术极限;2003年,《魔戒》第三部中计算机特效片段数量远超过前两部之和。维塔数码为该系列一手打造了90%以上的特技效果,利用三维动画技术重现小说中所描写的宏大战争场面,创造出十万个人物大混战的互殴镜头,而且在镜头里还能清晰地看到战袍飘动、战士打斗,以及受伤者鲜血喷涌而出等细微的逼真效果。维塔数码也因此

图 1.26　特效电影海报展示

片而声名大噪，成为世界顶尖的计算机动画特效公司。2005 年，影片《金刚》耗资 1.5 亿美元，维塔数码不分昼夜地为该片工作了几个月，不仅在计算机上成功制作出大猩猩的数码形象，而且成功地用数字特效做出了纽约市在天空下的轮廓(图 1.27、图 1.28)。同一时间，维塔数码还忙于制作迪士尼出品的《纳尼亚传奇：狮子、女巫和魔衣橱》和索尼出品的《佐罗的传奇》，还有《哈利・波特》，因为原著畅销，该系列影片也风靡全球。

图 1.27　特效电影《金刚》

2003 年，《海底总动员》创下动画影片最高票房纪录，这意味着全三维动画剧情片未来的发展无可限量，该片也在 2004 年获得奥斯卡最佳动画剧情片大奖，另外《超人总动员》(*The Incredibles*)打破了全美动画影片卖座纪录并获得奥斯卡大奖。皮克斯、迪士尼、梦工厂、福克斯、华纳兄弟等影视公司，在激烈的竞争中创造了一个又一个三维动画影片的票房奇迹，《昆虫总动员》《怪物史莱克》《怪物公司》《海底总动员》《鲨鱼黑帮》《冰河世纪》《极地特快》《超人总动员》《料理鼠王》《功夫熊猫》等影片(图 1.29)一步步将三维

图 1.28　维塔数码的电影《金刚》的拍摄现场

动画产业推向高峰，时至今日，国际三维动画影视产业已步入全盛时期，每年都会有几部经典的三维动画电影上映。

图 1.29　全三维动画电影

随着数字角色动画的引入，动作捕捉技术发生了革命性变化，该技术记录了现实生活中的动作并转换为数字角色动画，使角色可以更真实、更自然、更细致地表演。动作捕捉模糊了动画和真人表演之间的界限。

2009 年电影《阿凡达》带来了各项技术的新突破和理念上的革新，可谓开启了电影数字特效的新时代。《阿凡达》针对动作捕捉技术开创了新的表情捕捉系统，建立了表演捕捉工作流程(Perfcap-Performance Capture Workflow)，在已经成熟的动作技术上开始了针对演员面部表演的捕捉(图 1.30)。针对拍摄时无法实时看到抠像后合成的效果，《阿凡达》团队带来四项技术革新。首先是对于表演的采集，建立了一个名为“Volume”的捕捉摄影棚(其规模是常规表演摄影棚的 6 倍，如图 1.31 所示)，棚顶的传感器可以采集到演员完整表演的所有细节。其次是建立了虚拟摄影棚(Virtual Production Studio)，通过虚拟摄影棚，演员就像游戏里的人物那样能与场景中的 CG 物体进行互动，同时导演能够任意切换摄影角度取景以及处理相关 CG 物体的运动，即时知道虚拟场景中演员的表演是否达到自己的要求。再其次是开发了立体 3D 融合摄像系统，合作伙伴 Vince Pace 开发了一款开创性的全新 Fusion Camera System，这是世界上最先进的 3D 摄像机，能够进行 2D 和 3D 拍摄，实现真人动画场景和 CG 场景之间几乎完美的融合。最后是开发了 Simulcam 协调虚拟摄像机，这是虚拟摄影棚的核心，导演能够实时在监视器上看到演员与拍摄所需的数字场景间的互动，可以直接指导演员的表演以达到最佳的效果。

图 1.30　电影《阿凡达》的演员面部捕捉

图 1.31　“Volume”捕捉摄影棚

2012年上映的电影《少年派的奇幻漂流》(*Life of Pi*)，全片时长2小时7分钟，其中特效镜头有1小时26分钟。MPC公司和R&H公司用计算机特效制作了影片中的许多数字动物，包括巨蜥、白喉犀鸟、蜂鸟、长颈鹿和大象。Look公司主要负责背景绘画、合成和一些特殊艺术效果的润色；Crazy Horse公司则负责背景绘画、三维环境制作和合成工作。此外，软件公司为本片特别建立了Nuke和After Effects的工作流，而且花费大量时间学习立体电影的合成技术(图1.32)。该片的摄制组在我国台湾地区的台中机场附近建造了一个大型造浪水箱来拍摄救生艇上的镜头，这个精心设计的水箱可以制造出约1.83 m(6英尺)高的水浪。

图1.32　进入后期制作的数字电影

模拟和特效制作成为讲故事过程中必不可少的一环。通过流体模拟、布料模拟和粒子系统，创作者能够创建动态而美丽的场景。影片《冰雪奇缘》(2013年)展示了模拟的复杂使用，使冰雪场景栩栩如生，吸引了世界各地的观众。

在21世纪第二个十年期间，每年都有数部顶级特效电影上映，如《盗梦空间》(*Inception*)、《雨果》(*Hugo*)、《地心引力》(*Gravity*)、《星际穿越》(*Interstellar*)、《机器姬》(*Ex Machina*)、《奇幻森林》(*The Jungle Book*)、《银翼杀手2049》(*Blade Runner* 2049)等，这些影片很多都获得了该年度奥斯卡最佳视觉效果奖项。

如今，人们已经习惯于看到高质量的三维动画和视觉效果，几乎每部电影都在某种程度上应用了这些技术。广告业也普遍使用三维动画，而大多数人甚至没有注意到。例如，现在的汽车广告多使用三维动画技术制作，而很少使用真正的汽车，如图1.33所示。

图 1.33　使用三维动画技术制作的汽车广告

由于技术进步，三维动画在功能和复杂性方面得到增强，人工智能和机器学习技术的发展加快了动画制作流程，进一步推动更多三维动画样式的创新。实时渲染是最新的创新之一。得益于强大的 GPU 和游戏引擎，动画师现在可以实时渲染他们的场景，从而实现更快的迭代和更具创造性的探索。由于每年都会出现如此多的新技术、硬件和软件，没有人能够肯定地说未来还会发生什么。但是三维动画这个行业自兴起到现在还不到 50 年，许多三维动画的先驱者至今仍然活跃在这一领域并不断创造着奇迹，人们可以在线或在世界各地的会议上与他们见面。这就像见到达・芬奇或伦勃朗，并向他们请教艺术观点一样。没有一个行业或艺术形式能提供这样的体验。这确实是一个令人兴奋的行业，并且在可预见的未来仍将如此。

"新一代的电影将是科技和人文的结合。"微软创始人比尔・盖茨如此预言。由科技创造出来的角色、由数字模拟的场景，令真人实景黯然失色，从《玩具总动员》到《怪兽公司》再到《黑客帝国》，从《哈利・波特》到《指环王》再到《星战前传》，没有经过数字包装的电影已经鲜见了。一方面，三维动画技术的大发展将电影艺术带入了更加恢宏壮丽的殿堂；另一方面，电影艺术的精益求精又促成了三维动画技术的普及与再发展。

特效行业是最不能把技术和艺术分开的一个行业，顶级特效大师既是艺术家（不见得是个好导演、好美术，但绝对是个具有超强艺术感的人），也是技术工程师。比如海浪和毛发这些最接近大自然的东西通过算法给重现出来，越加逼近真实的时候，技术工程师跟艺术大师完全合为一身。

展望未来，三维动画的发展没有放缓的迹象。随着虚拟现实（VR）和增强现实（AR）技术的出现，三维动画正在成为超越传统屏幕的沉浸式体验不可或缺的一部分。VR 游戏、教育模拟和 AR 应用程序正在重新定义我们与数字内容的交互方式。此外，生成式人工智能的发展正逐步革新三维动画的制作过程。通过这些技术，可以提升角色动画的真实感，自动生成复杂的环境，并简化许多繁琐的工作流程。这不仅让三维动画制作变得更加高效和易于操作，同时也为创意表达开辟了新的可能性。人工智能驱动的算法可以增强角色动画，生成逼真的环境，甚至可以通过自动化某些任务来协助创作过程。这有望使三维动画更易于访问和更高效，同时突破创造力的界限。

二、三维动画在中国的发展

早期中国的动画主要以二维动画为主，曾出现过很多动画大师，他们对中国动画发展的贡献丝毫不亚于宫崎骏对日本动画发展的贡献。比如，中国最早的一批动画人：万氏兄弟（万籁鸣、万古蟾、万超尘、万涤寰），代表作有《铁扇公主》《大闹天宫》；中国水墨动画开创者特伟，代表作有《小蝌蚪找妈妈》《牧笛》；开启"80后""90后"童年动画大门的徐景达，代表作有《三个和尚》《哪吒闹海》《三毛流浪记》等。在国外三维动画产业发展初期，中国的三维动画产业基本处于空白状态。虽已改革开放多年，但由于三维动画制作的技术含量极高，完全依赖于计算机，而当时中国的计算机产业也处于起步阶段，从事计算机行业的人员很少，所以三维动画技术在中国的发展还需要时间。

计算机图形学（CG）在中国的发展最早可以追溯到20世纪80年代中期。虽然美国早在1975年就开始举办第一届SIGRAPH大展，但是由于当时中国还未对外开放，所以在20世纪80年代以前国内的专家基本上还不知道有"CG"这个名词。经过10年的发展，海外计算机技术方面的专家开始一批批进入中国，中国计算机产业的发展有了最基本的人才基础；海外专家在带来大量计算机知识的同时，也带来了国外在计算机图形学方面发展的一些动向和部分成果，也就是从那时开始，CG的概念开始在中国这片土地上播下种子。一些富有探索精神的年轻人，在当时基本没有相关培训机构的情况下，收集仅有的外文书面资料进行自学。但那时只能做一些简单的形体动画演示，且大部分作品都是静态的，还没有动起来。他们算得上是中国三维动画产业的"拓荒者"。

在技术研究方面，清华大学、浙江大学等少数国内顶尖大学开始成立小型研究小组。在那个磁盘操作系统刚刚诞生不久、字符化界面还是绝对主流的年代里，用计算机来"玩"图形图像绝对是一件前卫的事，加上能够接收图形这样海量计算的计算机价格不菲，CG是一个彻头彻尾的"专家们的游戏"。当时影响中国CG发展的最大因素是计算机发展水平和人们的认知水平。

1990年，北京举办的第11届亚运会为我国计算机动画制作的发展带来关键性契机。中央电视台、北京电视台在当时的电视转播中首次采用了计算机三维动画技术来制作节目片头。中科院软件所、北方工业大学CAD中心、上海南方CAD公司等单位分别承担了有关的制作工作，在开发中利用了TDI的Explore软件。从那以后，计算机动画技术开始在我国迅速发展。

在制作方面，北方工业大学CAD中心与北京科学教育电影制片厂、北京科协合作，于1992年制作了我国第一部完全用计算机编程技术（SGI工作站，用C语言编写）实现的科教电影《相似》，并正式放映，获1993年北京科学教育电影制片厂优秀电影特别奖和1993年广播电影电视部科技进步二等奖。在研究方面，中科院软件所、浙江大学CAD和

CG国家重点实验室及其他一些科研院所取得了很多成果。浙江大学用ALIAS和SOFTIMAGE软件进行古兵马俑的复原动画设计。

20世纪90年代末，中国房地产业红火起来，地产商对建筑效果图的需求量加大，于是三维技术首先在地产业得以应用，三维技术人员在地产业中逐渐壮大起来。部分院校随即增设相关专业，环境艺术专业成为报考热门。由于人才缺口很大，校外培训机构也如雨后春笋般出现。北京的水晶石等一大批3D建筑艺术表现公司崭露头角，国内在建筑动画三维表现方面慢慢走在了世界前列。

进入2000年后，国内的广告、影视、出版、游戏、美术等相关行业得到了飞跃性发展。CG行业的分工及产业结构日益专业化、标准化和商业化，各种优秀CG作品层出不穷，艺术和技术上造诣都很深的数码艺术家也如雨后春笋般崭露头角。

在从业人数增加与国外动画产业的影响下，一些从业人员逐渐转向动画领域。中国有"世界加工厂"的称号，动画行业也不例外。无论二维还是三维制作，都需要大量基层工作者的参与。于是，国外动画公司迫切寻求中国合作。随着中国经济的快速发展，本土投资者的实力日渐雄厚，加之政府大力扶植，本土动画公司大量涌现，并聘请国外的业内精英到中国进行人员培训。成立于21世纪初的深圳环球数码公司是目前业内的领跑者，成立之初就聘请国外专家来华培训员工，而后一边办学，一边转向生产。最初只是与国外公司合作，对国外动画片做一些加工，随着实力的逐步提高开始转向原创，《魔比斯环》就是该公司出品的第一部动画片。

计算机图形学方面，国内不断有新的动画算法和渲染算法理论发表在《计算机学报》等专业杂志、报刊中，中国也终于有论文在SIGRAPH中入选。

媒体方面，《数码设计》《CG杂志》《Computer ARTS数码艺术》和《CG World》(中文版)等专业期刊的创刊和引入也对中国CG行业的发展起到了引领作用。这几年时间里，中国CG行业开始逐渐优化产业结构，为向国际市场进军打下良好基础。

影视制作方面，国内影片已经开始重视和运用三维数字技术来提升影片的视觉效果。国家广电总局下属的华龙公司成为亚洲最大的数字特效制作基地，不少国产影片都在这里完成视效制作，如在电影《天下无贼》中用计算机合成出火车隧道口，如图1.34所示。

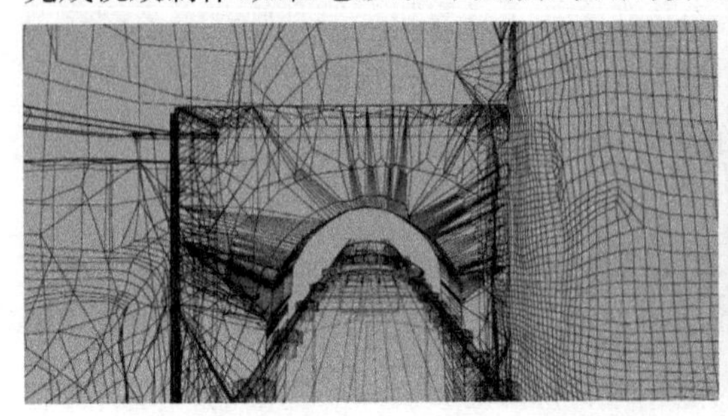

图1.34　电影《天下无贼》中的火车隧道口

国内的一些导演如张艺谋、陈凯歌、周星驰等均在其拍摄的影片中使用了大量的三维数字特效，例如，《十面埋伏》用三维动画让精细的竹子和飞刀成为绝杀暗器；《无极》中有 1 000 多个特技镜头；在《功夫》中，周星驰带着他的绝招"如来神掌"从天而降把大地砸出一个大坑(图 1.35)。中国最顶尖的导演都从使用三维动画特效中获得了成功。甚至一些小制作的影片也是如此，如《疯狂的石头》运用了一些三维动画制作的数字特效，为影片增色不少。

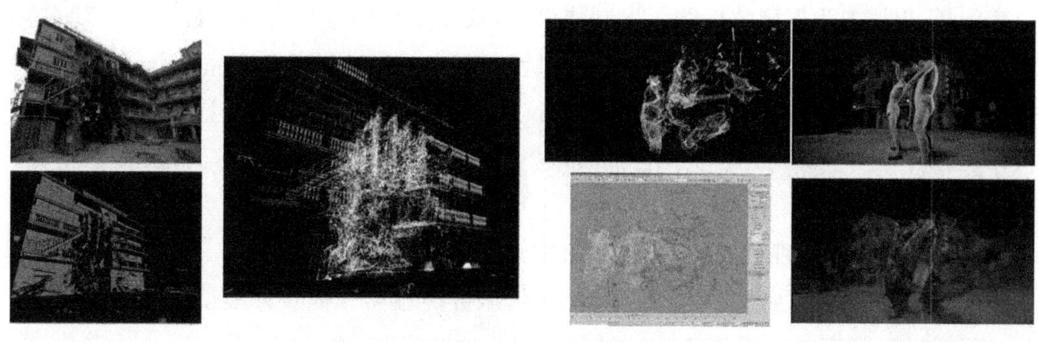

图 1.35　电影《功夫》中的三维动画特效

2015 年上映的《九层妖塔》和《寻龙诀》均使用了国外先进数字特效技术。2018 年徐克执导的《狄仁杰之四大天王》将中国的数字特效电影推到了一个顶峰。

近年来，中国三维动画产业的发展既立足于几千年来文化传统，又运用创意和新思路进行诠释，在商业价值和艺术思考之间取得平衡，借助三维动画这种独特的体裁，进行国际文化交流传播，从而谋求更深远的社会影响力，开拓了中国文化创意产业的新视野。

成立于 2000 年 3 月的中国电影集团全资子公司华龙电影数字制作公司，是国家发改委批准设立的中国电影数字制作产业化示范工程项目承担单位。目前已发展成为亚洲最大的数字电影制作基地，国内影视后期制作的龙头企业，不仅是国家的 863 计划重点工程，同时也是中国电影制作行业中规模最大、技术最先进、功能最完善的数字制作基地。作品包括《手机》《大腕》《惊涛骇浪》《寻枪》《紫日》《致命一击》《天下无贼》等 90 多部的影片。还曾为北京申奥宣传片完成所有的数字特技制作，承接了中央电视台电影频道及阳光卫视频道的整体栏目包装制作。

总部设在我国香港地区的环球数码创意控股有限公司(简称环球数码)创立于 2000 年，是国内唯一可制作大型及具国际质量的计算机三维动画电视连续剧及电影的公司。2006 年，环球数码制作发行了中国第一部 3D 电影《魔比斯环》。此外，该公司出品的《夏》《桃花源记》《敦煌・飞天》等一批短片和《潜艇总动员》系列均获得业界好评。

先涛数码企画有限公司 (Centro Digital Pictures Limited)，简称先涛数码，是香港著名的数码视觉特技公司，先后为多套电影如《风云》《中华英雄》《少林足球》《见鬼》《功夫》《满城尽带黄金甲》及《标杀令》等制作视觉特效，作品获第 21 届及第 24 届香港电影金像奖“最佳视觉效果”和第 39 届金马奖“最佳视觉效果”殊荣，并以首间亚洲区公司获提名英国电影学会“最佳特别视觉效果”奖。

香港发辉制作室有限公司（FATface）是香港著名视觉特技公司，曾为一些著名国产影片制作视觉特效，作品包括《精武家庭》《白银帝国》《投名状》《太极 1》《太极 2》《南方小羊牧场》《李小龙》等，特别是《画皮》《风云Ⅱ》的数字特效让该公司名声大振。

南京万宽文化传媒有限公司（简称万宽）是一家以拍摄为基础，以技术为核心，以专业为依托，以服务为保障的高端影视制作公司，前期提供创意提案、影视拍摄，后期在音频、剪辑和视觉效果等方面为影视制作提供设备和专业化的服务。万宽制作了超过 300 部电视及广告作品，广告客户包括微软中国、可口可乐、中国电信、中国移动、NIKE、奔驰汽车、云南白药、上海通用、苏宁电器、菲尼克斯电气、航天晨光、江苏卫视、肯德基、联想等。

北京天工异彩影视科技有限公司（简称天工异彩）创立于 2009 年，是国内全流程影视技术服务公司，以“执匠心，造梦人”为口号，服务内容涵盖视效方案设计、视觉特效制作、虚拟拍摄、数字中间片调色、声音制作、DIT 数据管理、预告片创作、3D 立体制作、空镜素材代理等，该公司参与完成了《非诚勿扰》《唐山大地震》等影片的数字特技制作。

盛悦国际是国内首家专业视觉特殊效果应用方案的整合供应商，立足电影领域，同步好莱坞的技术水准，以物理特效结合 CG 技术、4D 电影技术，实现系统的视觉特效呈现，成为影视物理特效制作标杆。该公司参与完成了《大话西游》《寻龙诀》《绣春刀》等影片的物理特效制作。

三维动画在中国发展应用最为迅速的领域是建筑设计表现行业。从早期的建筑效果图表现到建筑动画，再到近年来开始广泛应用的建筑 VR 制作，建筑动画在中国也走过了二十年，成长起来了如水晶石等一批有实力的公司。

放眼当今的国际三维动画市场，皮克斯工作室的第 19 部动画长片《寻梦环游记》的制作水平已非当年《玩具总动员》可比，这期间的《神偷奶爸》《冰河世纪》《海底总动员》《超人总动员》等影片更是部部精彩，美国的三维动画产业在全球仍独领风骚，欧洲以及日本、韩国紧随其后。对我国来说，开发自有软件的能力比较差，而国外软件普遍价格很高，一家制作公司对硬件设备就要投入上千万元，更别说资深设计师的人工费用了。中国的三维动画产业的发展与传统三维动画产业强国的差距仍然很大，但可以看到差距正在缩小。

三、三维动画的未来

三维动画如今广泛应用于教育、建筑可视化、网页设计、医疗和机械信息展示，以及各种娱乐领域如电视、广播、漫画、电子游戏等。随着技术的发展，三维动画正朝着规模化、标准化和网络化方向前进。规模化体现在其应用范围的不断扩展和效益的提升；标准化将成为未来的发展趋势，以解决不同软件和技术之间的兼容性问题；网络化则表现在三维动画与网络技术的相互促进和广泛应用。

现代的渲染和游戏引擎，如虚幻引擎和 Unity，已经实现了实时渲染和动画制作的能力，为创作者提供了更灵活的制作工具。人工智能技术的进步使动画创作者可以通过更简单的流程制作高质量内容，降低项目规模，甚至可以独立完成动画制作。这些变化可能彻底改变三维动画的制作方式，使得创作更加高效和便捷。

此外，三维动画行业正在向虚拟和基于云的技术转型，从大型工作室到个人创作者都面临制作方式的变革。未来的技术热点包括立体 3D 动画和虚拟现实（VR）、增强现实（AR）等沉浸式媒体技术。随着这些技术的发展，观众将能够体验更加逼真和更具互动性的动画内容，立体效果和实时动态生成的场景将给观众带来前所未有的沉浸感和互动体验。

四、三维动画的优势和劣势

相较于传统的摄影和摄像，三维动画制作有以下独特优势：

- 三维动画能够实现现实中不存在或无法拍摄的场景，这包括仍在构思阶段的设计或实际拍摄中难以完成的画面。
- 三维动画不受时间、天气、季节等外部环境因素的影响，使得制作过程更加灵活和可控。
- 对于高风险或高成本的镜头，三维动画可以通过模拟来完成，从而降低制作成本和风险。

虽然三维动画在视觉表现上没有物理限制，虚拟摄像机能够实现理想化的效果，但最终的作品质量仍取决于制作人员的技术水平、经验和艺术修养。此外，三维动画制作周期通常较长，制作成本与项目的复杂性和真实感要求呈正比，成本增长通常是指数级的。

需要强调的是，尽管三维动画技术的入门门槛较低，但要达到精通和熟练运用的水平，需要多年持续的学习和实践，尤其随着技术和软件的不断更新，设计师需要不断提升自己。由于三维动画的技术复杂性，即使是最优秀的 3D 设计师也难以全面掌握三维动画制作的所以方面。因此，团队协作依然是三维动画制作的主流工作方式。

第二章

三维动画技术的应用领域

近年来AI和VR技术的发展,使三维动画技术更多地应用在了虚拟现实和在线交互领域,应用前景非常广阔。三维动画技术在各种行业的垂直领域拥有令人难以置信的广泛应用。全球的电影业都在使用三维动画技术创造特殊效果,游戏行业严重依赖三维动画技术,工程建设与规划领域创建大型蓝图布局、房地产企业展现样板工程、汽车行业进行原型设计也都离不开三维动画技术。此外,三维动画技术在医疗保健行业发挥了重要作用。它帮助医疗专业人员更直观地展示和理解人体内部器官及微观组织的功能,从而提升医学教育和手术规划的效果。同时,数字平台中的视觉媒体消费正在增加,促进了三维动画技术的进一步发展和普及。

一、影视与广告制作

虽然影视业广泛使用3D动画,但它并不是最大的3D动画应用行业。影视三维动画涵盖了特效创意、前期拍摄、3D动画制作、特效后期合成以及影视剧特效动画等方面。3D动画技术在影视制作中突破了传统拍摄的局限性,弥补了前期拍摄中的视觉效果不足。在很多情况下,电脑制作的成本远低于实际拍摄,尤其是在预算紧张、外景地天气或季节变化导致拍摄困难时,3D动画为剧组节省了大量时间和费用。

三维动画电影有两种类型:全三维动画电影和视觉特效电影。

1) 全三维动画电影

全三维动画电影的所有视觉元素都是在三维动画设计软件中创建并呈现的,如《玩具总动员》《怪物大战外星人》(*Monsters vs. Aliens*)和《怪物史莱克》。

一部全动画长片可能需要一个拥有数百名工作人员的大型工作室用2～4年才能完成。一部三维动画短片(通常少于40分钟)通常由个人或小型工作室制作,所需时间相对较短。大型工作室也可能通过制作短片来测试新技术或生产流程。根据制作人员的工作进度,这类短片可能在几个月内完成,或者需要数年时间。以图2.1所示的《汽车总动员》中的数字角色为例,这类全三维动画电影完全由计算机生成,没有真实演员参与,从而避免了演员档期限制和相关费用的影响,也不受天气和季节的制约。这种方式正逐渐成为未来电影制作的趋势之一。

图 2.1　电影《汽车总动员》中的数字角色

2）视觉特效电影

不同于全动画电影，视觉特效影片由真人表演，但背景或其他效果是由计算机生成，如《侏罗纪公园》《阿凡达》《变形金刚》等影片。拍摄时视觉效果主管协助收集后期视觉效果所需的相关数据，然后将拍好的素材发给视觉效果工作室，根据需要完成部分或全部视效制作。大多数视觉特效电影会使用一个或两个主要工作室参与特效制作，以保持影片整体效果看起来一致。如图 2.2 所示为电影《达・芬奇密码》中的数字场景，电影中宏伟庄严的教堂是由三维动画技术制作的，创造出极佳的视觉效果，与搭建一个真实的教堂拍摄场景相比，制作成本大幅下降。

视觉效果(VFX)已经成为影视行业增长的主要贡献者。VFX 使用各种技术和多种动画，CG 设计和三维建模在影视后期制作阶段进行。由于在电影制作和游戏行业的应用日益增多，VFX 行业正在快速发展。

电视业没有电影业那样充裕的时间和资金，一般电视节目需要在几个月内完成而不是几年，预算少且需要在一个节目季内创造更多的内容。近几年，电视栏目的三维片头动画也不乏水墨色彩，如由完美动力制作的《昆曲六百年》片头和 CCTV 的《相信品牌的力量　水墨篇》片头，水墨三维动画《夏》入选 SIGGRAPH 2003。在 2022 年北京冬奥会的开幕式上，制作团队利用先进的 3D 数字工作站技术，呈现了一场令人惊叹的视觉盛宴。作为吉祥物的“冰墩墩”以数字动画形式生动亮相，成为开幕式中的一大亮点。3D 动画制作融合了计算机、影视、美术、电影、音乐等多领域的专业力量，共同打造了这场体现奥运精神与冬日魅力的视听盛宴，向全球观众传递了中国人民的热情与祝福。

图 2.2　电影《达・芬奇密码》中的数字场景

近年来在电视制作中使用的虚拟演播室(Virtual Studio,VS)系统是一个集创意、场景设计、制作、调试、录制、包装于一体的艺术与技术的结合体。虚拟演播室以其在多领域的高科技性和高便捷性成为如今影视制作(体育、娱乐、访谈、教育、新闻等)多领域的重要技术和必备技术,其应用主要体现在虚拟重播、数字重放、虚拟广告、虚拟访谈、移动化场景、虚拟人物表演,还有在火箭等太空飞行仪器的虚拟直播等方面,如图 2.3 所示。

图 2.3　虚拟演播室制作节目

三维动画技术在广告动画领域也得到了应用和延伸，将最新的技术和最好的创意在广告中应用，传播和创造出更多价值，广告的制作模式本身也在发生着深刻的变革。广告动画的典型应用就是电视广告、网络广告(包括平面广告和静态图像)。广告还可以是产品概念的可视化，如众筹创业者制作3D模型来作为实际产品的原型向投资者展示。

广告通常需要在几秒至几分钟内呈现或描述出产品或服务，在极短的时间内提供大量的信息。一些是纯动画的，更多的是实拍和动画结合的。在表现一些实拍无法完成的画面效果时，就要用动画来完成或两者结合，将混合媒体视觉效果整合到最终的作品中。

广告制作要求非常高的设计质量和水平，以及很短的创作时间。专注于广告动画的工作室规模都不会很大，并且遵循严谨的工作流程以完成三维动画设计。现在我们所看到的高端广告，大都不采用实景拍摄的方法制作。图2.4所示为著名的Snickers系列广告。

图2.4　Snickers系列广告

二、游戏开发与角色设计

视频游戏行业是3D动画应用最广泛的领域之一，其规模甚至超过了电影行业。在视频游戏中，3D动画用于展示虚拟世界和角色的互动，使玩家沉浸在一个高度拟真的环境中。这个行业的应用方向主要有两个：一是在游戏内创造沉浸式3D动画世界，二是通过电影化的游戏场景实现游戏段落之间的顺畅转换，推动故事情节的发展。

视频游戏的创作过程高度依赖于计算机程序设计，并受到实时交互的视频游戏硬件和软件的限制。图2.5展示了视频游戏中的动画角色，图2.6展示了同一游戏场景在不同游戏硬件平台上的渲染效果对比。为了确保游戏能够在Xbox或PlayStation等平台上顺畅运行，建模人员必须使用低分辨率模型，以便同时展示多个角色、动态背景和各种道具与效果。这些模型必须使多边形数量保持在一个合理范围内，以便在游戏中实现实时渲染和交互。

2024年国产游戏《黑神话：悟空》的推出展示了3D动画技术的最新进展和在文化全球传播中的巨大潜力。这款游戏以其精美的画面、逼真的动画和复杂的角色互动吸引了全球玩家的广泛关注。

此外，游戏中的转场影片设计人员的工作与电影3D动画师相似。他们不需要在很

图 2.5　游戏动画角色

图 2.6　PC、PS4 Pro、Xbox One 中国一游戏场景画面对比

短的时间内完成工作，因而能创造出媲美电影品质的高质量游戏预告片和电影场景。为智能手机和平板电脑制作的视频游戏通常在几个月内即可完成开发，而大型游戏项目可能需要 2 到 4 年的时间才能完成。

三、建筑设计

自 20 世纪 80 年代以来，建筑师们开始使用计算机辅助设计（CAD）软件来改进建筑设计。如今，他们不仅利用 3D 软件结合 CAD 程序创建模型，还能在实际建造前进行测试和可视化。例如，Autodesk AutoCAD 和 Revit 等软件可以帮助模拟建筑物在特定条件下的稳定性，并在 3ds Max 或 Maya 中渲染模型，让客户和投资者直观地看到建筑物的外观和内部结构。这种方法提高了设计的效率和精度,使设计的建筑物更为安全和合理。

在我国,现阶段三维动画技术在建筑领域得到了最广泛的应用。早期的建筑动画因为三维技术上的限制和创意制作上的单一,制作出的建筑动画就是简单的移动摄像机的建筑动画。随着现在三维技术的提升与创作手法的多元化,从脚本创作到模型制作,从后期的电影剪辑手法到原创音乐音效、情感式表现方法,制作出的建筑动画的制作综合水准越来越高,建筑动画的制作费用也比以前降低了许多。三维动画比平面图更直观,更能给观者以身临其境的感觉,尤其适用于那些尚未实现或准备实施的项目,使观者提前领略实施后的精彩结果。图 2.7 展示了大型建筑的动画场景。

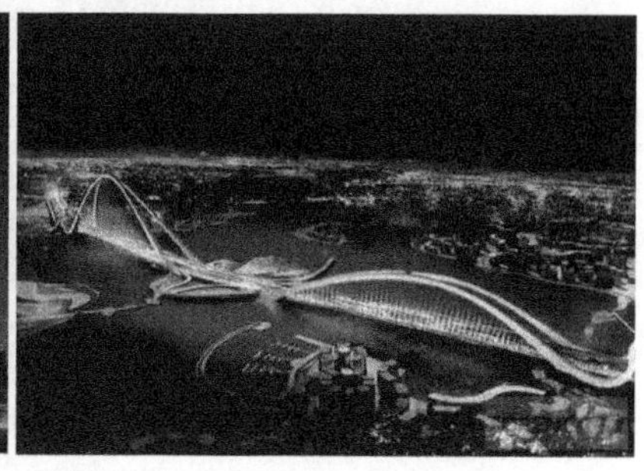

图 2.7　大型建筑的动画场景

三维动画技术在建筑领域的另一个应用是建筑漫游动画,包括房地产漫游动画、小区浏览动画、楼盘漫游动画、三维虚拟样板房、楼盘三维动画宣传片、地产工程投标动画、建筑概念动画、房地产电子楼书、房地产虚拟现实等,如图 2.8 所示。

图 2.8　室内建筑动画场景

建筑规划动画应用广泛,可应用于道路、桥梁、隧道、立交桥、街景、夜景、景点规划,市政规划、城市形象展示、数字化城市、虚拟城市、园区规划,以及场馆、机场、车站、公园、广场、报亭、邮局、银行、医院和数字校园建设等项目。这些动画能够直观展示规划设计的效果,有助于更好地理解和推广建筑项目。如图 2.9 所示,建筑规划动画为项目呈现提供了生动的视觉支持。

图 2.9　建筑规划动画场景

园林景观动画将传统的规划方案从纸上或沙盘上演变到了计算机中，真实还原了一个虚拟的园林景观，涉及景区宣传、旅游景点开发、地形地貌表现，国家公园、森林公园、自然文化遗产保护、历史文化遗产记录，园区景观规划、场馆绿化、小区绿化、楼盘景观等动画，如图 2.10 所示。

图 2.10　园林建筑景观

此外，使用三维动画技术在制作大量植物模型上已有了一定的技术突破和制作方法，使得制作出的植物更加真实生动，在植物种类方面也积累了大量的数据资料，使园林景观植物动画栩栩如生。

四、虚拟现实和 3D Web

虚拟现实的虚拟环境是通过计算机生成的，以视觉感受为主，也包括听觉、触觉的综合可感知的人工环境，从而使人们在视觉上产生一种沉浸感，可以直接观察、操作、触摸、检测周围环境及事物的内在变化，并能与之交互，达到人机融合、身临其境。三维动画技术已在网上看房、房产建筑动画、虚拟楼盘电子楼书、虚拟写字楼、虚拟营业厅、虚拟商业空间、虚拟酒店等诸多项目中采用。

近年来互联网在原来以 HTML 为核心的网页浏览基础上，加入交互式三维元素和方案，3D Web 技术也迅速普及起来，例如 3D 电子地图的应用前景就非常广阔，如图 2.11 所示。

图 2.11　3D 电子地图

五、工业设计与产品展示

产品设计的渲染可视化与建筑渲染类似，都是通过 3D 软件进行设计和测试。首先，在 3D 设计软件中创建产品的 3D 模型，以便测试其构造和功能。然后，通过创建可视化演示动画，展示产品的工作原理及其组装方式。这种方式不仅能够帮助设计团队优化产品，还能向投资者直观地呈现产品的概念和功能，如图 2.12 所示。

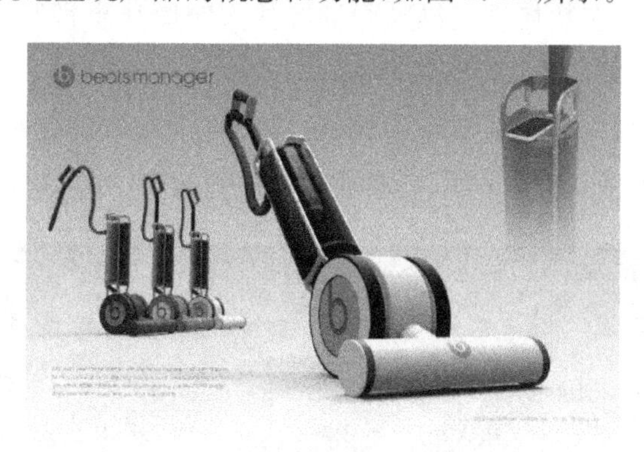

图 2.12　工业设计与产品展示

六、医疗与司法领域

医疗行业以多种方式使用三维动画，既可以创建特定医疗事件的可视化，又可以描绘生物反应。例如用三维动画演示斑块积聚在动脉中会发生什么,如何阻止心脏病的发生。最受欢迎的医疗三维动画类型是用于教育或营销的医学可视化,如图 2.13 所示。三维动画不但可使公众和医务人员了解新技术或新药物,还可以为人类和生物系统创造一个非常丰富的视觉指南,并可以在短时间内提供大量的信息。

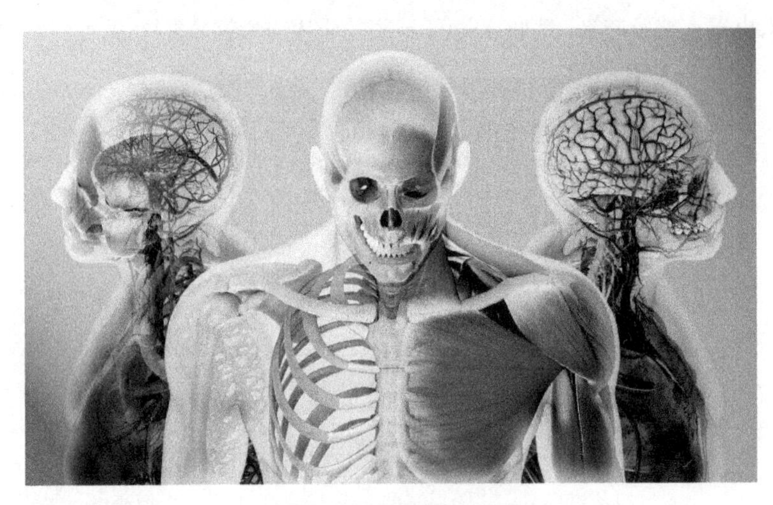

图 2.13　3D 医学可视化

另一种受欢迎的医疗三维动画形式是治疗性三维动画。这类动画与视频游戏行业有关,目前正在进行的研究包括如何使用视频游戏来帮助治疗脑损伤。这些视频游戏会刺激大脑的不同区域,从而有助于脑组织的再生。这些研究目前已经取得了较好的进展,意味着未来我们可以为其他愈合应用创建更多这一类型的游戏。

医疗行业的三维动画是一个非常大的市场,可以为个人创作者或小型专业设计工作室创造利润。但目前大多数接受三维动画训练的人宁愿从事视频游戏或电影项目的工作,也不愿意参与制药公司或大学研究项目。

司法是三维动画另一个重要应用领域,可将三维动画取证和事故重建与模拟,如图 2.14 所示。这类动画的目的是证明、反驳或阐述法庭案件中的事实,以帮助辩护或起诉。

图 2.14　事故重建与模拟

它包括纯粹的计算机物理模拟或只有犯罪现场的手动动画，以便法官或陪审团在需要时分析和研究犯罪现场。例如，可以用来证明一名枪手能够或不能从特定地点射击某人，或者证明车祸情况。这些类型的动画通常不被允许作为纯粹的证据使用。

七、模拟、教育和其他领域

三维动画可应用于模拟器的开发。例如，飞行模拟器通过 3D 动画技术，可以在室内模拟真实的飞行环境，帮助飞行员进行起飞、飞行和着陆训练。飞行员在模拟器中不仅可以操作各种手柄和仪表，还能通过模拟的舷窗看到机场跑道、地平线等景物，如图 2.15 所示。

图 2.15　飞行模拟

3D 动画还被广泛用于模拟仿真各种过程，包括生产流程、交通安全演示、煤矿安全演示、能源转换、水处理、电力输送、矿产冶炼、化学反应、植物生长和施工过程等。这些模拟仿真动画有助于更好地理解和演示复杂的过程，如图 2.16 所示。

图 2.16　工业生产与演示

在教育领域，三维动画也得到了广泛应用。许多基本概念和原理在实际教学中可能难以通过实物演示，而借助三维动画，可以直观地展示这些内容，例如宇宙的形成、基因结构、化学反应和物理定律等。

此外，三维动画还在艺术、增强现实和影像投射等领域逐渐展现出其独特的应用价值。艺术领域中的三维动画作品常常以静态图像、三维雕塑或视频装置的形式展示，而增强现实将虚拟三维元素融入现实世界，影像投射技术则通过投影仪将三维图像投射到建筑物等表面，创造出动态和令人惊叹的视觉效果。

第三章

主流设计软件

现代三维动画制作比十几年前轻松了许多，主要得益于计算机性能的提升和三维动画软件的多样化与功能增强。如今，全球三维动画设计软件是数字媒体领域增长最快的行业之一。技术的快速进步大大推动了该行业的发展，尤其是在娱乐和游戏领域，对动画的需求不断增加，进一步推动了市场的扩展。

三维动画在视觉艺术中因其独特的空间感和表现力而备受青睐。尽管二维动画在某些方面是三维动画的基础，但三维动画更复杂且对计算机性能要求更高。三维动画设计软件的进步离不开插件的广泛使用，以及二维、三维技术的混合运用。此外，非真实感照片工具和着色器技术的进步极大地丰富了三维动画的表现手段，提升了娱乐产业的视觉效果和整体画面质量。

三维动画设计软件行业竞争激烈，许多公司通过技术创新不断提升自己的竞争力。主要的行业参与者包括 Adobe Systems、Corel Corp.、Autodesk Inc. 等。在这些公司提供的高端软件的支持下，诞生了诸如《终结者 2》《侏罗纪公园》和《泰坦尼克号》等一系列高科技特效电影。

Windows 平台的崛起以及 Intel 和 AMD 等微处理器的快速发展，使得 PC 成为三维动画制作的主流平台。随着微软将 Softimage 引入 Windows 平台，图像软件公司之间的并购潮也就此展开，如 Alias Research 收购 Wavefront，后来又被 Autodesk 收购，而 Fractal Design 和 Metatool 合并成 Metacreation。此外，Adobe 最终收购了 Macromedia，统一了平面设计、印刷、PDF 标准、网页设计和 Flash 动画标准。

一、小型三维设计软件

小型三维设计软件指那些操作简单、价格相对较低或专注于特定功能的软件。这类软件虽然整体性能不如大型软件强大，但在特定领域内表现突出，适合中小型项目或初学者使用。

1. Rhino

Rhino（如图 3.1 所示），也叫犀牛，是由 Robert McNeel & Assoc. 开发的一款三维建

模工具,以其强大的 NURBS 建模功能闻名。Rhino 广泛应用于动画制作、工业设计和科学研究,是许多设计师用于高精度建模的首选工具。

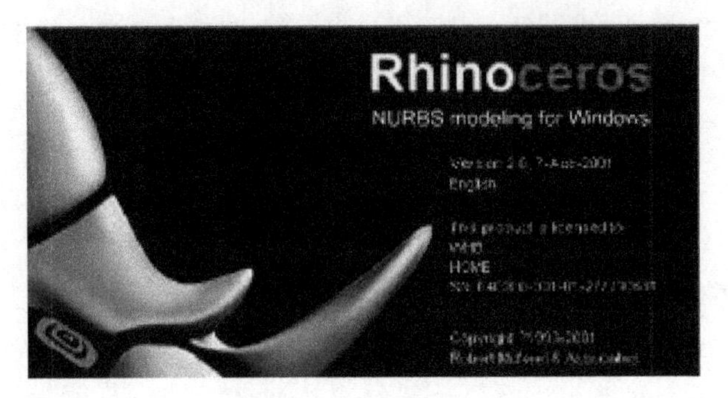

图 3.1 Rhino 首页

2. Poser

Poser(如图 3.2 所示)是一款专注于人物建模的 3D 设计软件,适合初学者快速创建基本动画和数字图像。Poser 包含丰富的预设人物和场景,用户可以轻松调整人物的姿势、表情和动作,广泛应用于角色动画和虚拟摄影工作室。

图 3.2 Poser 首页

3. Marvelous Designer

Marvelous Designer(如图 3.3 所示)是一款专业的三维服装设计软件,能够快速创建逼真的虚拟服装。该软件在游戏和电影行业中广泛应用,如《霍比特人》和《丁丁历险记》中的服装设计都使用了 Marvelous Designer。

图 3.3　Marvelous Designer 首页

4. iClone

iClone(如图 3.4 所示)是一款与实时技术相结合的动画制作软件,简化了人物创作、动画、场景设计等流程。iClone 的 GPU 渲染器提供了极高的生产速度和视觉质量,是开发交互式应用、电影和虚拟现实制作的理想工具。

图 3.4　iClone 首页

5. SpeedTree

SpeedTree(如图 3.5 所示)是一款专门用于三维树木建模的软件,广泛应用于游戏和电影特效中,能够快速创建逼真的树木和植物,并与其他 3D 设计软件和游戏引擎无缝结合。

图 3.5　SpeedTree 图标

6. RealFlow

RealFlow(如图 3.6 所示)是由西班牙 Next Limit 公司开发的流体动力学模拟软件，提供了精确的流体、气体、刚体和柔体模拟工具，广泛应用于电影和动画中的流体特效制作。

图 3.6　RealFlow 首页

7. SketchUp

SketchUp(如图 3.7 所示)是一款由 Trimble Inc. 开发的 3D 建模软件，特别适合用于建筑设计、室内设计和城市规划等领域。它以操作简单和直观的界面著称，即使是初学者也能快速上手。SketchUp 的强大插件库和 3D Warehouse 资源库让用户能够轻松扩展其功能，满足不同的设计需求。

图 3.7　SketchUp 标志

8. ZBrushCore

ZBrushCore 是 Pixologic 推出的 ZBrush(如图 3.8 所示)简化版，专为入门级用户设计。它保留了 ZBrush 的核心数字雕塑功能，但界面更加简化，价格也更加亲民，非常适合对数字雕塑有兴趣但不需要 ZBrush 全部功能的用户。ZBrushCore 广泛应用于角色设计、3D 打印和概念艺术创作中。

图 3.8　ZBrush 标志

9. Substance Painter

Substance Painter(如图 3.9 所示)由 Adobe 推出,是一款专注于 3D 模型纹理绘制的软件。它允许用户实时绘制复杂的材质和贴图,并通过其强大的实时视口,查看最终的渲染效果。Substance Painter 在游戏开发、影视特效和产品设计领域非常受欢迎,被认为是纹理绘制的行业标准。

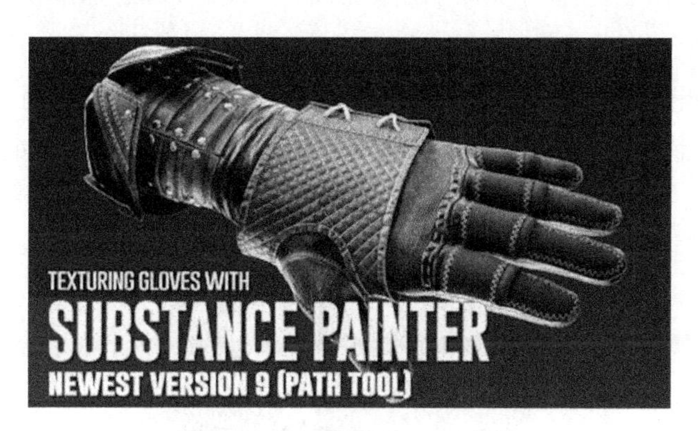

图 3.9　Substance Painter 首页

二、大型三维设计软件

大型三维设计软件指那些功能全面、性能强大且适合处理复杂项目的软件。这类软件通常要求用户经过专门的学习和训练,并且软件价格较高,广泛应用于影视、游戏和建筑可视化等领域。

1. 3ds Max

3ds Max(如图 3.10 所示)是由 Autodesk 开发的一款功能全面的三维动画设计软件。3ds Max 在建模、动画、渲染等方面表现出色,并拥有丰富的插件和强大的技术支持。它广泛应用于视频游戏开发、影视特效制作和建筑可视化等领域，成为许多设计师的首选工具。

图 3.10　3ds Max 标志

2. Cinema 4D

Cinema 4D(如图 3.11 所示)是由德国 MAXON Computer GmbH 公司开发的一款完整的 3D 创作平台，包含建模、动画、渲染、角色、粒子等模块。Cinema 4D 以其易用性和强大的渲染功能而著称，适合从初学者到专业人士的不同人群使用。它在广告、电影和工业设计等方面有广泛的应用，并参与了许多知名作品的制作，如《阿凡达》的部分场景。

图 3.11　Cinema 4D 首页

3. Maya

Maya(如图 3.12 所示)是由 Autodesk 开发的世界顶级三维动画设计软件，广泛应用于影视广告、角色动画和电影特效制作。Maya 整合了先进的动画和数字效果制作技术，功能完善，操作灵活，适合制作高端电影级别的作品。Maya 是专业动画师和特效设计师不可或缺的工具，它在电影行业中的应用非常广泛，如《冰雪奇缘》和《指环王》中的特效就是用它制作的。

图 3.12 Maya 标志

4. Houdini

Houdini(如图 3.13 所示)是由加拿大 Side Effects Software 公司开发的一款旗舰级三维设计软件,以其节点式操作方式和强大的特效制作能力而闻名。Houdini 内置的渲染器 Mantra 可以快速渲染运动模糊、景深和置换效果,满足电影级别的渲染需求。Houdini 在影视特效中应用广泛,许多好莱坞大片如《冰雪奇缘》和《后天》的特效均由 Houdini 完成。

图 3.13 Houdini 标志

5. Blender

Blender(如图 3.14 所示)是一款开源且免费的 3D 设计软件,虽然它功能全面,但其灵活的插件系统和用户社区使其也适合作为小型项目的首选工具。Blender 涵盖建模、雕刻、动画、渲染、视频编辑等多种功能,广泛应用于独立开发者和小型团队的创作中。它的不断更新和强大的社区支持,使得 Blender 在近年来变得非常受欢迎。

图 3.14 Blender 标志

三、动画设计软件的选择

大型动画设计项目常常需要使用几个软件共同完成，为不同规模和特点的三维动画制作任务选择所需的软件，可以发挥各软件的特长，提高制作的效率和质量。

例如在电影《坦特尼克号》中用到的软件有 PowerAnimator、Softimage 3D 及 Prisms，它们均用于建模、动画制作及安置数字化演员到影片中等任务；Dynamation 则用来制作炊烟效果；Renderman 和 Mental Ray 用来渲染着色；LightWave 用来建造船身模型。

面对种类繁多、功能各异的三维动画设计软件，存在如何选择、如何使用的问题。对普通人来说，如果没有什么基础，不建议直接学习 Maya 或 Houdini 的使用方法，原因在于它们的学习难度大，学习周期长。通常建议初学者先学习 3ds Max，等有一定基础后，再去学习 Maya 或 Softimage。更何况就日常设计需求的开发效率来说，3ds Max 更有优势。

大致可分三种情况来选择动画设计软件：

- 即学即用的，如 Modo。Modo 能利用自带的模板快速生成简单的动画，输出质量不高，适合网页和多媒体应用。类似的软件还有 Tree Professionnal、Nurgraf 32。
- 三五天就可上手的，如 Poser、Bryce、iClone、Marvelous Designer。Poser 和 Bryce 是三维动画制作中两个好用又简单的软件，在制作角色和风景方面是非常强的，有 iClone 或 Marvelous Designer 使用经验的人可做到即学即用。
- 还有一类软件要由不同职业的用户根据自身工作需要选择使用。例如，电影工作者要使用 Renderman Pro，工业产品设计师要用到强大的建模工具 Rhino，它的 NURBS 建模功能的强大是世界公认的。不用 Houdini 的人恐怕也用不到 Mantra，但角色动画制作者必然要用到 ZBrush。还有很多更专业的三维设计软件，如专用于制作桥梁的、制作飞机模型的等等。总之，不同专业的人员有不同的需要，不能一概而论。

最后要提醒读者的是，不要忽视插件的应用。第三方插件不仅在 Photoshop 这样的平面软件中有举足轻重的作用，在 3ds Max、LightWave、Maya 这样的三维动画设计软件中，其作用也很大。

第四章

硬件环境与配置

制作三维动画对计算机硬件有较高的要求，特别是对大型动画制作项目来说，硬件条件成为设计质量的必要保证。对于初学者来说，要根据所使用的软件和制作的项目规模来确定硬件的基本配置。

一、计算机平台

以三维动画设计为目的购置的计算机主要有三种类型：工作站、台式机和笔记本电脑，如图 4.1 所示。

图 4.1 不同三维动画制作平台

1. 工作站

工作站通常价格昂贵，计算性能和总体速度具有多种配置和后续升级选择。工作站最初是专为技术或科学应用而设计的，但它同样适用于三维动画设计，特别是工作站具有很好的高级图形卡和 CPU 多线程功能选项。工作站的机箱体积通常更大一些，比台式机或笔记本电脑有更多的电力消耗。工作站通常是动画工作室中的主力计算机。

2. 台式机

台式机是最常见的计算机类型，购买时可以根据需要选择配置，高配置台式机的计算性能与工作站类似，但不适合长时间连续的高负荷工作。由于最新的显卡可以处理许多更复杂的图形计算,今天的台式机功能甚至比几年前的工作站更强大。台式机通常比工作站更实惠,并且各种计算机制造公司具有各种配置,可以搭建性能良好的三维动画设计计算机。标准台式机的物理尺寸小于工作站,但不像笔记本电脑那样便携。

3. 笔记本电脑

笔记本电脑是一种完全便携的独立计算机,具有不同大小的功率和运行速度。笔记本电脑最大的优点是便携,可以在任何地方工作。高端笔记本电脑通常比台式机甚至工作站更昂贵,因为运行它所需的组件尺寸很小。由于尺寸限制和需要气流来冷却其中的部件,笔记本电脑部件的研发成本更高。配置高端独立显卡的笔记本电脑的计算性能甚至媲美一些台式机和工作站,但耗电量高,续航时间短。

二、操作系统

操作系统(OS)可以在任何计算机设备上找到,包括视频游戏机、智能手机、平板电脑和服务器。没有操作系统的计算机等于一张白纸。操作系统是控制和管理计算机硬件、输入/输出(I/O)功能和内存分配的底层软件。操作系统可以帮助计算机运行其他应用软件,包括3D设计软件。如果没有操作系统,用户将无法运行任何其他类型的软件或访问任何硬件。今天流行的操作系统具有图形用户界面(GUI),可以使用鼠标和键盘查看计算机并与其连接交互。

每种操作系统与编写软件代码的方式略有不同。随着软件公司为更多操作系统编写软件,这种兼容性问题在过去几年变得更易于管理。用户可以做的事情是研究要处理的项目类型,并尝试找到适合设计软件的操作系统。由于使用的3D设计软件可能只适用于某一种操作系统,因此会出现严重依赖该操作系统的情况。选择操作系统有时也受制于选择的硬件,例如某些最新的显卡可能缺少某些操作系统的驱动支持。目前市场上最流行的操作系统包括Microsoft Windows、macOS和Linux,如图4.2所示。

图4.2　三种操作系统平台的标志

Windows 是世界上使用最广泛的操作系统，拥有最多的兼容硬件选择和大量的 3D 设计软件及插件资源。它的缺点是容易受到计算机病毒的攻击，并且可能会随着时间的推移而减慢系统运行速度，甚至从硬盘驱动器中删除信息。因此，Windows 用户必须安装防病毒软件。

macOS 是苹果计算机专用操作系统，基于 Unix 开发，具有创造性风格和设计，吸引了大量艺术家和设计师。macOS 只能在 Mac 上运行，这使苹果公司能够准确了解其销售的每台计算机的性能类型和图形输出。这意味着 Mac 中的所有组件将协同工作，即使普通计算机用户也很容易修复。另一方面，由于 Mac 的组件非常昂贵，很少有用户会选择升级部件。今天的许多 3D 设计软件可以很好地在 macOS 上运行，但有些第三方插件不兼容。使用基于 Intel 的 Mac 计算机可以同时安装 Mac 和 Windows 操作系统。

Linux 是一个开源操作系统，可以在很多硬件上运行。Linux 既可以作为服务器操作系统，也可以运行于 ARM 等微硬件，来自世界各地的用户升级并推动该操作系统的未来发展。Linux 已经通过许多移动设备进入消费者市场。由于 Linux 操作系统基于开源代码，因此消费者经常可以看到它以 CentOS、Ubuntu、Debian、Fedora、Red Hat 和 Novell 等名称发布版本。这些操作系统都使用 Linux 代码，适用于某些特定行业。由于具有运行效率高、跨平台等特点，近年来大量 3D 设计软件开始支持 Linux 系统，Linux 也受到了大型动画工作室和企业的欢迎。

三、硬件

配置适合 3D 设计和动画制作的硬件环境时，有几个关键因素需要考虑，下面简要对处理器、内存、硬盘和显卡的选择进行介绍。

处理器(CPU)是计算机的大脑，决定了图像加载、数据处理和总体计算速度。在选择处理器时，应优先考虑主频高、二级缓存大、内核数量多的多核处理器。多线程处理能力对于渲染复杂场景尤为重要，尤其是在使用多个处理器时，可以显著提高计算效率。例如，市场上有多达 12 个核心的处理器，能够提供多线程处理功能。在进行图像渲染计算时，多核处理器的优势尤为明显。图 4.3 展示了两种主流 CPU 品牌。

内存(RAM)是存储处理器需要快速访问的临时数据的组件。内存的容量和速度直接影响计算机运行多个应用程序的能力。增加 RAM 是提升系统性能最简单和经济的方式。当前，DDR4 内存是主流选择，它通过主板上的插槽连接。图 4.4 展示了主板上的 DDR4 内存插槽。

图 4.3　两种主流 CPU 品牌

图 4.4　主板上的 DDR5 内存

硬盘也是关键组件之一，它负责存储计算机中的所有数据。当前市场上常用的硬盘类型包括 SATA 机械硬盘和 SSD 固态硬盘。SATA 硬盘的转速通常为 5 400 到 7 200 r/min，最高可达 15 000 r/min，适合大容量存储。而 SSD 硬盘则没有机械部件，其读写速度非常快，主流接口为 M. 2，但制造成本较高，适合需要高效存取速度的场景。如图 4. 5 展示了 M. 2 硬盘的几种接口。

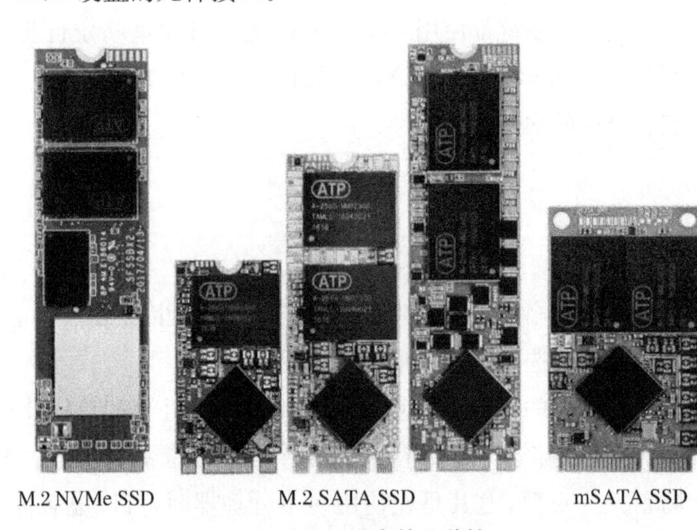

图 4.5　M. 2 硬盘的几种接口

显卡对于 3D 设计至关重要，尤其是在渲染复杂场景时。专业级显卡如 NVIDIA 的图灵架构 GPU，可以实时渲染复杂场景，并支持 AI 功能和光线追踪。这些显卡专为图形工作站设计，提供比消费级显卡更高的性能，特别是在多边形生成速度和像素填充率方面有显著优势。图 4. 6 展示了高端专业显卡，图 4. 7 展示了 SLI 并行多卡配置。

总的来说，3D 设计对硬件的要求极高，因此在配置计算机时，应优先选择高性能处理器、大容量低延迟的内存、SSD 存储设备以及专业显卡。此外，选择宽屏、大尺寸、色彩还原度好的显示器也能大大提高工作效率和视觉效果。通过合理配置硬件，可以显著提升 3D 设计和动画制作的效率和质量。

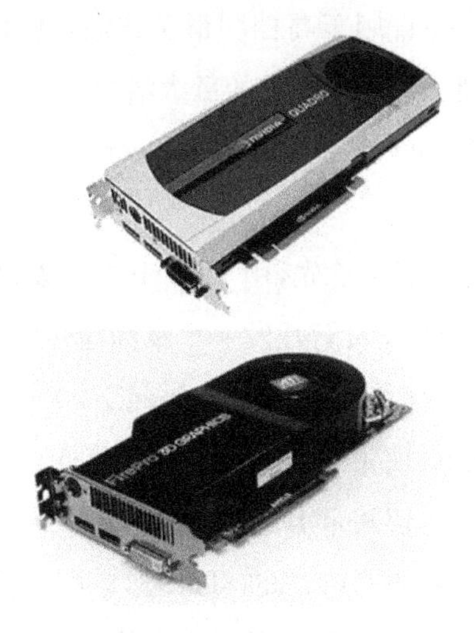

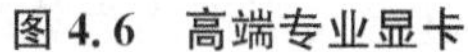

图 4.6 高端专业显卡

图 4.7 SLI(并行多卡)

四、3D API

很多时候实际的渲染是通过 CPU 计算实现的，如果想利用显卡上的 3D 加速硬件，需要 API(Application Programming Interface，应用程序接口)的驱动，无论是 OpenGL 还是 Direct 3D，因此 API 对三维动画设计是非常重要的。

3D API 是 3D 加速硬件与三维动画显示和计算的接口，通过调用 API 内部函数自动与硬件的驱动程序沟通，启动 3D 芯片内强大的 3D 图形处理功能，从而大幅提高 3D 应用的效率。目前 3D 加速芯片基本上都有其专用的 3D API，而普遍应用的 3D API 有 Direct 3D、OpenGL、Heidi 等，下面就对这几大 API 进行介绍。

1. Direct 3D

Direct 3D 是微软公司专为 PC 游戏开发的 API，最初版本发布于 1995 年，是 OpenGL 的主要竞争对手。作为 DirectX 的一部分，Direct 3D 与旗下的 Windows 操作系统兼容性好，可绕过图形显示接口(GDI)直接进行支持该 API 的各种硬件的底层操作，大大提高了游戏的运行速度，并且一直以免费使用的形式提供给用户使用。

2. OpenGL

OpenGL(开放式图形接口)由 SGI 公司开发，是一个跨语言、跨平台的应用程序编程接口(API),用于渲染 2D 和 3D 矢量图形。OpenGL 通常用于与图形处理单元(GPU)交互,以实现硬件加速渲染。由于 OpenGL 起步较早,一直用于高档图形工作站,其 3D 图形功能很强,甚至超过微软的 DirectX,能最大限度地发挥 3D 芯片的巨大潜力。

在 2018 年 6 月,苹果在其所有平台(iOS、macOS 和 tvOS)上弃用了 OpenGL,强烈鼓励开发人员使用专有的 Metal API。

进入 21 世纪之后,图形软件市场发生了有趣的变革。首先,由于 Web 的大发展,微软在桌面操作系统上一统天下的局面出现了松动。如今,人们开发一个桌面应用程序必须考虑在 Windows 和 Mac 及 Linux 三个平台上的可移植性,这就使 OpenGL 的标准和开放性成为一个重大的优势。其次,图形硬件市场实现了整合,NVIDIA 和 ATI 成为 GPU 市场的领袖,它们具有足够的财力和技术实力,可以按照自己的意愿对 OpenGL 提供第一流的支持。最后,更重要的变革在于,PC 已经不再是唯一的 3D 图形应用平台,智能家电、游戏机、手机、平板电脑、车载计算机、工业设备、机器人等都成为新的图形应用平台。在这些平台上,OpenGL 是独一无二的首选方案。

3. Heidi 和 Nitrous

Heidi 是一个由 Autodesk 公司提出来的标准,在 3D Studio Max 2012 版之前采用 Heidi。Autodesk 公司为这些软件单独开发 WHIP 加速驱动程序,因此其性能优异。这种显示驱动程序使用 CPU 转换三维物体为二维图像,同时把图像显示在视角中。这种方式无需任何 3D 加速芯片,而主要靠 CPU 的计算能力,通常称这种加速方式为软加速。

自 3ds Max 2012 起,为了在显示性能和视觉质量方面有所提升,Autodesk 采用了一个新的 Nitrous 视窗系统。

有趣的是,很多媒体人会提到动画领域的 Blinn 定律,或称之为性能提升的悖论,如图 4.8 所示。计算机图形先驱詹姆斯·布林曾指出,在 CG 中,渲染时间保持不变,即使计算机速度更快。人们都熟悉摩尔定律,该定律表明芯片上的晶体管数量大约每两年增加一倍。这意味着任何使用计算机的人都可以预测更高的速率。在 CG 领域,摩尔定律可以用来解释 Blinn 定律背后的基本思想:如果一个动画工作室,今天每帧动画花费 10 个小时的计算时间,那么 10 年后每帧动画仍会花费 10 个小时,无论计算处理能力进步到什么程度。这背后是动画制作要求本身越来越高,使用更多粒子、更详细的网格、更大的集合、高级着色器和更复杂的照明场景,在此情况下使用更强的硬件实现的任何速度增加都很快被抵消掉。硬件性能的提升不会被用来节省时间,而是去渲染更复杂的图形。这就是皮克斯的渲染时间在过去的十多年中基本保持不变的原因。

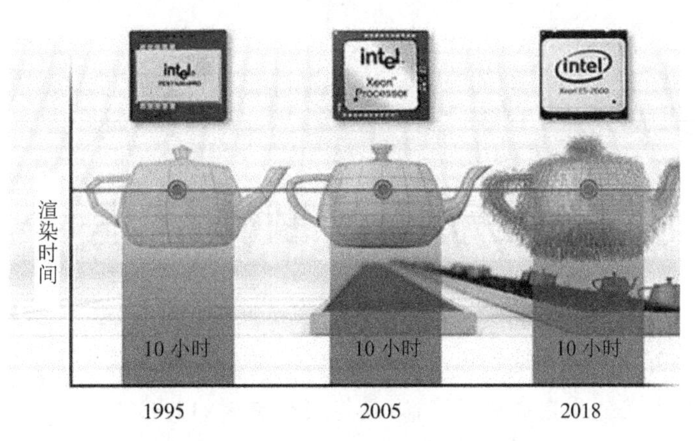

图 4.8　性能提升的悖论：Blinn 定律

最后需要补充一点，如果你一直没有升级硬件，请考虑改进渲染时间和加快数据加载速率。无论是下一代视觉效果，还是消费产品的设计，其质量预期都比以往更高。新硬件可以在有效学习新技术和保持领先地位方面发挥重要作用。

第五章

三维动画的制作流程

制作三维动画有些像制造手机的生产流水线，每个人按照顺序进行工作，以有效、负担得起和及时的方式创作完成中间产品，最终实现有效的制造工艺和最终产品的较低成本。三维动画制作团队的成员可以多至数百人少至两人，每个制作流水线上工作的人最终都必须与他人协同。因此，了解各人所承担的工作将如何影响生产流程中的后续步骤是至关重要的。本章首先描述流水线的各个阶段以及它们如何相互链接，然后对特定制作阶段进行更详细的说明，最后介绍一些制作团队管理工具。

一、三维动画的基本制作流程

三维动画制作流程很复杂，可能比任何其他形式的动画都复杂得多。三维动画制作流水线由一组人员、硬件和软件组成，他们按照特定的顺序排列，以创建三维动画产品或资源。最终产品可能是一个传统的产品，如短片、电视节目或视频游戏，也可能是完全不同以往的产品。例如，一家寻求资助的创业公司可能会雇用3D工业设计工作室来为投资者制作最终产品模型，然后对其进行快速原型化。三维动画制作使用的具体硬件和软件可能因项目类型而异，但制作流程的基本阶段基本上是相同的。

制作三维动画涉及的16个最常见的步骤如图5.1所示，不同项目和不同的三维动画工作室，其具体步骤可能会有所不同。

1. 创意/故事设计

(1) 项目规划

不少人都很想快速进入3D动画制作阶段，但有经验的设计师会首先花费时间进行细致的项目规划。项目规划阶段投入的每1个小时，能节约实际制作过程的10个小时。而绘制草图在规划阶段中又占有很大比重。米开朗琪罗拥有成堆的草图，这些草图在今天看来是杰作，然而对他来说，它们只是取得最终成果的思考过程。草图中有对物体或人体形状的研究，也有关于结构与平衡的设计。

现在有许多艺术家也许不需要规划，直接在画布上泼洒灵感即可完成作品，然而过去的艺术家们都是先花费时间规划好他们所要创作的作品。模型的形状和镜头的组成

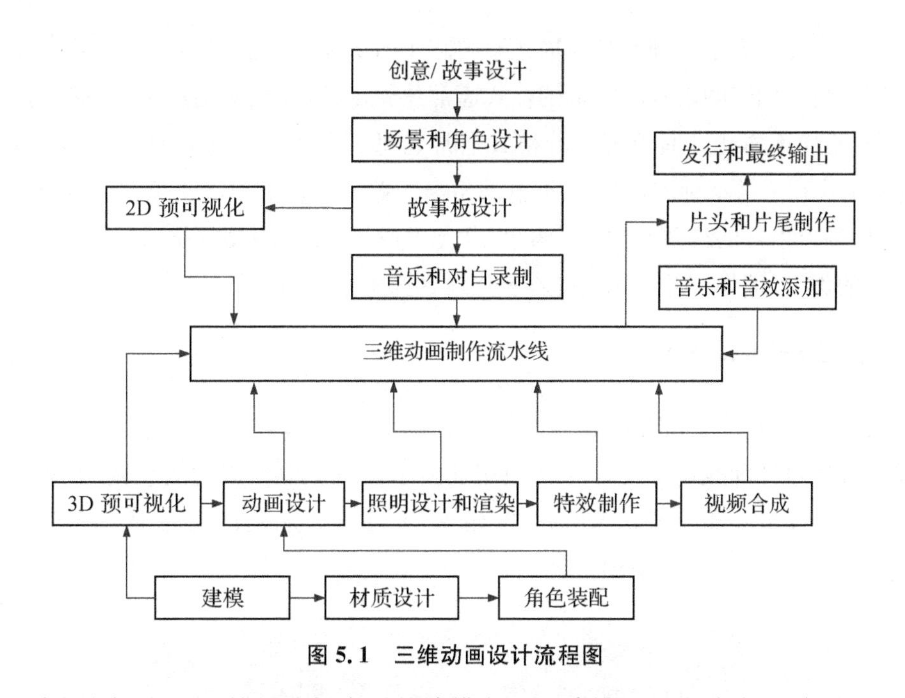

图 5.1　三维动画设计流程图

在纸上更改并定形之后，就要选择合适的建模方法。建模过程十分有趣，但它只是整个制作过程的一小部分，也是动画制作过程中较为容易的环节。这里存在一个误区，不少初学者会花很多时间来创作精细的模型，这些模型却不能适用于材质设计或动画制作环节。最终，它们也只是一些漂亮的模型，而不是完整的工程。这个模型的背面会不会被看到？在画面中，这个模型或拍摄这个模型的摄像机会运动吗？光线有多亮？什么样的建模方式有利于后期赋材质？开始建模之前，这些问题都是需要考虑的。精细地去建一些实际拍摄不到的 3D 场景区域或模型部分是没有意义的，没有必要花数小时建一个在画面中一闪而过，并且存在运动模糊的模型。

（2）创意与故事设计

3D 项目的创意可以从任何地方产生。一个好的创意可以通过一个词、一句话、一个颜色、一个味道、一个声音、与一个陌生人交谈或者别人的谈话来引发。那瞬间的火花只需要足够点燃自己，并以对话的方式描述出来，就是好的创意。

好的创意产生后就要把它变成叙事形式。这个松散的故事不是一个正式的短篇小说或剧本，它只是故事情节的基本概念。为了更好地理解这个故事，可以将想法写成提纲或书面摘要，包含基本的细节，比如时间、角色以及一些重要的故事时间点。

脚本或剧本是最终故事的正式书面形式，其中包含基本的人物关系、环境、时间、行为、对话和冲突。这种文学形式旨在为制作团队创造一个整体故事的视觉想法。制作团队中的许多人将会看到脚本，并能够快速获得所需的信息。

三维动画最终产品是所展示的故事，而不是直接念给观众听。因此，脚本通常不是给观众坐下来阅读的最终产品。不在视觉叙事行业工作的人多数不会理解为什么描述没有全部包含在脚本中。脚本必须描述不同制作团队在屏幕上看到和听到的内容，让制作人员了解将要创建的内容。脚本的格式通常是固定的，并且明确规定了哪些内容应该描述，哪些不应该描述。书面脚本的格式通常以每页大约对应 1 分钟的屏幕时间为标准。这种格式在三维动画和电影行业中是相当普遍的。目前市场上有许多脚本编写软件，这些软件可以帮助编剧专注于故事的内容，而不是最终的脚本格式。脚本的长度取决于项目的类型，例如一部电影的剧本长度通常为 100～120 页。

2. 场景和角色设计

在设计阶段，制作人员要决定动画影片的最终外观，包括人物设计、道具设计、服装和环境设计。设计师或概念设计人员使用任何手段来创建他们的概念艺术，从彩笔、铅笔、木炭、粉彩或传统油漆到计算机软件，如 Adobe Photoshop 或 Corel Painter。图 5.2～图 5.4 为场景和角色设计的示例。

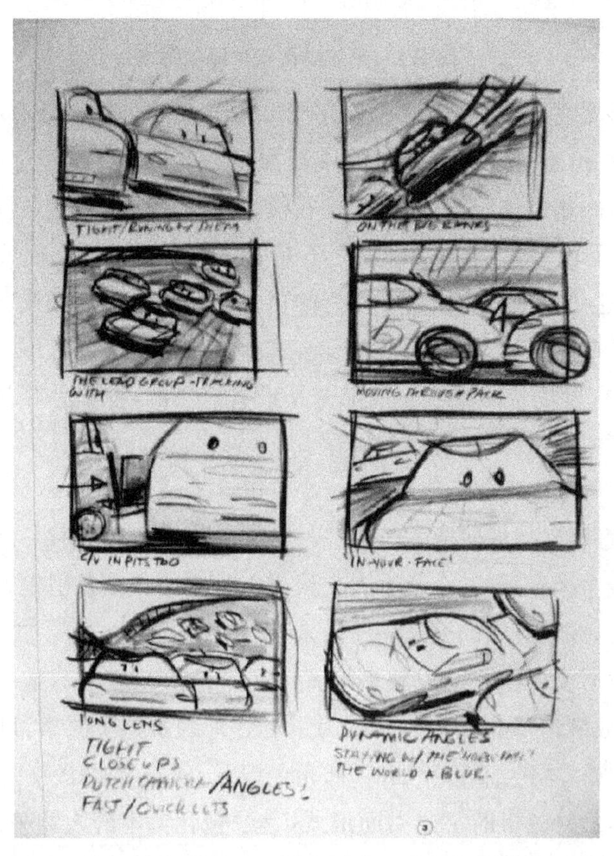

图 5.2　皮克斯工作室制作的《汽车总动员》中的分镜头脚本

概念设计人员通常会在一天内为角色绘制许多快速草图，并根据导演的反馈来完成最终设计。专业 3D 建模人员可能需要长达一个星期的时间来创建最终的模型，而导演

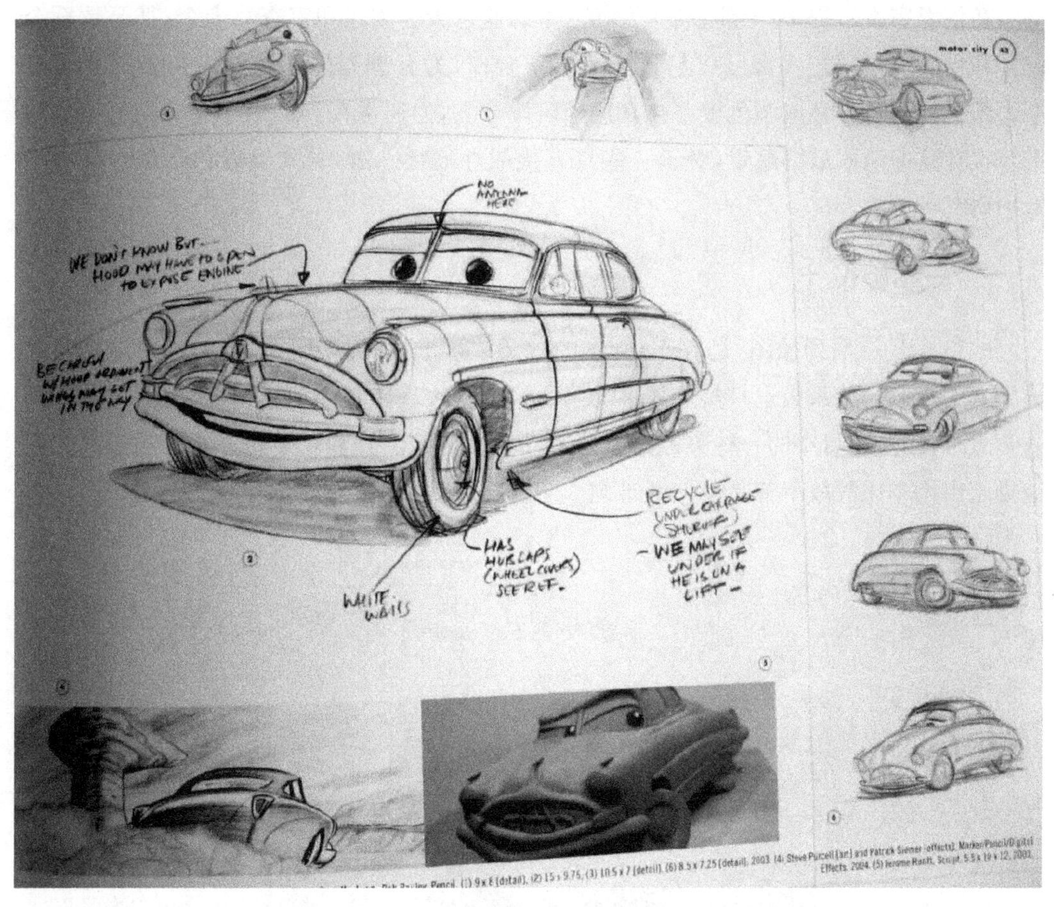

图 5.3　皮克斯工作室制作的《汽车总动员》中的角色设计

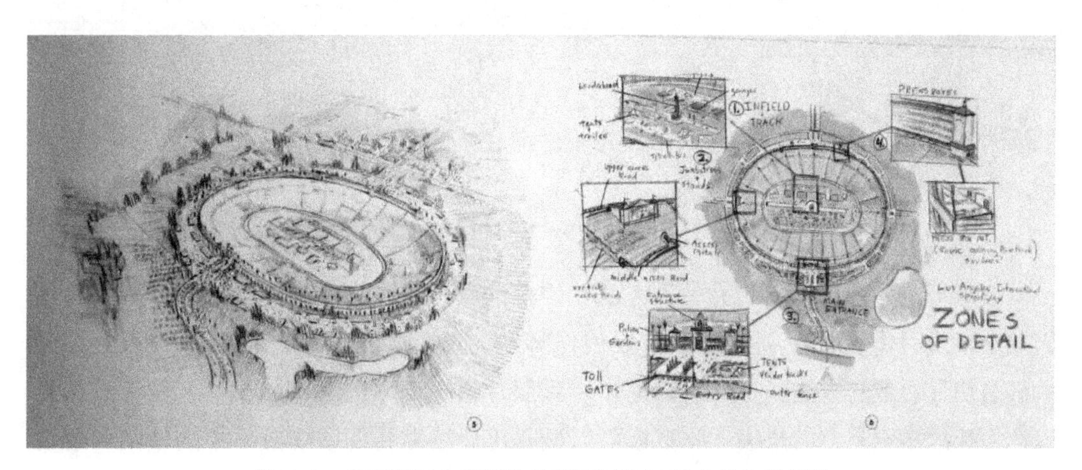

图 5.4　皮克斯工作室制作的《汽车总动员》中的场景设计

希望在模型完成后不再对设计进行修改，因为时间上不允许这样做。因此在前期制作阶段，团队会构思角色或环境的整体外观，并在预生产结束时将最终设计发送给建模团队实现。

在创意审查过程中，导演、制作人和艺术总监每天会创建和审查数十个，甚至数百个设计和绘画。概念艺术家可以与数字雕塑家合作，为有潜力的设计制作初步的数字模型。角色的配色方案或调色板也会在这个阶段开发，但通常直到最后才会确定。角色的细节也在这一阶段最终敲定，对于一些具有挑战性的特殊需求（如毛皮和布料），会进行专项研究和开发。

3. 故事板设计

故事板是一系列插图，是脚本/剧本的视觉故事形式，以二维方式展示，可以把它当成脚本的漫画。故事板也是整个故事的第一个视觉表现。它包括早期的分镜头，可能的视觉效果，以及项目中的一些关键角色姿势或场景事件。故事板中的每一帧图像都直观地描绘出剧本中的故事节奏或关键时刻。图 5.5 展示了一个故事板。

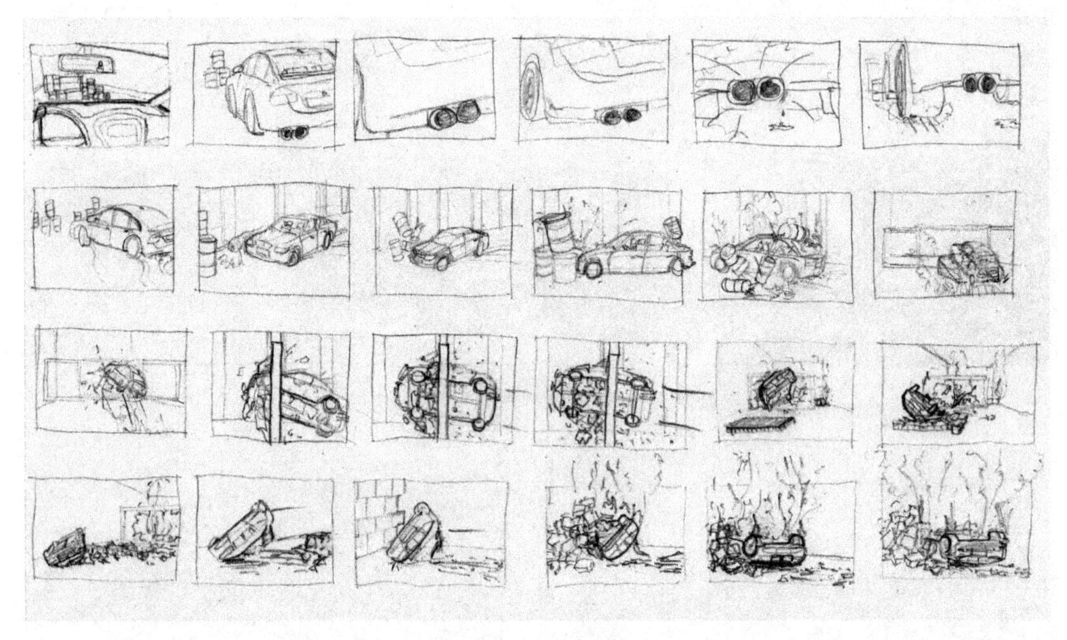

图 5.5　故事板

故事板也是撰写故事的另一种方法。许多动画师跳过脚本/剧本创作阶段，因为他们缺乏正式写作的训练，直接将故事板用作脚本。对视觉设计人员来说，故事板是讲述故事最快最有效的方法。有一句话说，“一张照片值一千字”。根据故事板，设计人员可以产生让故事更完整的想法。故事板可以显露出后续需要调整的故事中的缺陷和逻辑漏洞。

有些视觉设计人员甚至直接在餐巾纸的背面绘制故事板草图，当然也可以使用最新的软件或数字艺术工具来绘制。制作团队用故事板来直观地了解项目中持续发展的重要工具，故事板是将所有后续生产步骤联系在一起的重要环节。如今，越来越多的动画团队在项目中投入大量时间制作故事板，这些故事板包含了画面的结构、镜头的拍摄方式和运动设计等关键信息。

故事板的第一个重要因素是时间，它展示了事件发生的顺序，从一个事件到下一个，再到最后的事件。第二个重要因素是互动，这指的是配音与图像的配合、视觉过渡和效果如何连接图像，以及声效、音乐和配乐之间的互动。在故事板中，各种元素可以相互影响和配合。

4. 音乐和对白录制

对白录制是根据导演的要求使用配音演员完成对白的录制，要求是基本符合同期声音的听觉感，口型正确，景别描述清晰。对白素材加入场景环境声音（听到的风声、雨声等环境产生的声音），编入独立的总线，以便在动画预可视化环节调用。在电影中，对白录音一般放在 5.1 或 7.1 声道的中声道使用。

作曲人创作并录制出音乐，按照导演要求重新剪辑对点，并利用音乐编辑工程中音轨再次创作出符合画面表述的音乐，最终剪辑出符合时长和镜头衔接的音乐。

5. 2D 预可视化

2D 预可视化可以看作动态的故事板，一般用于大型项目。

如果将故事板视为一部漫画，那么 2D 预可视化就是这个故事的 2D 版本动画片。它使用简单的声效，目的是展示故事的顺序和节奏。前期制作团队会在这个基础上对故事板进行调整和优化，最终形成完整的动画影片。2D 预可视化可以通过一些帧编辑软件或动画软件创建，形式较为简单，通常包含一些临时对话和基本的动画效果。

2D 预可视化使导演和编辑可以为整个影片设计出风格和节奏，以及每个单独镜头，将这些镜头组合在一起时可以在视觉上产生流动感（图 5.6）。传统的实拍电影和电视导演可以多角度拍摄，后期制作时对素材进行编辑选择，但是如非必要，三维动画不允许在后期制作阶段进行大量的剪辑，因为每个动画片段的渲染制作成本非常高。因此，动画电影与电影电视的主要区别之一是动画项目的最终编辑是在制作阶段，而非后期制作阶段。

在商业电影和电视节目的制作中，3D 动画或 3D 视觉效果通常数量有限且造价昂贵。因此，制作团队在拍摄之前需要清楚地了解所有镜头的效果。2D 预可视化对摄像师和导演来说非常有帮助，因为他们可以在拍摄时考虑摄像机角度的类型与设置，以便更好地匹配视觉效果。此外，2D 预可视化还能帮助演员了解即将与他们互动的视觉效果，如即将出现的怪物或破坏场景，从而更好地投入表演。

由于这些项目制作前期阶段的复杂性，很多导演在一开始会面临很大的挑战，2D 预可视化的应用可以有效地帮助他们克服这些困难，确保整个制作流程的顺畅进行。

图 5.6　2D 预可视化

6. 建模

在故事板完成并由制片方批准后，接下来就可以开始构建模型、环境和角色的任务，称为“建模”。建模部门的工作是将二维概念艺术转化为三维模型，并提供给动画师使用。3D 建模是一种独特的创作过程，在其他任何形式的媒体制作中都难以找到类似的过程。

1）多边形建模

多边形建模非常适合机械和建筑模型的制作，因为它能够精确地控制几何形状。多边形建模的优点在于精确性和结构化，缺点是对于复杂的有机形状不太适用。

2）数字雕塑

数字雕塑更适合用于角色模型的制作，它能够以更自然的方式处理复杂的有机形状。数字雕塑的优点是高度的自由度和细节控制，缺点是需要较多的计算资源。尽管这两种方法的差别很大，但它们在建模过程中往往相辅相成，共同构建出最终的 3D 模型。

在三维动画中看到的所有内容都必须经过建模(图 5.7)。模型是对象的几何表面表示，可以在三维动画设计软件中进行查看和操作。

图 5.7　3D 模型

7. 3D 预可视化

3D 预可视化阶段创建了整个动画的 3D 草图版本，这个阶段至关重要。在 2D 动画中，透视角度、角色与摄像机的比例、物体之间的距离等关系可能被模糊处理，但在 3D 动画中，这些关系必须明确。3D 预可视化设计人员根据 2D 预可视化结果，使用 3D 摄像机、3D 角色和 3D 环境来匹配不同的镜头。3D 预可视化成为 3D 动画项目其他制作团队的重要蓝图和指南。

在 3D 预可视化阶段，导演可以计算出任何复杂的摄像机运动，这些运动在传统的故事板和 2D 预可视化中无法轻易实现。3D 预可视化是一个贯穿整个动画制作过程的任务，可以从前期阶段开始，并延续到后期制作阶段。

一旦创建了最终模型的代理几何体（即低分辨率模型，包含对象的比例和基本形状），3D 预可视化制作就应该开始了。图 5.8 展示了代理模型（左图）和最终模型（右图）之间的区别。

图 5.8　3D 预可视化

在这个阶段，制作人员首先获取角色的尺寸、形状和环境等基本信息，并开始对角色和摄像机进行简单的动画制作。在 3D 预可视化中，代理模型不需要过多的细节，只需提供基本的动画转换信息，例如角色从 A 点移动到 B 点，或者角色面向摄像机的方向。

随着动画制作的推进，3D 预可视化的编辑文件也逐渐增多。编辑文件通常在视频编辑软件中创建，如 Adobe Premiere 或 Final Cut Pro。制作团队可以在这个阶段添加演员的最终配音和背景音乐，并在 3D 预可视化完成后为项目添加音效。此时，还可以将粗略的动画和最终动画插入 3D 预可视化中，以便查看它们在最终编辑版本中的相互作用效果。导演和动画师通过这一过程可以确保在添加动画后，摄像机的移动与项目的整体连续性保持一致。

在 3D 预可视化阶段，制作阶段的许多其他任务也会比通常进展得更快。例如，设计人员可以开始设置服装，进行最终动画检查，并为项目添加照明组件。3D 预可视化不仅为后续制作奠定了基础，还大大提高了整个制作过程的效率。

8. 材质设计

在材质设计阶段，3D模型将被赋予材质、纹理和颜色，使其更加逼真和富有表现力。每个模型组件都会接收不同的着色器材质，以确保其外观与设计相符。例如，塑料材质将具有反光光泽，而玻璃材质则会呈现部分透明并折射光线的效果。通过将二维图像投影到模型上或直接在模型表面绘画，纹理设计人员可以为3D模型添加颜色和细节，这一过程被称为纹理映射。

纹理设计人员的任务是根据设计概念或现实世界的对应物，为模型表面赋予合适的纹理和颜色。例如，木制桌面模型需要呈现木头质感，而金属桌面则需要显现出金属的特性。纹理设计人员可能会手工绘制纹理，或使用照片素材创建无缝图案，这些纹理可以在Photoshop等软件中创建，并直接应用到3D模型上。此外，头发的纹理通常通过使用发片图片来模拟成组的效果，而不是逐根模拟头发。

如今，纹理设计人员可以在软件中实时在3D对象上直接绘画，例如使用Mudbox、BodyPaint 3D或ZBrush。这些工具使得纹理设计更加直观和高效。图5.9展示了在使用默认灰色材质进行纹理化之前的模型（左图），以及应用纹理后的相同模型（右图）的对比。

图5.9　绘制纹理前后的效果相比

9. 角色装配

在3D动画制作中，角色装配是让角色实现自然运动和表现情感的关键步骤。角色装配包括创建控制系统、骨骼绑定和蒙皮等环节，使角色能够自由地移动并表现情感，从而使动画生动逼真。

索具(rigging)是角色装配中的关键控制装置，它帮助动画师更高效地驱动角色。创建一个优化的控制系统，让动画师能够快速、有效地操作角色，这是角色装配的主要任务。图 5.10 展示了一个带有索具的最终角色模型，动画师可以选择曲线来帮助移动物体。

图 5.10　带有索具的最终角色模型

骨骼绑定是为 3D 角色创建内部骨架系统的过程，通过这些虚拟骨骼，动画师可以控制角色的各个部分。蒙皮则是将角色的外部皮肤附加到骨架上，以确保角色的皮肤能够自然地跟随骨骼的动作。

角色动画是将装配好的角色应用于实际动画制作的过程，包括角色的行走、说话和表情等。通过骨骼绑定和蒙皮，动画师可以让角色在 3D 空间中进行复杂的动作，最终实现生动逼真的动画效果。

10. 动画设计

动画设计是 3D 制作中的核心环节，它不仅仅是为场景增添运动，更是赋予角色和对象生命与个性的过程。糟糕的动画会毁掉整个 3D 项目，即使模型和灯光设置再完美，不切实际或令人分心的动作都会让观众无法理解作品的意图。动画通常被称为“4D”，因为它不仅涉及三维空间(3D)，还涉及时间的维度。时间作为第四维度，为三维场景赋予了动态节奏和艺术表现力。

在动画设计中，动画师通过不同的技术手段为角色注入生命。角色索具是其中的重要环节，动画师使用虚拟骨架或索具来控制角色的肢体、表情和姿势。动画通常通过姿势到姿势的方式完成。这意味着动画师首先为动作的起始和结束设置关键姿势，再在这些关键姿势之间插入过渡帧，使动作流畅且节奏适当。这种方法帮助动画师更好地控制动作的节奏和表现效果。动画的实现方式包括手动关键帧动画、动作捕捉、物理引擎应用以及程序动画。由于动画设计涉及大量细节处理和调整，它往往是整个制作过程中最耗时的部分。

科学动画设计与娱乐行业的动画设计有所不同，主要用于展示产品、系统分解、自然事件等。科学动画往往依赖于程序动画和少量手动关键帧设置，而建筑动画则常采用摄像机飞越镜头等手法，以更好地展示结构和空间。

3D 摄像机是动画设计中的另一个关键工具。与现实世界的摄像机不同，3D 摄像机不受镜头、光圈等物理限制。动画师可以在 3D 空间中精确定位摄像机，并模拟各种现实摄像机的功能，如焦距、景深等。此外，3D 摄像机没有尺寸或重量限制，可以移动到任何位置，甚至进入最小的物体内部。这种灵活性使得 3D 摄像机能够创造出不可能的视角，增强动画的表现力。通过创建摄像机视图，动画师可以从摄像机的角度观察和拍摄场景，使动画更加生动和引人入胜。

11. 照明设计和渲染

照明在 3D 场景中起着至关重要的作用，决定了场景的最终呈现效果，就像在现实生活中，光线的使用直接影响物体的外观和氛围。照明设计如果运用不当，可能会使场景显得生硬、不自然，破坏之前精心创建的模型和材质；但如果运用得当，则可以使场景栩栩如生，甚至达到与现实生活几乎无法区分的效果。

在 3D 世界中，照明不仅仅是简单地为场景增添光源，而是要考虑光线如何与材质、纹理和摄像机角度相互作用。3D 灯光师的工作类似于电影或摄影中的照明设计师，他们必须在数字环境中模拟真实的光源，例如聚光灯、灯泡或太阳光系统。正确的照明设计能够传达导演想要的情绪和氛围，甚至比纹理的设计更能影响观众的感受。

为了达到逼真的效果，照明设计师需要与材质纹理设计师紧密合作，确保材质与光线的互动真实可信。这个过程涉及大量的沟通与调整，最终目的是让阴影、反射和光照效果达到理想状态。照明不仅仅是技术性操作，还需要大量的艺术性判断，以确保灯光能够传达出特定的情感和氛围。

在最终渲染阶段，照明设计师会将整个场景分解为多个子渲染过程，这些过程分别处理场景的不同部分，如单个对象、背景、阴影、高光等。通过这种分层渲染的方式，后期制作可以对每个部分进行独立调整，从而实现更强的控制力和更大的灵活性。虽然渲染过程不是生产流程的最后一步，却是至关重要的环节，直接影响到最终作品的质量。

如果项目仅需要输出静帧图像，渲染过程相对简单；但如果输出的是动画，则需要确保故事情节连贯，并且能够被观众轻松理解。在需要声画同步的动画中，通常会建立声画对位表，将运动与声音精确对应，确保最终的视听效果达到最佳状态。

12. 特效制作

特效制作是动画和影视作品制作中的关键环节，通常在合成阶段进行。视觉效果和动态图形在这一阶段被整合到最终画面中，如图 5.11 所示。整个过程从照明设计完成初步合成开始，随后预编辑内容会交由 2D 视觉效果设计师进行处理，以确定最终效果。许多效果，如火花、烟尘、灰尘、雨滴、背景替换、绿屏抠像和动态遮罩等，通过 2D 方式添加通常比 3D 方式更为高效和灵活。

图 5.11　3D 特效制作

运动图形设计师的工作与 2D 视觉效果设计师相似，但他们更专注于为影片创建镜头所需的图形设计元素。运动图形通常出现在片头或片尾，增强了影片的视觉冲击力和整体效果。通过特效制作，动画和影视作品的画面表现力得到了极大的提升，能够更好地传达创作者的意图，带给观众更加震撼和真实的视觉体验。

13. 视频合成

在动画影片渲染完成之后，接下来需要对输出的帧序列文件或视频文件进行剪辑和合成。剪辑的目的是精简内容，确保每个动画片段都能够推动故事情节发展。剪辑过程往往需要反复进行，以去除那些冗余或不必要的片段，这样可以保持影片的节奏和观众的兴趣。剪辑的时间安排非常重要，这是检验之前制作流程是否顺利衔接的关键环节。如果发现不理想的部分，还可能需要返工调整。

合成是将所有创建和拍摄的图像进行分层和整合的过程，以制作最终输出图像。这个过程可能涉及从几个简单层次的管理，到数百个层次的复杂匹配。合成的图像可能包括 3D 设计软件生成的图像、2D 图形，或是与真人实拍结合的混合内容。合成时，需要处理最终的照明计算，包括阴影和反射，以及特殊效果的集成，如景深模糊、雾气、烟雾和爆炸等。后期处理还涉及亮度、颜色和对比度的调整，这些通常是在渲染完成后在图像处理软件中进行。合成过程中可能涉及舞台扩展、环境创造、绿幕替换等复杂效果的应用。色彩校准也是这一阶段的重要任务，以确保所有镜头的颜色一致，并与影片的整体色调匹配，这需要高度的艺术性和技术复杂性。

14. 片头和片尾制作

片头和片尾设计是一部影片的重要组成部分，承载着艺术表达和信息传达的双重功能。片头设计最初是简单的静态艺术作品，但随着技术的发展，它已演变成一种独特的艺术形式。片头通常包括影片的标题和主要创意者的信息，以艺术化的方式呈现在屏幕上。现代片头设计经常使用动画和动态效果，通过 Adobe After Effects 和 Maxon Cinema 4D 等软件，创造出具有视觉冲击力的表现形式。虽然片头设计属于后期编辑的一部分，但其独特的艺术性使其与传统影视编辑有所不同。

片尾设计则主要用于列出制片方的名称、主要制作人员、赞助商、发行公司、版权声明、法律免责声明以及制作年份等信息。有些影片的片尾采用黑底白字的简洁风格，伴随背景音乐或影片的主题音乐，而另一些则延续片头的艺术风格，进行更具创意的呈现。许多 3D 工作室还会在片尾加入他们的艺术标志或 logo，作为屏幕版权标识，并用于他们制作的每部影片。

15. 音乐和音效添加

通过添加音乐和音效，动画作品能够获得额外的深度和情感，如图 5.12 所示。当背景音乐贯穿动画的主题时，可以极大地提升作品的整体效果。声音不仅可以推动画面节奏，还能帮助观众更好地感受和理解影片的情感和氛围。

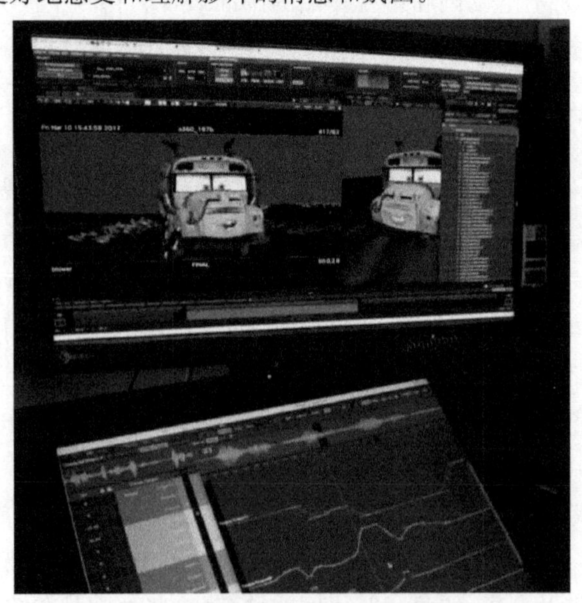

图 5.12 添加音效

音效设计师通过各种道具，如鞋子、汽车挡泥板、盘子、眼镜、椅子等，创造电影、电视和广播中的音响效果。这些道具甚至可以是随意在路边找到的物品。音效设计师能够完全取代原有的声音或增强现有声音，以创造更加丰富的音轨。因此，花时间在音效设计上是必要的。如果在完成的作品上草率地添加简单的音效，就像用下水道的水冲泡上好的龙井茶，效果必然不佳。

剪辑阶段的第一步通常是将画面与声音素材同步，这一过程通常由剪辑助理在拍摄期间完成。剪辑师看到的素材基本上是声画同步的，但仍有可能需要补录部分对白或添加背景声音，以确保所有音效和音乐都与画面完美契合。

16. 发行和最终输出

三维动画的最终输出可以有多种形式，如电影、视频、快速 3D 原型、3D 立体电影和印刷媒体。这些输出类型中的每一种都有不同的工作流程和技术限制，超出了本书的范围，在此不详细讨论。最常见的输出类型是可以在计算机或互联网上播放的数字视频。这种输出类型的最大技术限制是色彩校准，因为并不是所有人的计算机和显示器都经过了校准，所以视频在不同设备上播放时，视频的色彩可能会有所不同。

此外，在项目完成后，获取外界的评价与反馈也是关键步骤。很多人在项目完成前往往只专注于自己的工作，而忽略了他人的意见。然而，在完成了第一版剪辑与配音后，项目并未真正结束。你需要倾听来自朋友、家人、同事的反馈，特别是那些对故事叙述和技术表现的意见。建设性反馈可能会大大提升作品的质量，有时甚至需要重新回到某些制作环节，如重新剪辑或调整内容，以改善作品的紧凑性和效果。

尽管 3D 动画的制作过程似乎永无止境，总有改进的空间，但最终需要在适当的时候结束制作，让影片成形。

二、动画制作管理工具

上一节介绍了三维动画制作的基本流程，看起来这个流程是顺序式的，但需要强调的是，3D 的制作过程绝不是线性不变的。图 5.13 为 3D 项目的时间分配图。

在三维动画制作流程中，如果其中一个阶段或任务没有按时、保质完成，并且项目在制作流水线中向前传递，就很容易发生多米诺骨牌效应，导致制作停顿和进度延误，并且要想恢复正常制作可能意味着必须回溯制作流程中的好几个步骤。回溯或停止制作是一个严重的问题，因为多花时间对动画行业来说就意味着成本付出。

有效生产管理的目标是尽量减少多米诺骨牌效应。三维动画行业是合作生产模式，在电影行业，常常数百人在一个项目中工作。只有经过深思熟虑和计划好的制作流程才能让每个人都朝着一个目标努力，并让所有制作人员都在同一方向工作，即使他们在不

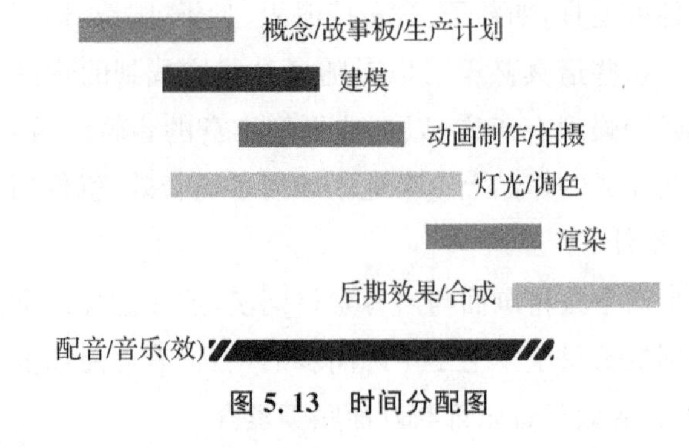

图 5.13　时间分配图

同房间、不同楼栋、不同城市甚至不同国家。

制作文件是整个三维动画项目的重要管理工具，是各类表格和文档的集合，例如制作时间表和资产跟踪表，以便管理层和制作人员知道制作流水线中已完成的内容以及仍在进行中的工作。这些文件帮助管理层和制作团队清晰了解项目进度，明确哪些任务已经完成，哪些任务还在进行中，从而确保整个制作流程的有序进行。管理团队需要对这些制作文件进行日常更新，以确保所有信息都是最新的。许多三维动画工作室已经将制作文件数字化，以便更快地更新并让所有人员方便访问。一些云端的文档管理方法被大量采用，如 OneDrive、Google Docs、百度网盘或自建的私有云文档等，所有这些文档被放在一个授权访问的公共平台上，多个用户可以同时查看和更新文档。

1. 制作时间表

制作时间表是所有制作阶段的估计时间表。估计每个阶段的时间进度主要依靠长期的管理经验。项目制片方首先制定整个项目的时间线，然后根据每个阶段的任务量确定时间进度。

制作方还使用项目管理三角形(图 5. 14)来帮助确定项目的目标。

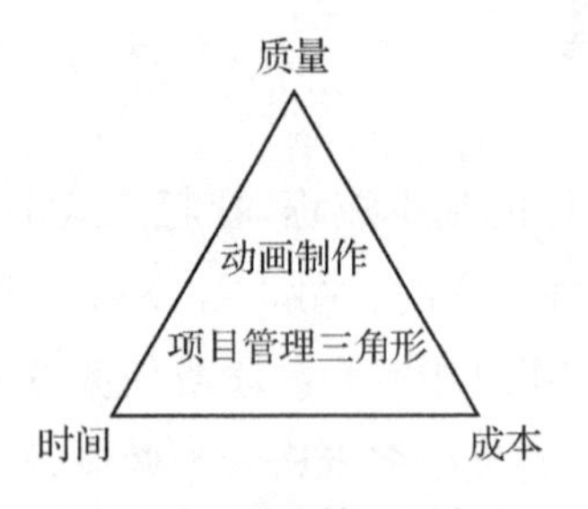

图 5.14　项目管理三角形

项目管理三角形说明了制作方在组织项目和创建时间表时必须做出的基本选择。在项目管理三角形中，你只能选择三个角中的两个角。项目可以快速完成且成本低，但项目的整体质量将不够好；项目也可以成本低且质量好，但完成时间比正常情况要长；项目还可以质量很好且快速完成，但会比普通项目花费更多。

制作时间表可以按照习惯自己定义形式，只要它对所有涉及的制作人员是有意义的。下面介绍常用的制作时间表。

1）甘特图

甘特（Gantt）图显示了制作不同阶段的开始和结束日期，并指出了完成所需的时间（图 5.15）。

数码科技有限公司工作计划									时间： 年 月 日至 年 月 日			
动画项目工作安排表												
制作部分：												
人员	剧本	镜头	2D Layout	3D Layout	模型	贴图	绑定	动画	灯光渲染	后期		
										片头	合成	片尾
制作员A				●	●				●			
制作员B			●	●		●						
制作员C										●	●	●
制作员D			●							●		●
制作员E							●	●				
制作员F	●	●	●									

数码科技有限公司工作进度																																	
动画项目进度排期表																																	
编号	进度内容	月						月																									
		26	27	28	29	30	31	1	2	3	4	5	6	7	8	9	10	11	12	13	14	15	16	17	18	19	20	21	22	23	24	25	26
JR001	剧本																																
JR002	镜头																																
JR003	2D Layout																																
JR004	3D Layout																																
JR005	模型																																
JR006	贴图																																
JR007	绑定																																
JR008	动画																																
JR009	灯光渲染																																
JR010	后期：片头																																
JR011	后期合成																																
JR012	后期：片尾																																

图 5.15　3D 动画项目的甘特图

2）计划评估和审查技术图

计划评估和审查技术（PERT）图用于分析和表示完成项目所需的任务，其中必须完成的项目阶段任务目标由包围在圆形或矩形内的数字表示，数字之间的箭头显示了每个阶段任务目标的达成路径，t 表示预期的完成时间，o 和 m 分别表示最佳完成时间和最可能的完成时间（图 5.16）。

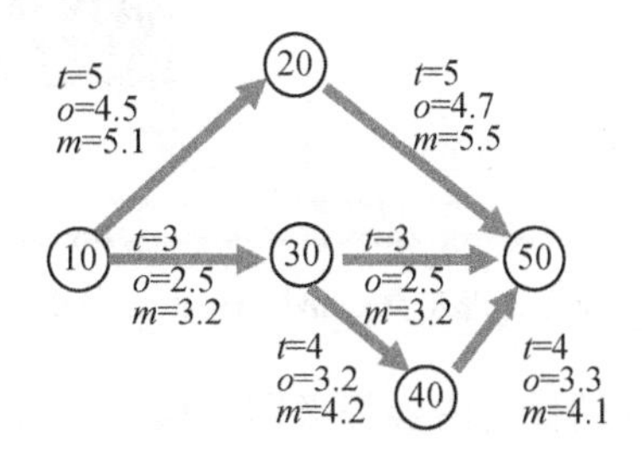

图5.16　3D 动画项目的 PERT 图

3）日历

有时只使用基本日历，用彩色单独标出制作阶段的开始和结束日期，并突出标出项目阶段任务目标。

4）生产板

生产板是贴有很多彩色纸条(便签)的看板，每张彩色纸条记载有关动画脚本中的场景，组织者可以重新编排纸条次序以安排拍摄等制作任务，提供可用于计划制作进度的时间表。这样做是因为大多数电影的场景都不是按顺序拍摄的。为了更好地管理和协调拍摄过程中的各种资源(如演员、场地、设备等)，场景通常按人员或位置分组并安排，以适应演员和工作人员的时间表。

现代版的生产板通常使用专用计算机软件(如 Movie Magic Scheduling、Celtx 或 Scenechronize)或通过自定义通用软件(如 OpenOffice. org Calc 或 Microsoft Excel)制作。项目阶段任务目标写在打印出来的生产板上，按照完成的顺序放置。这不是什么高科技，而是在中小型工作室中常用的方法。当所有制作人员都在同一个房间里，大家都能看到生产板上的内容。

此外，可以使用生产管理软件自动创建这些类型的图表，以帮助创建时间表。例如 Gorilla、Movie Magic Scheduling(图 5. 17)和 Timeline Maker。

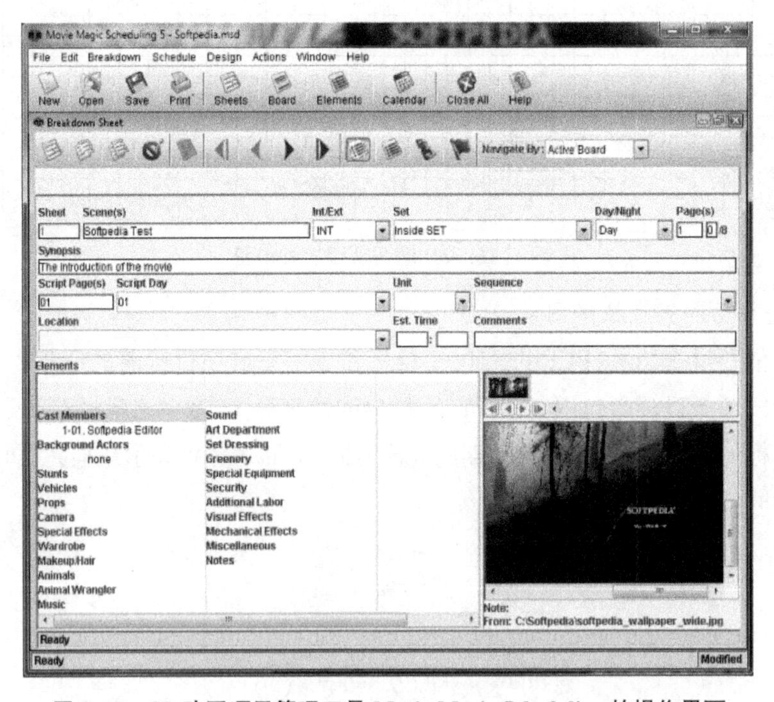

图 5. 17　3D 动画项目管理工具 Movie Magic Scheduling 的操作界面

能在三维动画项目中看到的任何内容都必须由设计人员创建，参与该项目的其他人员必须知道该场景要素的当前制作状态，如角色、道具、产品、建筑物、道路、垃圾、树枝上的单片树叶，甚至草叶。

场景要素跟踪表是生产板的补充。生产板更侧重于整体进度的安排，而场景要素跟踪表则是确保各个细节在预定时间内按计划完成的工具。

5）拍摄表

导演和制片人使用拍摄表来跟踪项目中的每个镜头。对于电影这样有数千个镜头的项目，很难知道每一次拍摄的内容。拍摄表顶部有项目名称、镜头名称、镜头的帧数或时间码以及镜头描述，如果可能，还有动画或布局拍摄的图像。在制作期间需要频繁更新拍摄表，以确保所有镜头和任何更改都是最新的。

6）模型跟踪表

模型跟踪表记录了制作过程中每个模型的名称、要求完成模型的制作人员姓名、该模型的预计完成日期及实际完成日期。该表通常还记录纹理和骨骼设置等情况。表5.1是模型跟踪表的模板。

表5.1　模型跟踪表的模板

场景名	制作部门	制作者	开始日期	模型完成	材质完成	角色设置完成	最终完成
	模型组						
	材质组						
	角色组						
	验收组						

7）动画跟踪表

动画跟踪表记录跟踪单个动画和布局镜头的信息。在三维动画电影等数字娱乐行业，动画制作阶段通常是耗时最长的部分，参与制作的人员也是最多的。因此，跟踪每个镜头非常重要。动画跟踪表列出了每个镜头名、分配给镜头的动画师及该镜头的制作截止日期。表5.2是动画跟踪表的模板。

表5.2　动画跟踪表的模板

镜头名	预可视化	动画草稿	最终动画
镜头××	制作人签名/时间	制作人签名/时间	制作人签名/时间
镜头××			

8）照明/渲染跟踪表

照明跟踪表是一个管理工具，帮助制片人和照明设计人员清晰地了解照明设计任务的当前状态，以及这些任务是否按计划推进。它提供了一个明确的进度跟踪，使团队能够及时识别并解决照明设计中的潜在问题，确保项目按时完成。

渲染跟踪表是用于监控动画制作最后阶段的进度管理工具。它帮助制片人和制作人员跟踪渲染任务的进展，确保渲染过程按计划推进，并能够在发现问题时快速做出调整。这张表格对项目的最终交付起着关键作用，保证了渲染任务的质量和时间表的准确性。

2. 文件夹管理和命名约定

文件夹管理和命名约定是三维动画制作流程中不可见的工具之一，当有人不正确使用这些管理命名约定时，人们才可能认识到其重要性。多人参与的项目必须有一个统一的文件和文件夹管理和命名约定。制作人员无法接受搜索错误名称或错放文件所耽误的时间。对于有数千个文件和数百个文件夹的项目，文件是有可能会丢失的。项目的文件夹和文件名可以自定义，只要统一并且一致即可，如图 5.18 所示。通常采用简短并具有描述性的名称是最好的命名方式。

通常 3D 动画项目的文件目录按照图 5.18 所示的结构创建。

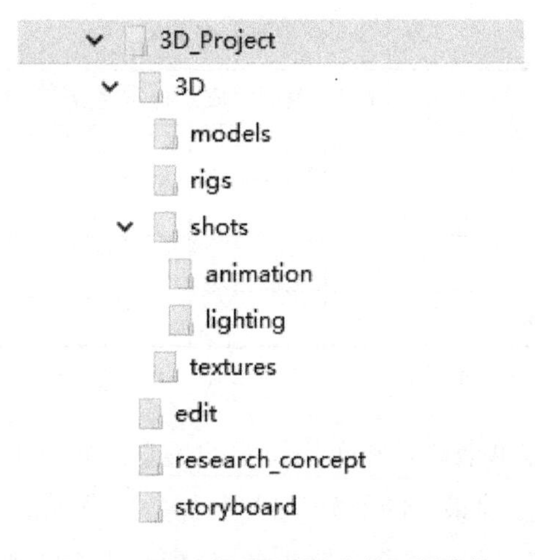

图 5.18 3D 动画项目的文件目录结构

① storyboard(故事板)目录存放故事板图片文件。

② research_concept(搜索_概念)目录存放设计概念图、角色设计图、参考照片和图片等。

③ 3D 目录包含 4 个子目录：

- models(模型)目录存放模型文件；
- rigs(索具)目录存放添加骨骼等组件的文件；
- shots(镜头)目录包含两个子目录：animation(动画)目录存放设置对象动画和运动摄像机后的文件；lighting 目录存放添加灯光和材质后的文件；
- textures(纹理)目录存放纹理图片和材质文件。

④ edit(编辑)目录存放编辑的项目文件，以及后期编辑需要的素材和音频文件。

如果最终的作品是一段动画，那么绘制一个详细且有效的情节串连图(故事板)至关重要。这个故事板应该包括摄像机角度、镜头时长以及各个镜头的组成等信息。通过这种方式，可以在动画制作的早期阶段清晰地规划出整个动画的流程和节奏，从而减少后期修改的时间，并确保最终成品能够顺利按计划完成。

思考题：

1. 请举例说明三维动画的实际应用，分析你学习的目的。
2. 为什么三维动画的发展与计算机技术联系得如此紧密？
3. 视频游戏行业中的两个三维动画领域是什么？
4. 尝试安装一种三维动画设计软件。
5. 面向三维动画设计，分析一下你的计算机的主要配置。
6. 三维动画的制作流程有哪些？

第二部分

理解和认识三维世界

第六章

三维世界与空间坐标

艺术一直伴随着人类文明进步而寻求着新的发展，其目标和表现也在发展中不断变化。所有艺术表现都是在二维平面上以不同于以往的方式来表达真实或梦幻的三维世界。

我们使用双眼来观察世界，由于人的两眼有着大约 6.5 cm 的间距，所以对同一场景（或同一场景内的某个部位）而言，其实两眼是以不同的角度来观察它的，所看到的有差异的图像经过大脑处理会产生景物的深度信息，物质会有往后紧缩的感觉。在二维空间中，透视往往被用来表现深度、距离和景物相互之间的位置。而对传统西方绘画来说，理解并熟练运用透视原理是非常重要的，这也是今天三维应用的基础。在透视投影中，观察者的眼睛称为视点（view point），而延伸至远方的平行线会交于一点，称为消失点，就像向前延伸的两条铁轨。因为我们所绘制的物体是不同的，会产生 1 点透视（平行透视）、2 点透视（成角透视）、3 点透视等直线透视方式，如图 6.1 所示。

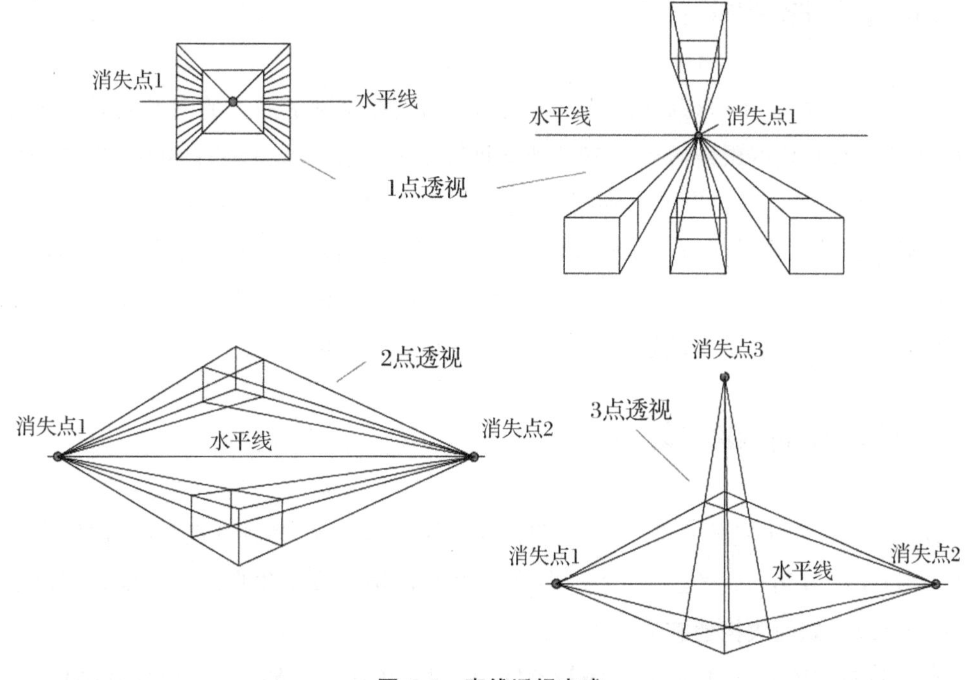

图 6.1　直线透视方式

简单地说，透视方法是把眼睛所见的景物投影在眼前一个平面，称为投影平面（projection plane)，如图 6.2 所示，在此平面上描绘景物的方法。随着透视方法的发展，艺术家们认识到与观察者不平行的线有它们自己的消失点，它们中的一些也没有脱离投影平面。这种投影的主要视觉特性之一是物体随着远离眼睛的移动而变小(盒子的后边缘小于前边缘)。这种效应称为透视缩短。下面介绍一些术语以帮助读者理解相关内容。

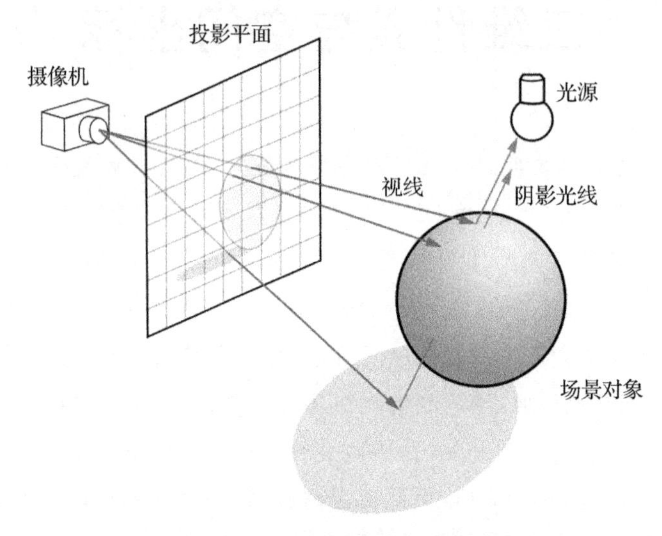

图 6.2　光线的延伸构建出数字图像空间

一、数字图像空间

了解了透视的基本原理，我们可以想象那些描绘在投影平面上的图形或对象向视点发出“光线”，被我们的眼睛看到。三维动画计算机应用正是基于这个想法，场景中的所有对象以它们的方式发出“光线”到视点，穿过投影平面(计算机屏幕)到达人眼。屏幕以像素来显示出整个图像的明暗、色彩和亮度。这个过程被称为光线追踪(ray tracing)。光线追踪可以是双向的。除了光线追踪，计算机还有很多种其他方法来计算并显示出图像，但是光线追踪目前是最理想的数字空间三维对象的计算方法。

二、空间、坐标和结构

我们生活在一个三维的世界里，周围的一切都是三维的，触碰到桌上的餐具、走在大桥上、穿行于隧道和高大的建筑之中……但平时我们很少去想象自己与三维现实之间有什么关系，以及如何去构建它们。

在实际构建场景时，我们需要测量空间、构建对象组件，然后排列组合其结构(见图 6.3)。三维动画的初学者往往会尝试用各种方法来测量空间，但由于视觉误差，不少方法会出现很大的偏差。有经验者则会利用三维空间的投影来测量。

和定位物体的方法一样，3D 世界依赖于一个巨大的"网格"或位置坐标系统。3D 网格是我们测量距离方法的扩展。本质上，它是 3D 建模、渲染和动画的基本技能，是一个包含整个 3D 世界的巨型图形。这个网格被称为笛卡儿映射。网格被分成三个维度：x、y 和 z。这三个维度负责定位所有进入 3D 图形的东西。在 3D 世界中，有一个空间点是所有其他对象的测量参考点，这个点被称为世界坐标系原点。在图 6.4 中，粗体线相交的交点即原点。3D 空间中的一切都是从这个原点出发，永远不会变。这就是所谓的全局坐标系。

图 6.3　空间与对象

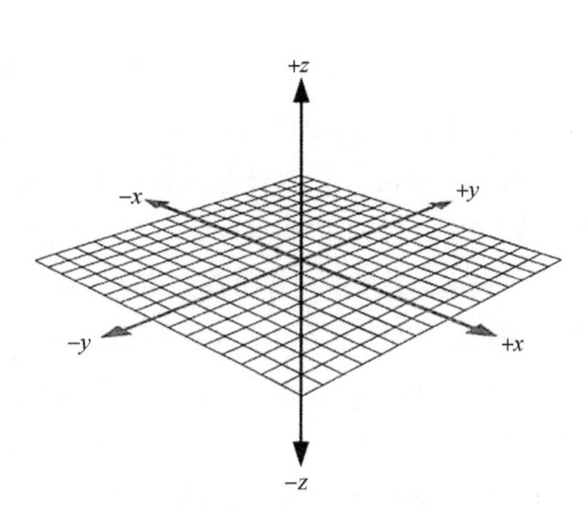

图 6.4　笛卡儿坐标系(直角坐标系)

计算机是以数学方程和算法的方式工作的，因此构建的数字空间也基于三维坐标 x、y、z。根据欧几里得几何模型，定义 x 为水平运行，y 为垂直运行，z 为深度。这些值的正负依赖于它们与数字域的中心之间的相对位置，在数字域的中心处 x、y、z 都为零。这也是为什么大多数 3D 应用环境默认屏幕包含至少一个网格类要素，以便让我们了解数字空间是如何显示的。计算机使用 x、y、z 组成的数字集合来表示所有的对象、对象的某个部分、对象的节点或对象上的点。虽然用户不必关心这组数字所涉及的准确值，但对于其含义还是需要了解的，并且多数三维应用环境允许用户手工输入或修改这些值。因此我们需要理解计算机的这种空间表示方式和显示方式。

沿着 x、y、z 三个坐标轴的方向，以原点为界，坐标值一边为负、一边为正，这样的坐标系又被称为右手坐标系。其中每对坐标轴定义一个平面或视图方向，x 和 y 定义了正面，x 和 z 定义了顶面，y 和 z 定义了侧面(图 6.5)。

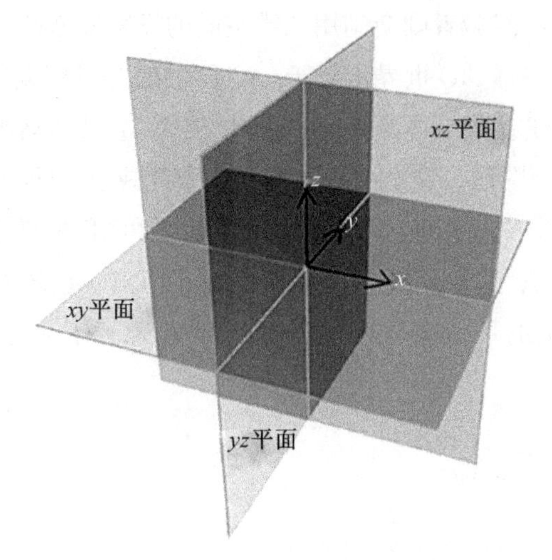

图 6.5 坐标轴和坐标平面

对应于整个场景的坐标系称为全局坐标系，而场景内的对象又分别有自己的小坐标系，即局部坐标系。在全局坐标系中，我们可以排列和布置各个对象；而在每个对象的局部坐标系中，我们可以调整对象的方向和大小。

全局坐标系中的坐标值称为绝对坐标值，而相对于对象当前点（绝对坐标值）通过数值加减得到的坐标值称为相对坐标值。例如，如果一个几何体的中心点位于 xyz 全局坐标系的(30,30,30)处，移动该几何体的相对坐标值输入为(0,20,0)，则该几何体的中心点的绝对坐标值为(30,50,30)。如果输入的不是相对坐标值，而是绝对坐标值，则该几何体的中心点的绝对坐标值将为(0,20,0)。

当处理 3D 图形时，有两种类型的坐标系——Y-up 和 Z-up（图 6.6）。Y-up 通常是动画的标准，Z-up 通常是建筑和工程的标准。为什么？让我们来看看 2D 网格系统：2D 网格总是平的。x 轴是水平的，y 轴是垂直的。让我们通过添加 z 轴来使它更复杂。现在，如果你是动画师，你将网格视为屏幕，面向你的视野。在这种情况下，右边是 x，左边是

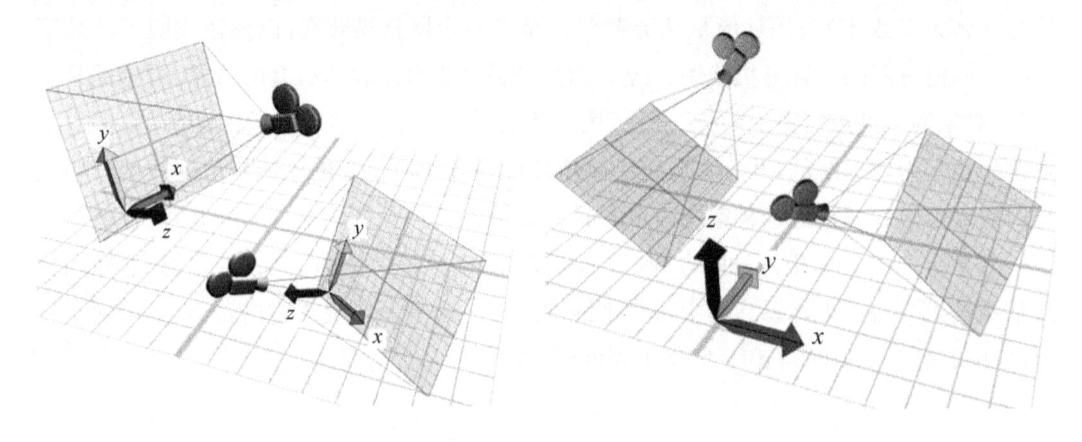

图 6.6 Y-up 和 Z-up

$-x$;向上是 y,向下是 $-y$;远离你是 z,靠近你是 $-z$。因此,当物体在屏幕上离开你时,它们在 $-z$ 轴上移动。图 6.6 中的箭头是彩色编码的,其中 x 是红色,y 是绿色,z 是蓝色。

三、视图窗口类型

在视点方向操作 3D 空间中的对象要容易得多。视点是网络空间中代表用户的位置。大多数 3D 软件使用默认视点,并且聚焦在原点上,其中 x 轴水平运行,y 轴垂直运行,z 轴表示深度。

3D 软件中用于查看 3D 空间的窗口称为视图(viewport)。用户对空间的体验受到此视图大小的限制。除透视视图外,其他 3D 视图默认显示为正交投影,类似房屋的设计蓝图,后文有详细解释。顶(Top)视图显示平面图,以及从房屋的正面、背面和侧面显示墙壁的立面(侧面)视图。在每个视图中将沿着单个垂直轴"俯视"建筑物。所有这些视图都按比例绘制,以便用户知道所有部件的大小及它们之间的适当关系。

三维应用软件以透视的方式显示出三维空间中对象的外形,在二维平面上呈现三维空间。由于鼠标只能在屏幕平面所在的二维平面上移动,如果仅用鼠标选择一个移动工具抓住对象并移动它,鼠标在二维平面的移动由三维应用软件以最佳方式解释为物体在三维空间的移动。

通常习惯上设计人员使用三个正交视图(顶视图、前视图、左视图)和一个透视视图来观察数字空间,如图 6.7 所示。使用前视图坐标系移动对象时是相对于视图空间移动对象。图 6.7 的子图 2 中,x 轴始终朝右,y 轴始终朝上,z 轴始终垂直于屏幕指向。最简单的观点是我们只能在每个窗口以二维方式呈现对象。如果我们希望沿着水平方向(x 轴)或深度方向(z 轴)移动物体,只要在顶视图中操作即可,这时无论我们怎么移动物体,物体都不会在垂直方向(y 轴)有上下移动。这在某些三维场景制作时是非常有效的工具,例如,如果在一个房间内摆放家具,且不希望家具穿过地板;在前视图中抓住一个对象,仅能在垂直方向(y 轴)和水平方向(x 轴)移动物体,而不会有深度方向(z 轴)的移动;在侧视图(左、右视图)中抓住一个对象,仅能在垂直方向(y 轴)和深度方向(z 轴)移动物体,而不会有水平方向(x 轴)的移动。以上三种三维场景制作时都可以二维方式呈现对象。

那么设计中为什么有些视图采用正交投影方式?在实际设计过程中,我们可以从几个不同的视点观察同一个数字空间和包含其中的对象,然而有时透视成为我们和 3D 应用之间的障碍。当计算机以透视方式投影空间时,它在二维屏幕上为我们以三维形式显示空间。问题是鼠标只能在投影平面的二维方向移动,因此当我们点选某个对象,并将其在水平(x)、垂直(y)和深度(z)方向进行移动时就变得非常困难。为了便于实际操作,

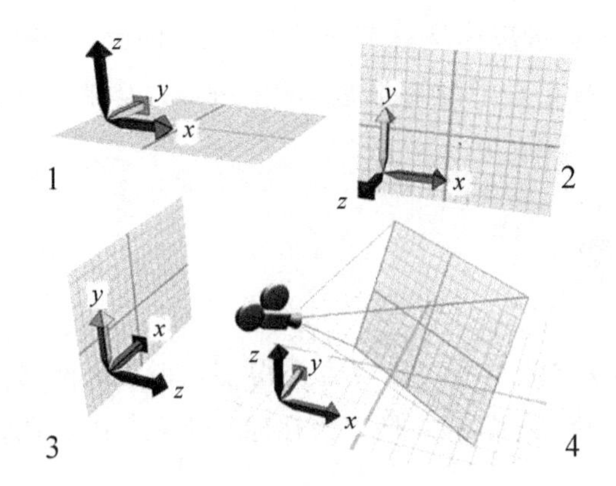

图 6.7 视图坐标系

1—顶视图;2—前视图;3—左视图;4—透视视图(内含摄像机)

3D 应用会使用正交视图(orthographic view)或三向投影视图。

视线穿过投影平面的中间,投影平面的大小是可以更改的。通过改变投影平面的大小,可以改变视野。当投影平面变得无限小时,形成视锥的线条最终彼此平行,与投影平面正交。这被称为正交投影,当然在现实中是不可能的。正交投影是透视投影的一种形式(图 6.8),它有效地消除了透视效果,保留对象边缘的大小。

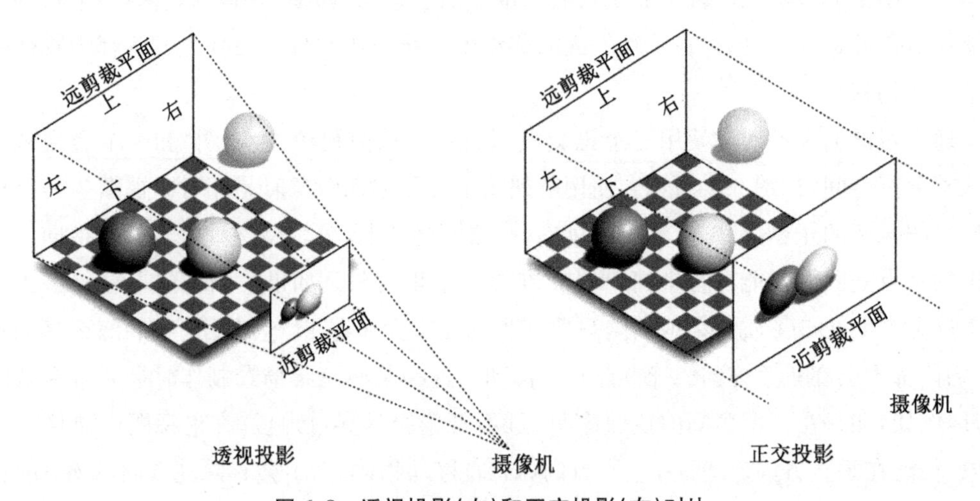

图 6.8 透视投影(左)和正交投影(右)对比

正交视图是二维视图,每一个正交视图都由两个世界坐标轴定义。这些轴的不同组合可以产生三对正交视图:上下组合,前后组合,左右组合。正交视图可被视为一种特殊的三向投影视图。无论在计算机上还是在图纸上,大部分的 3D 设计都需要通过 2D 表示来准确描述对象及其位置。贴图、设计图、横截面及标高都用 2D 表示。每一个这样的视图都是正交视图。同样,可以将这些视图看作平面或直线,也可以看作垂直视图。

正交视图可以很容易地排列对象,但是它只能在两个坐标方向移动和调整对象,因此通常我们需要打开多个正交视图,一个调整垂直方向,一个调整水平方向,一个调整深度方向，每个坐标轴一个视图。

线性的透视构成是容易理解的，这与我们周围的世界最为类似，如图 6.7 中的子图 4 所示。因此，我们目前在三维艺术中看到的大部分图像都是以透视投影的方式显示的。然而，虽然透视对于最终理解构图是最好的方法，但在创建构图时透视并不总是最好的观察数字空间的方法。正式的作品都是采用摄像机视图来完成画面构图的。

3D 应用软件都会提供在数字空间中放置的虚拟摄像机，以提供摄像机视图。摄像机视图会通过选定的摄像机镜头来跟踪视图。我们可以通过移动摄像机在数字空间中漫游。摄像机视图总是作为最终输出图像的视图，因此大多数情况下，摄像机视图都是透视视图模式。

四、视图显示模式

在视图中，从选择的角度窥视网络空间时，看到的内容取决于软件功能及其当前设置。因为将所有这些多边形和其他数据转换为可以看到的形式需要花费时间，所以有几种不同的方式可以查看 3D 对象，使屏幕以合理的速度刷新。要想在屏幕上绘制出需要显示的最终图像，通常需要选择某种计算方式。计算机完成最终图像生成的计算过程称为渲染（rendering）。最常使用的渲染方式是几种明暗渲染（shaded rendering）算法。明暗渲染可以使对象呈现出完整的明暗过渡或光源位置。除了明暗渲染外还有一些更高级的渲染方式，如 Phong、Raytracing、Radiosity 等，后面将详细介绍。

在进行图像渲染时，人们有时希望得到照片级的生成图像，然而这往往需要进行长时间的计算，以便呈现出更多的细节，计算代价大。但当场景的复杂度较高时，人们往往必须选择放弃一些对细节的追求，以便完成图像生成任务。理解数字场景的构成有时比看到场景的色彩和光源更重要。

视图可以选择不同的显示模式，如简单外框（outline）、边界框（bounding box）、线框（wireframe）、平滑着色（smooth shading）、平面阴影、平滑纹理等模式。如图 6.9 所示，同一对象在视图中可以有多种不同的显示模式，选择哪种显示模式取决于所需的实际显示效果、精度和速度。不同的视图显示模式可以选择不同的渲染方法，不仅影响视图的显示质量，还对显示性能（如帧率）有显著影响。例如，边界框模式比高光模式的速度要快得多。视图中渲染显示质量提高，需要处理的信息量增加，显存内的数据量也相应增大，显示速度也就慢下来了。

当模型或制作场景的复杂度很高时，如果使用平滑着色的渲染方式，计算量会超出显卡 GPU 的计算能力，每帧图像所需显示的时间会很长，这样当需要实时预览动画效果时，画面会出现抖动和不连贯。因此有必要将视图显示模式设为线框或外框模式，以便加快实际的场景显示速度，提高显示效率和操作效率。

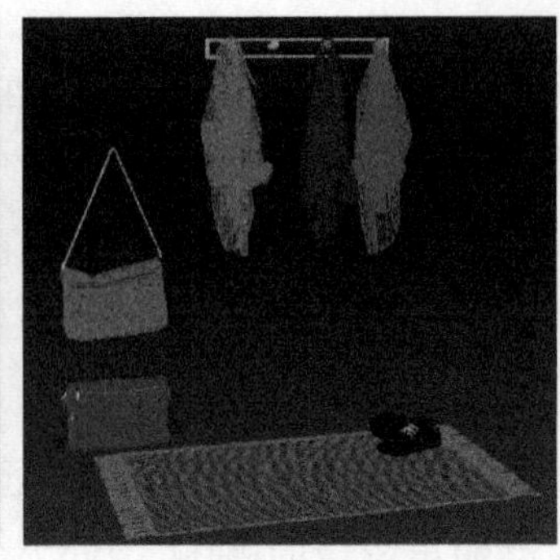

图 6.9　外框(左)、线框(中)和平滑着色(右)对比

最快和最简单的显示模式是边界框,它是一个与对象具有相同整体尺寸的框。这是指示对象位置和大致体积的快速方式,当用户需要在场景中移动对象时经常使用它。但不能从立方体到球体再到角色模型都被表示为一个框,这会使场景无法编辑。

线框模式使用线条绘制对象,类似于由金属丝网制成的雕塑。线框模式有时会因显示重叠而让人眼花缭乱。解决方法是隐藏除模型边缘线以外的全部线条。

要获得更强的真实感,可以选择平面阴影或纹理显示模式。

由于得到许多视频卡的支持,平滑着色模式(显示具有颜色和平滑的对象表面)的应用已非常普遍,但其计算量仍然很大,并且对多边形面数极多的场景无法维持正常的显示刷新频率,影响对象的视图操作。平滑纹理模式看起来像是完成渲染时的显示效果,非常适合纹理光感、照明设置的预览,但需要大量的 CPU 和 GPU 计算资源,以及大量内存的支持。

五、单位与比例

3D 设计软件使用坐标来跟踪对象的大小和位置,但是这些坐标数字非常长并且对用户的使用而言很不方便。因此,3D 设计软件通常允许用户选择他们想要用于测量的单位类型,包括:英制[英尺(ft)和英寸(in)],公制[米(m)和厘米(cm)]或通用(十进制数,但比坐标数字短得多)。此外,3D 设计软件可以让用户在分数(1/2)或十进制(0.5)显示之间进行选择。

正如工程图纸使用比例一样,3D 设计软件通常也允许设置比例因子。首次启动项目时设置单位和比例非常重要,需要确保正在构建的模型与之前模型结合时使用相同的单位和比例。这样就可以使用一致的测量系统,当将模型合并到一个项目中时,它们将是相对于彼此的适当大小(图 6.10)。

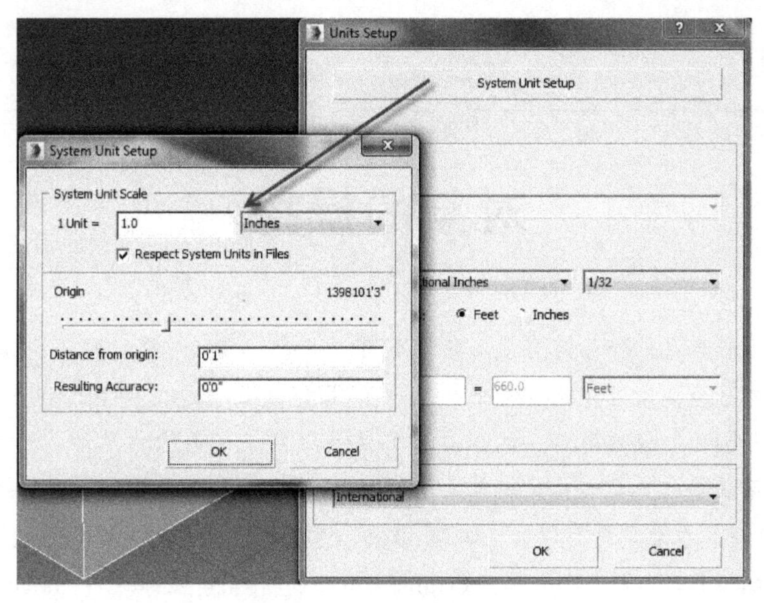

图 6.10　系统单位和比例

第七章

对象的操控

画家在创作自己的作品时会使用各种不同的画笔、画布(纸张)、颜料和方法,雕塑家在雕塑过程中也会使用各种刻刀和工具。同样3D艺术家也是在数字三维空间中使用各种方法来进行创作。仅使用单一的工具和方法是无法完成最终作品的。我们需要在正确的时刻使用正确的工具去构建出复杂模型的不同部分,并将它们组装成一个完整的整体,因此必须理解在数字空间里如何移动、旋转、缩放和组织三维对象。图7.1为三维空间中对物体的操作,有时也称为变换(transform),包括对物体的移动(move)、旋转(rotate)和缩放(scale)等。

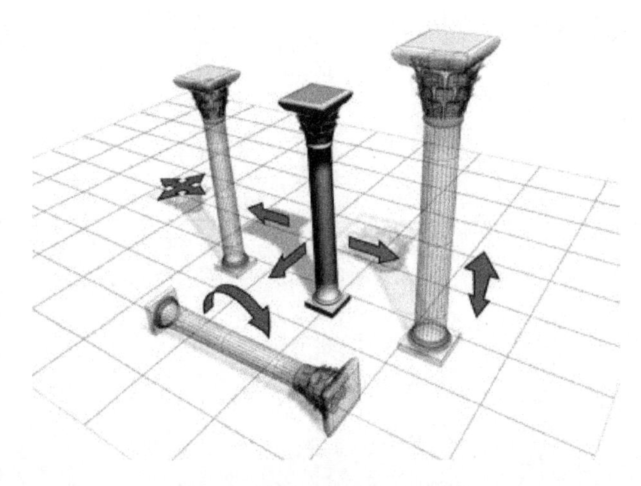

图7.1　移动、旋转和缩放操作

下面解释一些对象操作的术语和重要概念,我们必须做到非常熟悉它们。

一、虚拟操作工具

虚拟操作工具是我们完成3D设计所必需的。在3D设计中,大部分操作是在屏幕上使用鼠标来完成的,各种三维设计软件针对不同操作设计出功能相同、外观不同的虚拟工具,如移动控制柄、旋转控制柄、缩放控制柄等,如图7.2～图7.4所示,这些虚拟工具通常有自己的工具图标,每个工具的功能也非常专一。如果在操作时出现无所适从的情况，首先要考虑是否选择了正确的操作工具。

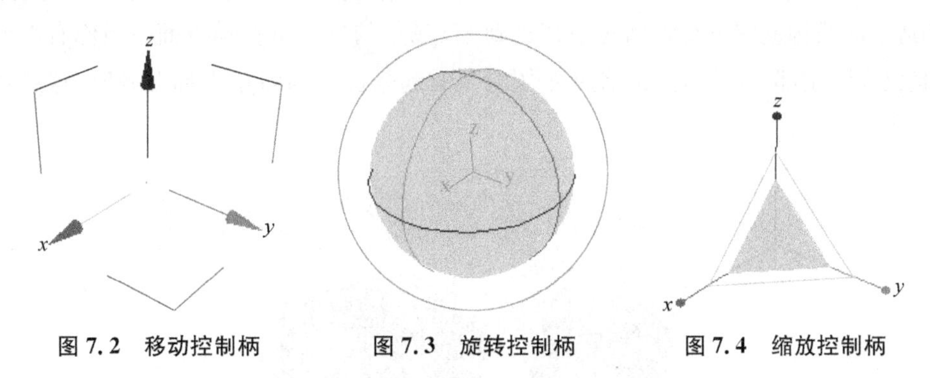

图 7.2　移动控制柄　　图 7.3　旋转控制柄　　图 7.4　缩放控制柄

二、轴点、网格和捕捉

轴点(pivot)是空间中用于计算几何的参考点，又称轴心。对象围绕它进行旋转，或者参考该点的位置进行缩放。如图 7.5 所示，三轴架相交的点就是轴点。在大多数 3D 设计程序中都有轴点编辑模式，调整轴点位置并不会改变物体的位置。当进行旋转或缩放操作时，可以清楚地看到变化是从与轴点所在的位置发生的。

变换中心或轴点是对象围绕其进行旋转的点，或者是缩放的中心点。所有对象都含有一个轴点，可以将轴点看作对象局部中心和局部坐标系。

- 对于单个对象，轴点就是变换中心；
- 当选择多个对象时，不存在轴点而只有变换中心的概念。

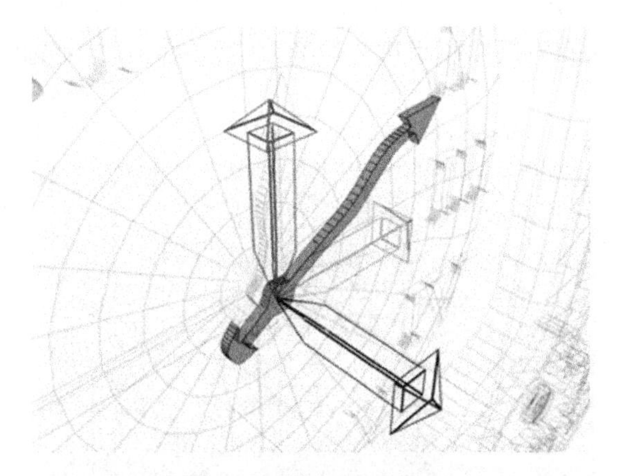

图 7.5　轴点和三轴架

轴(axis)是一条直线，对象沿该直线移动、缩放或围绕其旋转。3D 设计中使用 x、y 和 z 的三个轴，它们互相之间呈 90°。坐标系指定变换使用的 x、y 和 z 轴的方向。

网格(grid)是交叉的网状平面，可以在视图中看到(图 7.6)，并像图纸一样用于确定所创建对象比例。当构建一个 3D 对象时，它的一部分通常会出现在一个默认网格原点上，即 3D 场景的中心。但你可以通过使用构造平面或构造网格来更改对象将出现的位置，构造平面或构造网格是将新对象移动到 3D 场景的备用可移动平面。当你有大型场景并且仅在特定部分中工作，或者你希望对象看起来已经与特定平面对齐时，这些功能非常有用。

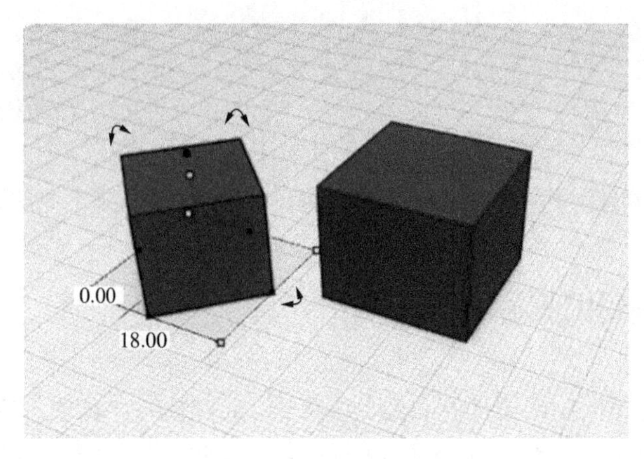

图 7.6 网格与捕捉

捕捉(snap)是一种将特定点与其他特定点对齐的方法，通常与网格结合使用，并使光标从一个位置捕捉到另一个位置(两个网格线的交叉处)。根据程序的不同也可以在对象上捕捉顶点或面。

捕捉是一种简单方法，用于确保空间中的单个点(如变换节点)精确地布置到空间中的另一点上，如网格点或顶点(几何体的子元素)。如图 7.7 所示为 3ds Max 中的各种可以捕捉的对象，最常用的是 Grid Points(网格点)、Vertex(顶点)等，使 3D 设计人员可以精确地知道对象在哪里存在及从哪里进行转换，尤其是在将它们彼此对齐时。

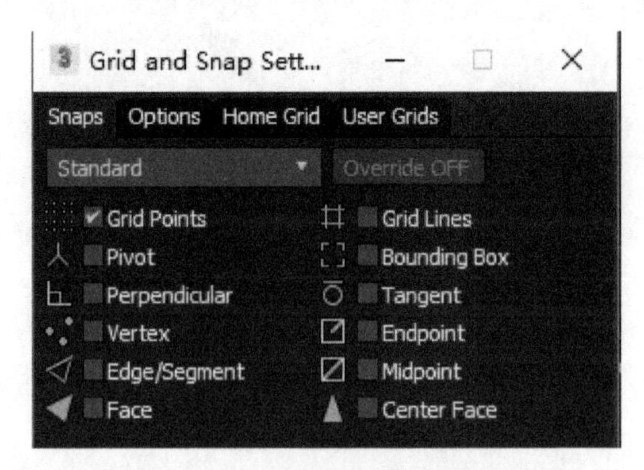

图 7.7 3ds Max 中可以捕捉的对象

如果没有捕捉，建模人员或开发人员将很难确保物体或对象确实处于与其他事物相关的位置。“目测”是 3D 设计中常用的术语，指通过使用不受限制的移动工具和眼睛确定场景中的两个或更多个物体的接近度。目测是一种很糟糕的设计方式，因为它需要更长的时间才能得到正确的结果，并且缺乏精确性。在游戏、电影或是工程设计中，精确度都是非常重要的。要想有创造力，诀窍在于组织场景和 3D 对象，以便激发创造力。如果不对事物进行对齐和捕捉，场景很可能会一团糟，并在以后的渲染和其他计算中造成问题。一个有经验的 3D 设计师在很大程度上依赖于捕捉和精确变换。

请注意，捕捉设置可以与网格设置不同，这样可以方便地创建或精确移动，而无需更改网格设置。尽可能使用网格和捕捉是一个好办法，这样会使所设计对象的形状和对齐更精确，使建模过程更快。

三、空间变换操作

空间变换是改变对象的位置、大小或方向的操作。“移动”“缩放”和“旋转”等基本空间变换对于大多数建模任务都是必不可少的，因为你必须能够调整单独对象的位置和方向以制作场景。

空间变换可能受轴锁定或轴约束的影响。轴锁定或轴约束是 3D 设计软件中的控件，使你可以关闭沿某个轴向或平面的变换(图 7.8)。轴约束使你可以仅沿所选定的轴变换对象的位置、大小或方向，从而防止在不需要的方向上变换。空间变换也可能受轴点位置的影响，因为轴点是空间变换操作的中心位置。轴点可以在物体的重心、中心及任何选定的位置。

图 7.8 轴约束选择

1. 移动变换

通常移动工具在实际中的使用频率是最高的。每个三维设计软件都会提供在数字空间中移动物体的工具。我们通常单击并选择(简称点选)物体，然后拖动它到一个新的位置。为了设计方便，通常三维设计软件会提供移动约束(constrained movement)功能，即仅允许在某一个轴向移动物体。移动可能受当前坐标系和轴约束的影响，轴点设置对移动没有影响。

当选择一个或多个对象时，在视图中都会显示三轴架(图 7.9)，以帮助用户直观地进行变换操作。此三轴架由标记为 x、y 和 z 的三条轴线组成，包含以下三项含义：

- 三轴架的方向显示了坐标系的方向；
- 三条轴线的交点位置指示了变换中心的位置；
- 高亮显示的红色轴线指示了约束变换操作的一个或多个轴。例如，如果只有 x 轴线为红色，则只能沿 x 轴移动对象。

不同的三维设计软件可能会使用不同的轴控制柄，有些是一个彩色箭头，有些是一个带圆点的短线，通常只要将鼠标光标放置在箭头或短线上，选择任一轴控制柄将移动约束到此轴。此外，还可以使用平面控制柄将移动约束到 xy、yz 或 xz 平面。通过拖动中心框，可以将平移限制到视图面板。

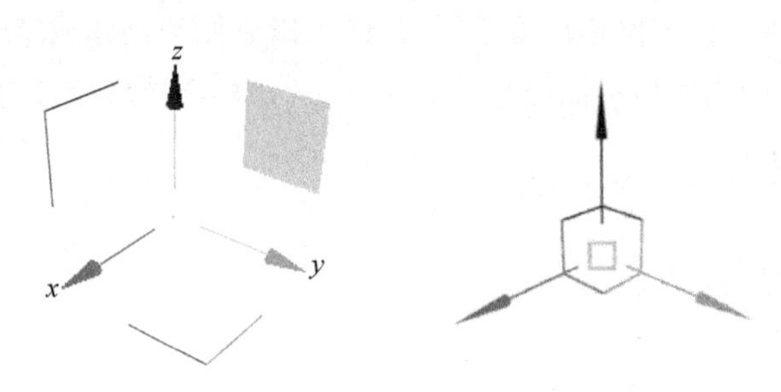

图 7.9　约束移动和自由移动

在大多数情况下，移动是通过鼠标完成的，但许多程序还提供了一种以数字方式输入相关数据以进行精确调整的方法。

2. 旋转变换

旋转是使对象围绕所选轴转动。操作前首先要确认轴点位置，操作时对象围绕此轴点旋转。进行旋转或其他变换时，打开三维设计软件的可视轴指示器(如果有的话)，可看到在旋转之前轴的位置和方向，借助围绕这个轴的指示器来操作。这个指示器与移动操作中的箭头十分类似。另外，与移动操作类似，旋转也有约束旋转和自由旋转。

旋转控制柄大多是根据虚拟轨迹球的概念而构建的。可以围绕 X、Y、Z 轴自由旋转对象(图 7.10)。轴控制柄是围绕轨迹球的圆圈。在任一轴控制柄的任意位置拖动鼠标，可以围绕该轴旋转对象。当围绕 X、Y 或 Z 轴旋转时，一个透明切片会以直观的方式说明旋转方向和旋转量。如果旋转大于 360°，则该切片会重叠，并且着色会变得越来越不透明。有些软件的控制柄还显示数字，以表示精确的旋转度量(图 7.11)。

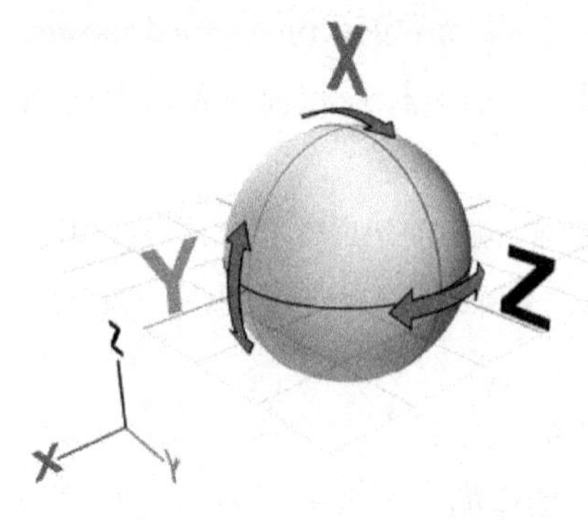

图 7.10　旋转方向的操作

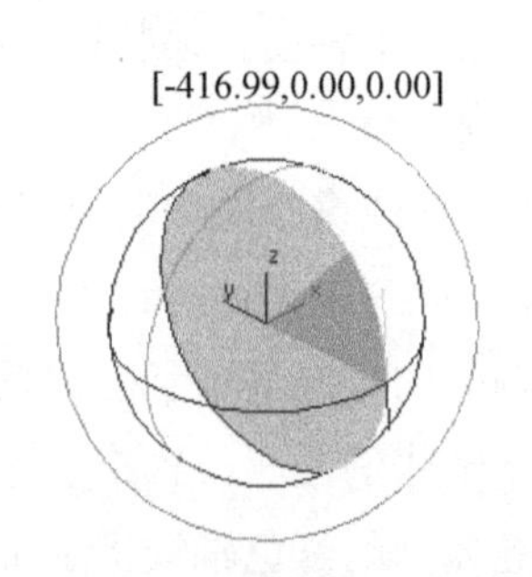

图 7.11　旋转角度值的显示

当旋转一个物体时，往往默认的物体旋转轴点位于物体的中心。而有些情况下我们需要调整旋转轴，以便物体能够围绕一些指定的轴点旋转，如图 7.12 所示，三维设计软件通常会提供一些指令或工具来切换和调整旋转轴。对象旋转轴的选择对旋转结果有显著影响。

图 7.12　使用轴点旋转，每个对象围绕其自身局部轴进行旋转

3. 缩放变换

创建的物体被组合到一个场景中，有时需要调整它们的大小以适应场景。缩放操作可以让场景中的物体有合适的相对尺寸。与移动和旋转操作一样，也存在自由缩放和约束缩放两种方式。

使用缩放操作可以调整对象的整体大小。与其他变换一样，缩放操作的结果可能会根据坐标系、轴约束设置和轴点而有所不同。例如，如果 x 轴是唯一活动的轴，则缩放操作仅在水平方向拉伸对象。如果所有三个轴都处于活动状态，则缩放操作会在所有方向上重新调整对象的大小。

使用缩放控制柄可以执行对称和非对称缩放，如图 7.13～图 7.15 所示，要执行对称缩放，需在缩放控制柄中心处拖动；要执行非对称缩放，需在一个轴上拖动或拖动平面控制柄。缩放控制柄通过更改其大小和形状提供反馈，在执行对称缩放操作时，控制柄将随着鼠标的移动而增大或缩小；在执行非对称缩放时，控制柄在拖动的同时将拉伸和变形。但是，释放鼠标按键后，控制柄将恢复为其原始大小和形状。

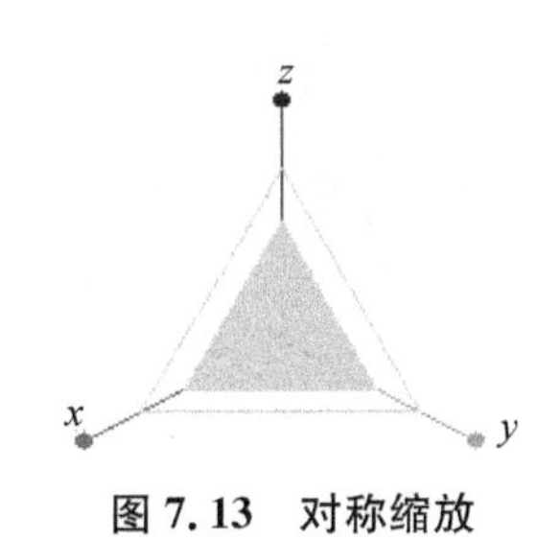

图 7.13　对称缩放

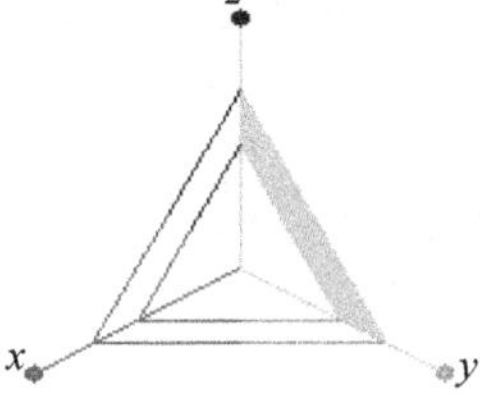

z
x
y

图 7.14　非对称平面缩放

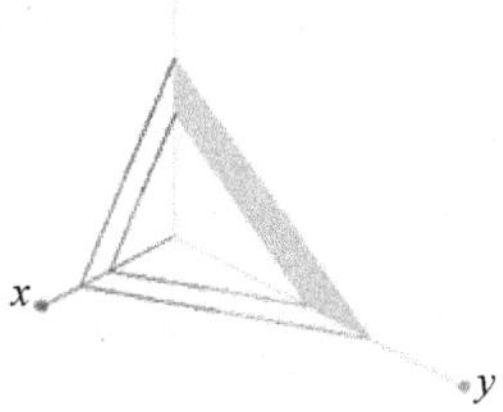

z
x
y

图 7.15　非对称轴向缩放

如果将缩放操作设置为使用对象的非居中枢轴点，则缩放将使对象朝向或远离该点进行变换。例如，如果枢轴点位于立方体的左侧面上，则缩放操作将使左侧面保持在相同位置，同时将所有其他面缩放以远离它。

4. 对齐操作

对齐(align)操作可以同时或单独完成对象之间在位置、角度、比例大小三个方面的对齐，其选项菜单如图 7.16 所示。对齐操作可以使对象曲面彼此齐平，或者沿一个或多个轴居中多个对象。对齐操作非常适合用于让对象按照希望的方式排列，而无须进行繁琐的缩放和重新定位。如果对象被意外创建或导入 3D 空间的某个模糊角落中，对齐操作对快速将对象带入场景的适当区域也很有用。

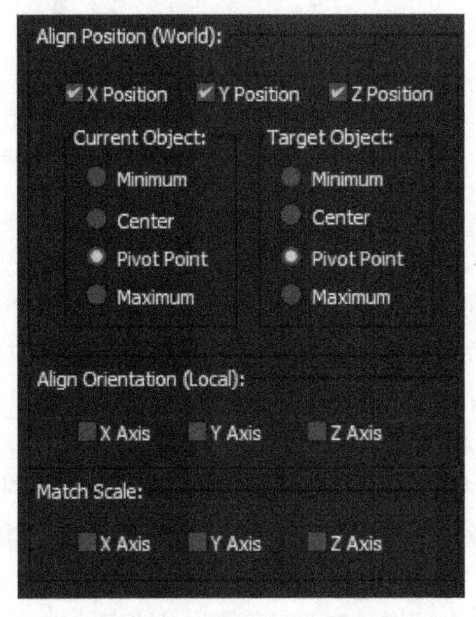

图 7.16　对齐操作的选项菜单

对齐操作可能受到轴约束的影响，仅允许在一个或多个轴上进行。

四、层次结构和局部变换

三维数字空间有两个坐标系：世界坐标系(World Coordinate System，WCS)，又称全局坐标系统，如图 7.17 所示；局部坐标系(Local Coordinate System， OCS)，又称对象坐标系统，如图 7.18 所示。在世界坐标系中(从“前”视图看)，x 轴是水平地从左至右，y 轴是从后至前，z 轴则是垂直地从底部至顶部。

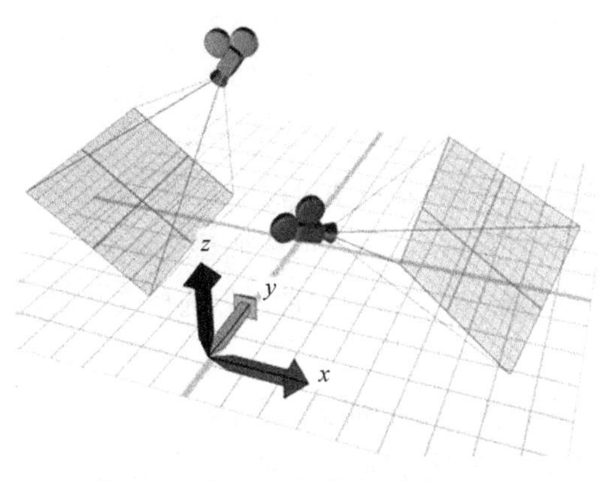

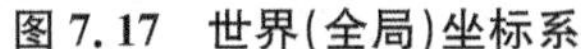
图 7.17　世界(全局)坐标系

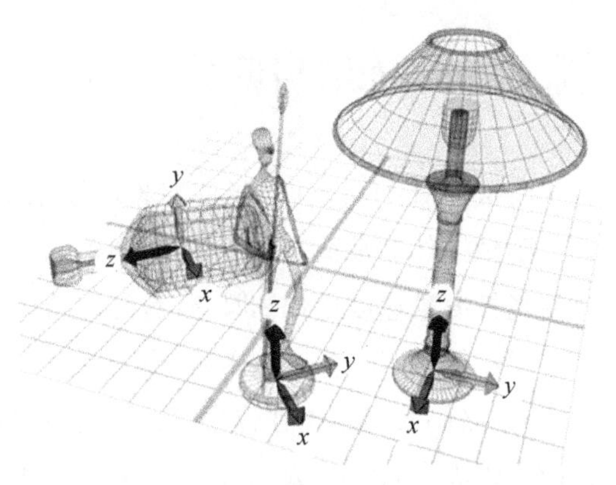

图 7.18　每个对象的局部(对象)坐标系

通常在二维视图中,世界坐标系的 x 轴水平,y 轴垂直。世界坐标系的原点为 x 轴和 y 轴的交点(0,0)。图形文件中的所有对象均由其世界坐标系坐标定义。对象默认的创建位置是在世界坐标系的原点(0,0,0)。当我们移动物体时,其中两个坐标轴的数值出现变化,另一坐标轴保持不变。在旋转和缩放操作时也是同样的情况。使用世界坐标系时,从正面看,x 轴正向朝右,z 轴正向朝上, y 轴正向指向背离你的方向。

每个对象都有自己的局部坐标系,这是一个需要记住的重要概念。如果对象已经旋转,其局部坐标系可能不同于世界坐标系。对某个对象单独操作时,使用局部坐标系创建和编辑更方便。对象的局部坐标系由其轴点支撑。调整轴点位置可以相对于对象调整局部坐标系的位置和方向。在若干个对象的选择集中,每个对象使用其自身中心进行变换。

全局(或世界)坐标系不是定位对象的唯一方法。空间中的每个点都有其相对位置,特别是如果它们附加到另一个对象上,局部坐标系可以确定一个对象相对于它所附着的另一个对象的位置。

就像我们和地球之间的关系一样,一个物体的变换与构成该物体的碎片之间的关系既是全局的,也是局部的。3D 图形中的对象由子对象组成,这些子对象以某种方式构造父对象;子对象位于父对象的局部坐标系中,父对象又位于全局坐标系之中。

层次结构和坐标系统可能看起来很复杂,但一个对象连接到另一个对象的基本概念应该是我们非常熟悉的。例如,当人的身体静止不动时,他的手可以绕着身体的空间移动。我们可以说这只手在当地空间移动。但是,如果人开始四处走动并挥动着手,那么他的手就相对于身体在移动,并与身体一起移动。手与身体是永久连接的。对我们来说,层次结构是很自然的,因为这就是我们自己的骨架系统的工作方式。

五、隐藏、冻结与重置

隐藏(hide)可以使场景或对象从场景中消失,使用取消隐藏则可以使其稍后重新出现。隐藏操作非常适合用于清除当前不需要查看的网格(以及防止网格被意外修改),并且使场景渲染速度更快。但是,有时你希望看到该对象,但不希望它被意外选择或修改,这时可以使用 Freeze 或 Ghost 命令。

冻结(freeze)是指在许多 3D 程序中,在不改变物体位置的情况下,将物体的局部变换改变为零。将 Freeze 或 Ghost 命令应用于形状或对象时,该形状或对象仍会出现在场景中,但在冻结时无法选择它。这是一个非常有用的功能,因为 3D 场景往往非常复杂,并且很容易选择或转换错误的对象。冻结的物体通常会改变颜色,以显示物体被冻结。如果要修改对象,可对其进行解冻(图 7.19)。

图 7.19　物体冻结前(左)和冻结后(右)

重置(reset)是将 3D 对象转换从轴点放回世界坐标原点,并移除所有偏移值,而不移动对象。此操作用于移除在空间中对象工作时可能产生的所有内部偏移。能够执行此操作非常重要,在实际工作中尤其具有意义。例如有时我们会使用同一组模型,一个拷贝用于设置骨骼蒙皮,一个拷贝用于动画,一个拷贝用于动作捕捉,一个拷贝用于游戏开发导出。这时你必须正确地设置模型对象的基本转换结构,以便使它们之间保持一致。由于这个问题,大多数主要的设计软件都内置了函数,以便只进行本地转换,而不改变所创建对象的实际位置。

第八章

复制方式、模式与引用

场景中常常有些对象需要多个复制品，几乎每一种三维动画设计软件都提供了对象复制工具。我们可以比照原始对象再创建几个新的对象，也可以选中原始对象，利用复制粘贴来实现。而后一种方法更符合计算机的操作模式。

复制方式

复制对象也称为“克隆”。本节将介绍复制对象的所有方式，如图 8.1 所示。

- 阵列复制：可以同时设置三种尺寸的所有三种变换。在 2D 或 3D 空间中的线性和圆形阵列效果更精确。
- 快照复制：基于动画路径，同样可以间隔时间或距离复制对象。
- 镜像复制：围绕一个或多个轴产生反射复制。如果不使用复制镜像对象，结果为复制原对象的一个翻转，可选择一个新位置。
- 间隔复制：沿着一条样条线或两个点定义的路径，基于当前位置选择分布对象。

(a) 阵列复制

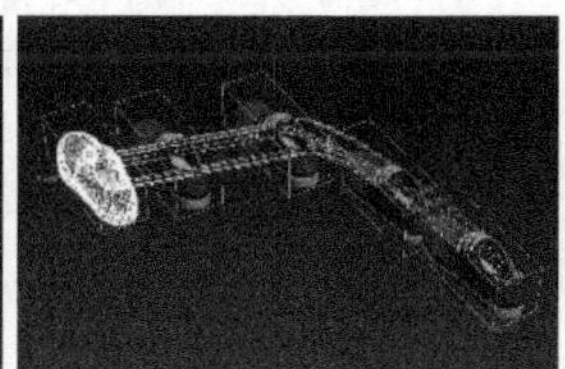
(b) 快照复制

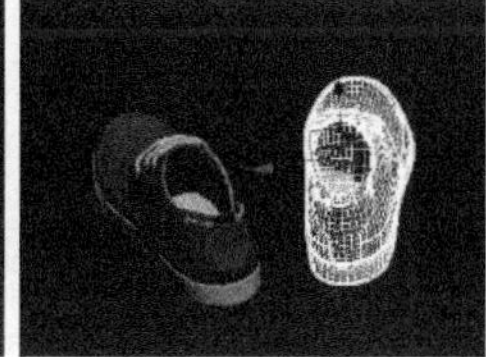
(c) 镜像复制

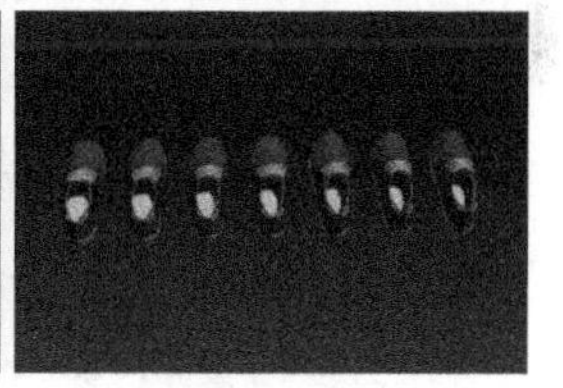
(d) 间隔复制

图 8.1　对象的复制方式

虽然每个方法在复制对象时都有独特的用处和优点，但是在大多数情况下这些复制方法在工作方式上有很多相似点：

- 复制时，可以应用变换。创建新对象时，可以移动、旋转，或缩放，如图 8.2 所示。变换操作是基于当前坐标系统、坐标轴约束和变换中心进行的。
- 通过复制创建新对象时，可以选择使它们成为独立副本、关联副本或参考副本。

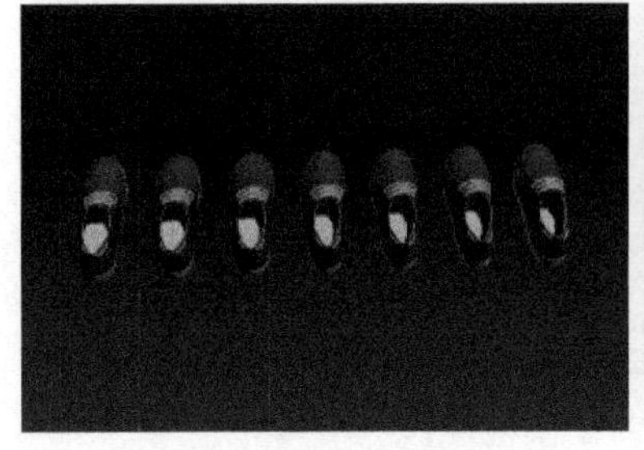

(a) 移动+复制

(b) 旋转+复制

(c) 缩放+复制

图 8.2　变换复制对象

二、复制模式

三维动画中复制对象时常常会使用三种模式，如图 8.3 所示。

- 独立复制(Independent)：创建一个与原始对象完全无关的复制对象，修改一个对象不会对另外一个对象产生影响。例如，如果已为基本的建筑物形状建模，并想要创建一组各式各样的建筑物，那么可以制作基本形状的副本，然后在每个建筑物上为不同的特征建模，从而将它们彼此区分开来。
- 关联复制(Instance)：创建原始对象的完全可交互的复制对象(称为实例对象)。修改实例对象与修改原始对象的效果完全相同。修改实例对象与修改原始对象不仅在几何体中相同，而且在其他用法上相同。复制出新的关联对象时，系统将根据原始对象生成多个命名对象。每个命名对象拥有自身的变换组、空间扭曲绑定和对象属性。例如，如果要创建一群游动的鱼，开始时可以制作单条鱼的多个实例副本。然后，将涟漪修改器应用到这群鱼中的任何一条上，为这群鱼生成游动效果。这样，整群鱼都具有相同的游动效果。
- 参考复制(Reference)：创建与原始对象有关的复制对象，复制对象与原始对象相互半独立，即创建参考对象之前，更改应用于该对象的参数修改器，将会同时影响两个对象；而创建参考对象之后，应用于其中某一个参考对象的新修改器仅影响该对象，而不影响其他参考对象。

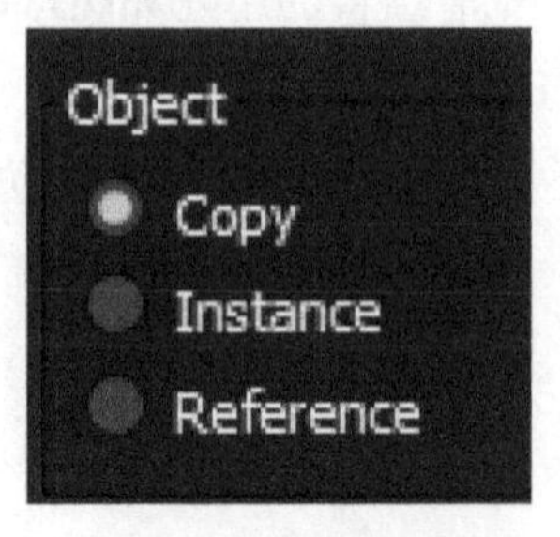

图 8.3　复制模式

采用以上三种复制模式，原始对象和复制对象在几何体层级是相同的，即复制出的模型与原来的模型具有相同的点、线、边、面和构成。如果我们使用独立复制模式，复制出几十个模型，则总的模型面数就增加几十倍，即数据量也增大几十倍。为了控制场景的数据量（几何面数），我们常常采用关联复制模式来复制对象。这样复制出的对象之间具有关联性，修改其中一个的参数会同时影响其他对象的参数。

尽管使用关联复制可以有效减少场景的几何面数，提高视图的显示效率，但是对于最终的渲染并不能减少运算量。

三、外部引用对象和代理对象

第一个特殊对象是外部引用（即 XRef），其主要作用是在显示当前主场景中的模型时，引用外部的模型或场景文件（图 8.4）。当对外部引用对象进行修改时，可以避免对源对象的修改。

外部引用对象出现在场景中，可以对其设置动画。根据对象的设置编辑对象，例如变换、材质、操纵器或修改器，可以添加修改器，但不能更改模型的结构。引用的对象允许替换代理对象，因此可以为复杂模型的低多边形版本设置动画，然后在渲染时引用多边形的高精度版本。这样的好处是存储场景的主文件尺寸较小，打开和操纵场景变得更快。

场景中的对象可以是来自其他场景的 XRef 对象，可以使用局部偏移将它们转换并定位在当前场景中。

当 XRef 对象加载到主文件中时，它可以包含 XRef 材质和分配给它的 XRef 控制器。在主场景中，可以像对待其他对象一样修改或转换 XRef 对象。我们可以合并材质和转换信息，或将其维护为与源文件的实时连接。除了材质外，也可以引用外部的变换控制器。这是引用 XRef 对象过程的一部分，可以使用特殊的 XRef 控制器或 XRef 材质。引用 XRef 对象时，默认情况下会同时引用对象的材质和变换控制器。无论对象是否外部引用，都可以将这些外部引用分配给场景中的任何对象。

如果 XRef 对象依赖于源场景中的另一个对象，则该关系将不会自动保留在目标文件中，例如具有路径约束的对象、大气效果、具有对象发射器的粒子阵列或绑定到对象的空间扭曲。要保留主文件中源对象之间的关系，必须引用相互影响的对象以维持关系。XRef 对象中也不包含渲染效果，如发光或闪光。

第二个特殊对象是代理（proxy），可以通过简化现有模型的克隆来创建代理，也可以构建简单的替换对象（如框或圆柱体），还可以在添加细节之前在建模的早期阶段保存模型的副本。即使代理对象在场景中被替换，但对真实对象的引用始终可用，如图 8.5 所示。

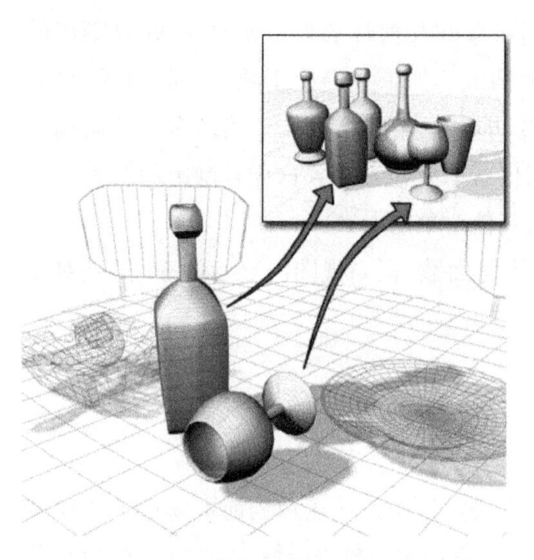

图 8.4 外部参考对象

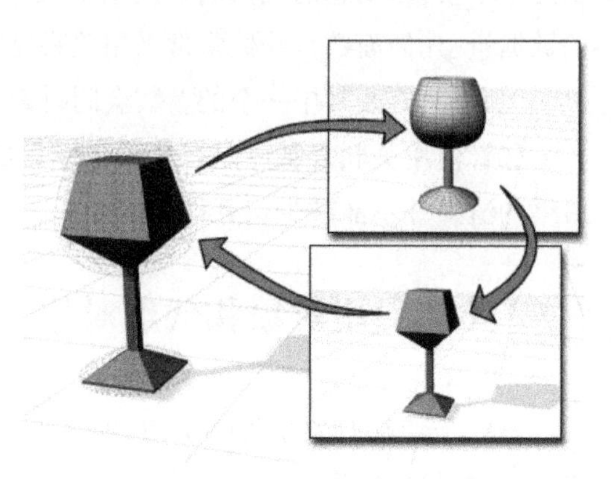

图 8.5 代理对象

XRef 对象也允许使用代理对象替代几何体。使用 XRef 对象在动画期间通过将轻量级代理对象替换为更复杂的几何体来管理主场景的复杂性。

外部参照场景将在当前文件中显示，但实际上只是临时从其他子场景或模型文件加载的。这样，在通过主场景对外部参照场景进行修改时，可以避免对源场景的修改。一旦将更改保存至源文件，对源场景进行的所有更新或更改也将更新至主文件。

第九章

组、集合与群组

使用组和集合将场景中的多个对象设置合并为单个的、非层次对象，并将其作为一个整体进行操纵。对3D场景对象进行组合，集合最适合用于带有灯光、摄像机等不同种类对象的场景和带有骨架的角色等情况。

一、建组

建组(group)是将许多不同形状的同一种类对象临时附加在一起的便捷方式。可将两个或多个对象组合为一个虚拟对象，并为这个对象命名，对它们进行操作。和任何其他对象一样，可以将组作为场景中的单个对象，像操作单个对象那样变换和修改组，设置动画。这使我们可以将它们作为一个整体处理以进行变换、映射及其他操作，但如果需要，仍然可以单独调整它们。

建组很简单，只需选择所需的对象，将它们成组，然后为组命名，这时看到的只有一个外部选择框，如图9.1所示为建组和解组前后，对象外部选择框的变化。可以单击组中任一对象来选择整个组对象。建组时所有成员对象都被严格链接至一个不可见的虚

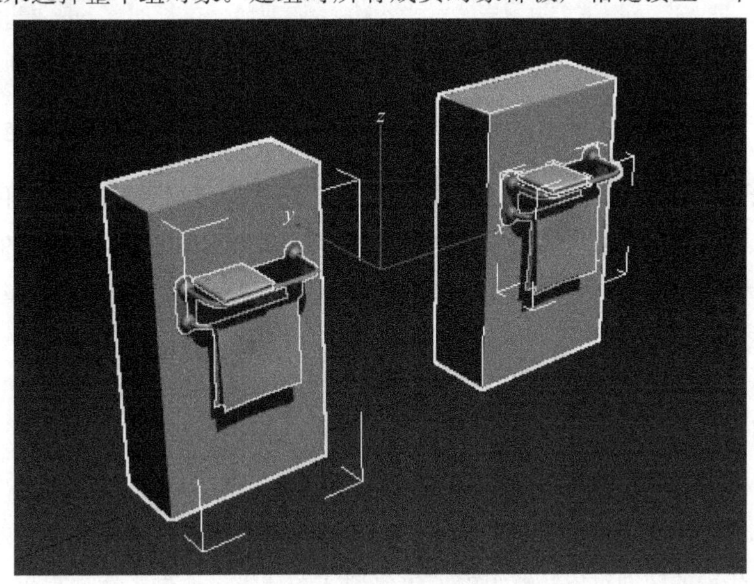

图9.1　建组(左)和解组(右)

拟对象，该组对象使用这个虚拟对象的轴点和本地变换坐标系。当变换应用于组时，首先会将组作为一个整体，将变化应用于代表组的虚拟对象。你也可以对组内的单个对象进行变换和设置动画，而与组自身无关。但是，当变换组自身时，该变换会同等程度地影响所有组对象。组变换会均匀地添加至具有独立运动的对象。

组对象也可以通过解组(ungroup)来永久分解(图 9.1 右)，组中的单个对象将独立出来。组还可以包含任何级别的其他组，可将组进行嵌套，即组可以包含其他组，包含的层次不限。

二、集合

集合(assemble)是将许多不同种类对象临时附加在一起的便捷方式。如图 9.2 所示，如果我们制作一个灯具，可以将灯的几何模型及灯光对象(黄色的小球)使用集合来代表。可以看出前面介绍的组可被视为集合的特殊情况。与组类似，创建集合时可将两个或多个对象进行集合，将其视为单个对象，并可为集合对象命名，然后像对其他单一对象那样对集合进行操作。

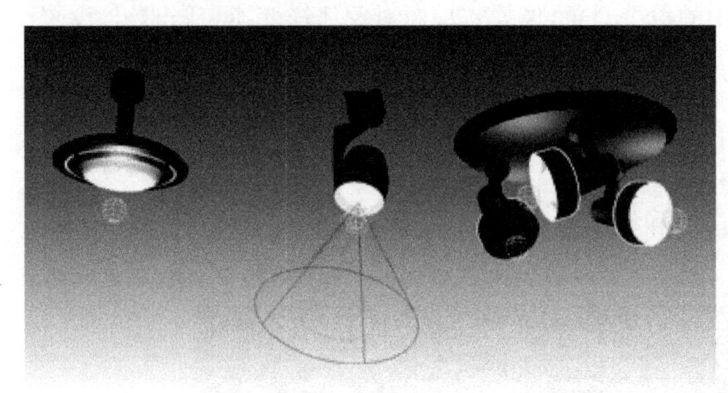

图 9.2　对象集合

图 9.3　角色集合

角色集合是一种特殊的、专用于角色对象的组合方式，集合中包含角色网格、骨骼、IK 链、辅助对象、控制器和其他用于设置角色动画的多种不同类型对象(图 9.3)。一旦对象被编成集合，就可以将集合作为一个整体来执行不同的功能，例如保存整个骨骼/网格集或加载动画。

三、群组

群组(crowd)动画系统的设计目的是模拟现实的群组行为，如图 9.4 所示。通过制作代理(作为代表的辅助对象)，群组模拟仿效现实的环境。通过为代理提供总体行为指导原则,由群组模拟计算它们的运动。通过群组系统,可以使用大批角色、人物特征和其他对象来创建逼真的模拟环境,这些对象通过程序来实现操作和彼此交互。使用群组系统,可以轻松设置包含数百人和/或生物场景的动画,这些人和/或生物的行为集可能相似,也可能完全不同,可以根据场景中的其他因素而动态变化。

图 9.4 人物群组

群组动画系统的核心是群组和代理辅助对象。一个群组系统可以控制任意数量的代理,代理将作为群组成员的代替品。我们可以将代理组合为队伍,并向个体或队伍指定一些行为,如查找、回避和漫步;也可以将行为和权重相结合,以便某个群组成员在轻微漫步的时候查找目标。

群组模拟的范围可以从简到繁,甚至可以直接到高度复杂。在范围后端能起到辅助作用的是认知控制器功能,通过该功能,可以使用脚本将条件变换应用于行为序列。例如,可以告诉代理逐渐靠近一个目标,直到其到达某个距离范围内,然后开始移动;或者,可以使用认知控制器,以便代理在一系列目标之间移动。

群组模拟最重要的要求之一是回避。如果角色在场景中彼此穿透或穿过其他对象,会影响真实性。群组系统提供了许多行为来帮助实现恰当的回避。该系统还提供了向量场,这是一个特殊的空间扭曲,将其应用于形状不规则的对象时,代理可以围绕对象移动,而不会穿透它。组合使用时,群组系统工具可以制作各种各样有趣的多角色模拟。

思考题:

1. 对象的操作方式有哪几种?
2. 请用多种复制方法制作一个对象阵列。
3. 将第 2 题中制作的阵列建组。
4. 组和集合的主要区别是什么?

第三部分

三维建模基础

第十章

三维模型建构的概念

建模是三维动画设计的重要组成部分，也是设计三维动画的基础。创建和塑造三维模型的过程称为3D建模。

三维动画中使用的模型有不同的分类，根据模型的精度(几何面数)可以分为低精度(细节水平)模型、中精度(细节水平)模型和高精度(细节水平)模型；根据模型的构成可以分为网格模型、多边形模型、面片模型和NURBS模型。

不同种类的模型往往适用于不同的场合。例如低精度模型、网格和多边形模型多用于游戏或虚拟现实等应用；而高精度模型、面片模型、NURBS模型具有最高水平的数学精度，多用于影视、广告等不需要实时渲染及输出图像质量要求高的应用场合，如工程和汽车设计的建模。当然在实际应用中，我们也常常在影视、广告中的远景或次要对象中使用低精度模型、网格模型和多边形模型，而游戏或虚拟现实中也常常采用高精度模型来制作纹理和材质。如图10.1所示，左图为低精度模型(2 244个三角面)，适合距离摄像机200～2 000 m；中图为中精度模型(8 397个三角面)，适合距离摄像机100～200 m；右图为高精度模型(12 252个三角面)，适合距离摄像机0～100 m。

低精度模型	中精度模型	高精度模型
2 244个三角面	8 397个三角面	12 252个三角面
200~2 000 m	100~200 m	0~100 m

图10.1　不同精度的模型

建模可使用许多不同的技术创建对象。例如，如果要构建游戏中使用的模型，会考虑使用低精度多边形建模技术；当构建用于建筑展示或广告片的高精度(细节水平)复杂模型时，该技术同样具有优势；而在构建角色模型时，通常先利用多边形建模技术构建出基本形体模型，然后使用雕塑软件来增加和制作模型的细部。这样操作的好处是模型构建效率高，成本低，并且质量高、直观性好，还可以辅助建立材质。

正式开始建模之前，了解和掌握三维模型的构成方式是非常重要的。

一、点、线、面

点、线、面是构成三维几何对象的基本元素。

以多边形模型为例，点(point)定义了三维空间中的某个位置，线(line)由三维空间中的多个点构成，而两个相邻面之间的线被定义为边(edge)，由边线围成的封闭曲线称为沿(border)，由边线围成的区域称为三角面(face)，由两个三角面组成的区域称为多边形(polygon)，如图10.2所示。由多边形搭建而成的3D几何体称为元素(element)，一个复杂的几何体模型可以包含多个元素。

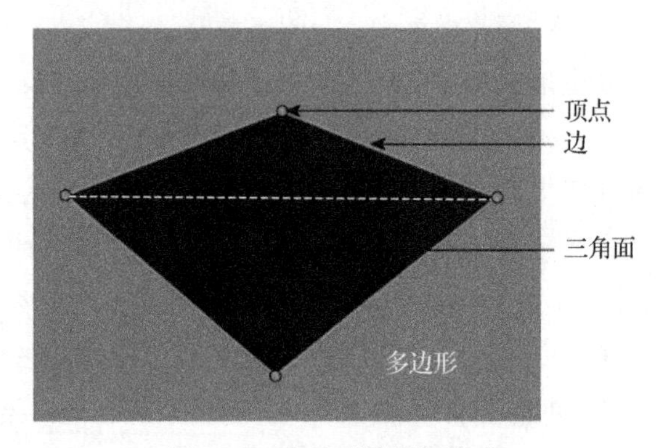

图10.2　多边形的层级构成

3D几何对象通常由多个点、线、面组合而成，因此不少三维设计软件按照层级来管理点、线、边、面、元素、集合体(图10.3)。每个层级具有相应的几何操作，了解其基本构成是构建和操作复杂模型的基础。如表10.1所示为6种几何对象的子对象。

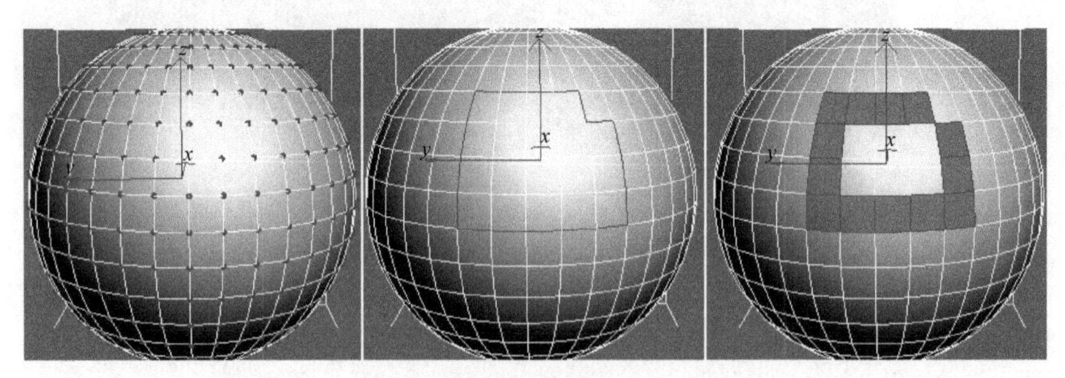

图10.3　顶点(左)、边(中)和面(右)

表 10.1 6 种几何对象的子对象

几何对象类型	子对象几何体	几何对象类型	子对象几何体
网格 (Mesh)	顶点(Vertex),边(Edge),三角面(Face),多边形(Polygon),元素(Element)	面片曲面 (Patch Surface)	顶点(Vertex),边(Edge),面片(Patch),元素(Element),控制手柄(Handle)
多边形 (Poly)	顶点(Vertex),边(Edge),边沿(Border),多边形(Polygon),元素(Element)	NURBS 曲线 (NURBS Curve)	控制曲线(Curve CV),曲线(Curve)
样条线 (Spline)	顶点(Vertex),线段(Segment),样条线(Spline)	NURBS 曲面 (NURBS Surface)	控制曲面(Surface CV),曲面(Surface)

通常建模会从编辑基础几何体的一部分开始,如一个样条线、一组面或顶点等。可以使用不同的方法选择和操作子对象几何体,如顶点、边、面。最常用的技术是将对象转换为可编辑的几何体,例如,可编辑的网格,可编辑的样条曲线,可编辑的面片,NURBS 或可编辑的多边形。这些对象类型允许在子对象层级选择和编辑几何体。如果原始对象希望保持对其创建参数的控制,则可以利用各种修改器,例如"编辑网格""编辑样条线""编辑面片"或"网格选择"。表 10.2 显示了 3 种几何对象编辑方法的优缺点。

表 10.2 3 种几何对象编辑方法的优缺点

编辑方法	优点	缺点
可编辑对象	更高效	丢失创建参数
编辑/选择	可以为子对象设置动画	效率较低
使用修改器	保留创建参数	无法为子对象设置动画

样条线、NURBS 曲线和曲面是例外,可以在创建这些类型的对象后立即编辑它们的子对象。在子对象层级编辑对象时,只能选择该级别的组件,例如顶点、边、面等子对象。你不能取消选择当前对象,也不能在离开子对象之前选择其他对象。

这里需要补充介绍的还有多边形模型中的一个概念——切面(face)。多边形模型或网格模型往往由计算机通过平滑来产生光滑的表面,当关闭自动平滑,几何体会以一些紧密拼接的面的形式出现,这些小面称为切面。

二、建模的主要方式

建模工作流程具体取决于使用的模型类型、项目的最终结果及工作室的要求。几种基本模型的建模流程一般是:从零开始建模、原始建模、盒子建模、布尔建模、激光扫描和数字雕塑。每个工作流程都能完成模型建构,但实现路径有所不同。建模者通常从概念艺术出发,或将他们要创建对象的真实世界图像作为参考,使用 3D 设计软件构建出三维模型。复杂场景的分层构建如图 10.4 所示。

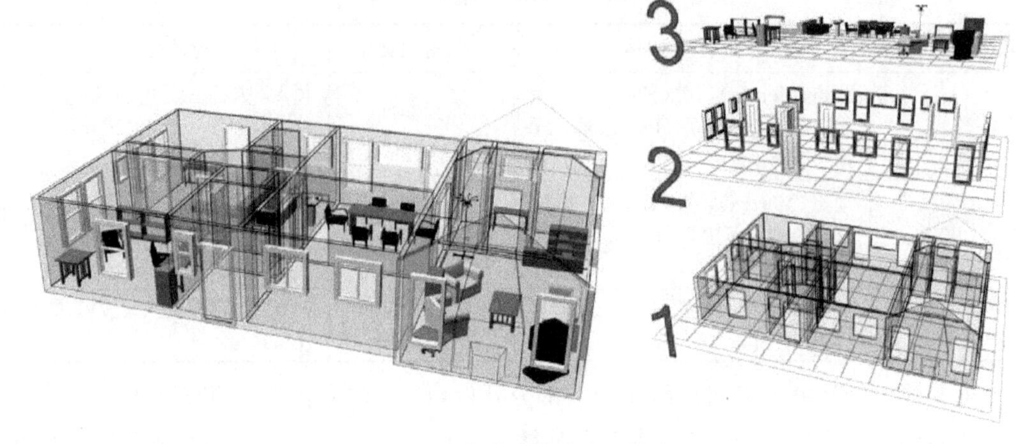

图 10.4　复杂场景的分层构建

所有这些工作流程都有一个共同方式：从低分辨率拓扑开始，然后根据需要添加拓扑以建立模型细节。

目前主要建模方式有下列 9 种。

1. 基本元素建模

在原始建模中，可以从软件给出的基本形状开始，例如圆柱、圆环、球体、管道、立方体、圆锥体或茶壶，如图 10.5 所示。然后，必须对原始模型进行微小更改才能创建对象。这种类型的建模非常适合用于硬表面模型，如桌子、椅子、铅笔、相框以及简单的建筑物。这项技术可以让我们快速完成建模的基本阶段。

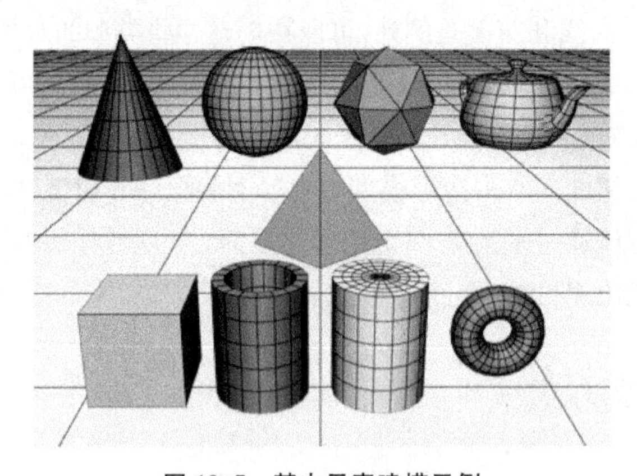

图 10.5　基本元素建模示例

需要补充说明的是，三维空间中的球体通常有两种模型表示方法，如图 10.6 所示。

- 经纬球(UV 球)：由四边形组成，就像在一些地球仪上看到的那样——四边形在距离赤道较近的地方较大，在距离两极较近的地方较小，最后在两极缩成顶点。
- 几何球(GeoSphere)：是用三角面表示的球体。

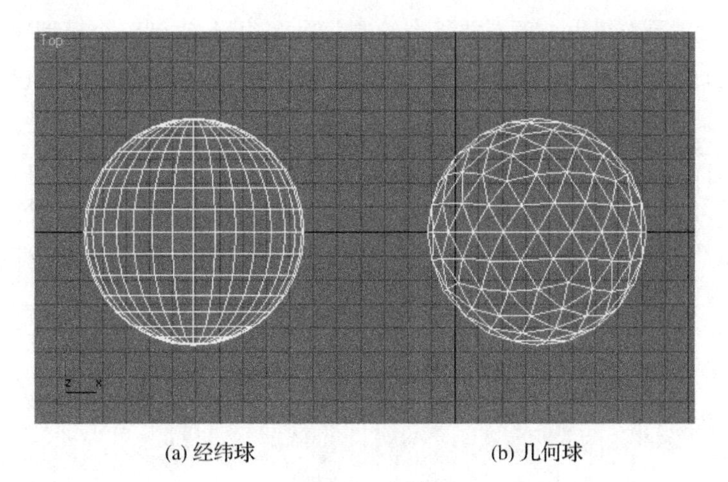

(a) 经纬球　　(b) 几何球

图 10.6　球体

2. Box 建模

Box 建模是一种多边形建模技术，设计人员以几何图元(立方体、球体、圆柱等)开始，然后细化其形状，直到达到所需的外观，如图 10.7 所示。

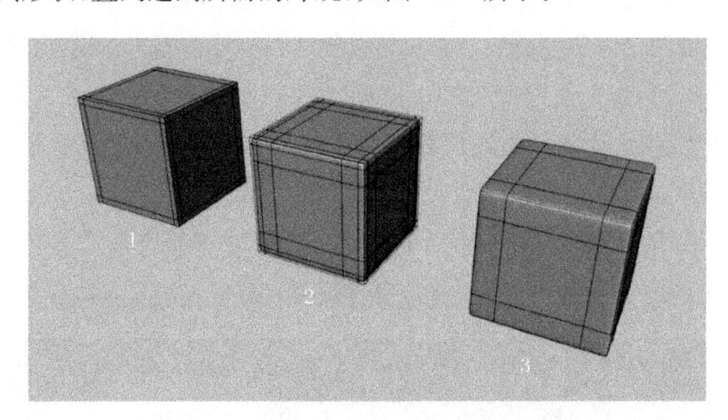

图 10.7　具有不同边线分布的多边形盒子

Box 建模通常分阶段工作，从低分辨率网格开始，细化形状，然后细分网格以平滑硬边缘并添加细节。重复细分和细化的过程，直到网格包含足够的多边形细节以正确地传达预期的概念。

Box 建模可能是最常见的多边形建模形式，通常与边缘建模技术结合使用。

3. 边缘建模

边缘建模是另一种多边形建模技术，与盒子建模有根本的不同。在边缘建模中，不是从原始形状开始进行精炼，模型基本上是通过沿着突出的轮廓放置多边形面的环，然后填充它们之间的任何间隙来构建。

边缘建模过程是布置每个顶点并逐个绘制每个多边形，直到整个模型完成(图 10.8)。由于大多数 3D 应用程序中多边形建模和编辑工具的进步，这种技术目前已不流行。

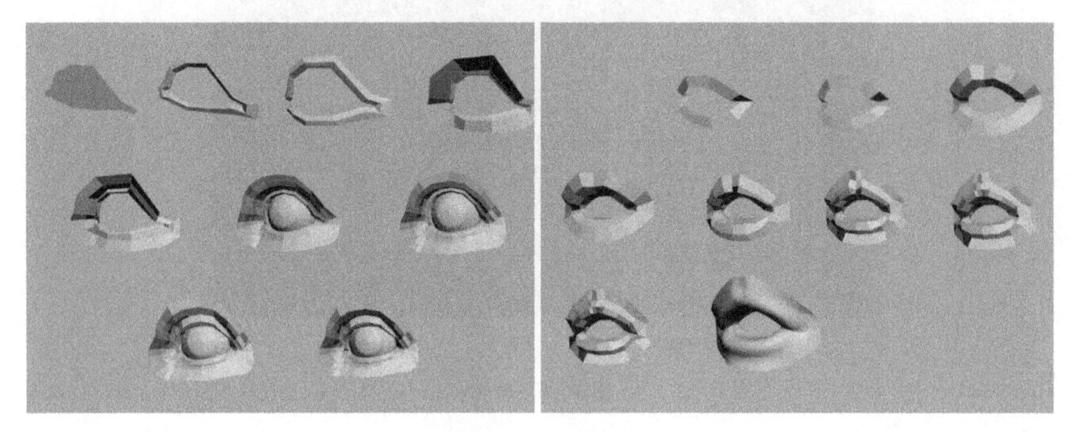

图 10.8　边缘造型

4. 布尔建模

布尔建模是一种通过引入一个对象并运行布尔函数来更改另一个对象的几何加减法。布尔函数获取两个对象，并通过将一个对象从另一个对象中切割出来(要么将两个对象组合成一个对象，要么使用交集的负空间作为新对象)，使它们成为新的单个对象。但这种方法产生的 n 边形在游戏开发等领域不受欢迎。图 10.9 显示了布尔建模的示例。球体和包裹的立方体是两个独立的多边形对象。右边是 Union(并集)，可以看到沿着立方体和球体相交的边缘。中间是 Intersect(交集)，为球体在立方体中留下负面形状。左边是 Subtract(差集)，其中剩下两个对象的负空间。

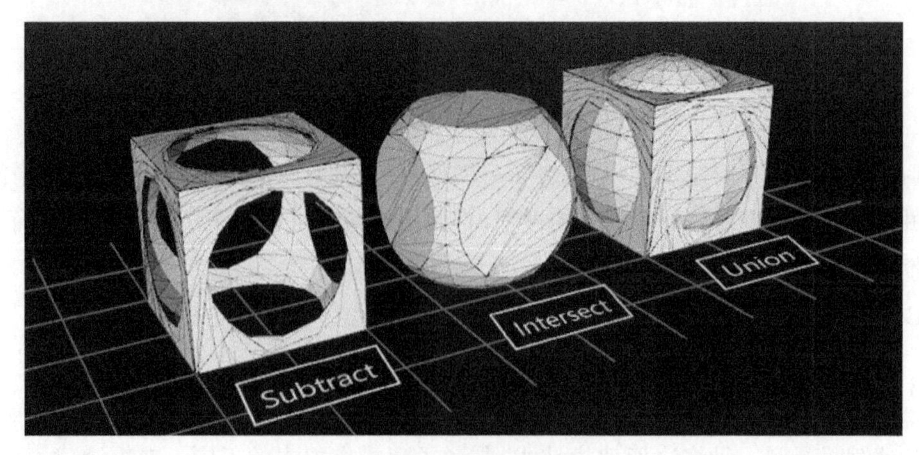

图 10.9　布尔建模示例

5. NURBS 建模

NURBS 是一种最常用于汽车和工业建模的技术(图 10.10)。与多边形几何体相比,NURBS 网格没有面、边或顶点。相反,NURBS 模型由平滑的表面组成,通过“放样”两个或多个贝塞尔曲线(也称为样条曲线)之间的网格来创建。

NURBS 曲线是使用与 Microsoft 绘图或 Adobe Illustrator 中的钢笔工具非常相似的工具创建的。曲线在 3D 空间中绘制,并通过移动一系列被称为 CV(控制顶点)的手柄进行编辑。为了模拟 NURBS 曲面,设计师沿着突出的轮廓放置曲线,软件自动插入其中的空间;或者,可以通过围绕中心轴旋转轮廓曲线来创建 NURBS 曲面。这是一种常见(并且非常快速)的建模技术,适用于自然界中的径向物体,如酒杯、花瓶、盘子等。

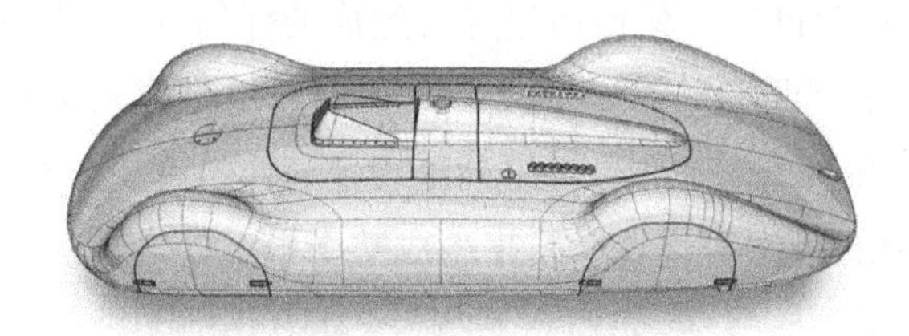

图 10.10 NURBS 建模示例

6. 激光扫描

激光扫描是一种在需要极高水平的照片真实感时对现实世界物体进行数字化的方法,通过扫描获取原始点云数据构造精确的三角网格模型。通过激光扫描建模的例子如图 10.11 所示。当需要某个演员的数字表示时,通常会使用激光扫描生成三维模型。但不必担心 3D 扫描仪会取代传统建模。试想一下,影视游戏等娱乐行业所呈现的众多物体在现实世界是不存在。在我们开始看到宇宙飞船、外星人和卡通人物四处奔跑之前,建模师已经在 CG 行业拥有了不可取代的地位。

图 10.11 激光扫描建模示例

7. 数字雕塑

数字雕塑是一种颠覆性技术，因为它有助于建模者摆脱拓扑和边缘流动的艰苦限制，使他们可以采用与雕塑数字黏土非常相似的方式直观地创建三维模型。

在数字雕塑中，网格是有机地创建的，使用 Wacom 平板设备来塑造模型，几乎就像雕塑家在真正的黏土块上使用耙刷一样。数字雕塑将角色和生物建模提升到一个新的水平，使建模过程更快、更高效，并允许设计师使用包含数百万个多边形的高分辨率网格。雕塑网格具有从前无法想象的表面细节水平和自然美学。

8. 程序建模

计算机图形学中的"程序"一词指通过算法生成的任何内容，而不是由设计师手工创建的。程序建模基于用户可定义的规则或参数来创建场景或对象。在流行的环境建模软件包如 Vue、Bryce 和 Terragen 中，可以通过设置和修改环境参数（如树叶密度和高程范围）或选择沙漠、高山、海岸等景观设施来生成整个景观。

程序建模通常用于有机结构，如树木和树叶，其中几乎无限的变化和复杂性靠设计师手工捕获会非常耗时（或完全不可能）。应用程序 SpeedTree 使用基于递归/分形的算法生成独特的树和灌木，可以通过树干高度、树枝密度、角度、卷曲和数十个其他选项的可编辑设置进行调整。CityEngine 使用类似的技术来生成程序性城市景观，如图 10.12 所示。

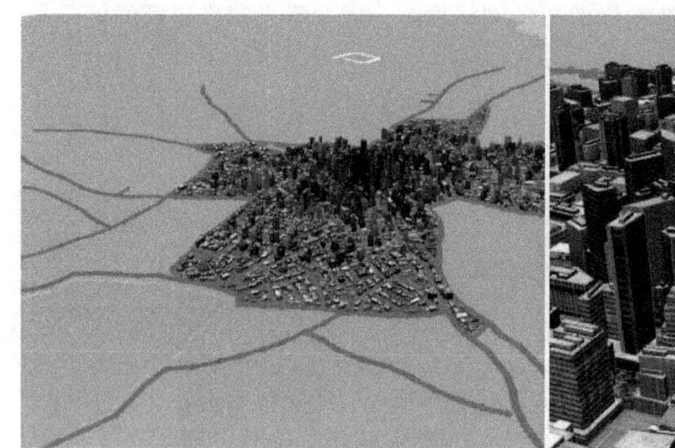

图 10.12 城市景观

9. 基于图像的建模

基于图像的建模是指从一组二维图像生成三维模型的过程，学术上称为从运动恢复结构的 SFM 算法。基于图像的建模通常用于由于时间或预算限制而不允许手动创建完全实现 3D 建模的情况，也可用于通过航拍进行大范围景观的三维重建，如图 10.13 所示。

图 10.13　利用照片生成城市建筑

此外，这类建模方式也有一种不需要构建几何模型，完全以基于图像的渲染来进行场景描述的方式。最著名的例子是电影《黑客帝国》中使用 360 度摄像机阵列拍摄动作序列，然后使用解释算法，通过传统的真实世界集进行虚拟 3D 摄像机移动，如图 10.14 所示。

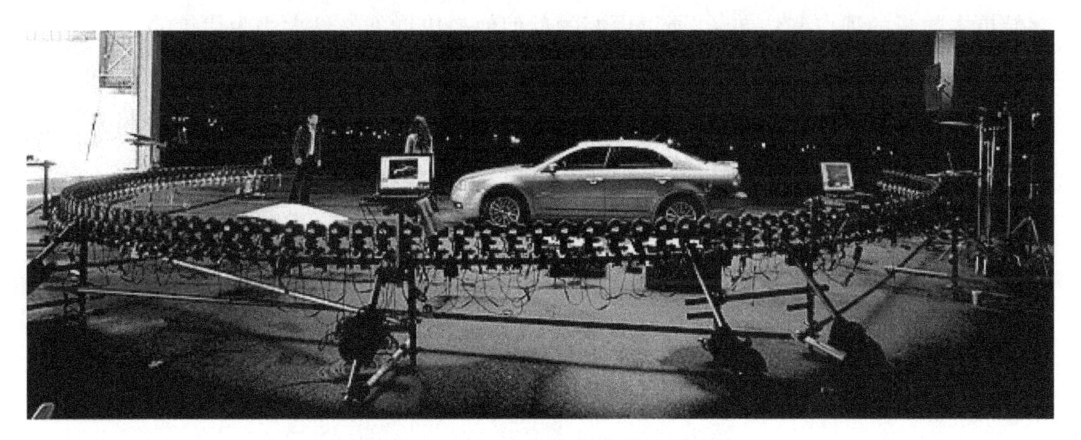

图 10.14　360 度摄像机阵列拍摄场景

三、模型的文件格式

三维场景的对象和几何信息需要以某种文件格式保存。3D 文件格式实际上有数百种。每个 CAD 软件制造商(如 Autodesk 和 Blender)都有自己的专有格式，并针对其软件进行了优化。如 . max 是 3ds Max 的场景文件格式，. fbx 是 MAYA 的文件格式，. blend 是 Blender 的文件格式。这样做的好处是软件能够以其理想的方式更快地调入数据，占用尽量小的存储空间，还可以有效地保护文件版权。这些文件格式基本上互相不通用，少数软件允许文件输出时保存为目标软件的格式，但常常还是存在错误和不兼容的情况。

1. 3D 文件存储的主要信息

1）编码三维模型的几何信息

每个三维模型都具有独特的几何形状，编码几何信息的功能可被视为 3D 文件格式的最基本功能。每种 3D 文件格式都支持这一点，否则它们将不被视为 3D 文件格式。

编码表面几何体有三种不同的方法，每种方法都有相应的优点和缺点。下面进行具体介绍。

（1）近似网格

在这种编码中，三维模型的表面首先被一个微小的假想多边形网格覆盖。三角面是最常用的形状。三角面的顶点和法向量存储在文件中，表示出目标模型的表面几何形状。这种重复生成具有非重叠几何形状的表面的过程也称为曲面细分。因此，这些文件格式也称为曲面细分格式。

三角面近似于表面的平滑几何形状，因此这是一种近似格式。随着三角面变小，近似值变得更好。但是，三角面越小，需要平铺曲面的三角面数量就越多。这意味着文件需要存储更多数量的顶点和法向量，所以更好的近似值是以增加文件大小为代价的。

近似或细分格式最适用于不需要超精细分辨率的三维模型的情况。一个很好的例子是 3D 打印。3D 打印机无法打印超过一定的分辨率物体，因此这种类型的文件格式非常适合这项工作。实际上，最流行的 3D 打印文件格式 .stl 确实属于这类文件格式。

（2）精确网格

精确网格用于需要表面几何形状的精确编码的情况，例如，当构造飞机的主体，特别是圆形舱体时，离散的多边形网格将不起作用。尽管该模型在小分辨率下可能看起来很好，但是平面和边缘部分会变得很不自然。

精确网格通过使用非均匀有理 B-Spline 面片（或 NURBS）而不是多边形来解决此问题。这些参数曲面由少量加权控制点和一组称为结的参数组成。从节点开始，可以通过在控制点上平滑插值来数学地计算表面。

这些表面在任何比例下看起来都很平滑，并且可以精确地复制三维模型一小部分的表面几何形状。虽然精确网格在任何分辨率下都是精确的，但它们的渲染速度较慢，因此对渲染有要求时应避免使用。

（3）构造实体几何

构造实体几何不涉及任何网格构建。在这种编码中，3D 形状是通过对原始形状（如立方体、球体等）执行布尔运算（加法或减法）来构建的。例如，要制作哑铃，可以简单地取两个球体并在它们之间添加连接圆柱杆。

构造实体几何体非常适合设计三维模型，并且对用户非常友好。另一个很大的优点是每个单独的编辑步骤(加法、减法、原始形状的变换)都以这种3D文件格式存储,因此可以随时撤销和重做任何步骤。

需要强调说明的是,如果将此格式转换为基于网格的格式,将会丢失有关各个编辑步骤的信息。

2) 存储三维模型的外观信息

3D文件格式的第二个重要功能是存储三维模型外观的相关信息。在许多应用中三维模型的外观至关重要。汽车的颜色和光泽是外观相关属性的例子,没有人想用沉闷无光的汽车玩极品飞车。外观描述了表面属性,例如材质类型、纹理、颜色等,决定了模型在渲染时呈现的外部效果。

关于外观的信息可以用两种不同的方式编码。

(1) 纹理映射

在纹理映射中,三维模型表面(或多边形网格)中的每个点都被映射到2D图像。2D图像的坐标具有颜色和纹理等属性。渲染三维模型时,每个曲面点都会在此2D图像中指定一个坐标。首先映射网格的顶点,然后通过在顶点的坐标之间插值来为其他点分配坐标。大多数3D文件格式都支持纹理映射,包含纹理信息的2D图像最好存储在同一文件中,也可分别存储在不同的文件中。

(2) 面属性

存储纹理信息的另一种常见方式是为网格的每个面分配一组属性,常见属性包括颜色、纹理和材质类型。另外,表面可以具有镜面反射分量,它指示光源和其他附近表面的真实镜面反射的颜色和强度。表面可以是透明或半透明的,这由描述穿过表面的光的颜色和强度的透射分量进行编码。透明表面通常会扭曲穿过它们的光线,这种扭曲由折射率属性表示,与模型的材料类型相关联。

3) 保存场景布局信息

编码场景布局信息的能力是某些3D文件格式的另一个重要功能。场景布局描述了三维模型与摄像机、光源和其他附近三维模型之间的空间关系。

- 摄像机由四个参数定义:放大率和主点、位置、摄像机所朝的方向,以及指示哪个方向为“向上”的箭头。
- 光源的编码取决于光源的性质。在最简单的点源情况下,只需要存储光源的位置、颜色和强度。
- 有时还存储三维模型与其他附近模型之间的空间关系。如果模型由几个部分组成,以某种方式布局以构成场景,存储这些布局关系就尤为重要。

值得注意的是,大多数3D文件格式通常不支持场景信息。在场景布局时,可以始终确保在保存模型之前将模型的各个部分放置在正确的位置。在这种情况下,文件格式不需要明确定义部件之间的关系。摄像机和灯光属性也可以忽略,原因是用户在场景中导航时可能会改变摄像机位置。

4）编码动画信息

某些 3D 文件格式具有存储三维模型动画的功能，这在大量使用动画的游戏设计或电影制作中非常有用。

（1）骨骼动画结构信息

三维动画最常见的方式是骨骼动画。在骨骼动画中，每个模型都与底层骨架相关联。骨架由虚拟骨骼的层次结构组成。层次结构中较高的骨骼移动（父骨骼）会影响层次结构中较低的骨骼（子骨骼）。这类似于人体，胫骨的运动会影响脚趾的位置。

重要的是要理解这些骨骼不是真正的骨骼，而只是帮助动画师定义模型中运动的数学结构。骨骼通常由 4×3 矩阵表示，其中前三列表示骨骼的旋转、缩放和剪切，最后一列是相对于父空间坐标的变换关系。

除了变换之外，每个骨骼都被赋予唯一的 ID，并与编码表面几何体的网格子集相关联。该子集与虚拟骨骼一起移动。

骨骼通过关节连接。关节在与骨骼相关的可能变换中引入约束，从而限制骨骼相对于其父骨骼的移动方式。这又类似于人体，肘部可以仅围绕指定轴旋转，而大腿和骨盆之间的球窝接头，则允许进行多方向旋转。

（2）动画技术信息

有许多不同的骨骼动画结构的技术信息需要存储，其中最重要的是正向运动学、反向运动学和关键帧的技术信息。

2. 3D 文件格式的选择

每个 3D 建模软件都允许将文件导出为许多不同的 3D 文件格式，但选择哪一种格式，在很大程度上取决于用途及将会使用的软件。3D 文件用于许多不同的部门和行业时，各个部门和行业都有自己的特定需求和要求，有的行业可能需要特定功能的 3D 文件格式。

1）3D 打印格式

3D 打印不要求高精度，因为当前的 3D 打印机不能打印超过一定分辨率的物体。使用表面几何近似编码的文件格式是 3D 打印作业的理想选择。. stl 是迄今为止最流行的 3D 打印格式，但是它无法存储与外观相关的信息，如颜色或材质。因此，如果要打印多色模型，则不能使用. stl 格式。还有其他文件格式，如. obj 或. amf，可以存储外观相关信息，它们（. obj 是最受欢迎的）是打印多色模型的最佳选择。

2）基于图形应用的 3D 文件格式（游戏和电影）

游戏和电影中使用的三维模型需要丰富的色彩和纹理，需要支持动画。特别是基于图形的应用程序通常需要高渲染速度，因此最佳格式是使用近似几何体来实现快速渲染，可以编码外观和支持动画。. abc、. fbx 和. dae 格式是这类应用的理想选择。

3）高精度工程的 3D 文件格式

在航空航天工程等高精度工程学科中，三维模型需要在任何规模上都是平滑和精确的。因此，使用精确几何体的格式（如. iges 或. step）最适合此类任务。

4）数据传递与转换格式

并非所有软件都支持导入和导出所有 3D 文件格式，应该选择使用软件支持的文件格式。如果有团队协助者，请询问他们使用的内容，并讨论哪种文件格式适合自己和协作者的工作流程。有时只需选择满足以前要求的某个流行格式就能应对大部分情况。

例如，在数字特效行业跨平台共享复杂的动态场景，使用的 Alembic（蒸馏机）格式 . abc在本质上就是一个 CG 交换格式，专注于有效地存储、共享动画与特效场景。Alembic可以用来烘焙有动画的场景，然后交给下游的灯光或渲染人员，也就是把动态的角色、衣服或肌肉模拟的效果传递给下游设计人员。这种格式也可以用来存储光照设计、渲染动态模型或物理模拟效果。

3. 重要的 3D 文件格式

显示 3D 多边形模型的两种主要工具是 OpenGL 与 Direct 3D，这两种工具都可以在没有图形卡的场合中使用。为了在造型环境之外也能在计算机屏幕上显示模型，需要将模型保存为 3D 文件格式，然后使用能够处理那种文件格式的程序进行显示。下面列举常用的 3D 文件格式。

- . abc 格式：这是一种用于三维软件数据共享的文件格式，支持动画、粒子等，并可在不同三维软件之间导入导出。
- . gltf 格式：这种格式优化了与渲染无关的数据，适合 OpenGL 加载，广泛应用于 WebGL 和游戏领域。
- . fbx 格式：这是一种用于在不同 3D 设计软件之间传输模型、材质和动画信息的格式，广泛用于 Max、Maya 等软件之间的文件互导。
- . bvh 格式：这是一种用于记录人体运动数据的文件格式，广泛用于角色骨骼动画和运动捕捉。
- . obj 格式：这是一种流行的 3D 模型交换格式，支持多边形模型和 UV 信息，但不包含动画和材质特性。
- . dae 格式：这是一种基于 XML 的 3D 模型格式，提供高控制力，未来可能替代. fbx 格式。
- . stl 格式：这是一种用于表示三角形网格的文件格式，广泛应用于 3D 打印和计算机辅助制造中。

第十一章

样条线的绘制原理

样条线(spline)是具有基于空间中的点的形状和属性的实体,这些点被称为控制点或控制顶点(Control Vertex,CV)。曲线上的这些控制点决定了曲线形状。不同类型的曲线使用不同的计算模型来确定形状,因此计算模型对该曲线具有不同的控制方式。目前常常使用的两种主要类型的曲线是Bézier(贝塞尔)曲线和NURBS曲线。一般来说,二维曲线会使用Bézier曲线,三维曲线会使用NURBS曲线,在三维表面实现中,很多软件也完全支持Bézier曲线。

要记住的重要一点:计算机只能理解空间中的点和点之间绘制的直线,无法真正绘制曲线。曲线实际上由很多直线构成,当点间距很小时,我们的眼睛会将其看成曲线,因为大脑自动填充了点间的细节。

二维曲线的绘制与编辑也被称为平面造型,它是制作出各种各样复杂三维造型的基础。由于二维曲线可以被看作三维模型的最简形式,沿着设计草图进行二维造型能够更准确地把握模型的比例和形态。利用该造型通过拉深、挤压、旋转、放样等多种操作可以构建三维模型。需要注意的是,平面造型如果用于拉深、挤压、旋转、放样,则必须为封闭且没有交叉点的有效造型;如果作为放样路径,则可以是封闭或开放的,但同样不允许有交叉点存在。

一、顶点、线段、样条线

样条线可以用作放样的路径或图形。样条线提供了三个子对象层级,即顶点(vertex)、线段(segment)和样条线(spline)。

1. 顶点

顶点有四种类型,即Smooth、Corner、Bézier、Bézier Corner(图11.1)。

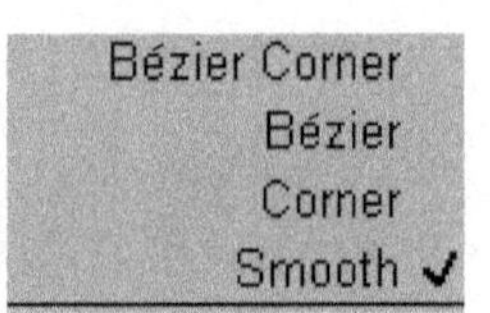

图 11.1 顶点菜单

- Smooth:顶点两侧为平滑的曲线段。
- Corner:顶点两侧在数学上被认为是不连续的,允许顶点两侧的线段为任意角度。如果顶点两侧为直线段,这些线段有点像活动的铰链。

- Bézier:Bezier 曲线的特点是通过切线来控制曲线,因此它提供了该点的切线控制柄,可以用它来调整曲线。但是无论怎么变化,控制柄始终是切线。
- Bézier Corner:提供控制柄,并允许两侧的线段为任意角度。从当前选中顶点的控制柄及其两侧线段的角度,可以知道它属于 Bézier Corner 类顶点。

Bézier 和 Bézier Corner 点提供用于调整的控制柄(图 11.2),可以使用它们调整样条线的曲度和形状。将绿色控制柄向四周拖动,曲线的角度会发生变化。Bézier Corner 点与 Bézier 点不同,Bézier Corner 点的两个控制柄可以分别调整,它不锁定控制柄的夹角。Bézier 点的两个控制柄则不能分别调整,调整一个控制柄,另一个也会联动;如果拉长一个控制柄,则另一个也会伸长,使两条线的伸张程度同时减少,而曲率增加。当把控制柄缩短到与顶点重合时,线段变为直线。移动顶点时,切线控制柄保持与顶点相切。

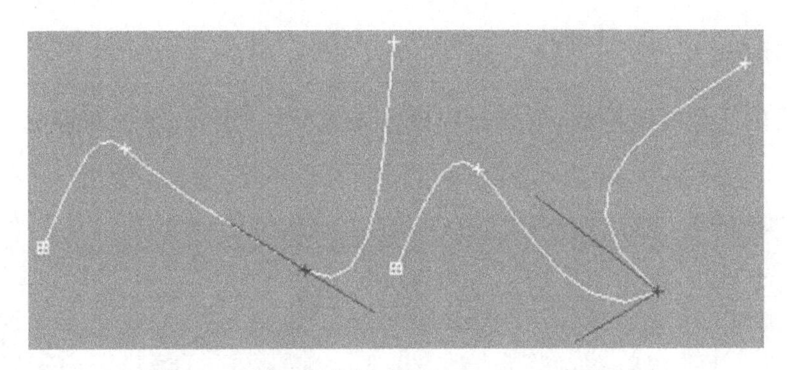

图 11.2　Bézier 顶点(左)与 Bézier Corner 顶点(右)

样条线的首顶点(first vertex)也是一个重要的概念。创建样条线对象时,所有的顶点根据创建的顺序编号。在视图中显示样条线时,首顶点周围有一个框包围着。如果在放样时将两个或多个形状放在不同路径级别上,则首顶点通常用作对齐标志。如果将不同的形状放在不同的路径级别上,并且未对齐首顶点,那么最终的网格对象将出现扭曲。为了避免生成的三维模型是扭曲的,需要将样条线首顶点对齐,如图 11.3 所示。

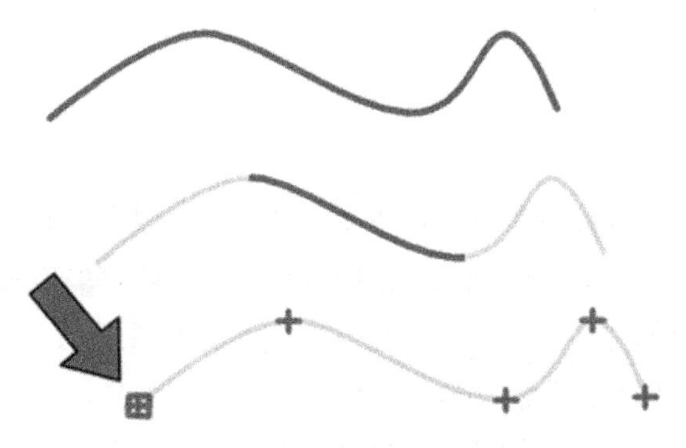

图 11.3　样条线的首顶点对齐

2. 线段

线段是样条线曲线的一部分，在两个顶点之间。在“可编辑样条线（线段）”层级，可以选择一条或多条线段，并使用标准方法删除、拆分、分离，如图 11.4 所示。

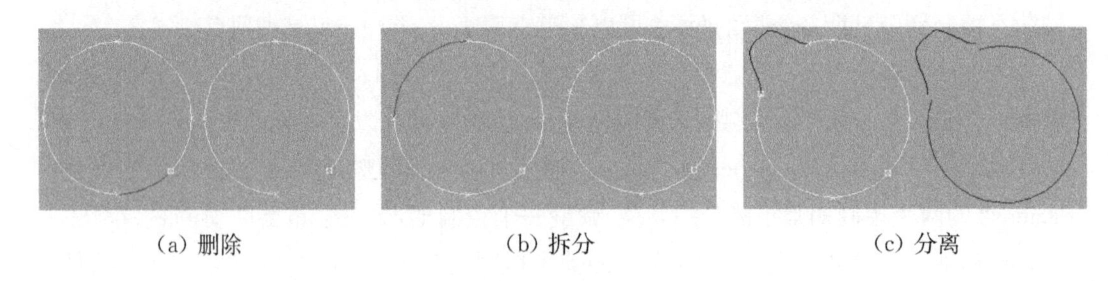

(a) 删除　　(b) 拆分　　(c) 分离

图 11.4　对线段的操作

3. 样条线

样条线由几个线段组成，可以使用标准方法反转、轮廓、布尔和镜像，如图 11.5 所示。

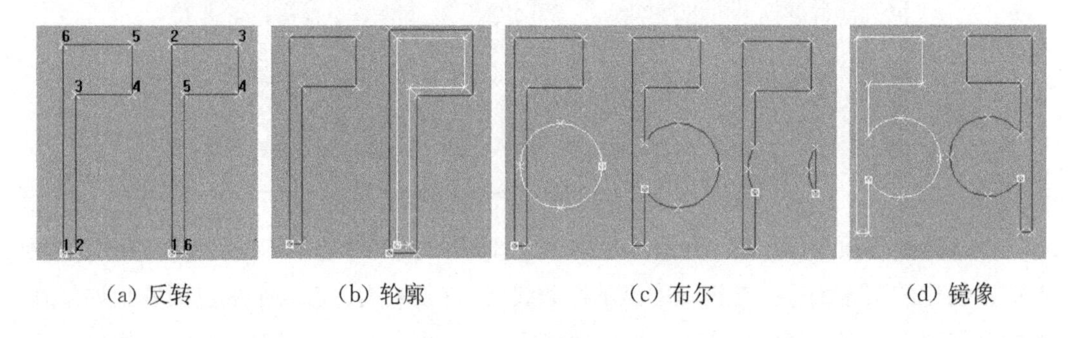

(a) 反转　　(b) 轮廓　　(c) 布尔　　(d) 镜像

图 11.5　对样条线的操作

三、NURBS 曲线

NURBS(Non-Uniform Rational B-Spline，非均匀有理 B-样条线）是 Bézier 曲线的推广。

- 非均匀表示控制顶点的范围可以改变。这在对不规则曲面建模时比较有用。
- 有理数意味着用以表示曲线或曲面的方程式是用两个多项式的比值来表示的，而不是一个单个的总多项式。有理数方程式给一些重要的曲线和曲面提供了更好的模型，特别是圆锥截面、圆锥、球体等。
- B-样条线（相对于基础样条线）通过在三个或更多点之间进行插补来构建曲线。

NURBS 曲线有两种基本类型——线性曲线和平滑曲线。

• 线性曲线又称 1 度曲线，就是直线，没有实际的"曲线"。如图 11.6 所示是具有四个 CV(控制顶点)的 1 度或线性曲线。

• 平滑曲线又称 3 度曲面，是通过 CV 确定的曲线。请注意，在 3 度曲线中，它需要四个 CV 来生成单个曲线或跨度。每个跨度由许多 CV 组成。当要求更高的精度(如设计工业模具和微芯片电路)时使用 5 度和 7 度曲线，但 3 度曲线是通常的标准。

当有一条更长、更复杂的曲线时，需要有多个跨度串在一起。请注意，在 3 度或更高度的曲线中，CV 不会位于曲线上，而是偏离于其外部。这比多边形顶点更难编辑，多边形顶点恰好位于边相交的位置。请注意，1 度曲线仍然存在于三次曲线中，现在它被称为外壳(hull)或 CV 之间的线性连接。

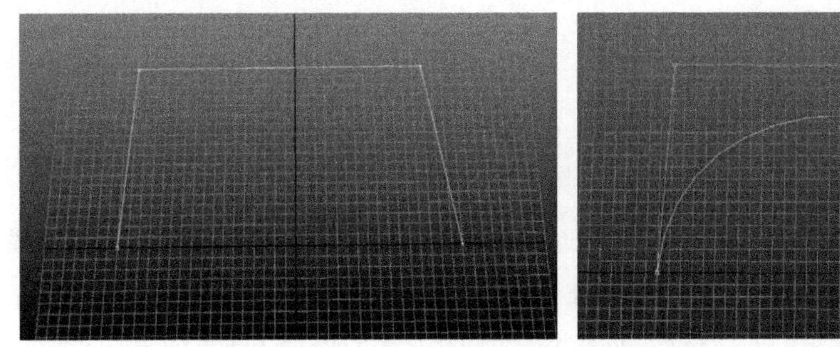
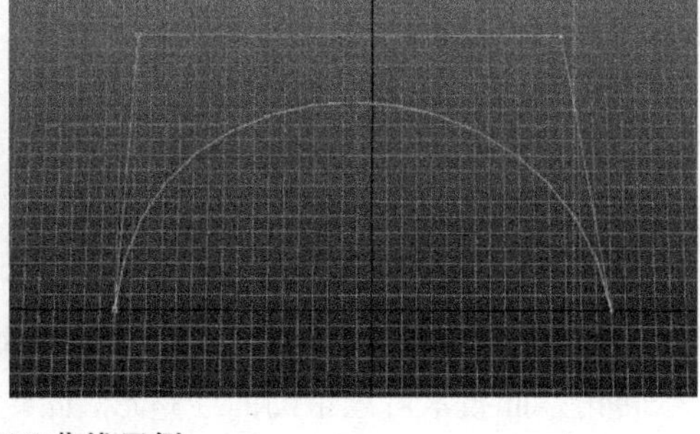

图 11.6　NURBS 曲线示例

三维动画设计软件中，NURBS 曲线有两种对象选择——点曲线和 CV 曲线。

1. 点曲线

点曲线可以是整个 NURBS 模型的基础，其中这些点被约束在曲线上，如图 11.7 所示。创建点曲线时，可以用三维形式绘制。

图 11.7　点位于定义的曲线上

当偏移点时，在构造平面的原始点和偏移平面的实际点上绘制一条虚线。

2. CV 曲线

CV 曲线也可以是整个 NURBS 模型的基础。CV 曲线是由控制顶点(CV)控制的 NURBS 曲线。不同于点曲线,CV 不位于 CV 曲线上。CV 曲线定义一个包含曲线的控制晶格(图 11.8)。每一个 CV 具有一个权重,可通过调整它来更改曲线。

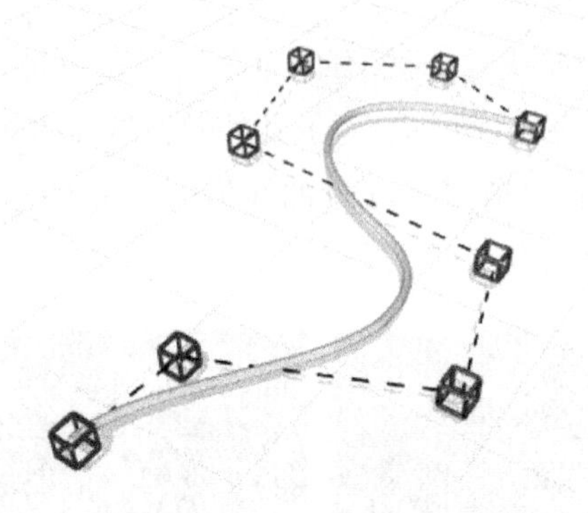

图 11.8　CV 曲线的控制晶格

在创建 CV 曲线时可在同一位置(或附近位置)创建多个 CV,这将增加 CV 在此曲线区域内的影响。创建两个重叠 CV 可以锐化曲率,创建三个重叠 CV 则会在曲线上建立一个转角。此技术可以帮助曲线整形,如果此后单独移动了 CV,会失去此效果。

与样条线类似,曲线也存在首顶点。如图 11.9 所示,如果该曲线是闭合的,且单击处存在一个顶点,该顶点将会成为首顶点,如果该曲线不是闭合的,且单击处不存在顶点,将会在单击处创建一个新顶点。

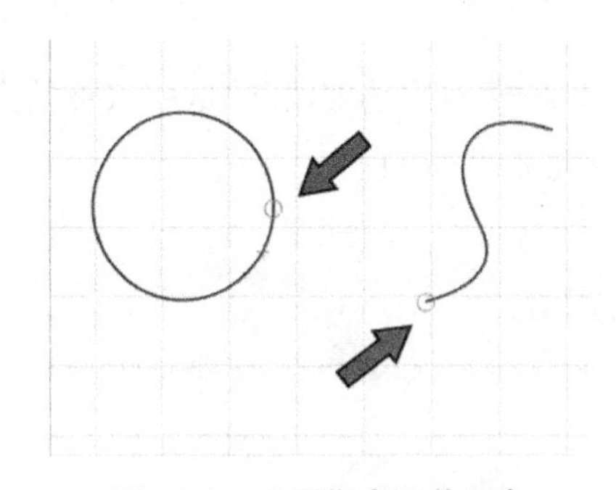

图 11.9　小圆指出了首顶点

3. 曲线编辑

混合曲线将一条曲线的一端与其他曲线的一端连接起来,从而混合原始曲线的曲率,以在曲线之间创建平滑的曲线(图 11.10)。可以将相同类型的曲线、点曲线与 CV 曲线相混合(反之亦然)。

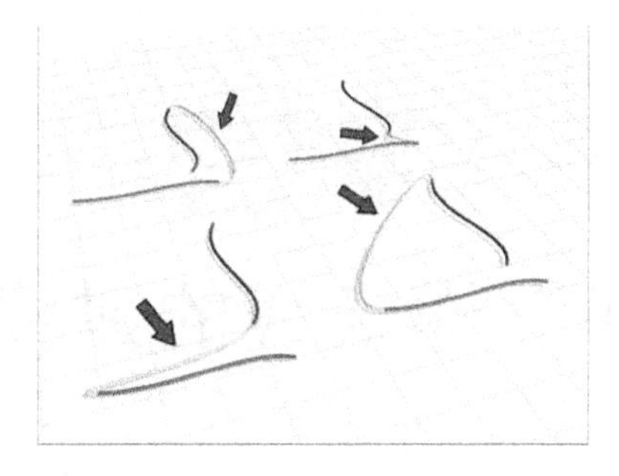

图 11.10　混合连接原始曲线的曲线

镜像曲线是原始曲线的镜像图像,如图 11.11 所示。

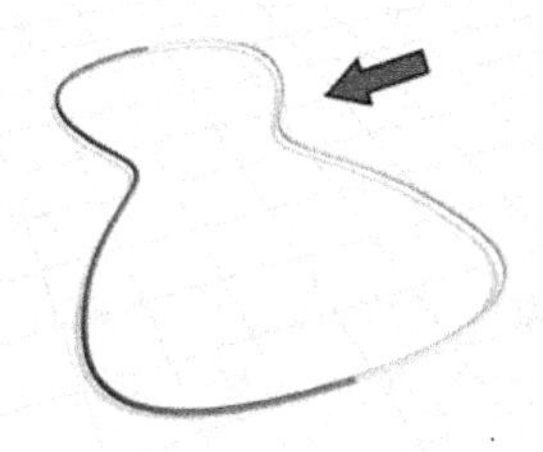

图 11.11　创建镜像曲线的曲线

切角将曲线之间用直线连接,如图 11.12 所示。圆角将曲线之间用圆弧曲线连接,如图 11.13 所示。

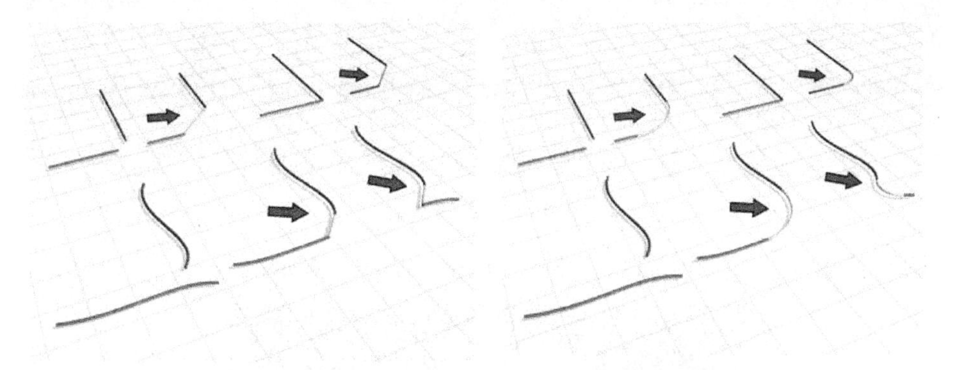

图 11.12　创建两条原始曲线之间的切角　　图 11.13　创建两条原始曲线之间的圆角

第十二章

基于样条线的建模

一些三维模型是通过样条线造型实现模型构建的，例如样条线沿着某一方向(path)进行挤压、旋转，或联合多个样条线造型(shape)对其进行放样而产生三维结构。

一、旋转造型

旋转(lathe)造型通过绕轴旋转一个样条线或 NURBS 曲线来创建 3D 对象。首先绘制物体的 1/2 截面图形，然后用旋转功能进行旋转造型，这是三维动画设计中很常用的一种造型方法。它的原理就像制作陶罐的砂轮一样，以一个平面图形绕一个轴旋转，制作高脚杯、酒坛等造型。

如图 12.1 所示，首先在前视图中绘制瓶子的外轮廓线；然后对图形的节点进行调整，通过 Bézier 控制柄编辑样条曲线，将外轮廓线编辑得光滑一些。可将单线轮廓线增加为双线剖面图。

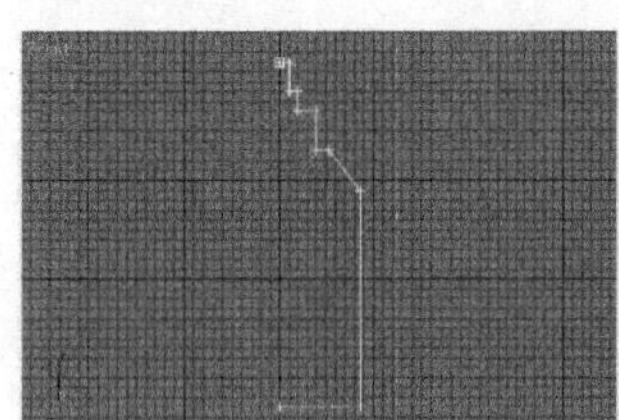
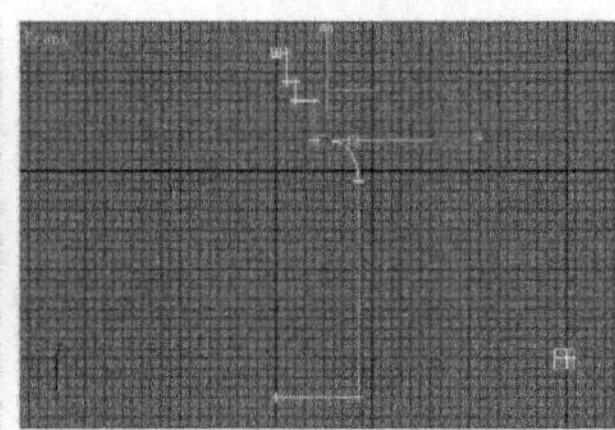
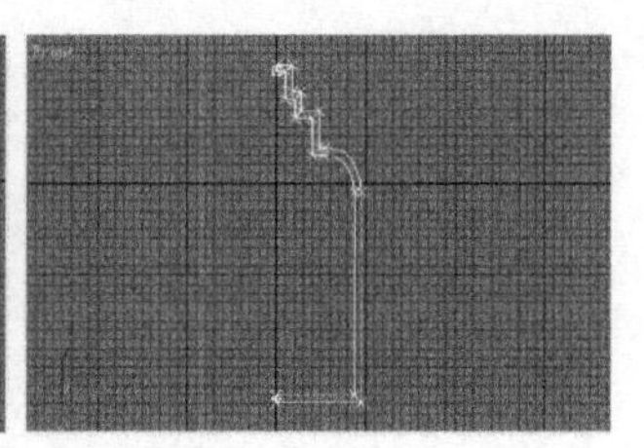

图 12.1　二维造型

执行旋转操作，剖面图形被旋转成 1 个瓶子，如图 12.2 所示。

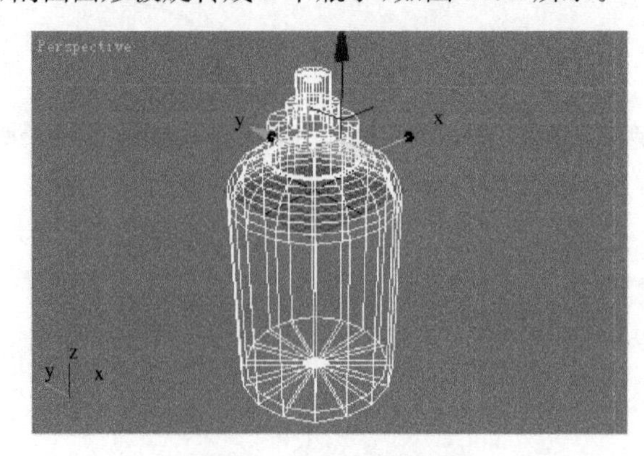

图 12.2　旋转后的结果

二、挤压造型

挤压(extude)造型是将深度添加到样条线造型中,并使其成为一个参数对象。例如制作电视片头动画中的立体字或标牌。

如图 12.3 所示,首先创建 Text 二维模型,输入“动画制作”四个字;然后在文字的周围添加一个椭圆,合并文本和椭圆为一个二维对象,进行挤压得到透空标牌。也可以结合倒角(bevel)方式进行汉字的边缘处理,生成倒角。

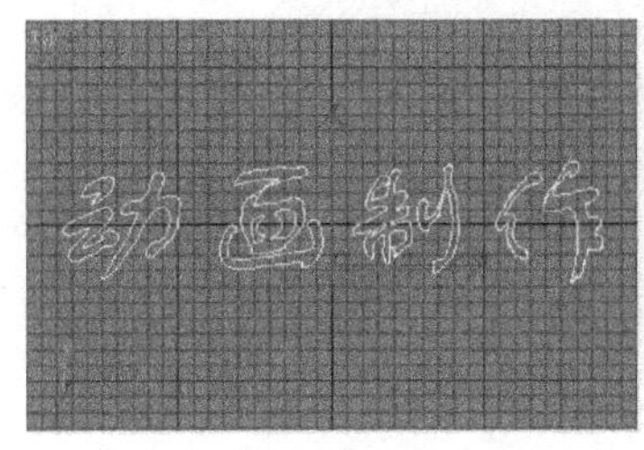

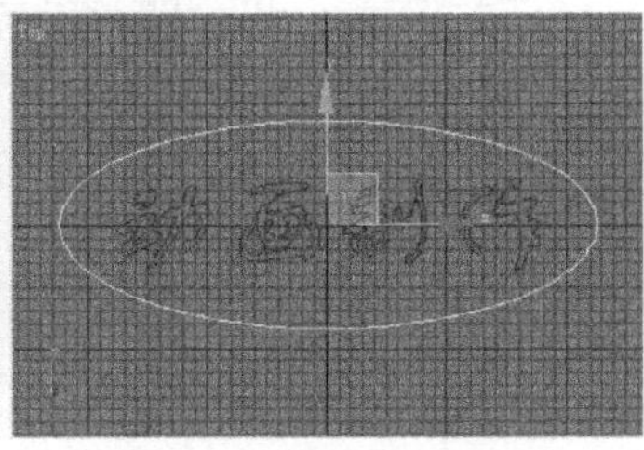
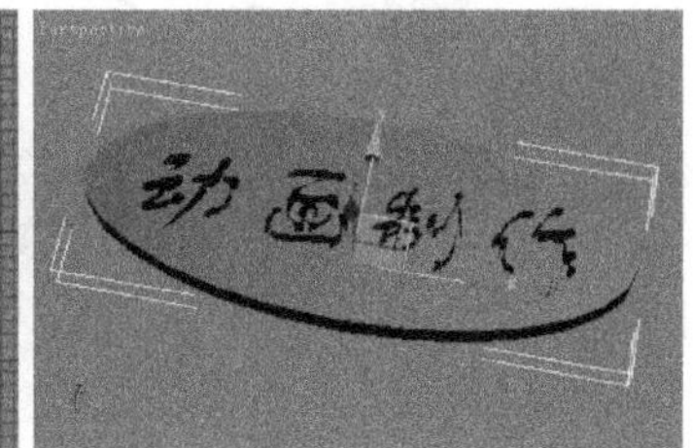

图 12.3　二维文字造型

三、三维放样

放样(loft)是创建 3D 对象的重要方法之一。放样时需要创建作为路径的样条线对象,以及任意数量的样条线横截面造型。路径对象可以成为一个框架,用于保留形成放样对象的横截面。

1. 放样原理

“放样”这一术语放样源自早期的造船业。主龙骨构建成船的框架,其上放置已组装好的船只外壳,将船体肋材(横截面)放置到主龙骨的过程称为放样。现代船只设计中构建三维模型所采用的传统方法是在很多关键点上绘制横截面。这些横截面将经过裁剪,形成二维模板,再放入轨道。模型生成器填充模板之间的空间,以生成模型的曲面,如图 12.4 所示。

图 12.4　放样示例

我们可以使用类似的过程创建放样对象，如图 12.5 所示，首先创建两个或多个样条线对象。其中一个样条线是轨道，称为路径；其余的样条线是对象的横截面，称为图形。沿着路径排列图形时，三维设计软件会在图形之间生成曲面。

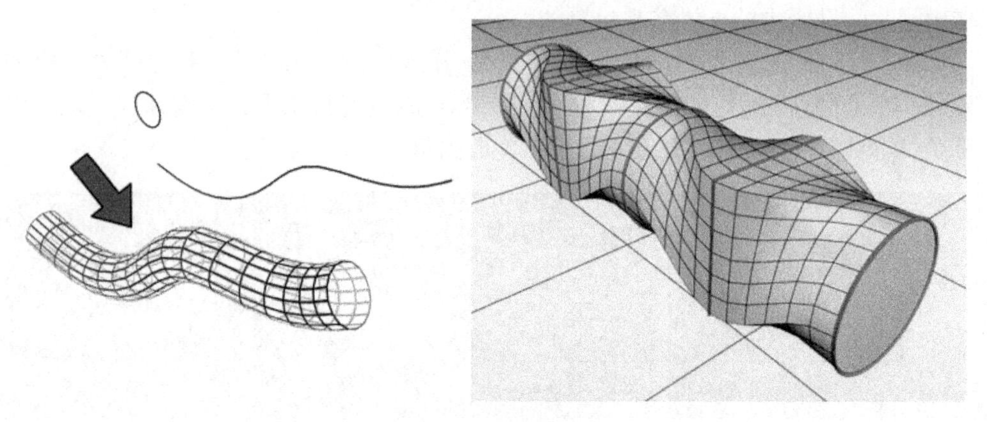

图 12.5　放样过程

在三维造型时，一个造型物体至少由两个平面造型组成。其中一个造型用来当路径，主要用于定义物体的高度。路径本身可以为开放的线段，也可以是封闭的图形，但必须是唯一的一条曲线且不能有交点。另一个造型则用来作为物体的截面，称为平面造型或剖面，可以在路径上放置多个不同形态的平面造型。

2. 制作放样物体的步骤

- 创建一条样条线作为二维造型延展的路径。
- 创建一条或多条封闭样条线，作为物体的截面。
- 执行放样命令。

3. 放样动画制作

创建放样对象之后，可以更改其参数和子对象，并设置它们的动画：

- 添加和替换横截面图形或替换路径。
- 更改路径参数、形状或设置它们的动画。
- 更改放样对象的曲面参数或设置其动画。

4. 放样变形修改

放样变形用于沿着路径缩放、扭曲、倾斜、倒角或拟合形状，代表沿着路径的线条上带有控制点的变形。为了建模或生成各种特殊效果，控制点可以移动或设置动画。

通过沿着路径手动创建和放置形状来生成模型是一项有趣的任务。放样通过使用变形曲线使这个问题迎刃而解。变形曲线定义沿着路径进行放样的变形操作，其中有五种变形方法，具体介绍如下（图 12.6 至图 12.8）：

- 缩放变形（scale）：在路径 x、y 轴上进行放缩。
- 扭转变形（twist）：在路径 x、y 轴上进行扭转。
- 倾斜变形（teeter）：在路径 z 轴上进行旋转。

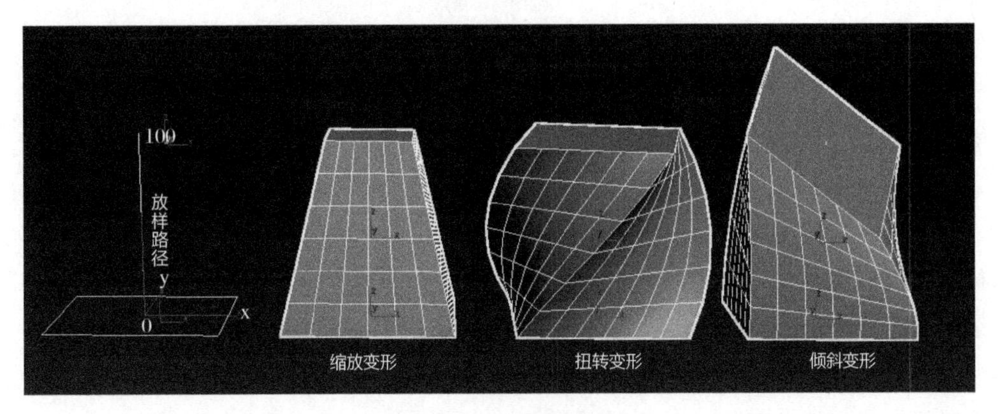

图 12.6　缩放、扭转和倾斜

- 倒角变形（bevel）：产生倒角，多用在路径两端。它的缺点是在狭窄的拐弯处会产生尖锐的放射顶点，造成破坏性表面。

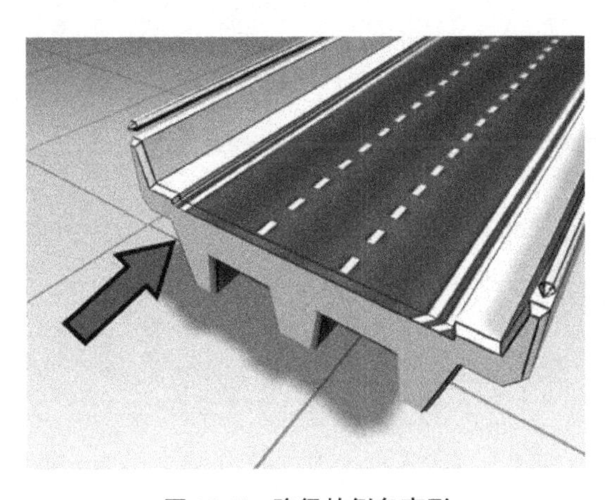

图 12.7　路径的倒角变形

- 适配变形（fit）：在路径 x、y 轴上进行三视图拟合放样，是对放样法的一个有效的补充。其原理是，即使一个放样物体在 x 轴平面和 y 轴平面同时受到两个图形的挤压限制而形成新模型，也可以在某一轴单独做拟合。

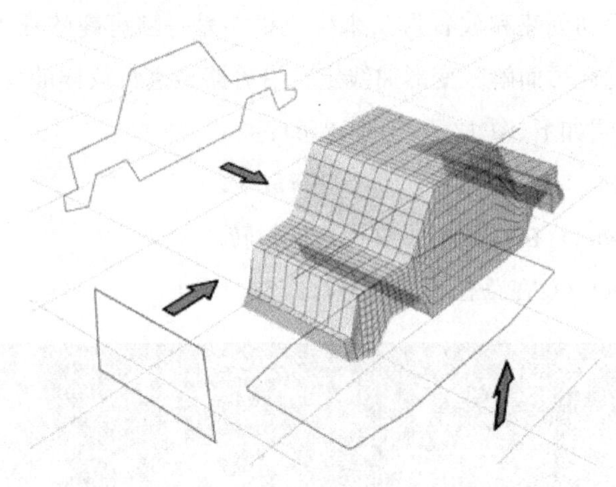

图 12.8　拟合曲线定义放样图形

需要注意的问题是，使用节点类型为 Bézier 的线来放样时路径上的步幅会不均匀，这样建立的模型在以后做进一步修整时，修整效果会受到影响，所以应尽量让两端 Bézier 曲线的调整杆均匀。如果对拟合效果不满意，可通过增加步幅，提高细节来达到满意的效果。另外，用来拟合的图形应在 x、y 轴的最大和最小值位置有顶点，这样在旋转拟合图形时不会产生较大变形。

第十三章

基本几何体与组合造型

建模通常是学习 3D 设计软件的起点，因为建模需要在对象周围移动，不停地操纵和修改对象组件，使用各种对象属性和 3D 设计软件的功能。此外，仅仅熟悉软件是远远不够的，为了完成建模工作，创建高效和具有适当分辨率的模型，需要了解物理对象是如何工作和组合的。在成为熟练和专业角色建模人员之前，还需要了解人体解剖学，这些都需要多年的实践。

一个好的三维模型具有以下三个特点：有好的前期草图设计；在满足对象特征表现的情况下，具有最少的几何面数；模型体后期便于材质设计。前面已经介绍过，构建的模型不一定要非常精细，但一定要把握住基本形状和结构，准确地表达出来。

一、基本几何体

通常的三维动画设计软件会提供一些基本几何体(图 13.1)，这些几何体具有实例化的外形和参数化的结构，可以通过简单的参数设定完成几何体的创建。不同的软件会提供不同数量的基本几何体，但有一些是具有代表性的，几乎每一种软件都有，如立方体、球体、柱体、圆环、锥体、二维平面等规则的几何体。

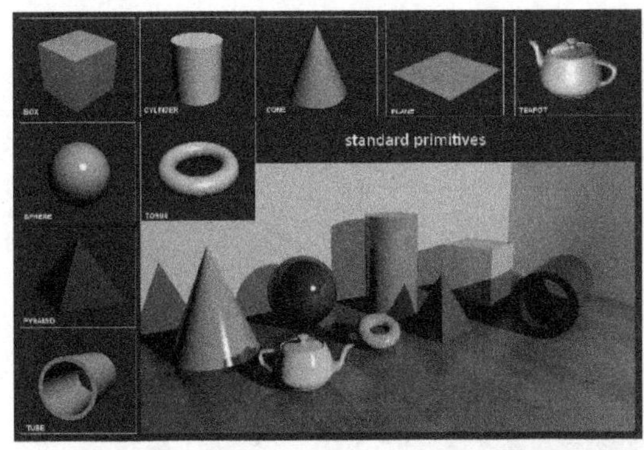

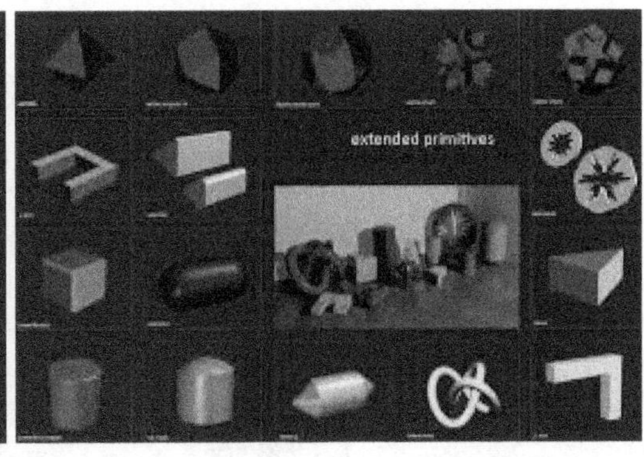

图 13.1　基本几何体

基本几何体可以表示一些外形简单的形体模型，也可以作为复杂模型、组合体模型的构建基础。通过对基本几何体进行切割、合并等修改操作，可以构建结构更为复杂的模型对象。

几何体创建流程通常为首先定义底面半径，然后确定几何体高度，接着增加底面的边数，最后调整高度的分段数，如图 13.2 所示。其他类型的几何体创建步骤与此类似。

图 13.2　创建基本几何体的流程

1—定义的半径；2—定义的高度；3—增加的边；4—增加的高度分段

二、几何体组合造型

利用三维动画设计软件提供的丰富三维几何体，我们可以方便、快捷地创建一些三维组合体。常用的造型方法有下列 6 种。

1. 变形

变形（morph）又被称为渐进复合对象，是一种与二维动画中的中间动画类似的动画技术。变形可以合并两个或多个对象，方法是插补第一个对象的顶点，使其与另外一个对象的顶点位置相符。这项插补操作可以生成变形动画。变形操作有两个条件：原始对象和目标对象必须是网格、面片或多边形对象，以及两个对象必须包含相同的顶点数（图 13.3）。

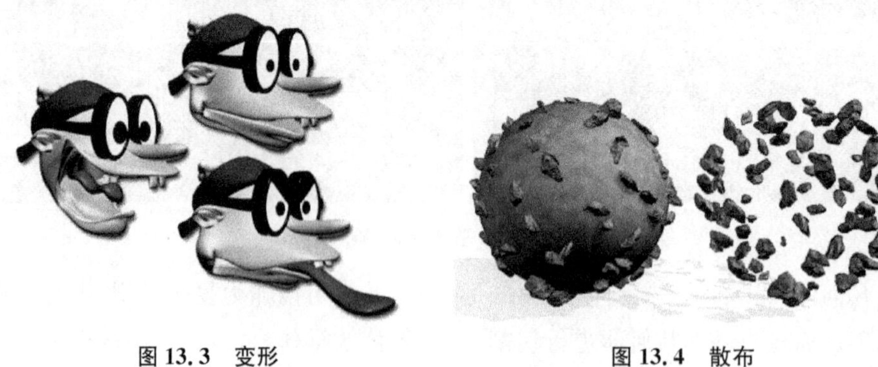

图 13.3　变形　　　　**图 13.4　散布**

2. 散布

散布(scatter)是复合对象的一种形式,它将所选的源对象散布为阵列或散布到分布对象的表面(图 13.4)。

3. 连接

使用连接(connect)复合对象时,可通过对象表面的"洞"连接两个或多个对象。要执行此操作,需删除每个对象的面,在其表面创建一个或多个洞,并确定洞的位置,以使洞与洞之间面对面,然后应用连接操作(图 13.5)。

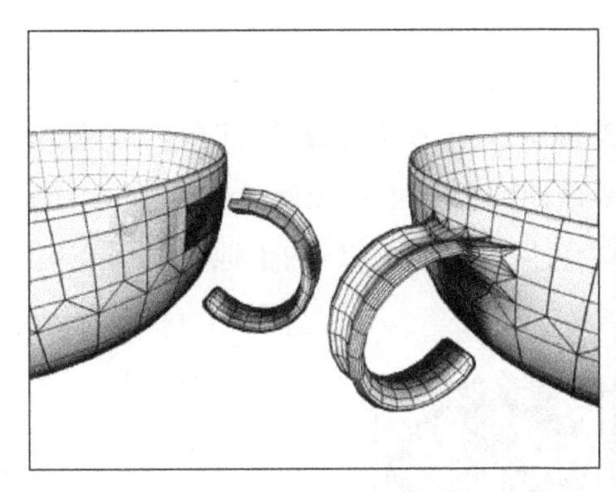

图 13.5　连接前后图

图 13.6　二维造型投影至三维几何体

4. 图形合并

使用图形合并(Shape Merge)可以创建包含网格对象和一个或多个图形的复合对象,二维图形在另一个三维对象上进行投影(图 13.6)。这些图形嵌入在网格中,更改边与面的模式。

5. 布尔

布尔(boolean)方法通过对两个或多个其他对象执行布尔运算将它们组合起来,可以使用不同的布尔运算组合多个对象,布尔结果被细分为四边形面。

几何体的布尔运算主要有三种(图 13.7):

- 并集
  布尔对象包含两个原始对象的体积并移除几何体的相交部分或重叠部分。
- 交集
  布尔对象只包含两个原始对象共用的体积(即重叠的区域)。
- 差集(或差)

布尔对象包含从中减去相交体积的原始对象的体积。

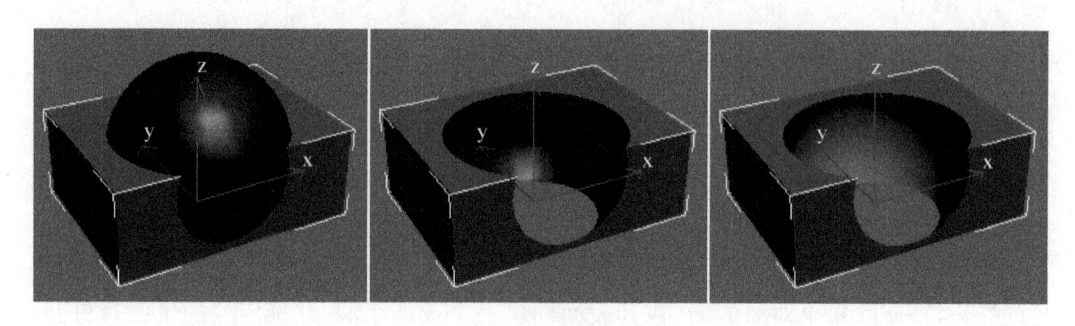

图 13.7　布尔

6. 等高线放样

等高线放样(terran)可以通过轮廓线数据生成对象。采用等高线放样时,可以选择表示海拔轮廓的可编辑样条线,并在轮廓上创建网格曲面。还可以创建地形对象的"梯田"表示(图 13.8),使每个层级的轮廓数据都是一个台阶,以便与传统的土地形式研究模型相似。

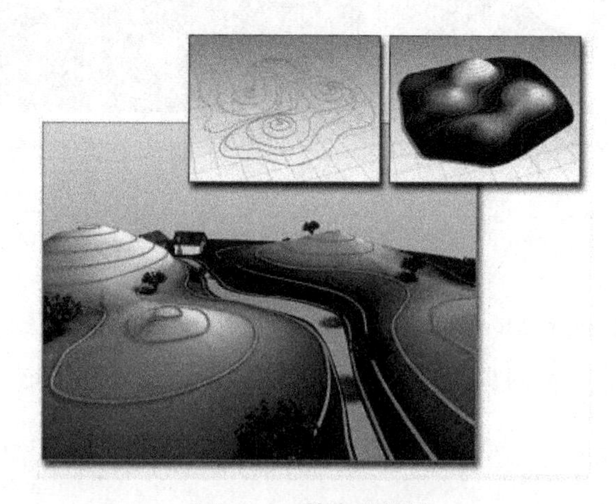

图 13.8　等高线放样

思考题:

1. 模型的构成方式有哪些?
2. 布尔运算有哪几种?
3. 曲线的节点类型有哪几种?
4. 如何用基本几何体搭建一个卡通游戏场景?

第四部分

高级建模技术

第十四章

多边形模型构建

建模设计可以使用三种几何类型来创建模型：多边形(polygon)，非均匀有理B-样条线(NURBS)和细分曲面(subdivision surface)。每类型都有其优点和缺点，以及组件级别的差异。设计人员应该熟悉所有这三种类型，因为使用哪种类型将由每个特定项目和具体生产流程决定。需要指出的是，尽管几种建模技术在功能上是不同的，但是在动画设计中不应把它们看作相互分离的。如果可能的话，在建模时，应该试着将几种技术结合起来使用。

此外，还有许多技术用于创建三维模型，如可以从参考图像建模，使用3D扫描，进行数字雕塑。本章将详细介绍模型构成和当前使用的基本技术，以便更好地了解其中的设计原理。

需要说明的是，复杂的方法未必会有最好的效果。对模型的结构进行细致合理的分析，用合适的模型构建方法来建立模型，才是建模的最佳选择。

一、多边形几何理论

多边形建模使用几何网格创建3D对象的数字表示，如图14.1所示。

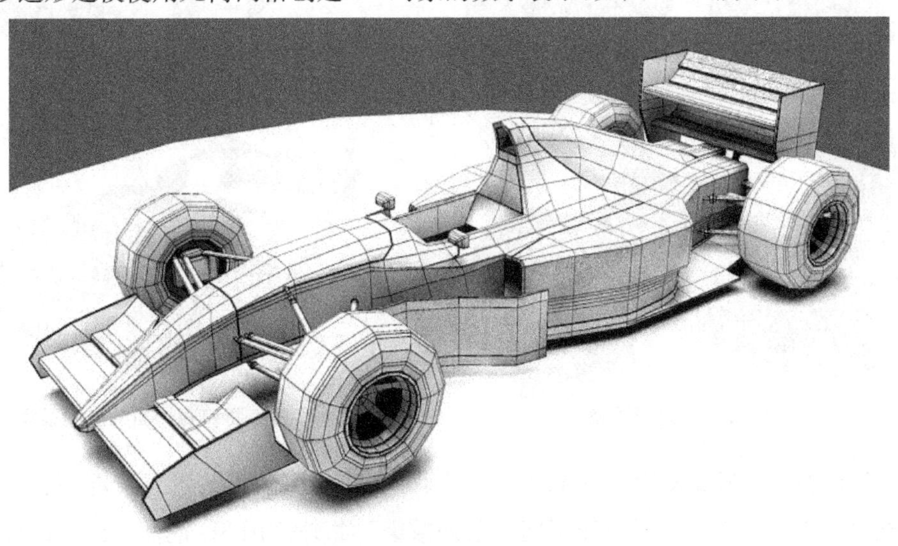

图14.1 F1赛车的多边形模型

1. 网格构建

多边形是3D建模广泛使用的几何类型，三角形是欧几里得空间中最简单的多边形。

网格构建过程如下：将两个三维空间中的顶点连接起来成为直线，称为边；三个顶点经三条边连接起来成为三角形；多个三角形可以组成更加复杂的多边形，或者生成多于三个顶点的单个物体。四边形和三角形是多边形造型中最常用的形状，通过共同的顶点连接在一起的一组多边形通常作为一个元素，组成元素的每一个多边形就是一个表面。通过共有的边连接在一起的一组多边形叫做一个网格，如图14.2所示。当面或多边形具有三个以上的点（也称为顶点）时，将这些面转换为三角形的过程称为三角剖分（triangulation）。

为了增加网格渲染时效果的真实性，网格必须是非自相交的，也就是说多边形内部没有边，另外一种说法是网格不能穿过自身；网格不能出现任何错误，如重复的顶点、边或者表面。另外对于有些场合，网格必须是流形，即它不包含空洞或者奇点（网格两个不同部分之间通过唯一的一个顶点相连）。

多边形最常见的两种构成方式为三角面构成和四边面构成。四边面可以看成由两个三角面组合后隐藏中间的边形成的（图14.3），相比三角面它具有操作效率高的特点。目前多边形建模基本上是以四边面为单位进行的。

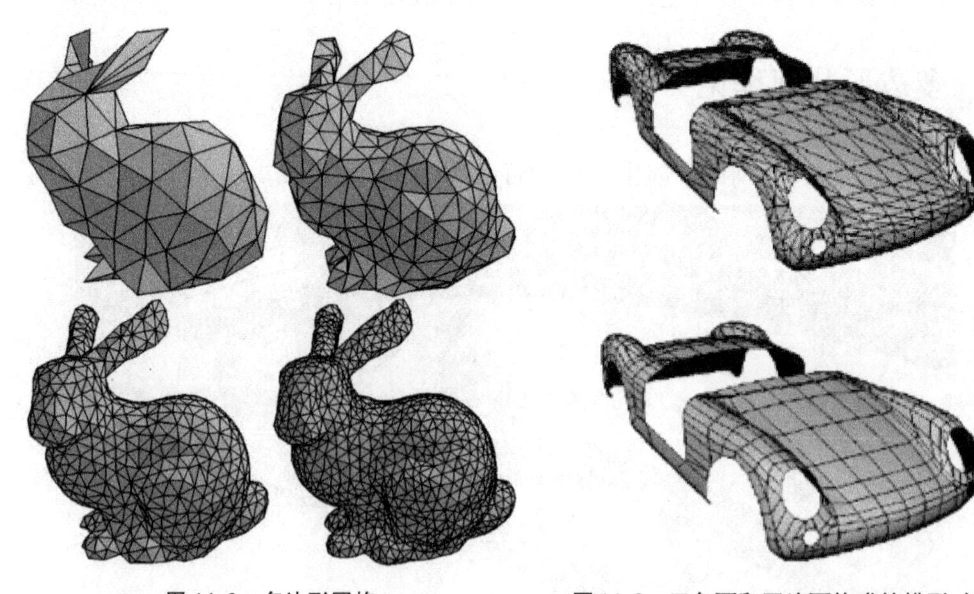

图14.2　多边形网格　　　　图14.3　三角面和四边面构成的模型对比

3D建模通常应避免使用 n-gon 或 N 边形，原因在于多边形的形状可能不会像预期的那样变形，很容易变成非平面而不能按预期渲染。此外使用3D设计软件中的分割工具可以方便地分割多边形为三角形或四边形。多边形的集合构成一个多边形模型对象或多边形网格。多边形模型对象和多边形网格可以作为单个多边形进行操作,可以更改或分配给多边形任何内容,这也是多边形受欢迎的原因。

多边形简单易用,它的每个组件(顶点、边和面)都可以平移(在 3D 空间中移动)、旋转和缩放(更改大小)。我们可以在 3D 渲染中看到多边形面,却无法看到多边形的边缘和顶点,但可以在软件中对其进行查看和操作。大多数 3D 设计软件都可使用工具对多边形执行以下操作:分割、平滑、挤出、斜切、删除、组合和分离。

从正面(曲面法线的指示方向)观察多边形时,它的顶点是按逆时针顺序排列的。注意,在进行照明或光线追踪计算时,正面与背面的处理方式是不同的。

这里所说的多边形是外凸型多边形(凸多边形):假设用一根橡皮筋套在多边形的外侧,橡皮筋能够接触到多边形的所有顶点,如图 14.4(a)所示。由这根橡皮筋定义的环称为多边形的凸起的壳(convex hull),也称壳线。如果其中任何一条边塌陷入壳线之内,那么它就是凹陷型多边形(凹多边形),如图 14.4(b)所示。多边形内部可以有洞,并且洞内还可以有洞,如图 14.4(c)所示。但多边形的外轮廓线与洞边界不能相交,洞与洞之间的边界也不能相交。

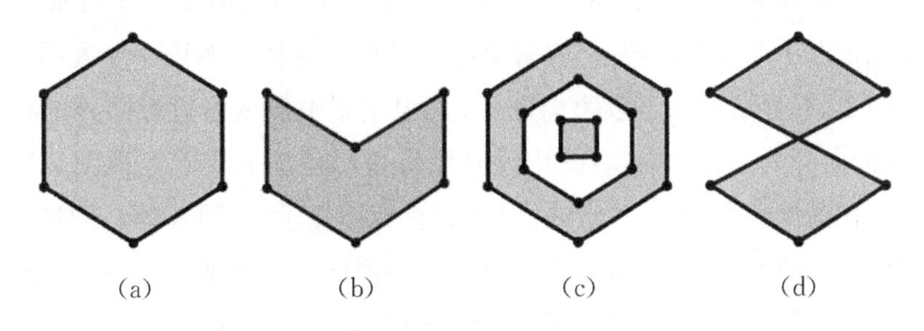

图 14.4 多边形结构

多边形的顶点(vertex)用点表示,边(edge)用线表示。边所围成的区域就是应用材质的地方。图 14.4(d)所示的多边形是无效的,或称违法的,因为它的边界在无顶点的情况下发生自交。构成多边形表面的每个小多边形的顶点必须是共面的(或近似共面的)。

在欧几里得几何中,任何三点都可以确定一个平面。因此,三角形总是位于一个平面,但是对更加复杂的多边形来说,可能并非如此。三角形的平面特性使曲面法线的确定变得很简单,曲面法线是垂直于三角形所有边的一个三维向量。曲面法线对于光线追踪中确定光线传输非常有用,在流行的 Phong Shading 着色器模型中,它也是一个关键组件。有一些渲染系统使用顶点法线取代曲面法线来获得效果更好的光照系统,这样做的代价就是计算量的增加。注意每个三角形都有两条方向相反的曲面法线。在许多系统中,只有一条法线是有效的,根据需求可以定义成可见或者不可见;另外一条法线称为背面,如图 14.5 所示。

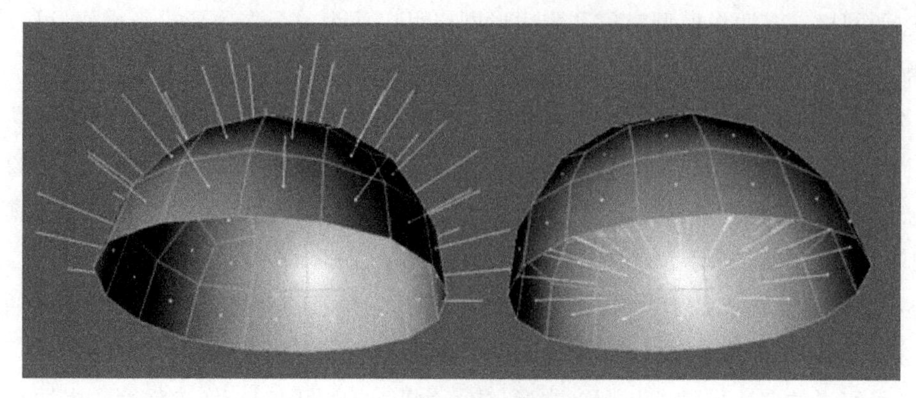

图 14.5　模型表面和背面的法线

2. 法线

法线(normal)是定义面或顶点指向方向的单位矢量,是一条垂直指向表面的矢量线,3D 设计软件使用这些法线为每个多边形面分配其正面和背面。

法线方向代表面或顶点的外部曲面的方向,法线向外的面将是正常显示和渲染的面。面的法线可以手动反转或统一,以解决由建模操作或从其他程序导入网格所引起的曲面错误。图 14.6 显示了一个多边形球体,其中左图中显示为钉形向外的线为该面的法线,表示该面向外的法线方向;右图中反转法线可以使该面在着色视图和渲染中不可见(或可见)。在图像的左侧,一些法线已被反转(突出显示)。图像的右侧显示将法线反转为黑色的面,因为默认情况下渲染引擎会忽略不面向摄像机的面。法线的反转可能由于各种原因而发生,例如边线的交叉、软件之间的对象导出和导入问题,以及建模过程中的软件错误。

图 14.6　模型局部法线反转

曲面上的明暗变化是基于多边形曲面的法线方向创建的。矢量从面部两个方向绘制，并且通过用户命令创建面部的数学算法来区分正面和背面。这种区别很重要，因为除非用户指示，否则许多 3D 设计软件不会渲染多边形的背面。

法线用于定义将面或顶点哪一面视为“外部”面。只有使用双面材质或启用“强制双面”选项，面或顶点两侧的面才会全部进行渲染或显示。

在视图中观看对象时，看到的并不是法线箭头本身，而是它们在着色曲面上的效果。如果对象拥有不统一的法线（一些指向外部，一些指向内部），则对象将显示为在表面具有孔洞。查看法线最简单的方法是，如果对象外观为内部外翻或有孔洞，则一些法线可能指向错误方向。

法线还用于影响多边形对象的着色。多边形在它们存在的最初阶段是从表面法线的角度渲染出来的，这会形成平面或刻面阴影。

图 14.7 显示了多边形和顶点法线如何决定对象的阴影。在左图中，你可以看到多边形楔形的顶点法线指向直接垂直于曲面法线。球体看起来非常刻面和硬边。在右图中，多边形楔形在顶部边缘具有平滑过渡。请注意，表示顶点法线的箭头平分两个面的角度。球体具有柔软或 Gouraud 阴影，沿表面看起来非常光滑。两个图中的表面分辨率相同，这意味着它们具有完全相同的拓扑结构，但右图看起来更平滑。

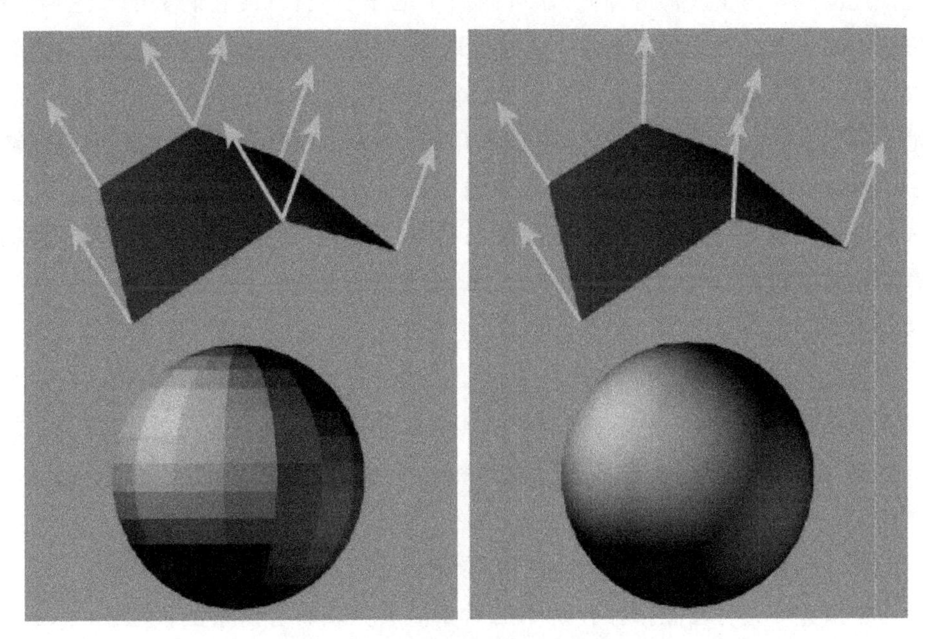

图 14.7　模型表面平滑后法线的变化

图 14.8 为多边形模型顶点法线的效果对比。顶点法线允许三维模型避免使用密集的多边形网格进行最终渲染。

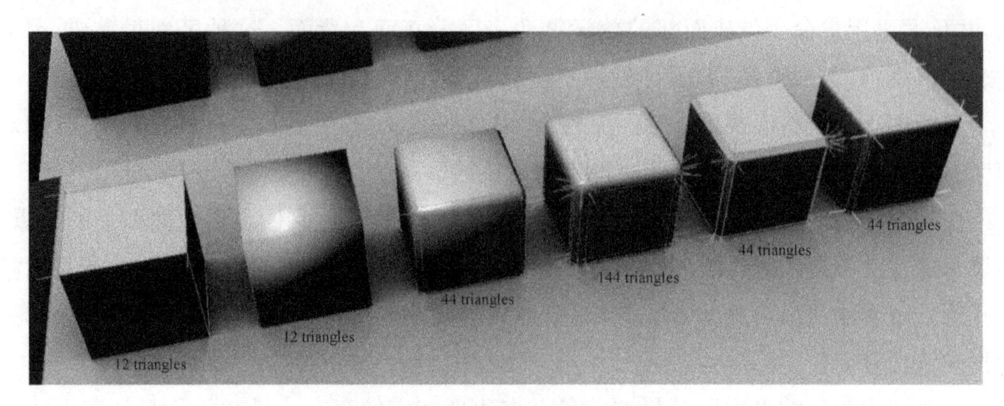

图 14.8 顶点法线的效果对比

3. 多边形平滑

使用三角形或多边形确实不是表示曲面的最佳方式,它实际上为物体提供了一个刻面的外观,有点像切割的钻石,这种切面的外观可以通过前文提过平滑着色技术略微改进。如果绘制平滑曲线,可以通过沿此曲线放置几个点并使用直线(称为线段)连接这些点来近似此曲线。为了改善这种近似,可以简单地减小段长(使它们更小),这与沿曲线创建更多点相同。沿着光滑表面实际放置点或顶点的过程称为采样,将平滑表面转换为三角形网格的过程称为曲面细分。类似地,对 3D 形状,可以创建更多和更小的三角形以更好地近似曲面。我们创建的几何体(或三角形)越多,渲染此对象所需的时间就越长。这正是三维设计常常需要在用来近似物体曲率的几何体数量和渲染所需的时间之间进行权衡的原因。放入三维模型中的几何细节数量还取决于在图像中看到此模型的接近程度。离物体越近,看到的细节越多。

多边形网格的密度称为拓扑分辨率,就是平常所说的模型面数(图 14.9),它是建模中的一个重要设置选项,因为不同的行业需要不同的分辨率。视频游戏行业在很大程度上依赖于低拓扑分辨率,以便在游戏过程中实现实时交互。如果所有对象都具有过重的拓扑分辨率,则游戏将无法实时播放。电影和电视可以允许更高的拓扑分辨率,因为它们不需要实时响应,渲染可以采取每帧最多一天或两天。尽管如此,这些行业无法使用无限制的拓扑分辨率,因为内存分配可能会导致计算机崩溃或渲染时间过长。

顶点平滑允许具有较低拓扑分辨率的对象渲染为较高分辨率的模型。图 14.10 显示了具有不同阴影的两行球体。上面一行为切面明暗效果,底下一行为平滑明暗效果。顶部的数字表示该列球体中的面数。在底部平滑明暗效果的球体中,400 列与 6 400 列之间的差异非常小。在顶部切面明暗效果的球体中,即使在 6 400 列中也可以看到平面。今天在三维动画中通常很少用到切面外观。

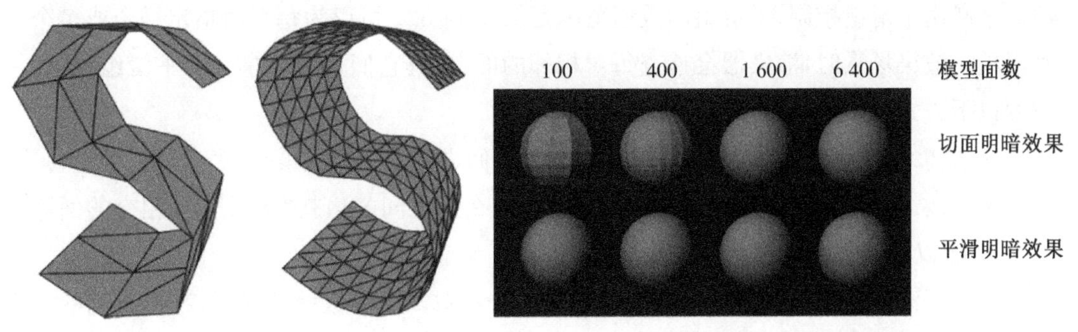

图 14.9　多边形网格　　图 14.10　不同拓扑分辨率模型的明暗对比

图 14.11 为多边形模型平滑后的例子，是一个右耳的多边形模型。

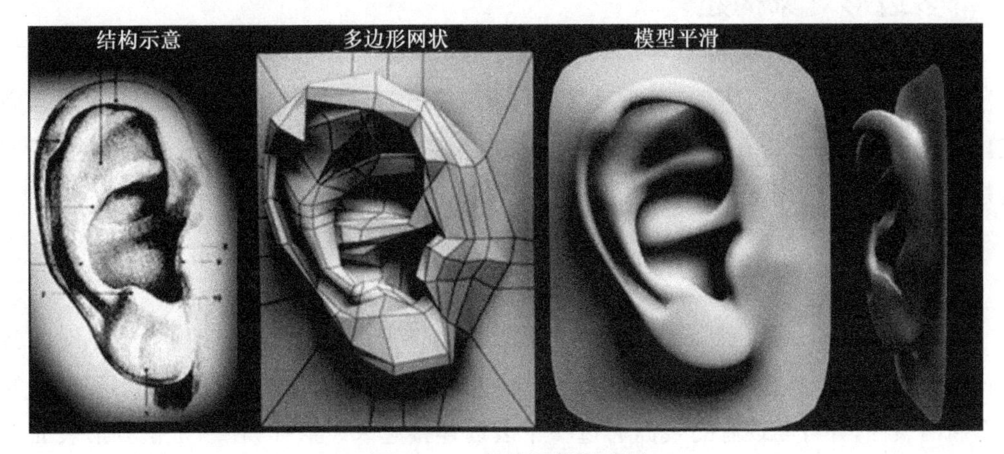

图 14.11　多边形模型实例

平滑组可以定义是否使用边缘清晰或者平滑方式进行曲面渲染。平滑组为对象曲面指定编号。如图 14.12 所示，标记为“1 - 2”的面与相邻面共享平滑组，所以在渲染时，它们之间的边是平滑的。标记为“3”的面不共享平滑组，所以它的边在渲染时是可见的。

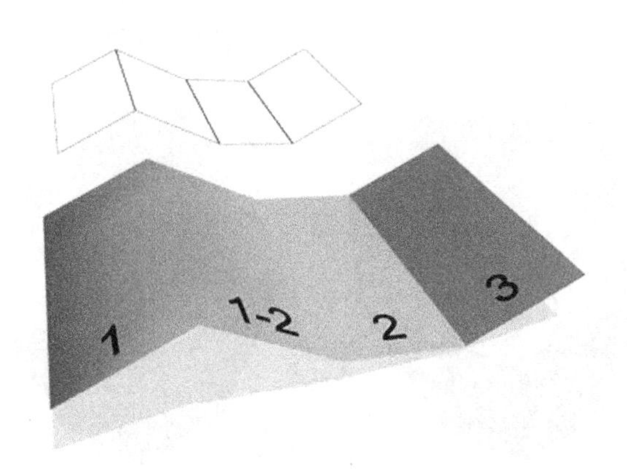

图 14.12　平滑组

需要说明的是，更改平滑组不会以任何方式改变几何体，只会更改面或边着色的方法。平滑由平滑组控制，平滑组的数值范围是从 1 到 32。可以为每个面指定一个或多个平滑组。渲染场景时，渲染器会检查每对相邻的面，检查它们是否共享一个平滑组，然后按照以下方式渲染对象：

- 如果面之间没有共用的平滑组，那么用它们之间的边缘渲染是“锐化”的。
- 如果面之间至少有一个共用的平滑组，那么面之间的边就“平滑”了，相交的面区域以平滑方式显示。

查看平滑组最简单的方法是在着色视图中查看对象。在这种情况下，我们看到的并不是平滑组本身，而是它们在着色曲面上的效果。

 多边形对象构建

尽管可以通过定义顶点和表面来手动构建网格，但是更加常用的方法是用工具来完成。有许多不同的三维设计软件可以构建多边形网格，其中最流行的网格多边形构建方法是盒状造型，它使用下列几个简单的工具。

1. 挤压

挤压(extrusion)是一种向多边形基元添加几何图形的方法，也是建模者用来对网格进行整形的主要工具之一。挤压常用于一个或者一组表面。它生成同样大小和形状的一个新的表面，并且与现有的表面通过一个表面连接起来。这样，在一个正方形表面上进行拉伸操作，将生成一个与该表面连在一起的立方体。

通过挤压，建模者可将面折叠在其自身上(以形成凹痕)，或者沿其表面法线，以垂直于多边形面的矢量方向向外挤出面。挤出四边形面创建了四个新多边形，以弥合其起始位置和结束位置之间的差距。如果没有具体的例子，挤压可能难以想象，下面举例说明。

可以插入多边形面，并对多边形面进行挤压和拉伸，如图 14.13 所示。

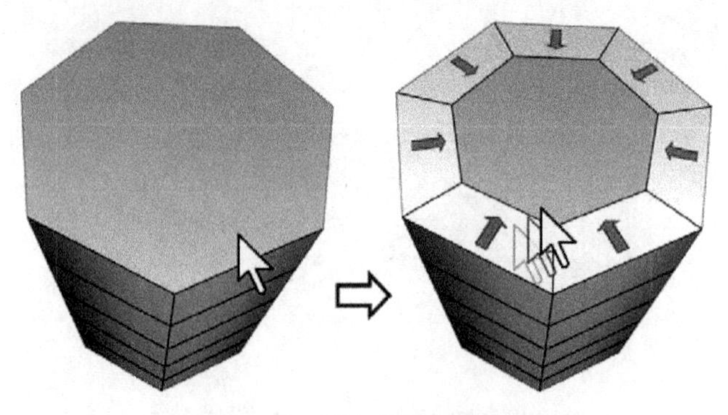

图 14.13　插入新的多边形面

- 考虑一个简单的金字塔形状，带有四边形底座。建模者可以通过选择金字塔的底

部并将其沿 y 轴方向挤压，将该原始金字塔转换为类似房屋的形状。金字塔的底座向下移动，在底座和顶盖之间的空间中创建了四个新的垂直面。在对桌子或椅子的腿进行建模时可能会看到类似的例子。

- 边缘也可以挤压。当挤出边缘时，边缘基本上是复制的，然后可以在任何方向上拉动或旋转复制边缘远离原件，并自动创建连接两者的新多边形面。这是在轮廓建模过程中塑造几何体的主要方法。
- 图 14.14 为沿着某一指定曲线路径拉伸的例子，没有指定路径的情况下默认路径为垂直于延伸面的直线。通过挤出创建新曲面，然后偏移该新曲面，在偏移新曲面和原始曲面之间创建更多新曲面，从而将几何体添加到多边形曲面。可以拉伸顶点、边和面，此项技术非常有用。

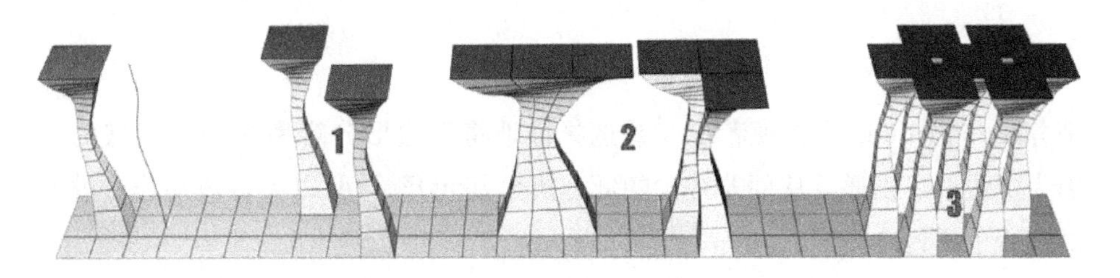

图 14.14　沿着路径挤压多边形曲面

- 在图 14.15 中，立方体 1 是原始多边形对象。立方体 2 是将立方体 1 的顶面向内缩放并插入新面。立方体 3 是将立方体 1 的顶面向上移动并缩放。立方体 4 是将立方体 2 的顶面向下挤压，在立方体的顶部形成孔。

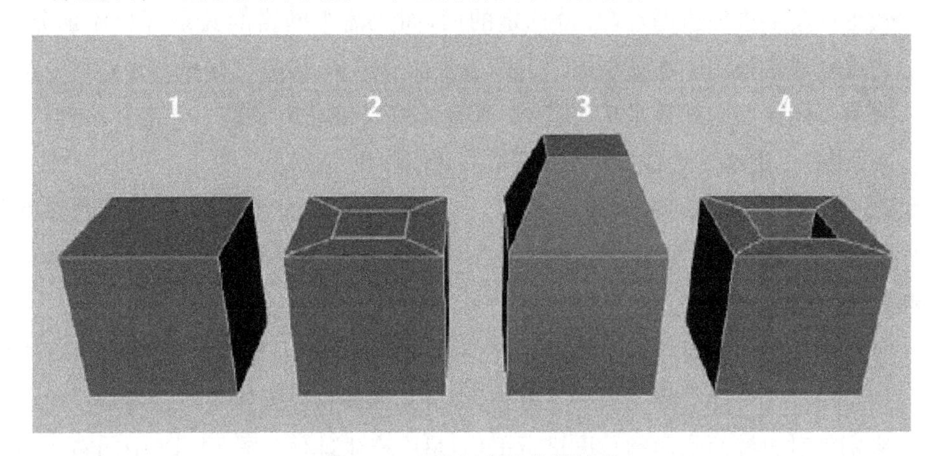

图 14.15　绕任意边旋转拉伸

- 多边形还可以绕着某条边进行旋转拉伸，如图 14.16 所示。

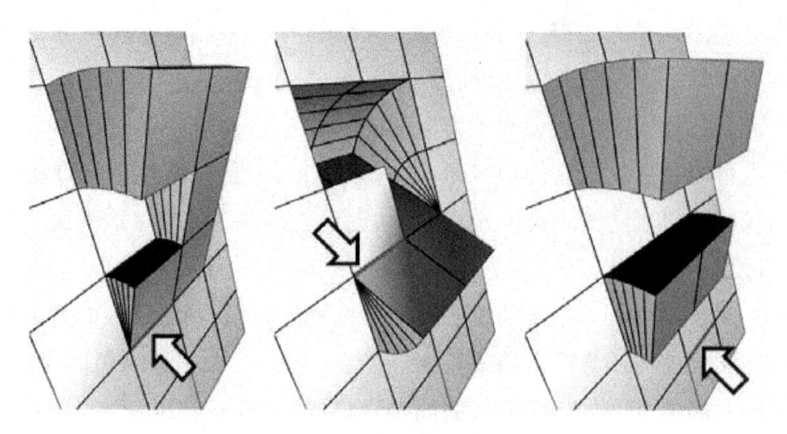

图 14.16　绕任意边旋转拉伸

2. 细分

细分(subdividing)是建模者统一或选择性地将多边形分辨率添加到模型的一种方式。因为多边形建模通常从面非常少的低分辨率基元开始，所以大多数多边形模型都需要通过细分生成最终模型。

- 均匀细分：均匀地划分模型的整个表面。均匀细分通常以线性标度完成，这意味着每个多边形面被细分为四个。均匀细分有助于消除块状，并可用于均匀地平滑模型的表面。
- 边缘环：通过选择性地放置其他边来添加分辨率。这种方法可以在任意连续的多边形面集上添加边循环，细分选定的面，而无需为网格的其余部分添加分辨率。边缘环通常被用于在模型的局部区域添加分辨率，该局部区域与附近的几何形状具有不同比例的细节水平(角色模型的膝关节和肘关节是一个主要示例，如嘴唇和眼睛)。边缘环生成模型如图 14.17 所示。

边缘环也可用于挤出或均匀细分表面。当表面被均匀地细分时，任何硬边缘都是圆形和平滑的。如果需要细分但建模者想保持某些硬边缘，则可以通过在所讨论的边缘的任一侧放置边缘环来维持它们。

- 平滑细分多边形对象并平均原始几何体的所有边形成的角度。图 14.18 中的左图显示了一个已平滑两次的立方体，细分其面并将立方体更改为球体。每个细分级别都对边线两侧面的角度进行平均，最终产生球体。图 14.18 中的右图显示了这种进展。顶部形状是原始立方体，在两个原始面之间具有 90°角。在第一级平滑中，将两个面细分一次，为我们提供了四个面，并将顶角边缘更改为 45°。在第二级平滑中，将每个面再次细分，并将原始顶边角度变为 22.5°(其他边缘形成的角度也会发生改变)。

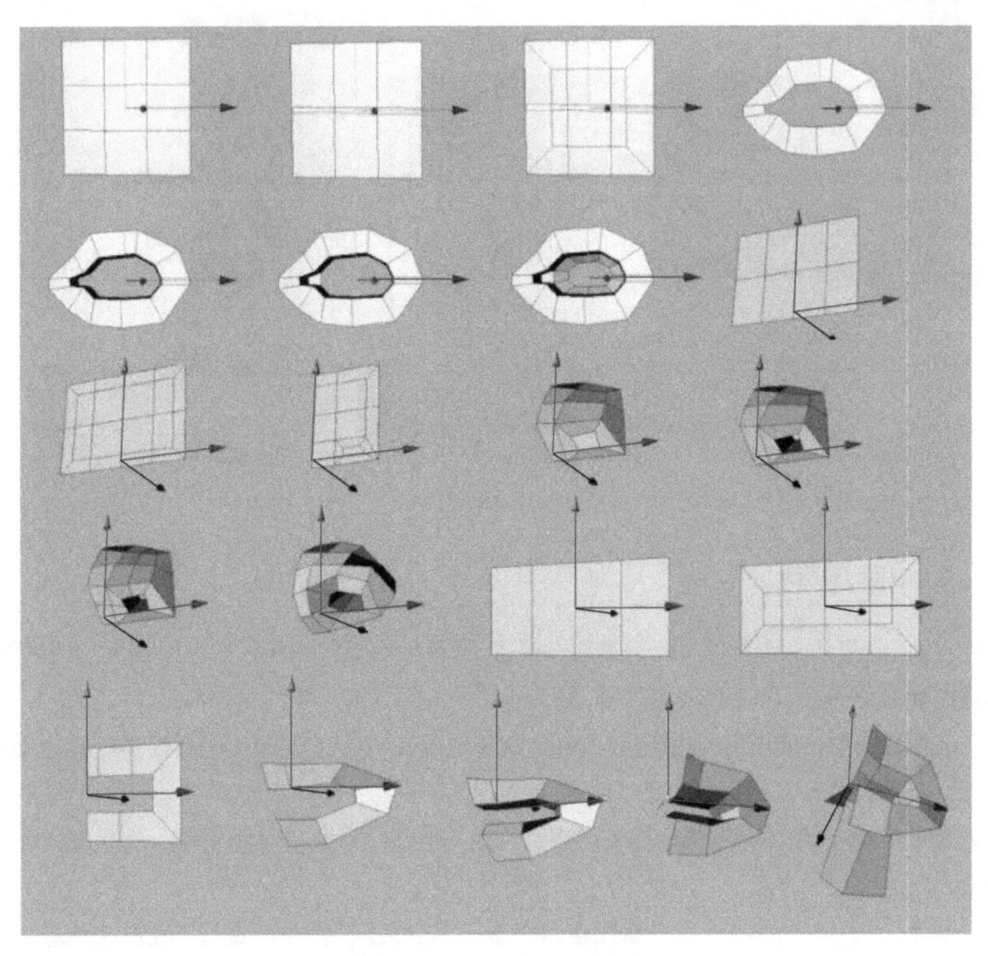

图 14.17　边缘环生成模型

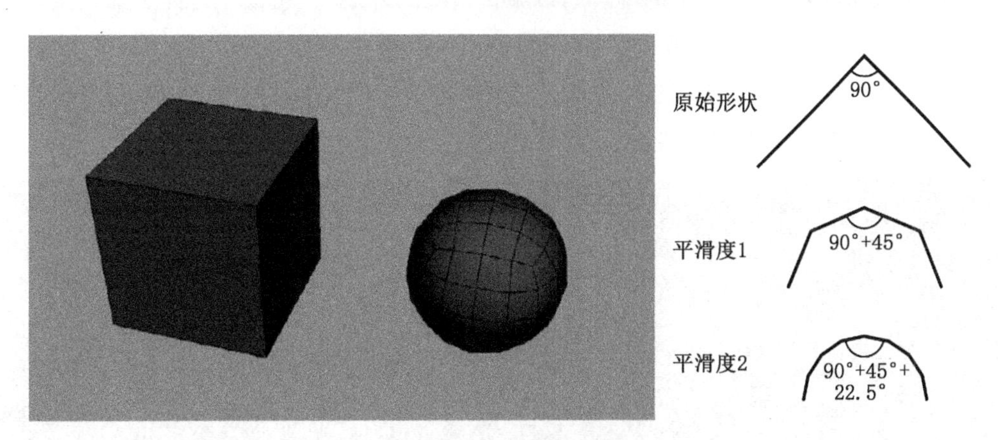

图 14.18　多边形平滑

- 局部细化工具。根据“边”“面中心”和“张力(微调器)”的设置,单击选定的面即可细化。选定面细化一次和细化两次后的结果如图 14.19 所示。

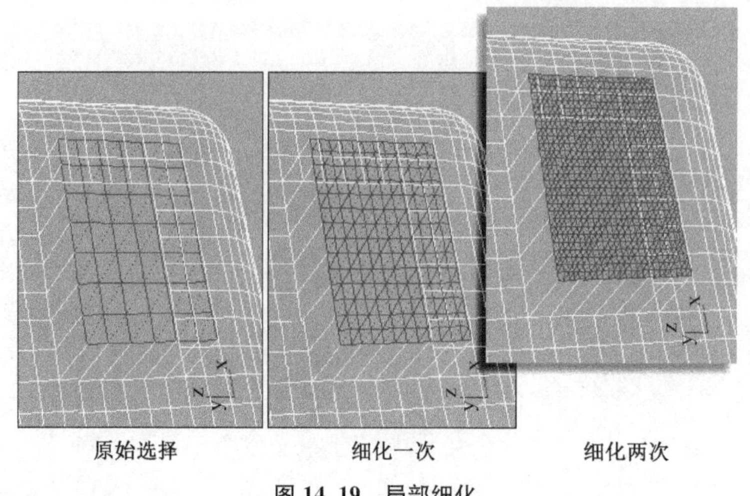

图 14.19 局部细化

3. 斜面/倒角

斜面/倒角(bevels/chamfers)是添加一个或多个面,这些面不垂直于由多边形模型的边连接的原始面,以使它们略微呈圆形。

通常最初的三维模型的边缘是尖锐的,这种情况在现实世界中几乎不存在。我们遇到的每一个边缘大都会有一些锥度或圆度。默认情况下,在 3D 设计软件中创建的对象的边缘是几何化的,如果不修复,看起来很假。这时可用斜面/倒角来降低 3D 模型边缘的粗糙度。

例如,立方体上的每个边缘出现在两个多边形面之间的 90°会聚处。倾斜这些边缘会在会聚平面之间形成一个狭窄的 45°面,以柔化边缘的外观,并帮助立方体更加逼真地与光线相互作用。斜角的长度(或偏移)及其圆度可由建模者确定。

图 14.20 显示了 3D 渲染的立方体。斜边框(右侧)沿斜面略微突出,与左边的硬边框相比,立方体看起来更加真实,有过渡性高光。

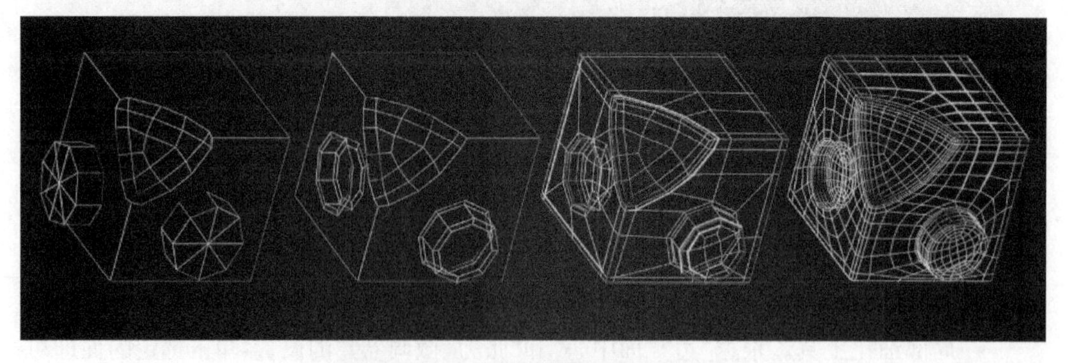

图 14.20 立方体边缘平滑(倒角效果)

4. 优化/整形

优化/整形(refining/shaping)也被称为推拉顶点,大多数模型需要一定程度的手动细化。在细化模型时,建模人员沿 x、y 或 z 轴移动各个顶点以微调曲面的轮廓。

在传统雕塑作品中,我们可以看到一个充分的改进类比:一个雕塑家工作时,会先堆出雕塑的大致形体,这时他专注于作品的整体形状;然后用耙子刷重新审视雕塑的每个区域,以微调表面并雕塑出必要的细节。优化三维模型与此非常相似。每个挤压、斜面、边缘环或细分通常伴随着至少一点点的顶点逐渐细化。

删除、组合和分离都有助于使多边形成为一种易于使用的几何类型。你可以删除任何多边形面,然后将两个多边形对象组合在一起。如图 14.21 所示,1 号图是两个独立的多边形球体;2 号图是两个球体的上半部(多边形层级)被直接删除了;3 号图是顶部边缘环挤压创造出的一个新形状;4 号图是连接在一起的顶点,将两个单独的对象组合在一起构成一个对象。当然也可以分离两个多边形对象,而不会对整个模型产生重大影响。

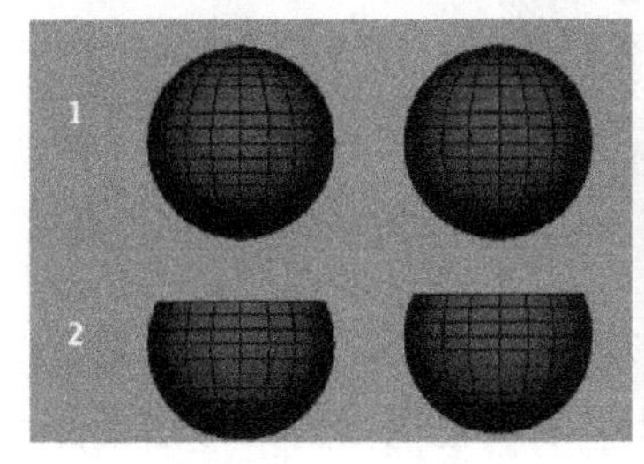

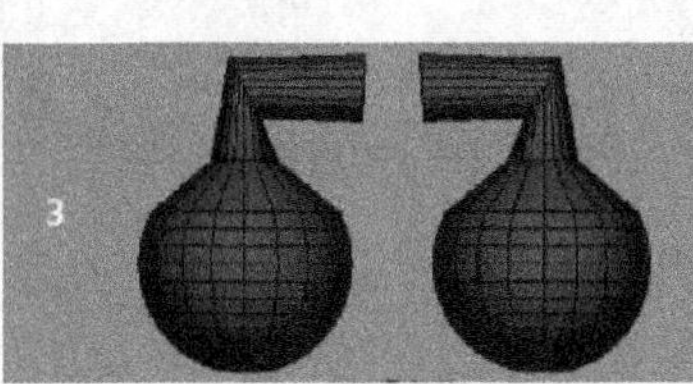

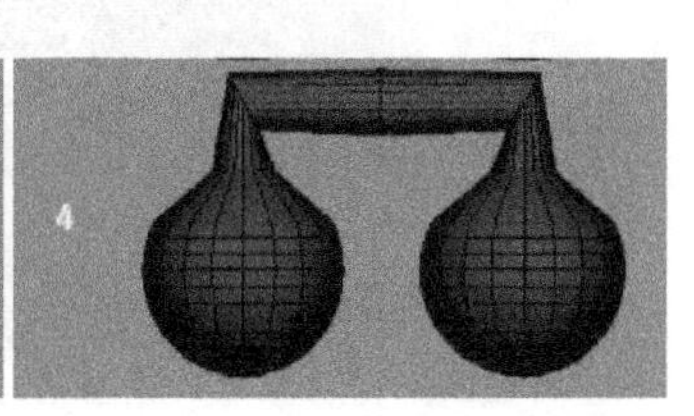

图 14.21　删除和组合多边形

细化阶段是艰苦的,完成一件作品时,建模人员 90%的时间用在细化阶段。放置边缘环或拉出、挤出可能只需要 30 秒,但建模人员要花费数小时精炼细化区域附近的表面拓扑结构,特别是在有机体的建模中,模型表面的变化平滑而微妙。细化最终将模型转变为成品。

5. 切分

切分多边形是在其面上创建出一条新边线,如图 14.22 所示。切分可以在单个多边形上或在多边形对象周围进行,通过添加新的顶点将表面及边切分成更小的部分。例如,通过在正方形的中心及每条边的中点分别添加一个顶点,即可将正方形切分成四个更小的正方形。

- 通过添加边循环(edge loop)可以实现切分整个多边形对象,边循环建立起跨越多边形表面的一组连接边,首尾相连,如图 14.23 所示。边循环是在模型中创建更高几何分辨率和添加更多细节的最有效方法之一。
- 沿模型边缘流动的方式称为边缘流动(edge flow)。良好的边缘流动通常遵循物

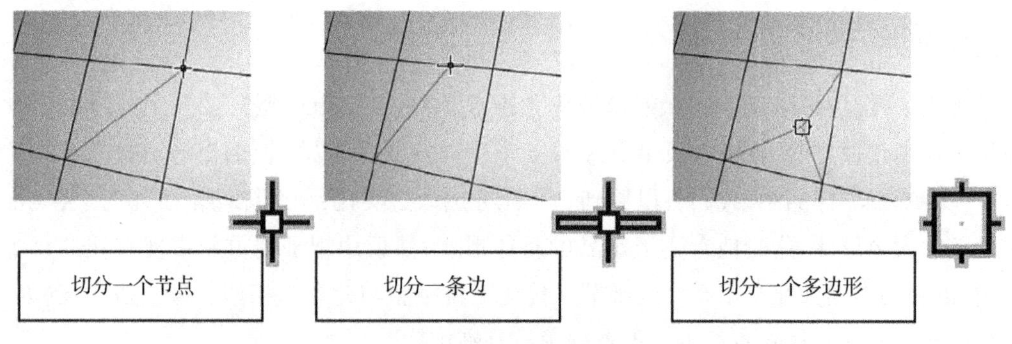

图 14.22　多边形切分

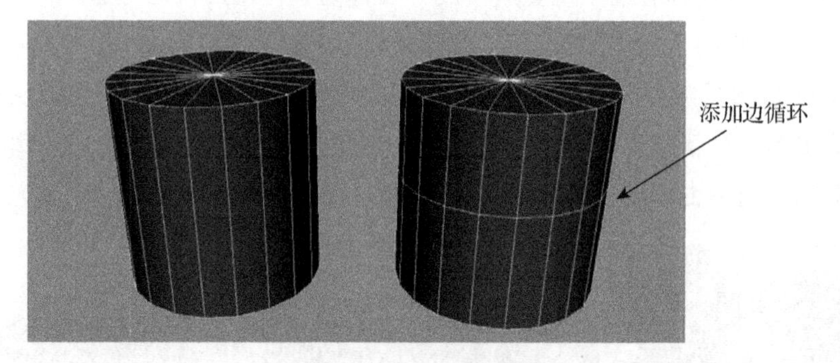

图 14.23　多边形的边循环

体的形状或生物的肌肉解剖结构，有助于以后在添加索具设置过程中对模型变形。图 14.24 显示了人体头部的边缘流动，边缘沿眼睛和嘴巴周围的圆形图案流动，以模仿面部的肌肉结构。

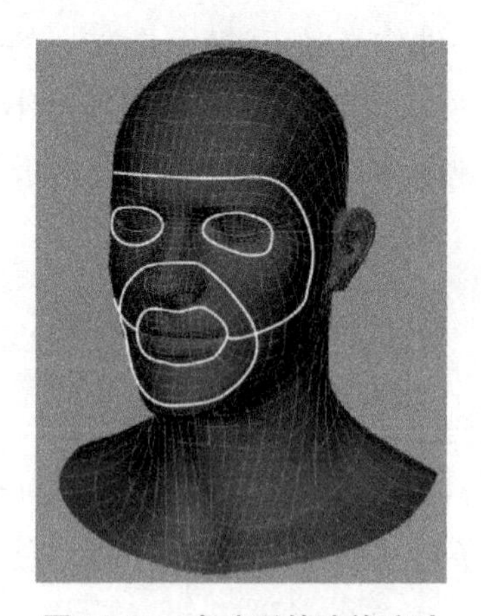

图 14.24　多边形的边缘流动

6. 焊接

焊接可将同一样条线中的两个相邻顶点转化为一个顶点，使用方法是移近并选择两个顶点,然后单击"焊接"按钮。如果这两个顶点在由"焊接阈值"微调器("焊接"按钮的右侧)设置的单位距离内,它们将转化为一个顶点。你可以焊接所选择的一组顶点,只要每对顶点在阈值范围内。顶点焊接示例如图 14.25 所示。

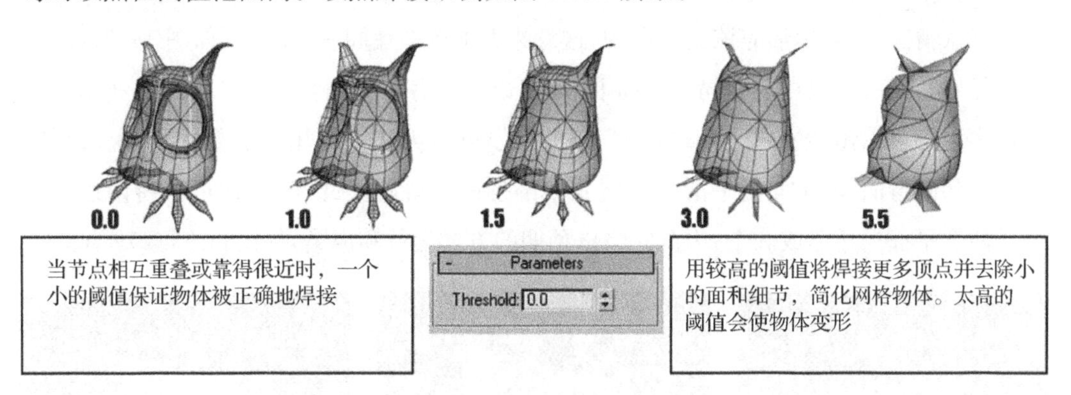

图 14.25　顶点焊接示例

多边形建模的主要优点是很容易控制模型的细节水平(Levels of Detail, LOD),低细节水平的模型比其他的几何表示方法的处理速度快。一些先进的图形卡能够以每秒 60 帧甚至更高的速率显示非常高质量的场景,但如果采用非多边形模型,实现同样的细节可能连每秒 10 帧的交互帧率都难以达到。图 14.26 所示为游戏中的低细节水平角色模型。

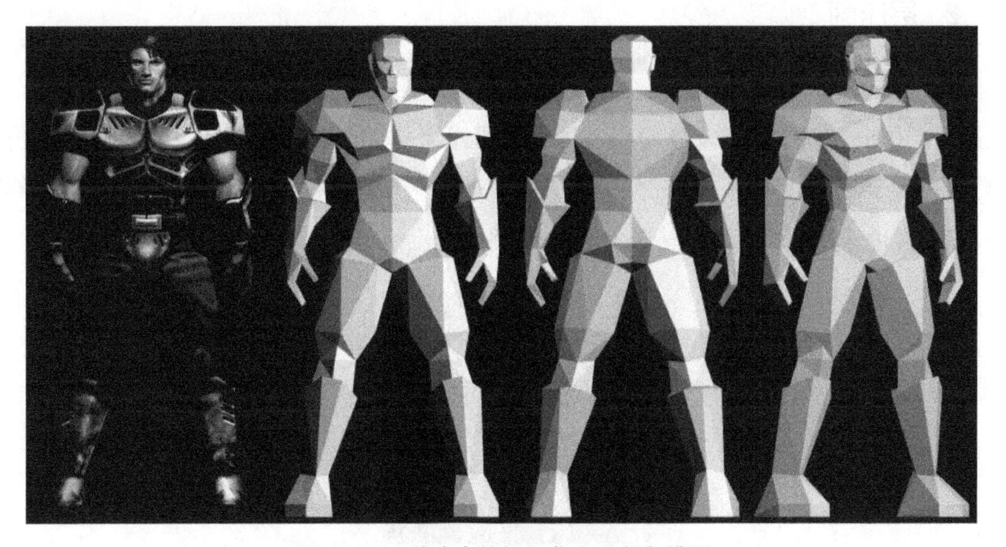

图 14.26　游戏中的低细节水平角色模型

三、多边形建模常出现的问题

多边形建模很稳健但不完美,可能会遇到一些问题,知道如何解决这些问题非常重要。

1. 非平面多边形

默认情况下，多边形应该是平面的，这意味着顶点都在同一平面上，如图 14.27(a)所示。如果其中一个顶点不在同一平面上，则多边形具有非平面，如图 14.27(b)所示。非平面多边形可以预期的方式呈现，因为渲染引擎可能无法理解用户想要的形状。此外，由于形状的弯曲，非平面的平滑阴影将是不准确的。要解决此问题，你可以将四边形拆分为两个平面三角形或三个，因此它将以预期的方式运行和渲染，如图14.27(c)所示。

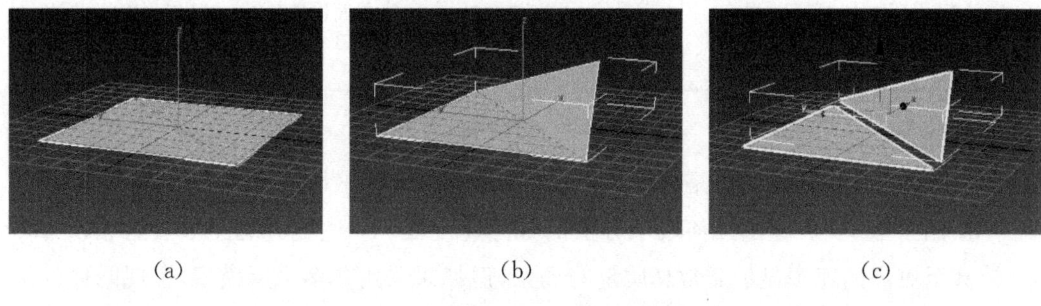

(a) (b) (c)

图 14.27 平面与非平面多边形及其拆分

2. 层压面

层压面(laminated faces)是彼此重叠的多边形面。由于多边形不具有物理厚度，因此通常在挤出过程中可能发生层压面。在平滑或细分多边形对象期间，层压面将导致错误。图 14.28 显示了两个相邻面的层压。层压面是因建模过程中用户的错误操作导致的，可以通过仔细的建模实践来避免这类问题的发生。

图 14.28 层压面

3. 多边形蝴蝶结效果

当四边形或者 *n*-gon 被扭曲但保持在同一平面上时会发生蝴蝶结(bowtie)效果，这将使软件无法理解哪个方向是法线的正面。图 14.29 显示了两个相同的多边形，其中图

(2)的多边形显示了蝴蝶结效果。在图(2)的多边形上,图(1)的两个顶点被切换,因此软件不再知道哪一侧应向上,这意味着它将不再被正确渲染。这种扭曲效果发生的原因是软件不知道选择两个面的哪个表面法线(箭头指向面外部)作为现在面的显示方向。这个问题被称为蝴蝶结效果,因为生成的渲染有时看起来像蝴蝶结形状。

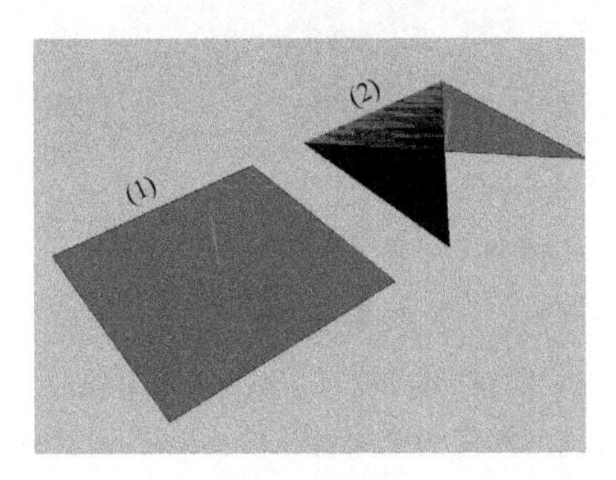

图 14.29　蝴蝶结效果会造成法线的反转

4. 内部面

如果启用“add caps”(添加封顶)功能,在 3D 建模软件中挤出或拉伸几何体时,会自动为开放的边缘添加封闭的面。这些新增的面就是所谓的“内部面”(Internal faces)。这些面位于模型内部,通常不会在外部可见,但在某些情况下,它们可能会引发问题。可以通过切换到局部视图或使用相机视角进入对象内部,手动选择并删除它们。

图 14.30　内部面

5. 两个面从同一个边缘挤出

有时,两个面从同一边缘挤出,如图 14.31 所示。由于多边形没有物理厚度,因此围绕此形状旋转时,将看到多边形的背面,并且它们可能无法得到正确渲染。

图 14.31　两个面从同一个边缘挤出

许多造型程序并没有严格遵守几何理论，例如，两个顶点之间在同样的空间位置可以有两个截然不同的边，也可能在同样的空间坐标有两个顶点或者同样的位置有两个表面。这样的状况并不是我们所期望的结果，因此许多 3D 设计软件都可以自动地清除它们。如果无法自动清除，就必须进行手动清除。

第十五章

NURBS 模型构建

非均匀有理 B-样条线(NURBS)模型是在三维动画中常用的数学模型,用于产生和表示曲线及曲面。NURBS 已成为设置和建模曲面的行业标准,它尤其适合于使用复杂的曲线建模曲面。使用 NURBS 的建模工具不要求使用者了解生成这些对象的原理,NURBS 模型实例如图 15.1 所示。

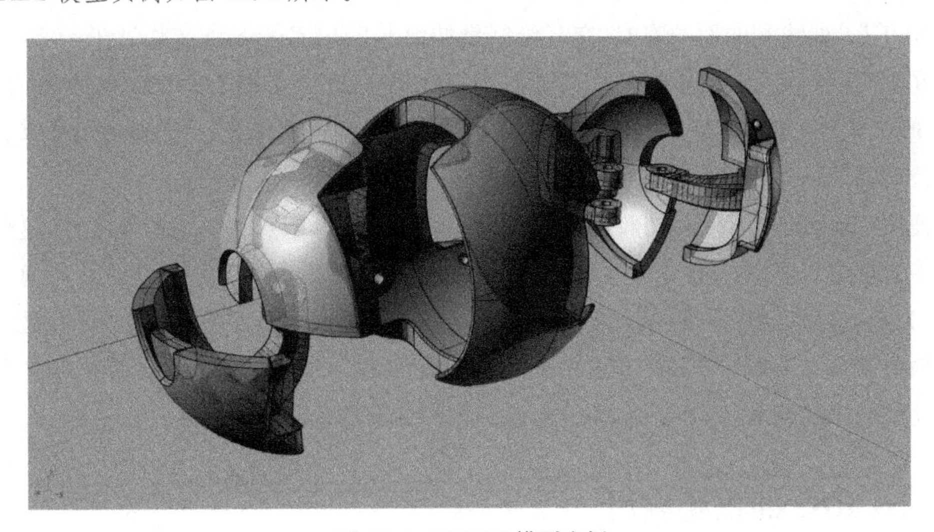

图 15.1 NURBS 模型实例

NURBS 常用于模型构建,这是因为它们很容易交互操纵,且创建它们的算法效率高,计算稳定性好。使用多边形网格或面片也可以构建曲面,但与 NURBS 曲面相比,多边形网格和面片具有以下缺点:

- 使用多边形很难创建复杂的弯曲曲面。
- 由于网格为面状效果,面状会出现在渲染对象的边上。必须有大量的小面以渲染平滑的弯曲边。

另一方面,NURBS 曲面是解析生成的,可以更加有效地计算它们,也可以旋转显示为无缝的 NURBS 曲面。

一、NURBS的发展历史

NURBS的发展始于1950年,它由需要对车体和船壳等自由曲面进行精确数学表示的工程师们所发现,需要时能够精确地复制。以前这类曲面的表示只存在于设计者创建的实体模型。NURBS建模的技术先驱包括皮埃尔・贝塞尔(Pierre Bézier)和帕德・卡斯特里奥(Paul de Casteljau),今天的计算机图形学用户认为样条线,即通过曲线上的控制顶点表示的那类线,称为Bézier样条线。在1960年,人们认识到非均匀有理基本样条线是Bézier曲线的一个推广,而Bézier曲线可以视为均匀非有理B-样条线。

最初NURBS仅用于汽车制造公司私有的计算机辅助设计包。后来它们成为标准计算机图形包的一部分,包括OpenGL图形库。

NURBS曲线和曲面的实时、交互绘制最初由Silicon Graphics工作站于1989年提供。在1993年,CAS Berlin开发了第一个PC机上的交互式NURBS建模器,称为NöRBS。今天大多数专业图形应用程序都支持NURBS建模方式,它们通过集成来自在专业公司的NURBS引擎来实现这一功能。

使用NURBS模型可以方便地构建平滑、圆润的形状,但存在一定的局限性,这使它们比多边形更难使用。在3D计算机图形学发展的早期,NURBS是标准的几何模型类型,因为它们可以创建平滑、圆润的形状并呈现。当时,多边形无法提供平滑的阴影,并且在最终渲染中没有非常高的拓扑分辨率时看起来很不平滑。但随着计算机硬件和软件的功能越来越强大,到了今天,多边形已经成为标准的几何模型类型。

二、NURBS的主要应用

NURBS至今仍被广泛用于产品可视化和建筑行业,尤其是用于创建对象的快速表示,然后将其转换为多边形或细分曲面以完成项目。NURBS对计算机辅助设计、制造和工程(CAD、CAM、CAE)而言几乎是无法回避的,并且是很多业界广泛采用的标准的一部分,例如IGES、STEP和PHIGS。

通常编辑NURBS曲线和曲面是高度直观和可预测的。控制顶点总是直接连接到曲线或曲面上,也可以通过一根橡皮筋连接。根据用户界面的类型,对NURBS曲线或曲面的编辑可以通过它们各自的控制顶点实现,这与Bézier曲线的调整完全一样。此外,我们还可以通过高级工具编辑,例如样条建模或者层次结构的编辑。

三、NURBS 模型构建方法

非均匀有理 B-样条线，或 NURBS 曲面是使用 Bézier 曲线（如 MS 绘图笔工具的 3D 版本）创建的光滑曲面模型。为了形成 NURBS 曲面，建模人员在 3D 空间中绘制两条或更多条曲线，通过沿 x、y 或 z 轴移动控制顶点（CV）的手柄来操纵这些曲线。

NURBS 建模的最基本形式是创建 NURBS 原始对象，例如球体。NURBS 对象具有用于操纵对象的组件，包括 CV、外壳和等参线（isoparms）。

如图 15.2 所示，CV 是可以移动的顶点，虽然它们不直接位于曲线上，但通过调整这些顶点可以改变曲线的形状，从而影响对象的形状。外壳是 CV 的线框，选择外壳后可以像对多边形的边那样对它进行操作。等参线是代表 NURBS 对象表面的线条。

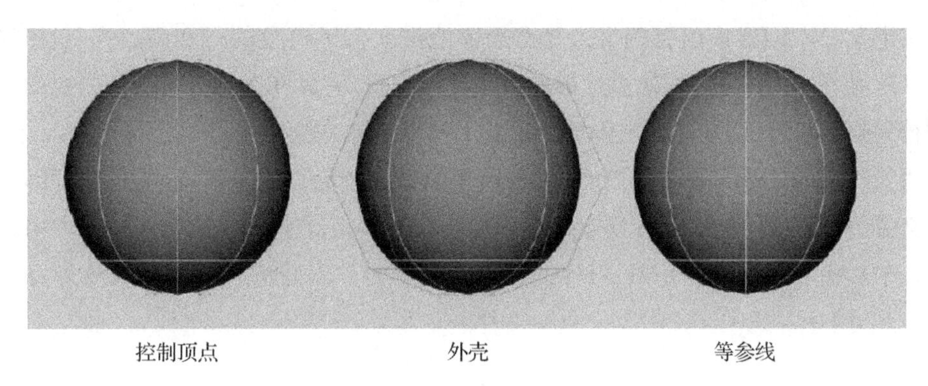

控制顶点　　外壳　　等参线

图 15.2　NURBS 设计组件

使用 NURBS 的难点在于它们只能是四面的，这限制了可以创建的形状。为了能够使用 NURBS 创建人体头部，必须创建一个 NURBS 面片模型，该模型由许多彼此相邻排列的较小四边 NURBS 面片组成。另一个挑战是 NURBS 的纹理方式。NURBS 面片模型不是作为一个对象而是作为许多小面片被处理，这导致难以沿着曲面维持一致的纹理。与多边形不同，NURBS 不能删除或操纵面，并且不能像使用多边形那样将单独的 NURBS 对象相互附加。

NURBS 模型是多个 NURBS 子对象的集合。子对象可以是下面列出的任何对象。NURBS 曲线和曲面由点或 CV 子对象控制。点和 CV 的行为与样条线对象的顶点类似，但也存在一些区别。

1. 曲面

存在两种 NURBS 曲面：点曲面和 CV 曲面。点曲面由点控制，点始终位于曲面上；CV 曲面由 CV 控制，如图 15.3 所示。

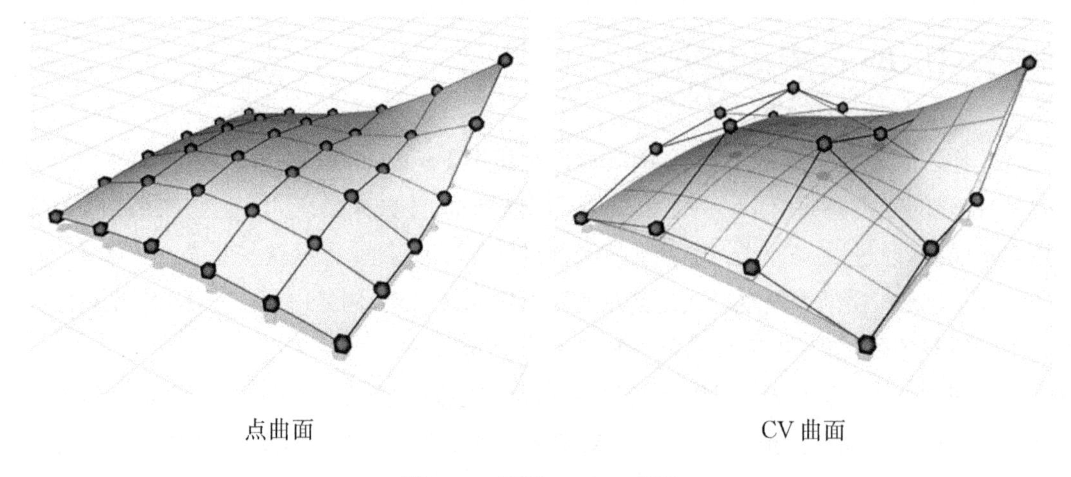

图 15.3　两种 NURBS 曲面

按定义，NURBS 表面有四个边并有规律地排列 UV 参数的行和列。在 NURBS 表面中，UV 参数始终存在，不像多边形需要创建或编辑，它具有 NURBS 面片内置的、不可以进行编辑的特性，而多边形与细分曲面的 UV 参数是作为一个可编辑的元素。

法线决定 NURBS 曲面的正反，射出法线的面为正面。用"UV 右手定则"可以方便地定义哪边是正面，如图 15.4 所示。如果拇指指向 U 正方向，食指指向 V 正方向，则中指垂直于食指和拇指，指向 NURBS 曲面的法线方向。表面法线的概念对纹理、渲染很重要。

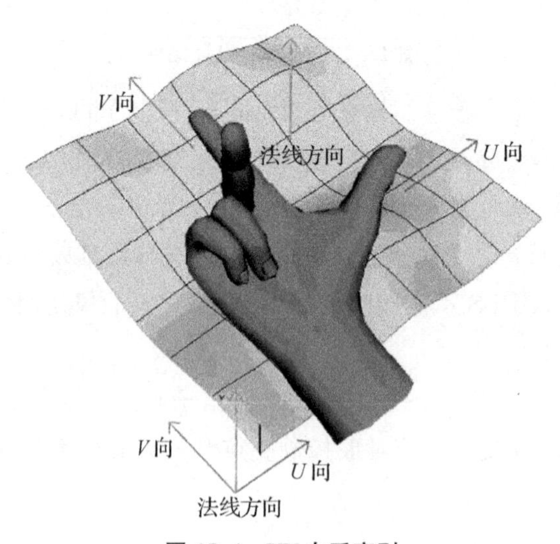

图 15.4　UV 右手定则

2. 曲线

存在两种 NURBS 曲线，这两种曲线与上述两种曲面完全对应。点曲线由点控制，点始终位于曲线上;CV 曲线由 CV 控制,CV 不必位于曲线上,如图 15.5 所示。

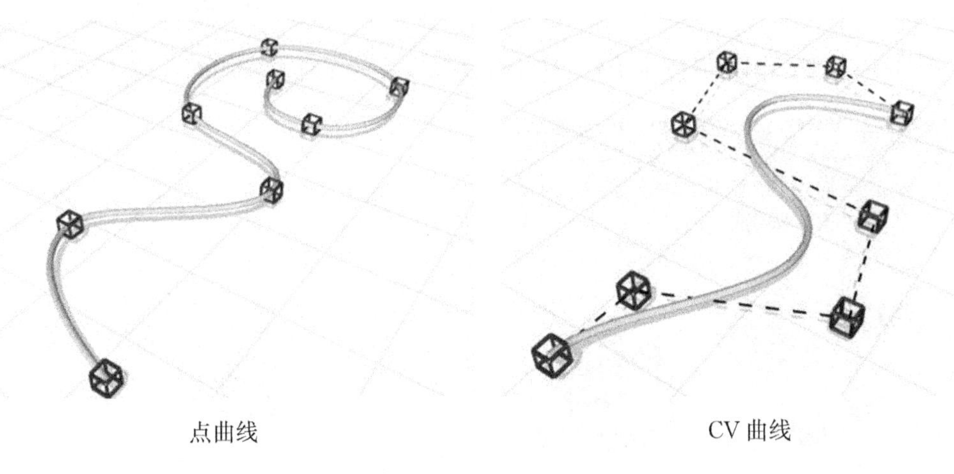

图 15.5　两种 NURBS 曲线

3. 点

点曲面和点曲线拥有点子对象。

4. CV

CV 曲面和 CV 曲线拥有 CV 子对象。

例如,NURBS 对象可能包含以一定间距分隔的两个曲面。NURBS 模型中的父对象是 NURBS 曲面或 NURBS 曲线,如图 15.6 所示。

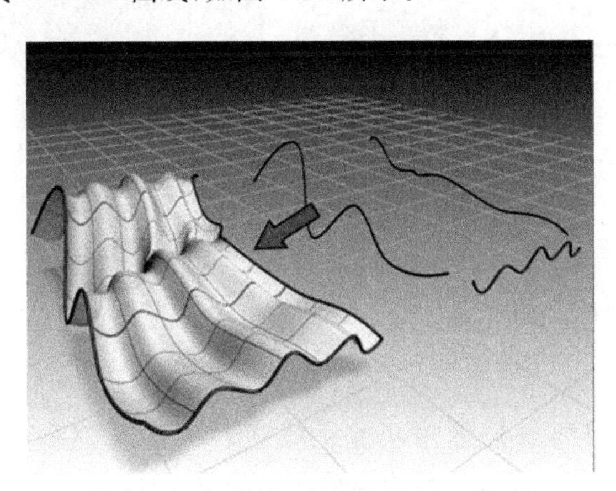

图 15.6　NURBS 曲线构造 NURBS 曲面

创建 NURBS 模型的方法有多种,既可以通过创建前文介绍的子对象来构造,也可以利用标准基本几何体转换成 NURBS 表面(图 15.7 和图 15.8),但可能不如使用 NURBS 曲线那样直观。

CV 曲线:类似于用手指揉捏面团,使其成形。曲面的形状会受到这些控制点的引力影响。

点曲线:类似于用指尖按压柔软的物体,直接影响按压点及其周围区域的形状。

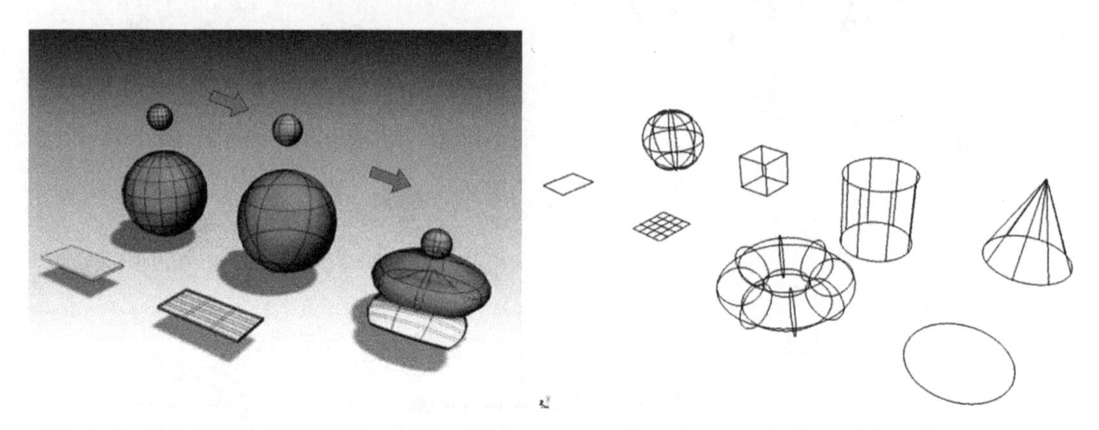

图 15.7　基本几何体对象转换为 NURBS 曲面　　　图 15.8　NURBS 模型的基本几何体

创建 NURBS 的一种方法是,首先创建一系列曲线,然后沿曲线放置或布置曲面。这种建模方法可以创建有趣、平坦和有机的形状,可以轻松操作。如图 15.6 所示,右侧的三条曲线已被选中,左侧显示的曲面将按照这些曲线放置。另一种方法是创建一条曲线,然后将其旋转到 360°以创建一个表面,如图 15.9 所示。也可以像多边形挤出面的方式那样沿着曲线挤出曲面,如图 15.10 所示,第一条曲线表示曲面的形状,第二条曲线表示挤出的路径。

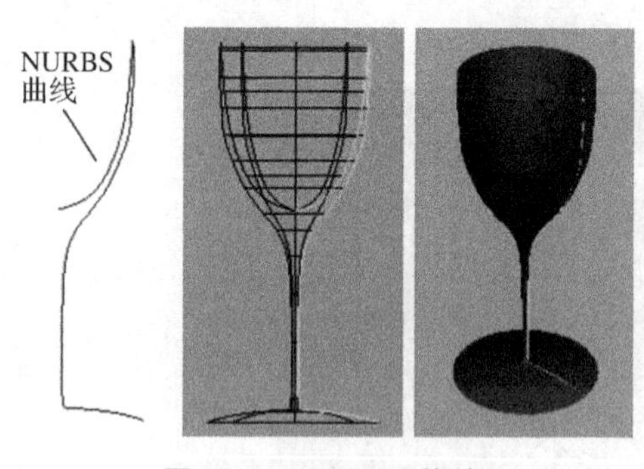

图 15.9　NURBS 型酒杯

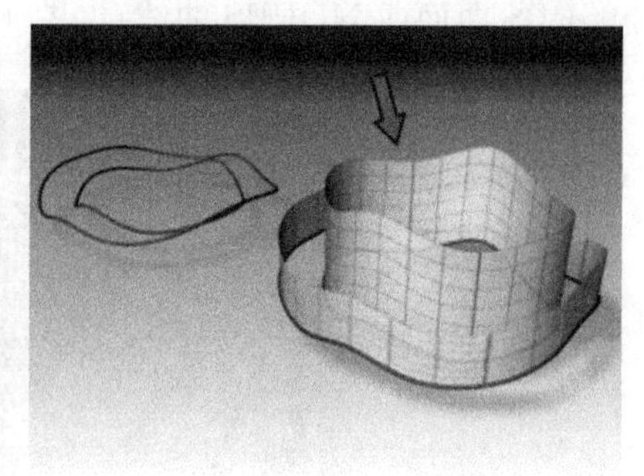

图 15.10　NURBS 曲面挤出

可以这样认为,只要人们能想出来的东西,NURBS 建模大多数都可以实现。NURBS 建模最大的好处在于它既有多边形建模的灵活性,又不依赖于复杂网格来细化表面。从某种角度来说,NURBS 建模更像是在处理曲面的面片。建模时只需使用曲线来定义曲面。这曲表面在视图中看起来很简单,但在渲染时会展现出高度复杂的细节。

相当多的角色和工业设计使用 NURBS 来创建,主要是因为 NURBS 建模可以提供光滑的接近轮廓的表面,并保持相对较低的构造复杂度。因此与多边形建模相比,使用

NURBS可以提升三维模型的细节表现。图15.11就是使用NURBS建模技术创建的汽车模型。

图15.11　NURBS模型

尽管NURBS建模可以用于大多数场合，但是NURBS与其他建模方式相比仍然有缺点；那就是它很难创建带直角的模型，NURBS模型均带有弯曲部分。换句话说，虽然一个模型看起来有直角，但离近看会发现，NURBS模型在边的四周是光滑的。

NURBS建模不适合制作简单的造型，因为通常NURBS模型面数较多，渲染速度慢。例如一般的立方体有6个面，如果使用NURBS建模则有34个面，当简单造型就可解决问题的时候，NURBS建模显然不是最佳的建模方案。

第十六章

细分曲面建模

1978年Catmull和Clark以及Doo和Sabin发表的论文标志着细分曲面建模的开始。另一个里程碑发生在皮克斯工作室的短片《棋逢敌手》(*Geri's Game*)获得奥斯卡颁发的“最佳动画短片”奖。细分曲面背后的基本思想确实非常古老,可以追溯到20世纪40年代末和50年代初,当时乔治·德拉姆(Greorges de Rham)使用切角来描述平滑的曲线。直到最近几年,细分曲面才在计算机图形学和计算机辅助几何设计(CAGD)中得到广泛应用。细分曲面发展缓慢的一个原因是多分辨率技术的必要性,以及应对更大和更复杂几何形状的挑战的需要。

如图16.1所示为目前主流的三种构成模型:NURBS模型、Polygon(多边形)模型和Subdiv(细分)模型,细分模型是结合了NURBS模型和多边形模型各自优点的一种新型模型。

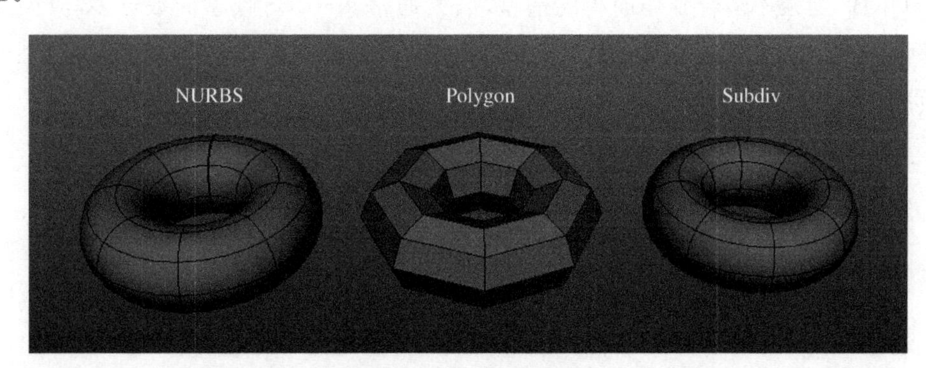

图16.1 三种构成模型

与NURBS曲面类似,细分曲面能够生成平滑的有机形状,并且可以使用相对较少的控制顶点进行整形。

细分曲面允许在需要时拉伸特定区域并在曲面中创建细节,这是通过细分表面上的不同组件来实现的,可以根据需要在不同级别的细节之间切换。

单个细分曲面可以在不同区域中具有不同的细节级别。也就是说,具有复杂形状的区域可以具有更多控制顶点以允许更精细的细节,而简单或平坦区域将具有更少的控制顶点。使用细分曲面建模是创建复杂对象(如人手)的简单方法,它结合了NURBS和多边形建模的最佳功能。我们可以将现有的NURBS和多边形曲面类型转换为细分曲面,反之亦然。

一、细分曲面的基本概念

细分曲面的名称来自它们的特征：划分为更有细节的区域。从基础网格开始，将区域划分并细分为更精细的细节，每个细分在该区域中提供更好的控制。通过修改层次结构中不同级别的控制顶点来重新细分曲面。基础网格（或 0 级网格）允许重塑整个表面的大面积区域。细分级别是迭代增加网格密度和细节的次数，实现对曲面的特定区域更精细的控制。

细分曲面（或子像素）是一种几何形状，兼具多边形的易用性与 NURBS 的平滑特性。细分曲面使设计人员能够在需要的特定区域中创建不同水平的细节，而边缘流不会出现太多问题。细分曲面建模过程通常从多边形或 NURBS 模型开始，通过不断细化和平滑基础网格，逐步构造出复杂的平滑曲面。在细分过程中，系统会根据旧顶点的位置创建新的顶点和面，有时还会调整旧顶点的位置，以确保表面更加平滑和细致。

图 16.2 显示了细分曲面的创建。右侧的球体是左侧的立方体转换为细分曲面的结果。从图 16.2 可以看到，在细分曲面模型中创建平滑表面所需的拓扑远小于创建平滑多边形球体（中间球体）所需的拓扑，并且在渲染时，细分曲面模型是完美球体。

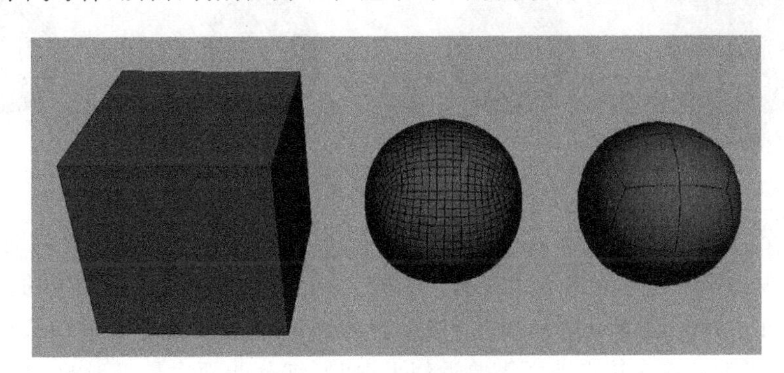

图 16.2　细分曲面建模

细分曲面可以生成比原始网格更精细的网格，包含更多的多边形面。这个结果网格可以再次通过相同的方案细化，依此类推。

细分曲面的优点有以下几点：

- 细分曲面比多边形具有更高的形状控制水平。
- 允许仅在模型的复杂区域中使用复杂几何体。
- 允许添加折痕（锐边）和任意网格拓扑，而不仅限于四边形面片。
- 细分曲面的连续性消除了在为 NURBS 曲面设置动画时接缝处可能出现的许多问题。
- 可以将细分曲面绑定到粗糙级骨架上，将其平滑地转换为精细级骨架。

二、细分曲面的方案

细分曲面是用于从控制点网格构建平滑表面的方案。沿着原始控制网格的边缘和中心，通过引入新顶点来形成表面，然后通过对周边顶点的平均处理使形状变形。实际的曲面细分有许多不同的方案。

1. 早期的细分方案

早期的细分方案是由两组人在 1978 年开发的，即 Doo-Sabin 方案和 Catmull-Clark 方案，它们被用于许多高端建模和动画设计软件包中。例如 3ds Max 中的 MeshSmooth 修改器使用 Doo-Sabin 方案的变体，产生三角面或四边面，它可以从曲面 Classic 模式切换到 Quad Output 模式，然后生成更接近 Catmull-Clark 方案的曲面。

图 16.3 显示了初始控制网格(立方体)，以及细分算法中一系列轮次的结果。在该示例中，细分算法是 Catmull-Clark 算法，细分的最终结果是原始控制表面的尖角和边缘得到平滑，从而使全部表面都得到平滑。

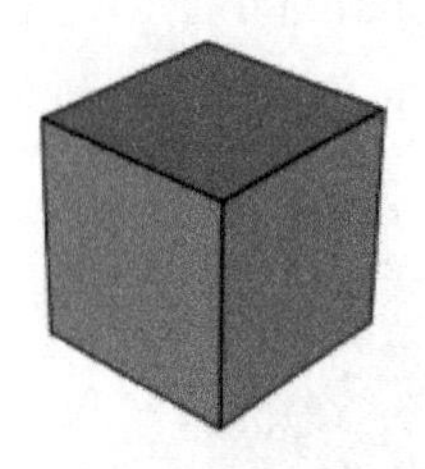
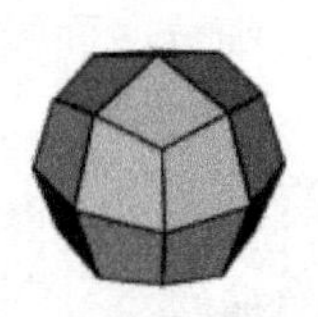
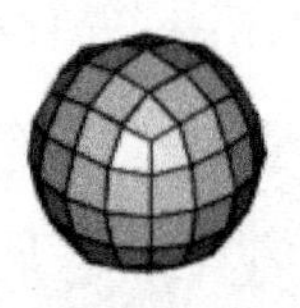

图 16.3　立方体的迭代细分

由于细分算法通常不复杂，可以实时计算细分，因此细分曲面适用于实时设计工具，允许用户操纵控制网格并立即看到控制网格的变化，以及对结果曲面产生的影响。

细分曲面由其控制顶点网格描述，如参数曲面。表面本身可以近似或内插控制网格，实现分段平滑。在多边形曲面需要近似平滑时，细分曲面也是平滑的，这意味着无论表面的动画效果如何，以及观察的距离如何，都不会出现多边形伪影。

细分方式分为以下两种：

- 统一细分：对网格的粗糙面应用统一的细化方案。随着算法的每次迭代，网格不断平滑，直到一个极限。
- 特征自适应细分：应用渐进式细化策略来隔离不规则的特征，得到的顶点可以组装成限定极限表面的双立方块。特征自适应细分在时间和内存使用方面更加经济，但最佳细分方法取决于应用需求。

2. OpenSubdiv 细分方案

OpenSubdiv 是目前最为主流的细分方案，由皮克斯工作室开发，作为第五代细分技术，旨在利用并行 CPU 和 GPU 架构，加速高级别细分多边形模型的视图表现。最初代码由 Tony DeRose 和 Tien Truong 于 1996 年为电影《棋逢敌手》编写，并且经过优化，可以在交互式帧速率下使用静态拓扑绘制变形曲面。

OpenSubdiv 作为一组开源库，能够在大规模并行架构上实现高性能细分表面的评估，并已被广泛集成到第三方数字内容创建工具中。目前，Autodesk 产品全面支持 OpenSubdiv，并提供与传统细分方案并列的选择，以便用户根据需要进行选择。OpenSubdiv 还支持视图内和渲染时的自适应细分，使 3D 设计人员在编辑或设计模型时即可看到效果，从而提高效率。

此外，利用 CreaseSet 修改器和折痕资源管理器的高效工作流，用户能够在更短时间内创建复杂拓扑，并通过 Autodesk FBX 资产交换技术在不同软件包之间传递模型，保持一致的外观。

例如，在 3ds Max 中有三种平滑方式，即 MeshSmooth、TurboSmooth 和 OpenSubdiv。

- OpenSubdiv 和 TurboSmooth 都是用于网格细分的工具，最终会增加多边形的数量。
- MeshSmooth 是一个较老的平滑修改器，通过操纵顶点的法线来提供平滑效果，同时保持拓扑不变。
- OpenSubdiv 是更新的平滑方法，具有更多新功能，例如，可以通过设置边缘折痕值来控制弯曲程度，而 TurboSmooth 则需要创建边缘循环，导致多边形数量增加。因此，对于角色模型，OpenSubdiv 是更好的选择，它可以提供更高效的细分和控制，而不显著增加多边形数量。

如图 16.4 所示，最左侧为原始模型，最右侧为应用 OpenSubdiv 后的模型，中间为应用 TurboSmooth 后的模型。可以看出应用 OpenSubdiv 后的模型保持了与原始模型相同的节点数和面数。

图 16.4　两种细分方案的结果对比

三、细分曲面建模的工作流程

(1) 创建一个多边形网格,粗略地捕获要构建的模型的基本形状。确保最初使用尽可能少的多边形来构造它。将模型转换为细分曲面时,此模型将确定细分曲面的基本拓扑和控制顶点。细分曲面在折边和细化边缘方面非常有效,因此无需花费太多精力来捕捉多边形网格中的这些特征。

(2) 将多边形网格转换为细分曲面后,通过推拉顶点来调整细分曲面的形状。

(3) 如果需要在网格的特定区域中进行更多控制,可以创建新的细分级别。

(4) 如果需要在表面区域应用锐边,可以应用全折痕或部分折痕。

(5) 如果需要对曲面进行拓扑更改(例如分割面),可以使用多边形工具编辑细分曲面。

第十七章

面片模型构建

与多边形模型相比，面片模型的计算成本较小，并且不会受到在 NURBS 上发生的一些额外开销的影响。面片模型的优点是能够轻松表示光滑表面。与多边形模型不同，面片模型只需用较少的细节就可表示更平滑的模型轮廓和外观。

面片建模工具使用控制顶点网格来定义和修改面片的形状，通常是样条线或多边形网格。这些控制顶点在贴片的柔性表面上施加类似磁铁的影响，沿一个方向或另一个方向拉伸和牵引。此外，可以细分面片以允许更多细节，并且可以将其“缝合”在一起以形成大而复杂的表面。与样条线建模一样，面片建模非常适合创建复杂曲面或有机曲面，如汽车的车身（图 17.1）、飞机的机舱及三维角色模型。面片建模比几何体（参数）建模具有更多的自由度。

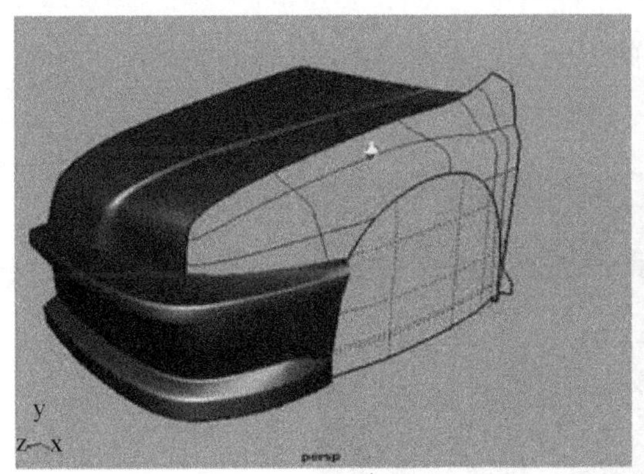

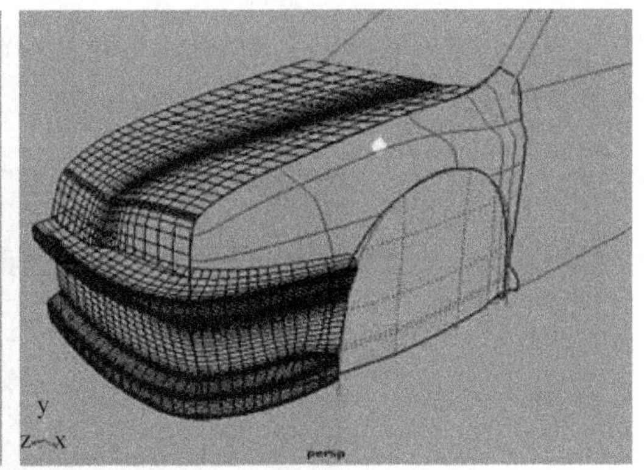

图 17.1　面片构建车身

一、面片的基本概念

面片是在多边形的基础上发展而来的，但它是一种独立的模型类型，面片建模解决了多边形表面不易进行弹性编辑的难题，可以使用类似编辑 Bézier 曲线的方法来编辑面片。面片是一种可变形对象。在创建平缓曲面时，面片对象十分有用，它也可以为操纵复杂几何体提供细致的控制。

组成面片模型的部件同多边形模型的部件相似。一个面片模型实际上是由一些较小的面片组成的。在一些动画设计软件中,面片的表面被定义为具有四条侧边的表面,每条侧边被称为一条边。面片的各个角被称为节点。面片模型还包含栅格,它定义了面片本身的总体形状。虽然组成面片模型的部件与多边形模型相似,但两者的相似也仅限于此。

面片可定义为四边形面片(Quad Patch)或三角形面片(Tri Patch),如图 17.2 所示。在角落或面片结构需要表现尖端的时候适合选择三角形面片,其他情况一般使用四边形面片。面片建模多用于光滑表面建模。尽管使用该技术也可以制作建筑、家具等带边角的造型,但这类模型更适合采用多边形建模。

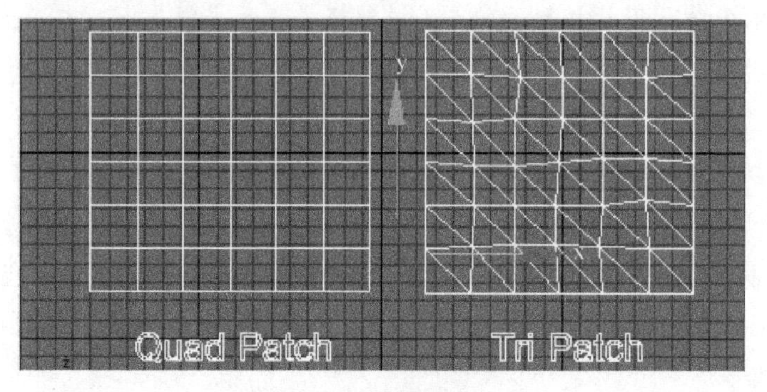

图 17.2　两种面片

面片的节点有 Bézier 控制柄,与样条线的 Bézier 控制柄很接近。通过操纵节点的 Bézier 控制柄,可以改变面片的形状,如图 17.3 所示。

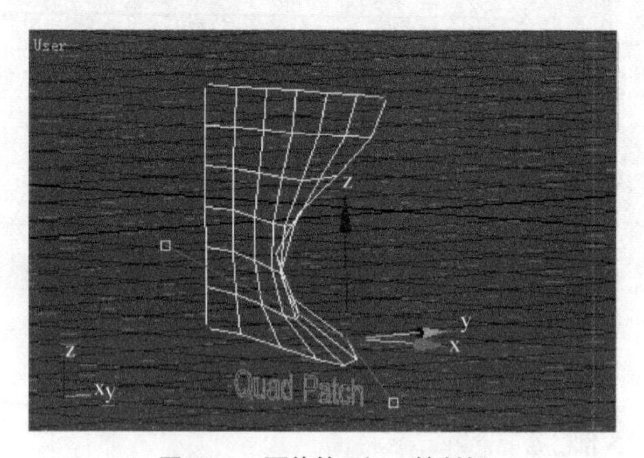

图 17.3　面片的 Bézier 控制柄

面片建模与样条线建模的原理相同,同属 Bézier 方式,并可通过调整表面的控制柄来改变面片的曲率。面片与样条线的不同之处在于面片是三维的,因此控制柄有 x、y、z 三个方向。

利用面片上的一条特定的边来改变一个面片的形状,还可以在现有的面片上定义一个位置,用来增加新面片。这就是面片工作的主要形式——蔓延。通过已有面片增加邻近面片，可以很容易地创建复杂的表面。对很多建模要求来说，需要考虑从中心点逐步向外建立对象。例如创建一只完整无缝的靴子，通过面片的蔓延，只需增加更多的面片就可以实现模型的扩散。面片建模示例如图 17.4 所示。

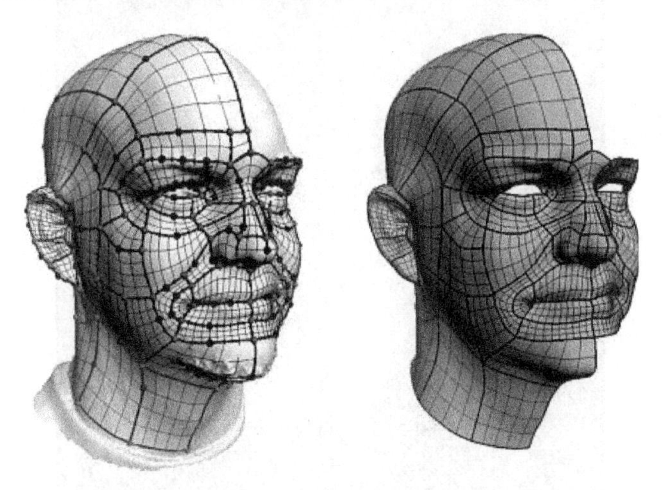

图 17.4 面片建模示例

面片建模与 NURBS 建模最大的区别是面片节点的 Bézier 控制柄只影响与它相连接的面片的形状，而对不相邻面片的形状无任何影响。面片建模与 NURBS 建模相同的特点是它们都具有如下能力：在视图中显示较少的细节，而渲染时用较高的细节。这个特点被称为表面近似性，它可以确定模型的视图质量及渲染质量。最大的好处是，在编辑模型表面时，既可以保持清晰度，又能提高视图中模型显示的流畅性。

面片建模时编辑的顶点较少，可用较少的细节制作出光滑的物体表面和表皮的褶皱，因此适用于创建生物模型，如图 17.5 所示。

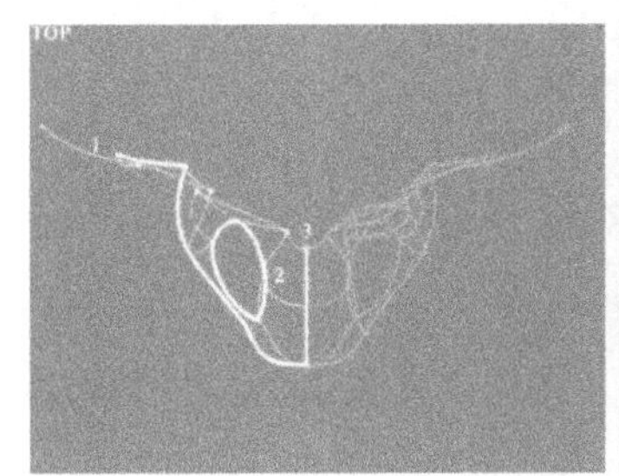

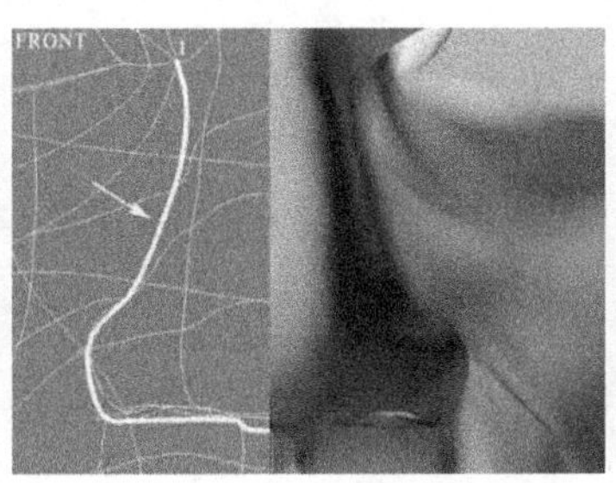

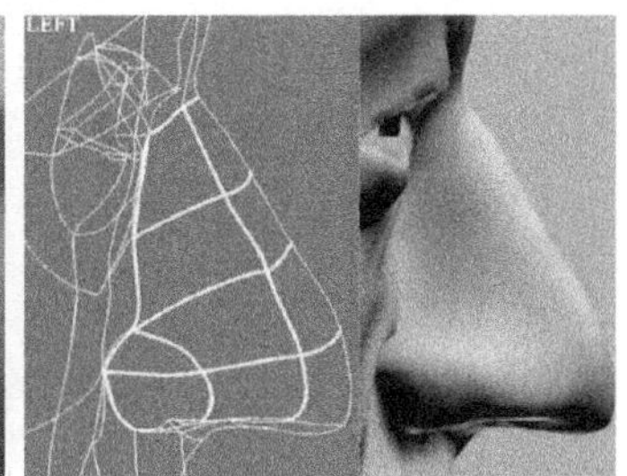

图 17.5 人物鼻部的造型

二、面片的构建方法

面片建模有两种方法。一种方法是雕塑法，如图 17.6 所示。它利用编辑面片修改器调整面片的次对象，通过拉扯节点，调整节点的控制柄，将一块四边形面片塑造成模型；面片可由系统提供的四边形面片或三边形面片直接创建，或将创建好的几何模型塌陷为面片物体，但塌陷得到的面片物体结构过于复杂，而且容易出错。

图 17.6 雕塑法

另一种方法是蒙皮法，如图 17.7 所示。它类似民间的糊灯笼、扎风筝等手工制作，即绘制模型的基本线框，然后进入其次对象层级中编辑次对象。我们先将样条线连接为交叉连线，创建基本样条线网络；然后生成曲面，可以使用“编辑样条线”修改器编辑样条线，以调整模型，对该面片做进一步的细化；最后转成三维模型。

面片建模的基本过程为：

(1) 创建样条线对象。

(2) 确保样条线顶点可以形成有效的三面或四面闭合区域。样条线上互相交叉的顶点应当是重合的。

(3) 连接样条线为交叉连线，可以手动创建连接模型交叉连线的样条线，也可以使用动画设计软件里的曲线连接工具。

(4) 添加蒙皮，生成曲线，然后调整焊接阈值以生成面片对象。理想情况是，所有将形成面片曲面的样条线顶点都重合在一起；阈值参数即使在顶点没有很好重合的情况下仍然允许面片的创建。

(5) 继续编辑和调整该面片曲面。

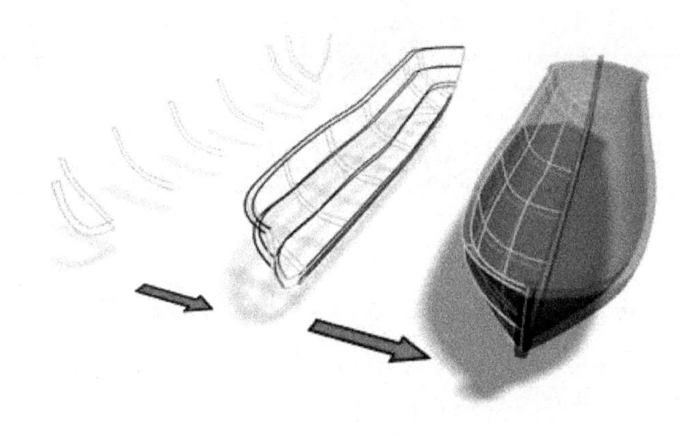

图 17.7 蒙皮法

面片建模的其中一个好处就是易于编辑模型。几乎在建模的所有阶段,我们都可以通过简单地添加样条线来添加鼻孔、耳朵、肢体或躯体,这使得它自身成为一种形式随意的组织建模途径:你想象所要构建的模型,然后创建和编辑样条线,直到你满意为止。

第十八章 数字雕塑

雕塑按使用材料分为木雕、石雕、牙雕、骨雕、漆雕、贝雕、根雕、冰雕，以及泥塑、面塑、陶瓷雕塑、金属雕塑。还有一种雕塑，那就是数字雕塑。

数字雕塑分两类：一类是采用计算机制作并用机器成型的雕塑，如采用数控机床、激光雕塑机、快速成型机制作的造型，如图 18.1 所示；另一类就是纯计算机制作的虚拟作品，如一些影视游戏中的虚拟角色、景物、道具以及纯三维作品等。从视觉上来说，实物造型跟虚拟造型并没有什么差别，数字雕塑介于平面绘画跟立体造型之间（绘画是平面的雕塑，雕塑是立体的绘画）。人们固有的思维可能认为数字雕塑不能像传统雕塑那样可以触摸，不过随着机器加工设备的精度不断提高，这样的界限会越来越模糊。

图 18.1　制作中的特效角色

传统雕塑制作低效但独一无二，这就是它的价值。数字雕塑制作高效却可以复制，这也是它的价值。传统雕塑因为具有不确定性所以更有艺术价值，数字雕塑因为可控及具有确定性所以更有工艺价值。现在应用数字雕塑最多的地方可能就是玩具模型了，以后手工模型也有可能从手工制作方式转变成数字雕塑。不过就像传统雕塑有传统雕塑的魅力一样，数字雕塑也有数字雕塑的价值，虽然数字雕塑是一种高效的工艺，但它并不会取代传统工艺。

 数字雕塑软件

目前主流的数字雕塑软件包括 ZBrush 和 Mudbox 等。

ZBrush 是最早出现并广泛应用的数字雕塑软件(图 18.2),由 Pixologic 公司开发,结合了 3D/2.5D 建模、纹理和绘画功能,允许设计师突破传统三维设计工具的限制,自由创作。它可创建高分辨率模型用于电影、游戏和动画行业。ZBrush 支持动态分辨率,能雕塑中高频细节,并导出法线贴图或置换贴图,可与其他 3D 软件如 3ds Max、Maya、Cinema 4D、Blender 等集成使用,是数字特效和复杂场景处理中的重要辅助工具。

Mudbox 是由新西兰的 Skymatter 公司开发的一款数字绘画和雕塑软件,为 3D 设计师提供直观的工具集,用于创建高度精细的 3D 几何和纹理。虽然在雕塑的流畅性和多边形面数的支持方面不如 ZBrush,但它被应用于电影《金刚》的制作中。Autodesk 将 Mudbox 打造成与 ZBrush 并驾齐驱的雕塑软件,使其成为 3D 设计师制作复杂角色和环境的有力工具。

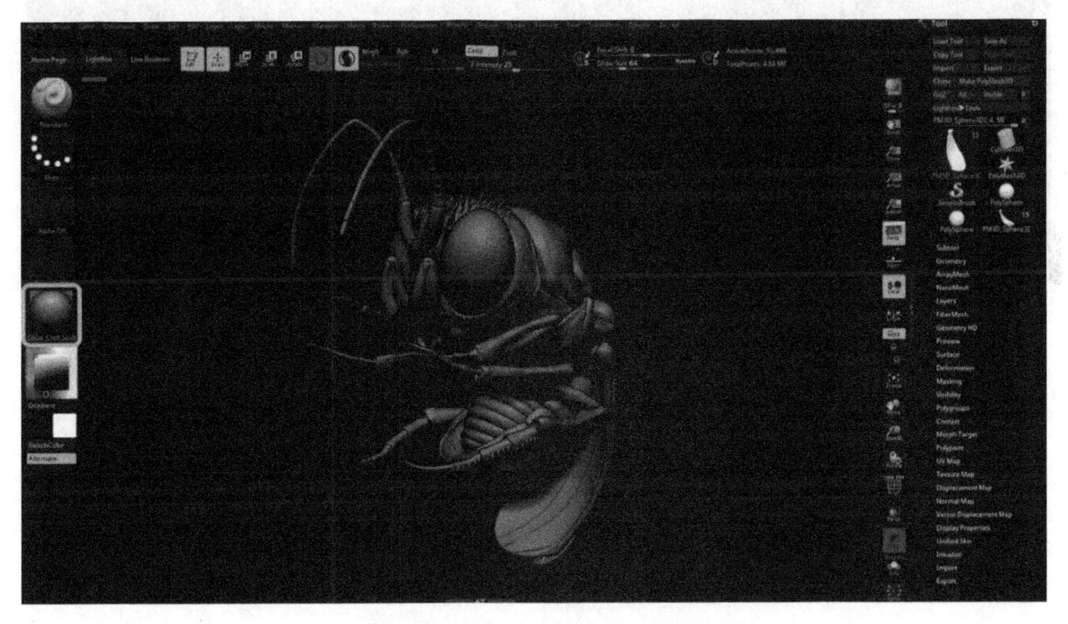

图 18.2 ZBrush 软件的设计界面

 数字雕塑原理

数字雕塑是一种强有力的数字艺术创造方式。它是根据世界领先的特效工作室和

全世界范围内的游戏设计者的需要而设计的，提供了极其优秀的功能和特色，可以极大地增强设计师的创造力。

数字雕塑软件最核心的功能当然是模型的雕塑功能。数字雕塑软件代表了一场3D造型的革命，它将三维动画中最复杂、最耗费精力的角色建模和贴图工作变得简单有趣。设计师可以通过手写板或者鼠标来控制立体笔刷工具，自由自在地随意雕塑自己头脑中的形象。

ZBrush使用笔刷作为主要的雕塑工具，图18.3为ZBrush的部分数字笔刷工具中的一小部分，用户可以很方便地选择它们来制作各种模型。除此之外，ZBrush还提供有强大自定义功能的笔刷，只要用户愿意，完全可以制作出适合自己的各种独特笔刷。

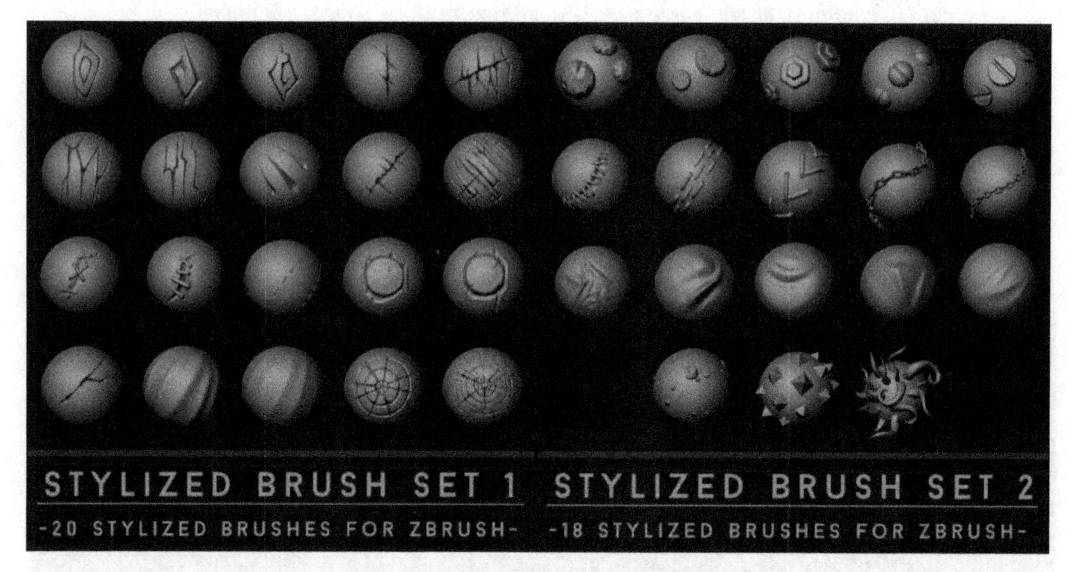

图18.3 ZBrush的部分数字笔刷工具

Mudbox同样提供了各种笔刷来作为雕塑工具，不过数量上比ZBrush少一些，如图18.4所示。

至于拓扑结构、网格分布一类的繁琐问题都交由软件在后台自动完成。细腻的笔刷可以轻易塑造出皱纹、发丝、青春痘、雀斑之类的皮肤细节，包括这些微小细节的凹凸模型和材质。此外，设计者还可以通过笔画形式来控制笔刷的散布方式(图18.5)，或者通过各种的Alpha图片去控制笔刷的形状。注意，Alpha图片是可以通过用户自己制作来不断扩充的。

令专业设计师兴奋的是，ZBrush不但可以轻松塑造出各种数字生物的造型和肌理，还可以把这些复杂的细节导出成法线贴图和低分辨率模型。这些法线贴图和低分辨率模型可以被所有大型3D设计软件如Maya、Max、LightWave等识别和应用。

由迪士尼出品，工业光魔打造的影片《加勒比海盗：亡灵宝藏》中的海盗就使用了ZBrush来制作(图18.6、图18.7)。ZBrush的神奇功能让建模师可以自己决定在顶点、

图 18.4　Mudbox 的数字笔刷工具

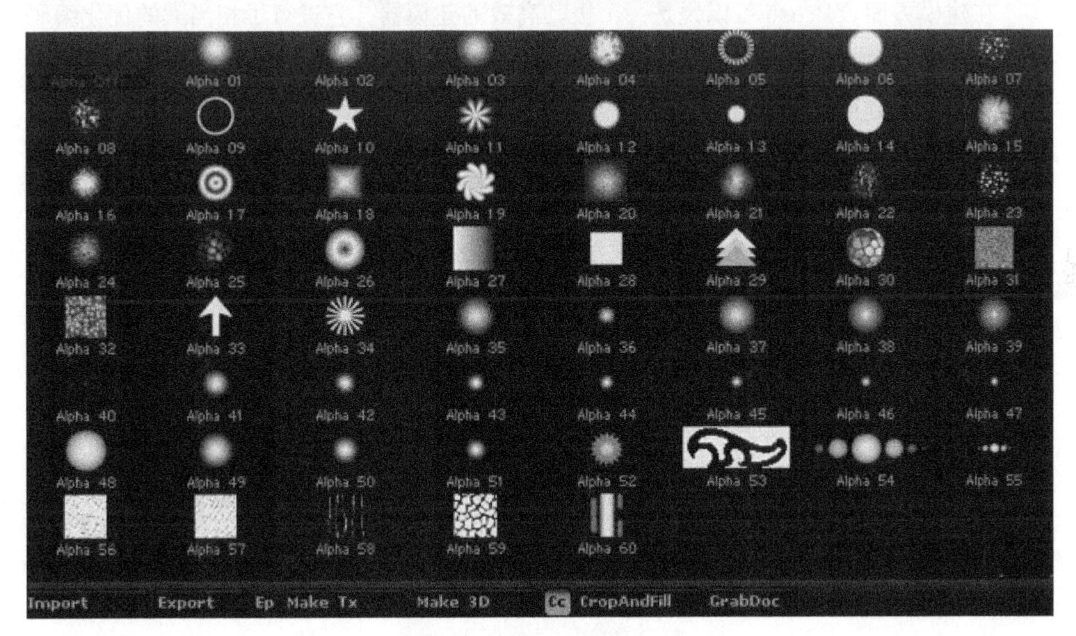

图 18.5　笔刷的散布方式

置换或者几何体上放置的细节，也可以决定是使用模型还是用纹理贴图来制作细节。虽然由于置换贴图、凹凸贴图、纹理等关系，模型面的数量相当庞大，在渲染方面增加了难度。但制作方不想放弃任何角色的细节，最后在皮克斯工作室的协助下，使用了来自 Renderman 的新技术将整个渲染时间缩减了 3/4。

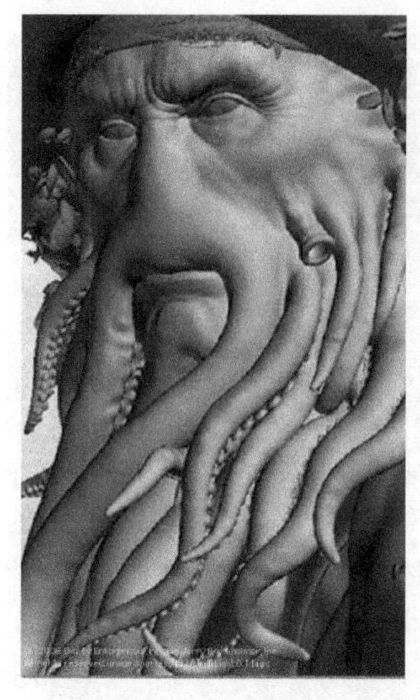

图 18.6　为电影《加勒比海盗》制作的模型

图 18.7　电影《加勒比海盗》中的角色

在建模方面，ZBrush 可以说是一个极其高效的建模器。它进行了相当大的优化编码改革，并与一套独特的建模流程相结合，可以让你制作出令人惊讶的复杂模型。从中分辨率模型到高分辨率模型，你的任何雕塑动作都可以瞬间得到回应。你还可以实时进行不断的渲染和着色。

在游戏《刺客信条》(*Assassin's Creed*)的制作过程中，制作人员使用 ZBrush 来为游戏制作高分辨率模型，并且制作游戏模型的纹理和法线贴图，图 18.8 中的三张图片是其中一位制作成员展示的，使用 ZBrush 制作的游戏中骆驼的模型和纹理。

图 18.8　游戏场景中的骆驼模型

除了在制作角色模型时大量使用 ZBrush，设计师在实际应用中还会使用 3ds Max 等软件制作一个基本的多边形模型，再用 ZBrush 等数字雕塑软件来制作高分辨模型和纹理，有的时候也需要和 Photoshop CS 来配合绘制纹理，此外也为模型输出了法线贴图和置换贴图。设计师 David Giraud 为游戏制作的高分辨率角色模型如图 18.9 至图 18.11 所示。当然在游戏中，这些角色模型都有自己的另一套低分辨率模型来适应游戏的需要，通常这些低分辨率游戏模型都被赋予了从高分辨率模型烘焙的法线贴图。

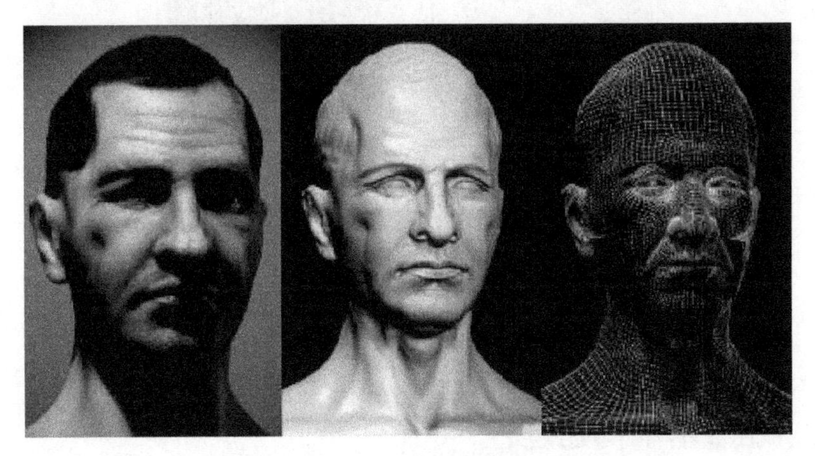

图 18.9　人物头部模型

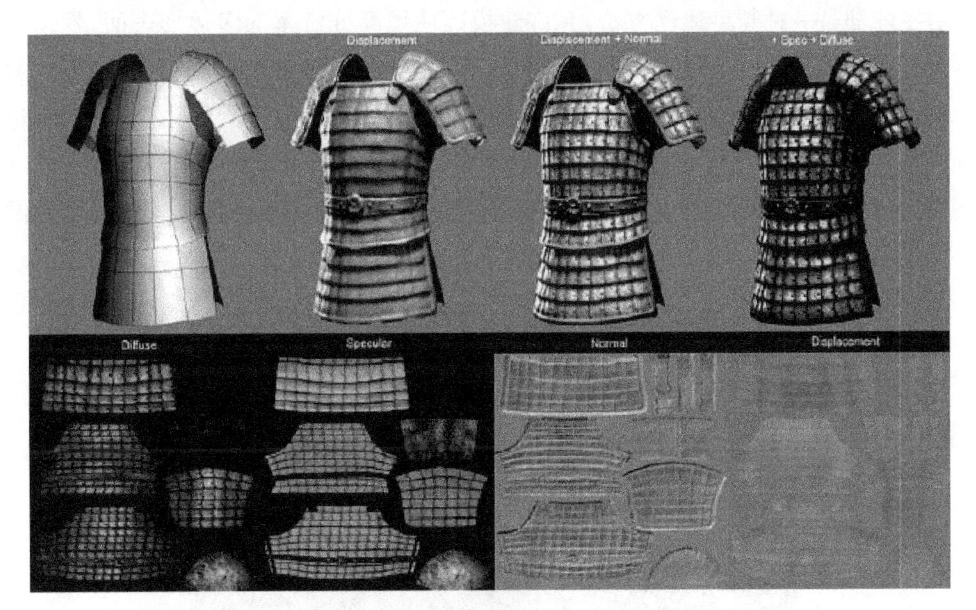

图 18.10　角色服装道具的设计制作

例如在游戏《刺客信条》角色的头部模型制作中，设计师首先使用 3ds Max 制作中分辨率模型的大约 4 000 个多边形面；接着映射 UV 来制作基本的纹理，完成后将模型导入 ZBrush 去制作拥有约 200 万多边形面的高分辨率模型；然后降低细分级别，使用 Zmapper 输出法线贴图；接下来将模型重新导回 3ds Max 中设置灯光并使用 MR 渲染皮肤的纹理；最后制作拥有 1 200 个多边形面的低分辨率模型，并赋予法线贴图、颜色贴图、高光贴图。

图 18.11　极具细节的服装模型

三、数字雕塑基本构建过程

数字雕塑是一种新型建模方法，允许建模师使用高分辨率的多边形表面，就像黏土一样进行推拉和雕刻。这种方法极大地改变了传统建模流程，使得创建复杂细节更加自由。然而，由于数字雕塑的分辨率极高，无法直接用于动画等应用。考虑到实用性，建模师在完成雕塑后，需要创建一个与雕塑形状匹配的低分辨率模型。雕塑的细节通过纹理贴图传递，使低分辨率模型在最终渲染中看起来与高分辨率模型相同。这一过程既保留了高质量细节，又确保了模型的可用性和制作效率。图 18.12 是一个数字雕塑的示例。

图 18.12　制作完成的绿巨人

1. 从很简单的网格模型开始

用立方体和多边形来构建简单的网格,这样可以提高制作效率,避免浪费时间和精力去修改部分和细节,如图 18.13 所示。

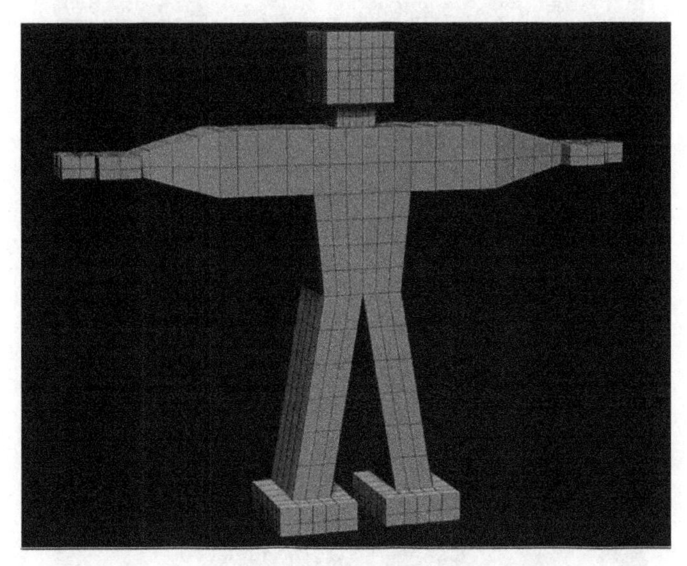

图 18.13　简单的网格模型

2. 笔刷雕塑

将简单网格模型导入 ZBrush,用 move、clay 和 standard 笔刷工具雕塑模型,使用笔刷在模型上制作更多的凹下和凸起,并将其平滑。这一步最为核心的是从整体轮廓和形态上进行控制(图 8.14)。

3. 拓扑网格重整和细节转移

在已经设计好的整体形态上,用重新分布好的模型来继续塑造,可以用 TopoGun 等工具辅助优化。导入 ZBrush 的模型很快就得到一个正确的循环线和更平衡的网格分布,如图 18.15 所示。

将所有细节从旧模型移到新模型上后,一切看起来都很好,继续细分,并为模型添加细节,如图 18.16 所示。

4. 姿态设计

用 ZSpheres 做成的骨骼来变形网格,保存这部分变形网格,然后重新导入这个网格并放在模型上,再对其他的网格进行操作。建模者要尝试不同姿态的设计,用旋转工具来弯曲骨头,保持比例的正确,如图 18.17 所示。

图 18.14　笔刷雕塑

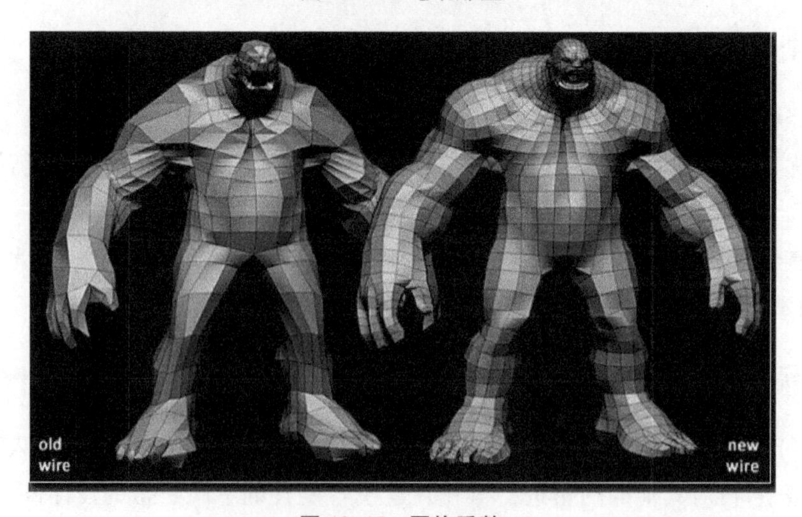

图 18.15　网格重整

图 18.16　添加细节

图 18.17　姿态设计

四、数字雕塑输出

数字雕塑建模将是未来 CG 软件发展的重要方向之一。它的出现和运用让很多设计师能够方便地创作自己的角色模型，摆脱以往的制作流程，让创作更加自由和方便。这些创作出来的数字雕塑只放在计算机中看是远远不够的，而使用传统的打印机只能输出 2D 图片，效果上大打折扣。因此，人们就有了将模型输出为实物的想法，一般有两种途径：

(1) 使用传统方法，请人来制作实体模型。这样做可能存在制作周期长，还原度不高的问题。

(2) 使用 3D 打印机(图 18.18)输出实体模型。但是高端 3D 打印机的价格令人生畏，因此“你出模型我打印”的模式再次出现。目前开始这项业务的有 3DTotal 和 Growit 联合推出的代加工业务。

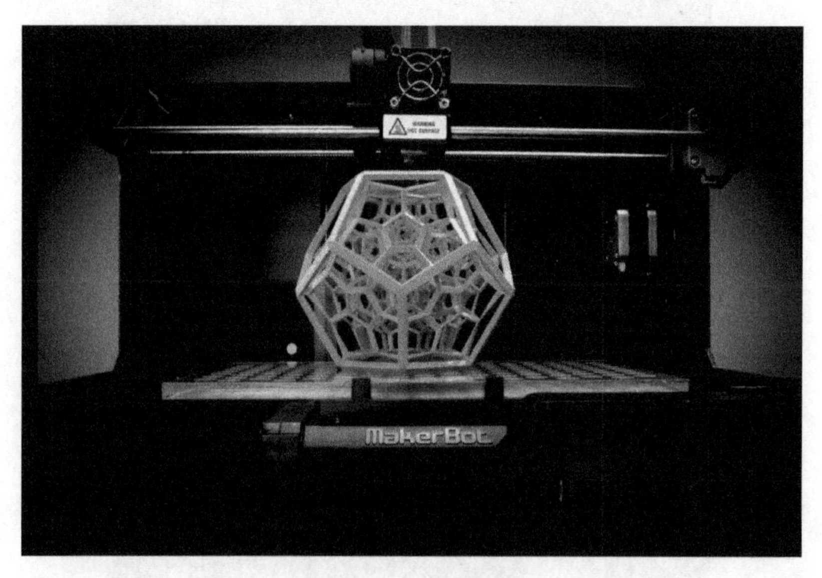

图 18.18　3D 打印机

思考题：

1. 请比较几种建模方式的优缺点。
2. 利用多边形建模方式构建一个家具模型。
3. 利用 NURBS 建模方式构建一个手机模型。
4. 利用面片建模方式构建一个罗马柱模型。

第五部分

材质与纹理贴图

第十九章

材质概述

构建出好的模型,只是成功完成一个三维动画的开端,模型完成以后,为了表现出模型对象各种不同的属性,需要给模型对象的各组成部分或表面赋予不同的物质属性和表面属性定义,这个过程称为材质设定。在三维动画设计中,材质的制作与运用是一个非常重要的环节,也是相当困难的环节之一。因为材质的制作不像建模那样直观,那样立竿见影。各种材质类型、贴图类型、贴图通道类型以及程序贴图那些让人晕头转向的设置参数常常让初学者如堕五里雾中。

设计材质时必须很好地理解物体的外观是什么,不是物理形状,而是表面和特征。例如,全新的未完成的木质桌面是不反光的,但在其表面上具有轻微的亚光泽,因为木质纤维没有紧密压实。随着相同的木质桌面老化并随着时间的推移而使用后,木质纤维变得紧实,略微反射光泽而改变了表面的外观。此外,每种类型的木材都具有独特的图案纹理。

本章试图将材质的基本概念、原理和设计制作的各个环节串联起来,让读者不仅学会怎么做,更掌握为什么这样做。当然,在此期间,熟悉材质制作过程中的各种工具、贴图、通道究竟为何物也是必要的。

一、什么是材质?

材质可以理解为两层含义的叠加:材料和质感。材质是分配给对象表面的所有不同属性参数设置的统称。

- 可使模型对象在着色时以某类物质特征出现,表现出如木质、石质、金属质、织物质、水质、玻璃质、陶质等材料特征。材料可以通过名称识别,例如闪亮的红色塑料、褪色的银色或木材。
- 质感反映了模型对象的表面纹理、凹凸、反射、透明度、泛光等表面属性。
- 材料和质感设计相辅相成,互为依托,缺一不可。

例如金属类材质可以细分出铁质、铝质、铜质、钢质、金质、银质等物质属性,而每一种金属又可以有高光、亚光、磨砂、拉丝等多种表面属性,因此材质的设计极为复杂和细致。除了独特质感,现实模型对象的表面还可能会有图像效果,如标签、贴纸等。正是有了这些属性，才能让我们识别三维模型是什么做成的，也正因为有了这些属性，计算机呈现的三维虚拟世界才会和真实世界一样缤纷多彩(图 19.1)。

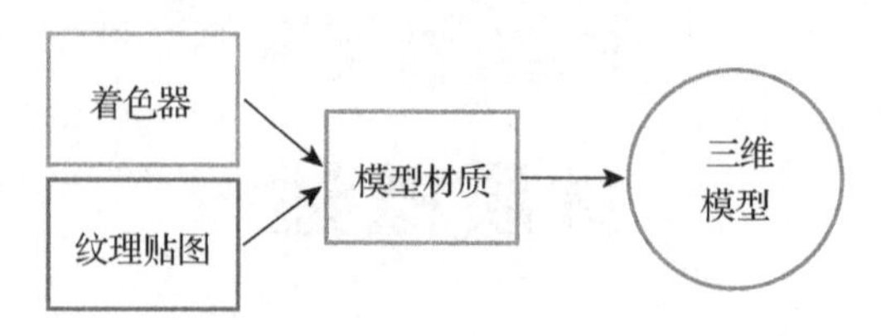

图 19.1　材质建构

材质(material)通过纹理引用、平铺信息、颜色色调等来定义表面的渲染方式(图 19.2)。材质的可用选项取决于材质使用的着色器。

着色器(shader)包含用于每个像素渲染的颜色的数学计算和算法，决定了模型表面的绘制方式。

纹理(texture)是应用于 3D 对象的平面图像，体现出模型的色彩和风格，决定了模型表面绘制的内容。

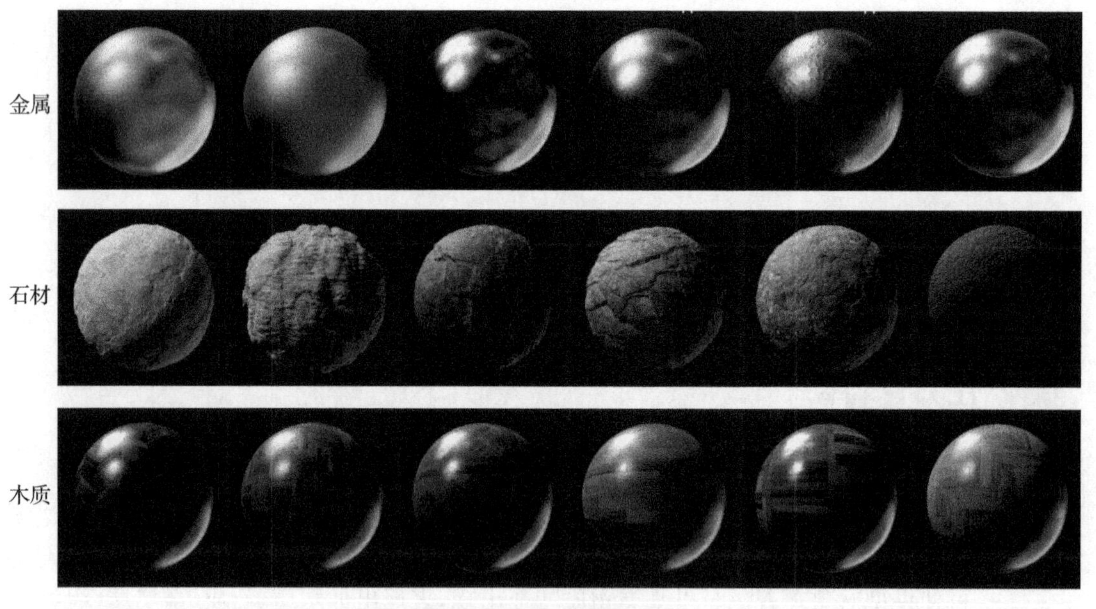

图 19.2　金属、石材和木质

我们必须仔细分析材质外观不同的原因，才能更好地把握其质感呈现。影响材质的关键性因素是光，离开光，材质是无法体现的。举例来说，借助夜晚微弱的天空光，我们往往很难分辨物体的材质，而在正常的照明条件下，则很容易分辨。另外，在彩色光源的照射下，我们也很难分辨物体表面的颜色，在白色光源的照射下则很容易分辨。这些情况表明了物体的材质与光的微妙关系。

通过上面简单的描述，相信大家已经进一步了解了光和材质的关系，如果在编辑材质时忽略了光的作用，是很难调出有真实感的材质的。因此，在材质编辑器中调节各种属性时，必须考虑到场景中的光源，并参考基础光学现象，最终以达到良好的视觉效果为目的，而不是孤立地调节它们。当然，也不能完全照搬物理现象，毕竟艺术和科学之间还是存在差距的，真实与唯美也不是同一个概念。

材质的设计通常需要借助材质辅助设计工具来完成，这类工具的作用有些类似于画家用的调色板。材质指定到特定场景中的模型对象上，通过渲染才能看到设计效果。同样一个球体模型，可以是篮球，也可以是足球或保龄球，甚至是高尔夫球，让具有相同外形的模型对象表现出不同的材质特征，这也是三维动画的魅力之一。

二、理解着色器

在原子水平上，当光子与原子相互作用时，光子可以从任何新的随机方向被吸收或重新发射。原子重新发射光子称为散射。在 CG 中，我们通常不会尝试模拟光与原子相互作用的方式，而是模拟物体在物体层面的行为方式。然而事情并非那么简单。因为通常物体表面在微观层面不是平坦的，这会导致光线在所有方向反弹。解决方案是设计一个数学模型，用于模拟光在微观水平上与任何给定材料相互作用的方式。这就是着色器(Shader)，有时也称明暗器。它反映的是模型表面的明暗对比与过渡状态，可以提供模型曲面响应灯光的方式。图 19.3 为材质小球上的明暗过渡区，其中 1 为高光区，2 为漫反射区，3 为环境光区。

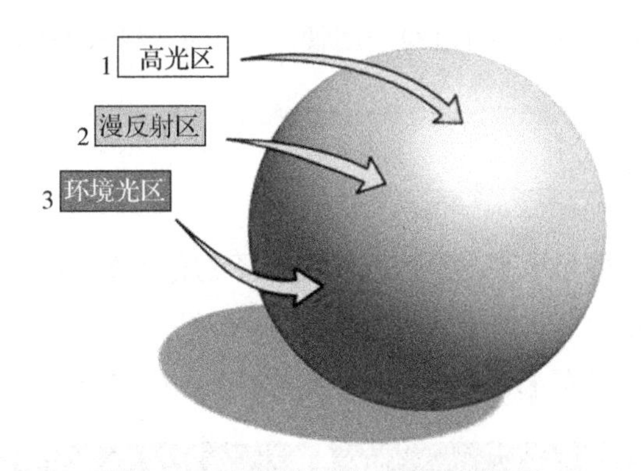

图 19.3　材质小球上的明暗过渡区

环境光(ambient)的颜色是在没有直接光源照射时物体反射的色调。通常，这并不是纯黑色，因为场景中的环境光通常会确保每个表面都有一些照明。环境光的颜色通常是漫反射颜色的较暗色调，但用户可以根据需要进行调整。这个颜色设置可以在 3D 设计软件的材质编辑部分进行，或在某些情况下作为全局设置应用。

漫反射(diffuse)颜色是分配给对象的色调。这是物体被光源直接照射时反射的颜色。漫反射颜色在 3D 设计软件的材质编辑部分设置，可以简单地称为颜色。

高光(specular)颜色是对象上出现的任何高光的色调。高光颜色也在3D设计软件的材质编辑部分设置。

请注意,环境光、漫反射和高光颜色受光源颜色的影响。

1. 颜色

颜色是三个要素的组合:色调、饱和度和明度值。物体的色调(或色度)通常取决于来自物体的光的频率,在红色或在紫色范围内。

饱和度(或强度)是衡量颜色浓度的一个指标,例如,衡量红色是否尽可能丰富饱满,或略微变弱和偏灰。

明度值是一种颜色亮或暗的程度。

大多数3D设计软件提供完整的24位颜色选择,有超过1 670万种不同的颜色,包括256个灰度值。通常使用RGB(红、绿、蓝)或HSV(色调、饱和度、明度值)滑块控件来设置颜色。对于每个RGB设置,这些控件还允许使用范围从0(无)到255(最大)的值进行数字输入。

2. 光泽度

光泽度(glossiness)是对象的反光程度,影响高光的大小。例如,亚光物体具有较大的高光范围,较小的高光点。与大多数其他表面属性一样,光泽度通常在3D设计软件的材质编辑部分中使用滑块控件进行设置。

光泽度与高光反射度(specularity)一起使用,提供材料表面的反射特性,因此需密切注意两者对材料外观的影响。

3. 高光

高光控制参数又称高光水平,用于调整在光泽物体上看到的明亮光点的强度(如果有的话)。请记住,高光的大小与光泽度也是有关联的。

高光可以通过设定高光水平和光泽度(高光扩散范围)进行调整,如图19.4所示。

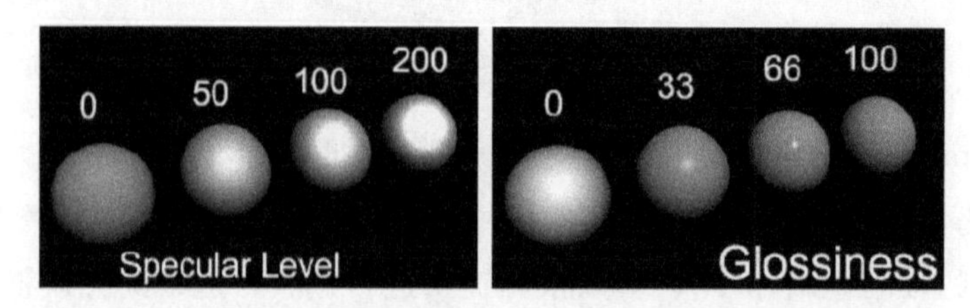

图19.4　高光水平和光泽度(高光扩散范围)的变化和效果

这些基本的明暗特征组合起来,就形成了一些十分典型的关色器类型,来模拟模型对象表面复杂的光影变化,如图19.5所示。

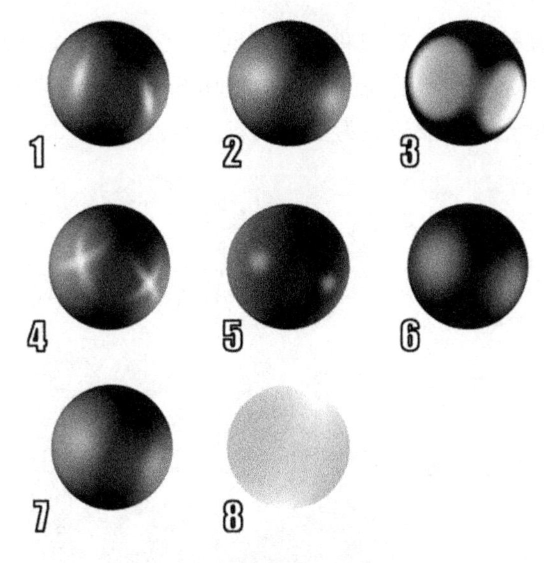

图 19.5　部分典型的着色器类型

1—各向异性；2—Blinn；3—金属；4—多层；5—Oren-Nayar-Blinn；6—Phong；7—Strauss；8—半透明

从上图中你可以看到，每个小球尽管没有色彩，但是能够看到它们的明暗过渡不同，每个小球的高光形状不同，高光的扩散范围不同，具有独特的光影特征。

下面以图 19.5 中的第一种类型为例[图(1)]，它的高光呈现为长条形，这种着色器被称为各向异性型，可以理解为在水平和垂直两个方向上，高光的扩散方式是处处不同的。各向异性意味着它在不同的方向具备不同的属性。在视觉艺术中，各向异性是对象表面上细小的凹凸与凹槽导致的。即使一个肉眼看上去非常光滑的钢板，当它被不停地放大，就会发现它的表面并非平面，而是有细微凹凸的。如果崎岖不平，各向异性效应将表面化。而各向异性又可以进一步分为：线性各向异性，即反射沿直线被拉伸，如图 19.6 中的锅体；径向异性，即从中心点扇形展开的反射，如锅底；圆柱形各向异性，即线性各向异性，但被映射成圆柱形，像栏杆这样的外形，如锅柄。

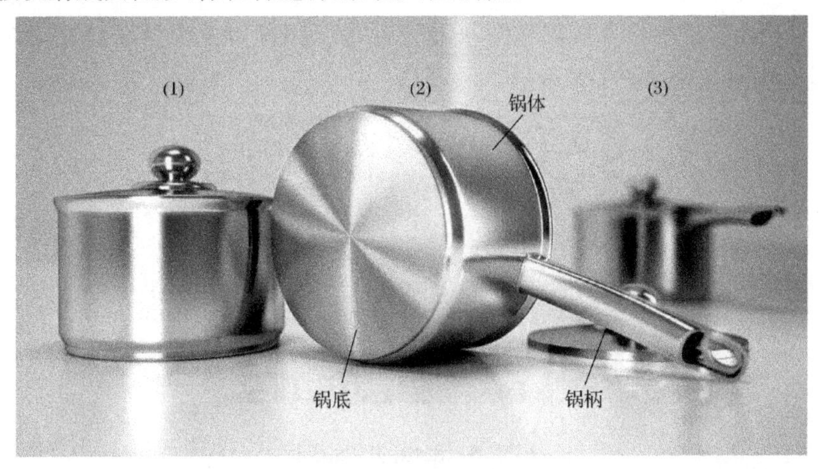

图 19.6　三种各向异性

各向异性着色器在模拟现实中的对象特征时要比各向同性着色器(高光为圆形)的效果要真实。而图 19.5 中,图 4 的高光又是图 1 中相互垂直的高光的叠加,它可以模拟比图 1 更为复杂的模型光影特征。更为复杂的各向异性如图 19.7 所示。

图 19.7　更为复杂的各向异性

总的来说,着色器是一种数学模型的实现,用于模拟光在微观层面与物质相互作用的方式。通过近似表面的光反射方式,着色器帮助我们在视觉上识别物体的材质,如皮肤、木材、金属、织物、塑料等。这使得在模型生成过程中能够准确模拟任何材料的外观,从而创建出照片般逼真的计算机图像。

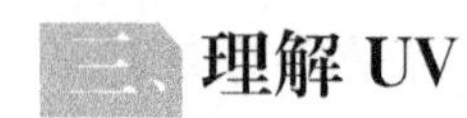

三、理解 UV

1. 图像(X、Y)坐标

当图像用作纹理贴图时,会为其分配一组 X、Y 坐标。在图像左上角(至少在某些程序中)是(0,0),它被称为原点,其他三个角都有分配的坐标。虽然图像像素显示在坐标位置,但 3D 设计软件的材质编辑部分可能会让像素偏移每个纹理图像的原有 X、Y 坐标,特别是贴图对象是曲面的情况(图 19.8)。

图 19.8　图像的平面坐标

2. UV 映射

大部分纹理都有二维坐标，即 X 和 Y 坐标，它们定义了纹理的水平和垂直方向的位置，但在三维动画设计软件中常常使用 U 和 V 代替 X 和 Y 来定义纹理的水平和垂直位置。U 和 V 是二维纹理坐标，与几何体的顶点信息相对应。“U”和“V”是 2D 纹理的轴名称，而“X”“Y”和“Z”用于三维模型对象。UV 纹理允许构成 3D 对象的多边形使用普通图像的颜色（和其他表面属性）进行绘制。当该图像用作纹理绘制时可以称其为 UV 纹理贴图。

UV 映射（UV mapping）是一种在 3D 对象上应用 2D 纹理的技术，是将 2D 图像投影到 3D 模型的表面以进行纹理映射的 3D 建模过程。UV 映射将 3D 模型的多边形扩展到 2D 平面，以便在其上绘制纹理。U、V 坐标在 3D 空间中都有一个称为顶点的对应点。顶点一起形成边，边形成面，面形成多边形，多边形形成曲面。图 19.9 显示了如何将 3D 空间中的立方体展开到 2D 空间中的纹理中以生成 UV 贴图。对于材质的纹理设计来说，UV 是非常关键的概念，因为它们规定了对象表面网格与图像纹理如何链接，控制纹理上的哪些像素对应于 3D 网格上的哪个顶点。

图 19.9　UV 盒型映射

UV 映射将具有体积和形状的 3D 表面展开为 2D 平面纹理图像。在这个过程中，U 和 V 是纹理坐标（图 19.10），表示 2D 纹理上的位置，这些坐标存储在关联的顶点内，并以浮点值形式提供更高的精度。UV 映射将图像的像素分配到多边形表面上，实现纹理的准确贴合。与投影映射不同，UV 映射只映射到纹理空间，而不是对象的几何空间。渲染时，计算机会使用 U、V 纹理坐标来确定如何绘制三维表面。

3. UVW 坐标系统

贴图坐标指定几何体上贴图的位置、方向以及大小。很多情况下，两个坐标值就足够用了，除非碰上三个维度和带有 3D 阴影的纹理。为了在三维空间确定纹理，增加第三

图 19.10 曲面上的 *U* 和 *V* 坐标

个坐标，即使用 UVW 坐标系统。U 表示水平维度，V 表示垂直维度，W 是可选的第三维度，它表示深度。

U、*V*、*W* 坐标(图 19.11)可以像 *X*、*Y* 坐标一样偏移，但提供更精确的定位，图像中的特定像素与网格模型中的给定顶点相对齐。今天几乎所有的 3D 设计软件都提供这种方法。这种投影方法将模型对象作为一个简单的形状：UV 投影可识别更多的复杂形状并且用各种形状的轮廓进行包裹(图 19.11)。实际上 *U*、*V*、*W* 坐标通常成对使用，例如 *U* 和 *V*、*U* 和 *W* 或 *V* 和 *W*，以调整贴图的方向。例如，将 *U* 坐标偏移正数值会使贴图向右移动，将 *V* 坐标偏移正数值会使贴图向下移动，将 *W* 坐标偏移正数值会使贴图顺时针旋转。

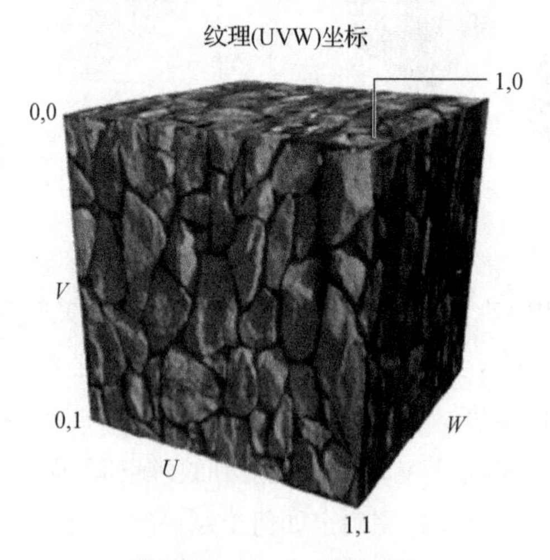

图 19.11 UVW 坐标系统

毛发模拟系统的制作和放置都是基于 *U*、*V* 坐标的。毛皮通过 *U*、*V* 坐标进行纹理化，并且 *U*、*V* 坐标还用于确定毛发生长的初始方向。

四、材质的设计过程

通常，在创建新材质并将其应用于对象时，应该遵循以下步骤：

(1) 效果分析和方案设计。动手设计材质之前，首先需要对所表现的材质特征进行仔细的研究和分析，总结出该材质的几个主要特征。

- 高光和表面效果：例如玻璃材质的高光比较亮，边缘清晰；冰块表面的高光与玻璃类似，但是外形是不规则的(因为其表面不会很光滑)。另外，冰块是一种比较脆弱的物质，表面容易出现较深、槽口锐利的凹痕。这些表面效果可以通过将Dent、Smoke两种程序贴图相混合实现。
- 投影：光线照射冰块留下的阴影是非常浅的，而且有一个很明显的特点就是，阴影的边缘区域比中心区域颜色深，勾画出阴影的淡淡轮廓。在Transparency贴图通道中使用FallOff贴图可以实现这种效果。
- 折射：周围的景物会由于光线透过冰块时发生折射而进入渲染视野。这个效果主要靠光追踪类型材质的特性来实现。
- 透明：从摄像机的角度看过去，正对着摄像机的表面(也就是法线方向和摄像机的指向平行的面)显得更加透明，和摄像机夹角较大的边缘区域的透明度则明显下降，呈现为乳白色。这种效果是绝大多数透明物体(玻璃、冰块等)都具有的特性，Transparency和Luminosity贴图通道中使用FallOff贴图可以实现这种效果。

通过分析材质的特征，设计材质预选方案。

(2) 选择材质类型。材质类型的选择需要结合渲染器的选择。渲染器的选择需要考虑每个渲染器自身的特点和每个场景的需要，而确定渲染器后就需要根据渲染器来选择材质类型，设计材质。

(3) 输入各种材质组件的设置，如漫反射颜色、光泽度、不透明度等。

这里需要注意灯光如何影响材质的外观。选择逼真的颜色可通过贴图的材质获得良好效果。

(4) 将贴图指定给要设置贴图的组件，并调整其参数。

(5) 将材质应用于对象。

(6) 如有必要，应调整UV贴图坐标，以便正确定位带有对象的贴图。

(7) 输入你所要设计材质的名称，保存材质。

第二十章

纹理贴图

在计算机图形学中,有很多地方都会使用术语"纹理",除了说它们是艺术家用来以某种方式增强材料信息的文件以外,通常很难定义或解释。为了改善材质的外观和真实感,纹理贴图(texture map)通常与材质一起使用,为对象几何体添加一些细节而不会增加它的复杂度。利用这些贴图改变模型的表面属性来体现出特定材料的独特品质,如表面的粗糙度、透明度和色彩等。

在多数3D应用中可以使用两类纹理贴图:程序贴图和纹理位图。这两种类型的纹理文件作为贴图插入材质属性中,成为控制颜色、凹凸、镜面和透明度等属性的参数,此外使用位移、法线和反射等贴图可以实现复杂材质的设计。

一、纹理位图

纹理位图(bitmap)(有时也称为图像或图片)是在图像处理程序(如 Adobe Photoshop 或 Corel Painter)中使用的标准图片格式,实际制作中经常使用真实照片作为实现真实感的起点。纹理位图可以采用扫描、拍摄或绘制等方法,也可以利用应用软件(Photoshop、Illustrator、Freehand 等)编辑生成。大多数常见的像素图像文件,如.jpg、.tif、.tga 等格式的文件,以及其他专有的数字图像文件,都可以用于纹理贴图。图像序列或视频文件也可以用作纹理。

位图图像的缺点是它们与分辨率有关,这意味着在将其放大到超过100%分辨率后,它们会像素化和扭曲。当观察的距离太近时,纹理位图会失真,因为图像都是有分辨率的,放大到一定程度会出现模糊和马赛克。但只要提前计划并使纹理分辨率足够大以满足设计目的,这不是一个大问题。

为了解决纹理位图的缺陷,人们也想了一些办法。其中 Mip 贴图(Mip map,中间贴图)技术就是解决方案之一,它依据不同精度要求,使用不同分辨率版本的纹理贴图。例如,当物体靠近用户时,材质程序会自动在物体表面应用更精细、清晰度更高的纹理贴图,从而呈现出更加真实的效果;而当物体远离用户时,材质程序则会使用较为简单、清晰度较低的纹理贴图。这样可以在保证视觉效果的同时,提高图形处理的整体效率。

下面介绍几种常用贴图。

1. 颜色(Color)

我们在现实世界中观察到的颜色为材质创建提供颜色信息。颜色贴图类似于商品上的商标,例如图 20.1 中的“Color”旁显示了落叶的颜色图像。

图 20.1　八种纹理贴图和最终渲染图

2. 凹凸(Bump)

凹凸贴图是通过添加阴影和高光模仿纹理表面,影响对象表面的灰度图像。凹凸贴图实际上不会改变对象的形状。例如图 20.1 显示了地面的纹理,它包含非常小的不规则性,导致地面上出现漂亮的微阴影。

3. 高光(Hi-Gloss)

高光贴图影响高光在曲面上的分布方式,如图 20.1 所示,它决定了地面不同部分反射高光的强度。

4. 高光模糊(Roughness)

高光模糊贴图允许对象表面具有不同程度的透明度,如图 20.1 所示,可在材质引擎的粗糙度或高光强度通道中将其用作触发图。

5. 环境(Ambient Occlusion, AO)

可以结合漫反射以获得更强的对比度。图 20.1 包含了与距离相关的阴影效果。

6. 置换位移(Displacement)

置换位移贴图为灰度图像，用于移动实际几何体以创建出新的形状。图 20.1 显示了包含扫描深度信息的置换贴图。

7. 法线(Normal)

法线贴图使曲面看起来有纹理感，如图 20.1 所示，法线贴图包含了与凹凸贴图相同的深度信息。然而，与凹凸贴图(灰度图像)不同，法线贴图使用红色、绿色和蓝色的图像。在今天的视频游戏中，法线贴图广泛用于实时渲染引擎中创建材质纹理细节，而传统的黑白凹凸贴图无法实时实现这种效果。

8. 动态

纹理贴图不仅仅是静态的，动态的影片也能够成为纹理贴图。这类贴图称为 video texture map(视频纹理贴图)。这类贴图可以实现动态纹理贴图效果，可以将一段连续的图像(可能是即时运算或者来自一个 AVI 或 MPEG 文件)以纹理的方法处理，也可以通过滑动或缩放静态图像的局部选择区域来创建动画效果，从而生成动态贴图。这个方法常用于影视片头中，例如在文字上实现扫光效果。

三、程序贴图

在 CG 中，应用于对象表面的贴图可以是图像，也可以使用某种数学方程生成，称为程序纹理，即程序贴图。程序贴图是通过数学公式由计算机根据预设参数生成的图像，用以给模型对象着色。它运用不规则几何理论来正确描绘一些自然形状，如方格、砖墙纹理、渐变等。很多应用软件都内置各种程序贴图，也可以购买第三方程序贴图。

程序贴图有三个优点：

- 与分辨率无关。这些纹理图案是由数学公式创建的，因此可以根据需要放大，而不会丢失图案中的任何细节。无论多么近距离地接触模型对象，纹理仍然保持其完整性。
- 无缝连接。程序纹理是无缝的，因此无论缩放多少，都不会看到接缝或重复图案。
- 可投影。因为程序贴图是在没有接缝的情况下以数学方式生成的，所以大多数 3D 应用程序都允许以无缝方式投影程序贴图。投影可以不使用 UV 映射。
- 不依赖任何图像，渲染时节约时间。

图 20.2 所示的是几种不同的程序贴图，如(a) 方格(Checker)贴图、(b) 渐变(Grandient)贴图、(c) 渐变坡度(Gradient Ramp)贴图、(d) 平铺(Tiles)贴图。

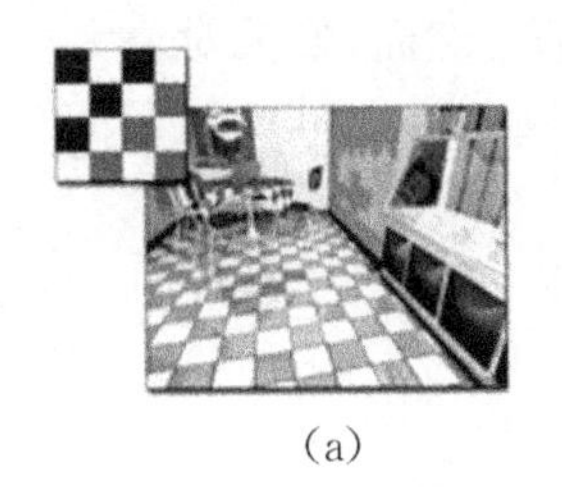
(a)
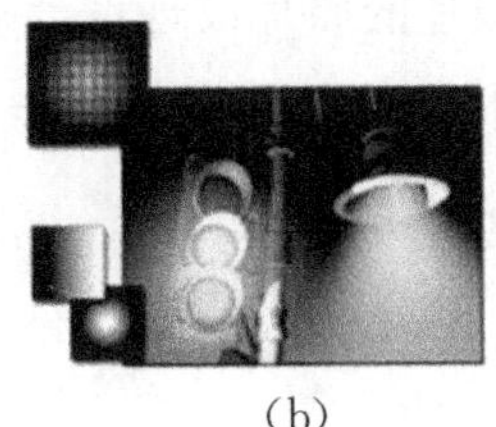
(b)
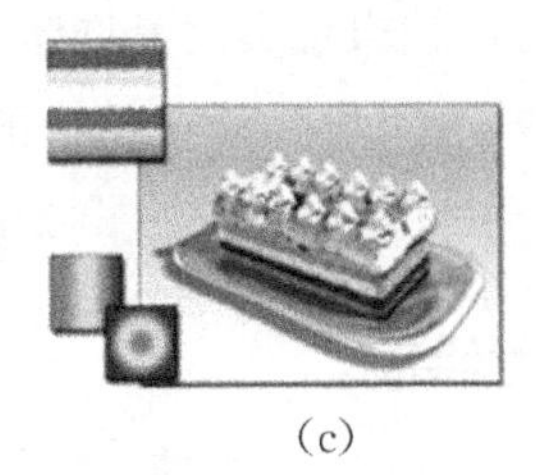
(c)
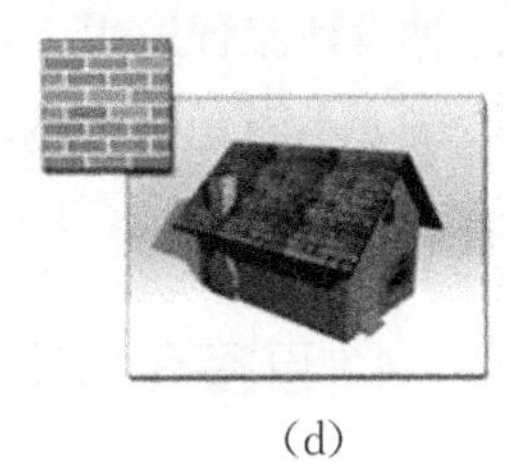
(d)

图 20.2　几种二维程序贴图

除了不失真以外，程序贴图还有其他优点，如它依赖公式来创建外观，并不依赖任何图像，这样在渲染时可以节约时间。

程序贴图也有缺点，最大的缺点是它对于有组织的、规则的图像能很好地把握，而对于自然的、无规律的图像就力不从心。当需要创建自定义的逼真纹理时，程序贴图有时难以控制并将纹理放置在模型的特定区域中。例如，如果你想将雀斑添加到角色的脸颊上，程序贴图可能将它们放在任何地方，并且没有方法来控制它们的位置。

三、纹理设计流程

纹理的细节表现在每个设计者那里都有所不同，但基本设计步骤是相似的，分为四种流程：手绘纹理、照片处理、纹理投影，以及直接在对象上绘制。这四种流程今天都在使用，使用哪一种流程取决于该流程是否能够有效地创建设计师所需的纹理贴图。

1. 手绘纹理

在手绘纹理设计流程中，所有纹理都来自纹理设计师，他们使用绘图软件如 Adobe Photoshop 或 Corel Painter 绘制纹理。纹理设计师使用参考材料，利用他们的绘画技能创建纹理效果。设计这种类型的纹理需要经过多年的练习。

2. 照片处理

照片处理设计流程使用照片来帮助创建纹理，如木纹或油漆污渍的照片。纹理设计师会创建一个参考照片库，以生成所需的最终纹理贴图。设计师可能从在线资源或纹理库中收集照片，或者亲自拍摄照片。由于时间或地点的限制，后者并不是第一选择、该设计流程如果使用得当，通常会产生最真实的效果。

3. 纹理投影

纹理投影方法使用来自对象不同角度的照片，将它们投影到对象上，并将纹理烘焙到贴图。纹理设计师创建许多贴图，然后在 Adobe Photoshop 等软件中进行修改编辑。

这种设计流程适用于可以拍摄现实世界物体照片的照片纹理设计师。然而,如果对象太大或太小而无法拍摄,或者对象是禁止拍摄的(例如某些博物馆作品),纹理投影就不适合了。

4. 直接在对象上绘制

直接在对象上绘制是最新的设计流程。设计师使用 ZBrush 或 Mudbox 等软件,这些软件可以实现类似 Photoshop 的控制,使设计师可以直接在对象上绘制,然后将贴图导出以供 3D 设计软件使用。这是今天最受设计师欢迎的纹理设计流程,因为可以直接放大角色的局部并在其上绘画,而不是在某种程度上猜测该部位的位置。

第二十一章
贴图坐标

纹理映射用于向对象表面添加细节，如图 21.1 所示。如果直接将图像（纹理）包裹在 3D 对象周围会出现问题，利用编辑后的 UV 映射有助于解决这个问题。UV 映射是将贴图中的像素映射分配给多边形表面的过程。通常 以编程方式复制图像映射的网格片段，并将其粘贴到模型的网格上。UV 映射是投影映射的替代方案，它只映射到纹理空间而不是对象的几何空间。

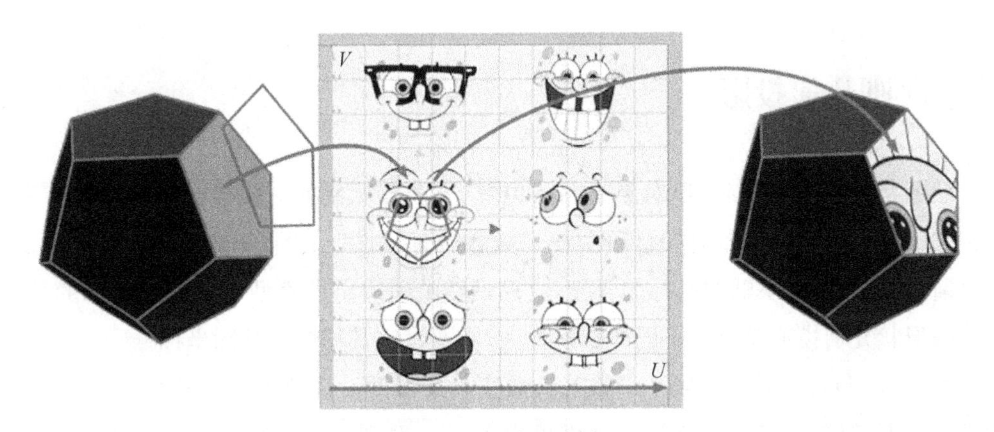

图 21.1　纹理映射

在应用纹理之前，3D 设计软件中的所有模型都具有默认的灰色外观。如何将纹理应用于材质并显示在 3D 对象上，这是 3D 图形早期开拓者面临的问题，解决方案是创建一种称为 UV 空间的扁平空间，将顶点和面放置其中，贴图像素被映射到多边形对象上，定义 3D 对象采用何种方式投影到 2D 平面。如果没有方法可以确定图像的哪些部分出现在哪些对象上，那么就无法控制最终的纹理呈现效果。良好的 UV 映射对于为对象创建合适的材质至关重要，而完成这种 UV 映射通常需要建立贴图坐标，如图 21.2 所示。

渲染计算使用 UV 贴图坐标来确定如何绘制三维表面。NURBS 曲面具有基于其性质的固有 UV 贴图坐标，因此不必为它们创建 UV 贴图坐标。多边形原始对象通常使用预先存在的 UV 贴图坐标创建，因此如果不打算从初始状态更改它们，则无须生成新的 UV 贴图坐标。除这两种情况外，对于任何自定义建模的多边形对象，甚至是经过大量修改的基本对象，都必须指定 UV 贴图坐标，以便完成纹理计算。由很多不规则的多边形面构成的模型，如游戏和电影的角色和有机生物等，是 UV 映射中最困难的情况，需要专门的人或团队来创建正确的UV贴图坐标。UV贴图需要尽可能无失真，当贴图应用到模型上时，纹理不会被拉伸或收缩，并能保持分辨率，不会相互不成比例地呈现。

(a) 贴图的不同副本放置到不同的位置

(b) 用三幅纹理贴图创建街道和交通线标

图 21.2　贴图坐标决定不同纹理贴图的出现位置

一、规则几何投影

贴图坐标是用于指定3D对象的贴图位置、方向和比例的一组坐标。如果没有贴图坐标，3D设计软件就不知道在材质中如何放置纹理贴图。在深入学习贴图坐标映射类型之前，首先需要理解贴图坐标的含义，纹理贴图映射决定了模型对象最后显示的外观。不同的形状几何模型需要有不同的映射方法，需要设定其相应的贴图坐标。

大多数3D设计软件提供了一些工具和技术来帮助设计师创建UV贴图。UV贴图通常在模型完成后创建。3D设计软件可以通过一系列自动化功能在对象上创建新的UV贴图。这些功能展开对象并尝试在2D平面上布置U、V坐标。平面、圆柱和球面映射分别将U、V坐标从平面、圆柱或球体投影到3D对象表面，以生成2D贴图。这种类型的投影在球体、圆柱体和平面模型上运行良好，但在更复杂的模型(如人体模型)上，这些技术还不够。

规则的几何投影方式主要包括四种：平面、球面、圆柱和盒型，如图21.3所示。

(1) 平面投影就像用一张照片沿着一个方向投影到模型对象上。平面投影后可能导致沿着对象一侧出现条纹，解决方法是使用不同的坐标系或分别映射受影响的面。平面投影对于绘制平面对象(如墙壁和门)非常有用。在其他情况下也可以使用平面投影将纹理贴图精确定位到网格对象上，并且不会像其他一些坐标类型那样扭曲纹理贴图。例如，如果构建了书的3D模型，则需要使用平面贴图来应用封面纹理和标题。

(2) 圆柱投影在一个方向上用纹理图像包裹对象模型对象。圆柱投影后对象可能存在接缝，而且与平面投影一样，在圆柱体的顶部和底部会产生条纹，因此圆柱体的上下盖面需要单独映射。圆柱投影是大致圆柱形物体的理想选择，例如将标签应用于3D瓶子，或将木质纹理应用于柱子。这种投影技术适用于瓶或者罐，对于复杂的模型对象则不适用，因为在顶部和底部缺乏纹理。

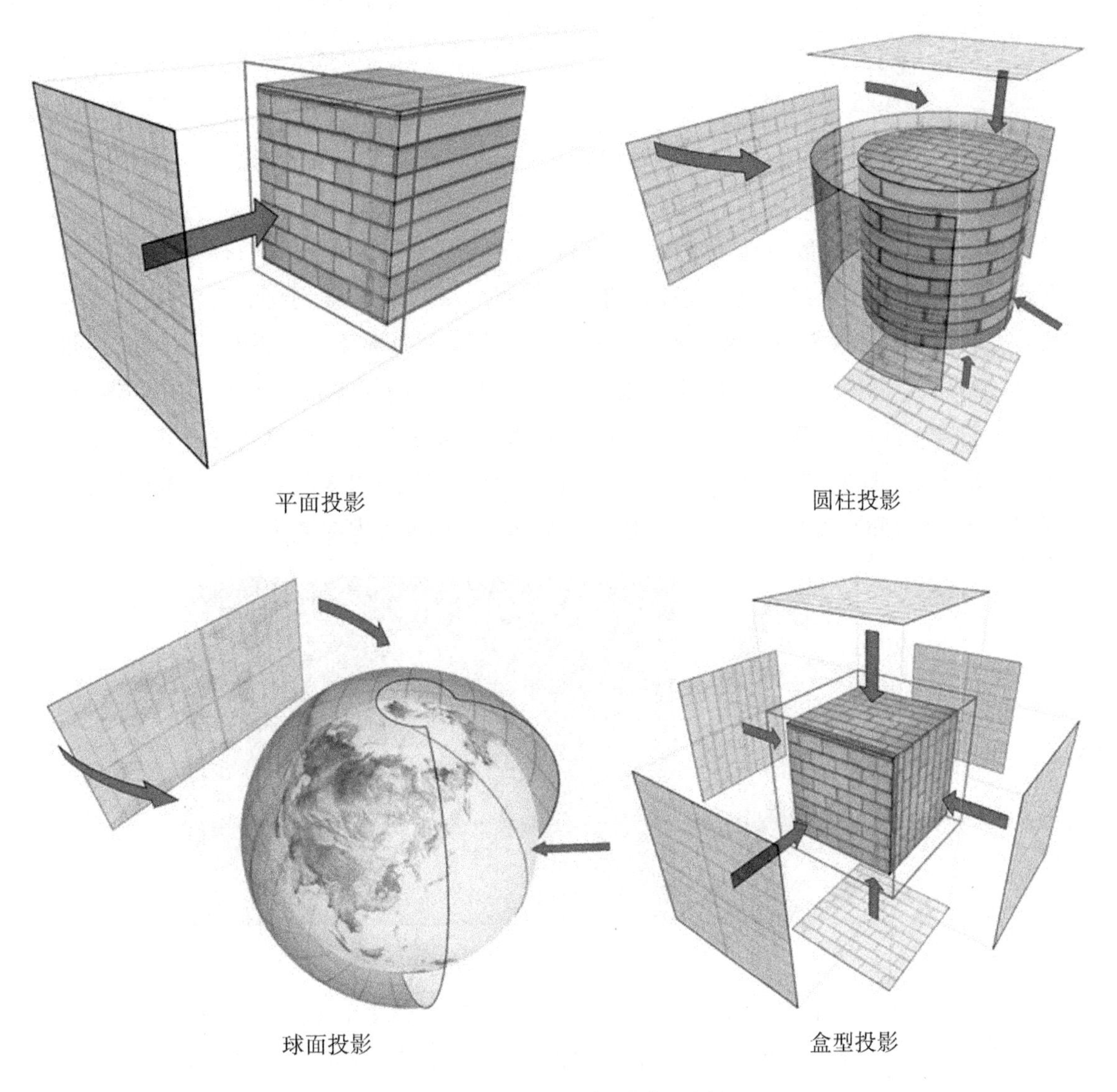

图21.3　规则几何投影贴图坐标

（3）球面投影以圆柱形方式将图像包裹在对象周围，然后将顶部和底部收缩闭合以包围对象。收缩闭合导致图像的不期望失真，因此可能需要对图像进行一些额外的调整。此外，球面投影与圆柱投影一样会出现垂直接缝。球面投影几乎可以用于任何不规则的形状。

（4）盒型投影坐标来自6个不同方向的图像，也称为框坐标。盒型投影非常适合映射类似盒子的物体，分别将平面图像应用到物体的每一侧，以避免出现条纹。盒型投影与平面投影类似，只不过它共有 6 个投影机，每个面上有一个（图 21.3）。盒型投影适用于类似立方体的模型对象，不适用于圆形模型对象，因为它使得两个投影图像之间的接缝太过明显。

二、UV 展开

UV 贴图坐标既可以由应用程序自动生成，也可以由设计师手动生成，或者两者结合。

默认情况下，大多数 3D 应用程序将在最初创建网格时自动生成 UV 布局。如图 21.4 所示，如果要将角色头部的纹理直接放到三维模型上，那么几何规则化的初始 U、V 坐标可能会导致非常不理想的结果。这是因为在建模过程中，通常不会考虑 U、V 坐标，因此 2D 图像无法以期望的方式包裹 3D 对象。模型完成后，为了正确构建模型纹理，需要开始布置 U、V 坐标。这基本上是创建 3D 对象的 2D 表示的过程。想象一下，模型展开并展平为平面 2D 图像，天然接缝会在哪里出现？如何使得接缝和重叠最小化？3D 模型在哪里需要最详细的信息？这些是你在创建 UV 布局时需要考虑的事项。

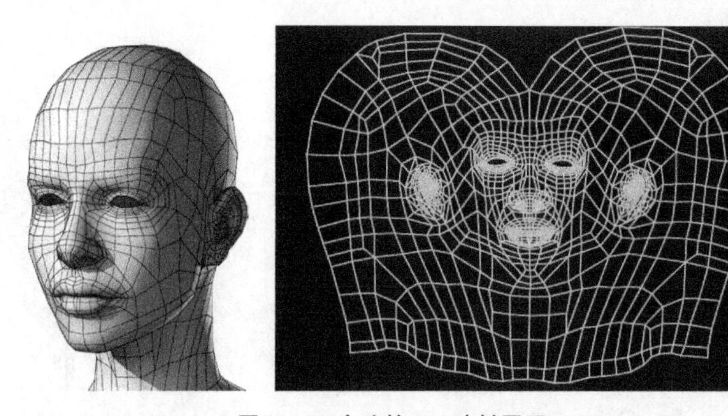

图 21.4　人头的 UV 映射展开

复杂模型的 UV 映射过程简单来说分为三个步骤：UV 展开、创建纹理和应用纹理。

映射模型顶点到 2D 纹理坐标平面的过程称为 UV 展开，就是由 3D 空间转换为扁平的 2D 空间。UV 贴图中的每个点都对应于网格中的顶点，连接 U、V 坐标的线对应于网格中的边。UV 贴图中的每个面对应于网格面，网格面上节点的 U、V 坐标（也称为纹理坐标）定义了图像或纹理映射到面上的方式。拉伸或扭曲越少，转换的坐标越好。相邻面共享的顶点可以为每个网格面设置不同的 U、V 坐标，因此可以将相邻的网格面切割并定位在纹理贴图的不同区域上，如图 21.5 所示为对茶壶模型组件（左图）进行 UV 拼缝平展（右图）的案例。

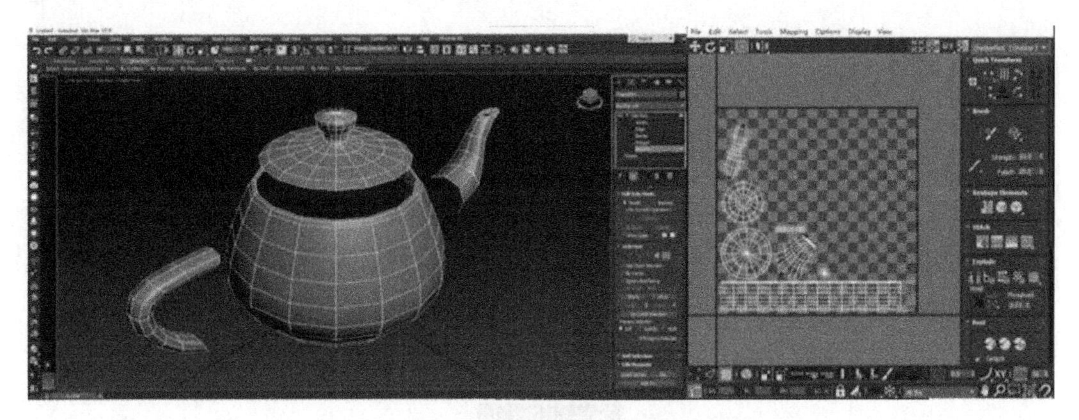

图 21.5　UV 展开贴图的拼缝平展

UV 展开后输出的图像文件称为 UV 贴图，该贴图在图像处理软件（例如 Adobe Photoshop）中用作针对特定对象的 UV 空间的参考图，使设计师能够绘制对象的纹理，并知道这些纹理在 3D 对象上的绘制位置。用于理解 UV 映射的良好可视化工具是棋盘纹理，许多设计师在布置 U、V 坐标时使用这种棋盘纹理，因为它为他们提供了一个视觉线索，指明需要调整布局的位置以避免发生扭曲（图 21.6）。

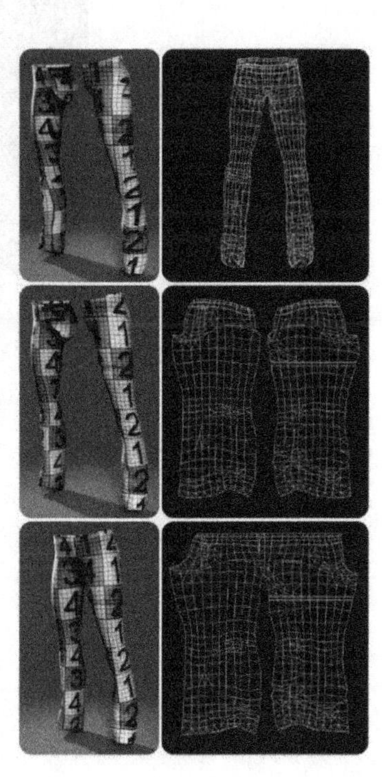

图 21.6　UV 棋盘纹理

三、纹理平铺

平铺(tiling)是一种在大面积区域上重复一个图像的方法,例如使用同样纹理的瓷砖铺满一面墙(图 21.7)。平铺图像使用很少的内存,因为图像只存储在内存中一次,但它们有一些缺点:首先,它们往往看起来太均匀,例如平铺的石头或草最终看起来像室内、室外的地毯;其次,平铺的纹理贴图可能存在接缝,类似于厨房地面或墙壁上铺设的瓷砖。

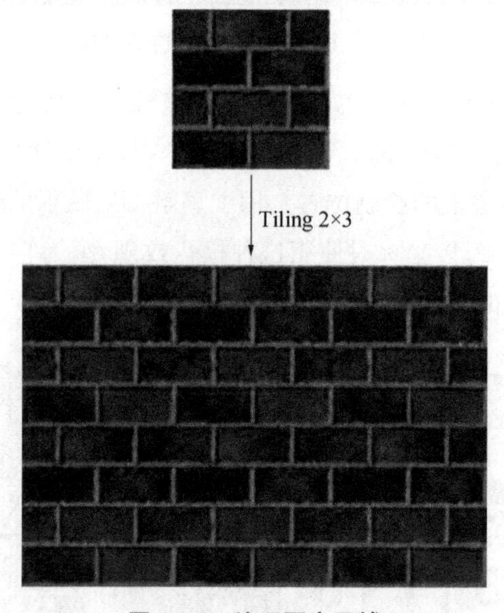

图 21.7　纹理图案平铺

第二十二章

贴图通道

贴图通道是用来实现复合贴图的一种技术手段，它通常与多种材质配合使用，用于在模型表面刻画复杂的复合贴图。

一、纹理贴图通道

位图纹理的强大之处在于它可以通过不同的通道控制材质的渲染输出效果。每个通道，如颜色(也称漫反射)、反射、自发光、不透明度和凹凸等，都会影响材质的渲染效果。每个通道都可以添加一个贴图，指导三维动画设计软件如何渲染输出。例如，在图22.1中，颜色通道与反射和不透明度纹理的通道叠加，呈现出复杂的材质渲染效果。这类似于Photoshop中使用分层通道合成图像的方式。

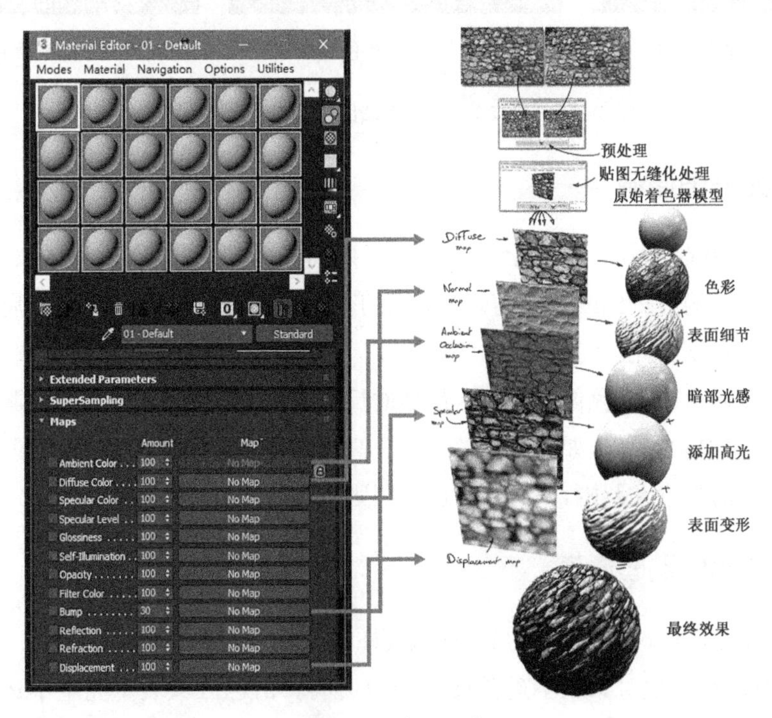

图22.1 贴图通道

对于给定纹理的多种通道，每种应用程序的命名不尽相同，一些通道名称的变化在下面列出。

1. 漫反射贴图通道

漫反射贴图(diffuse map)通道，又称颜色贴图通道，是最常用的通道。颜色贴图告诉三维动画设计软件什么地方涂什么颜色。颜色贴图有时候是些简单的平面或渐变色，有时候是图形或者照片。模型对象表面颜色是不规则的。例如，如果你处理一个金属材质的表面，上面有些微小的变化，就可以用漫反射贴图来映射这些变化。

高光颜色通道用于调整物体表面反射光的颜色，而环境光颜色通道可以将环境投影到模型表面，模拟特定环境的反射效果。图 22.2 展示了一个物体看似被彩条包围的效果，通过环境投影渲染，无需对周围场景进行建模，便可实现这一视觉效果。

(a) 环境光颜色通道

(b) 漫反射颜色通道

(c) 高光颜色通道

图 22.2　颜色贴图通道效果

2. 高光贴图通道

高光贴图(specularity map)会改变曲面反射高光的颜色和强度，具体取决于所使用的图像以及通道的百分比或滑块值。它可用于模拟各种材料，如金属或金属涂料，可反射各种颜色和强度的光。

高光贴图通道中，白色像素会产生最强的反射高光，黑色像素则完全移除高光，中间的灰度值会减少高光效果(如图 22.3 所示)。高光贴图与高光颜色贴图不同。高光贴图用于控制高光的强度和范围，而高光颜色贴图则用于改变高光的颜色。

3. 不透明度贴图通道

不透明度贴图(opacity map)是一种灰度图像，用于控制材质的透明度。它可以覆盖默认的透明度设置，使对象从不透明逐渐变为透明。白色区域表示完全不透明，黑色区域表示完全透明，灰色区域则表示部分透明。图 22.4 展示了使用不透明度贴图构建的模型。

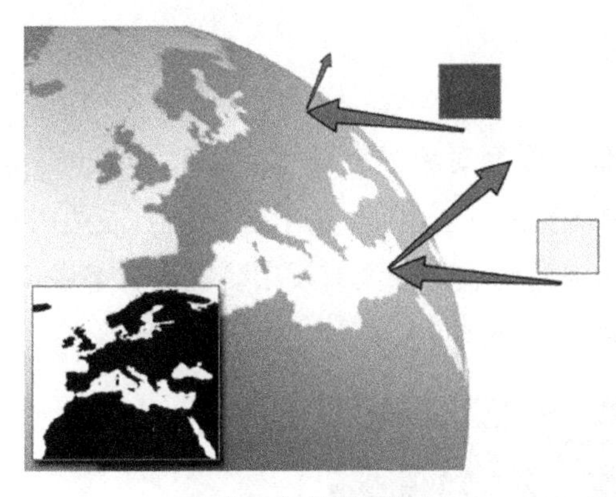

高光水平的贴图控制

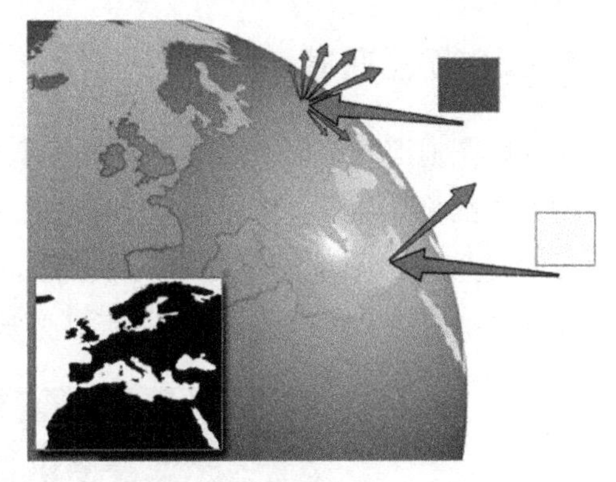

高光扩散程度(光泽度)的贴图控制

图 22.3　高光贴图通道效果

图 22.4　不透明度贴图构建的模型

不透明映射可以选择纹理位图或程序贴图来生成部分透明的对象。贴图的浅色(较高的值)区域渲染为不透明的,深色区域渲染为透明的,之间的值渲染为半透明的,如图 22.5 所示。将不透明度贴图通道的强度参数设置为 100,透明区域将完全透明;将强度参数设置为 0,相当于禁用贴图,贴图的透明区域将变得完全不透明。

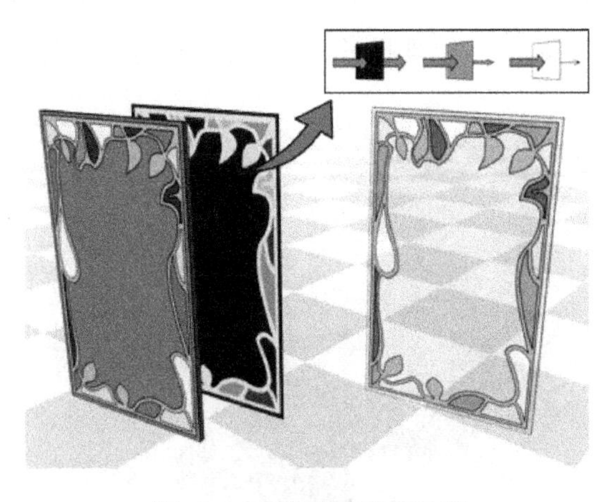

图 22.5　不透明度贴图控制

4. 反射贴图通道

反射贴图通道允许模型对象反射周围其他的模型对象或者环境。反射投影允许定义模型对象的哪个部分会产生反射，哪些区域是光滑的。例如，在图 22.6 中，左边的球可以反射，但无投影。右边的球有反射投影，而那些污点部分没有反射。需要注意的是，反射投影它会导致渲染时间的增长，所以必要的时候再使用。

图 22.6　反射贴图通道效果

5. 折射贴图通道

折射贴图可以在不提供光线追踪的程序中模拟光折射效果，它基于图像的灰度值和通道滑块或百分比值来控制模拟折射量。某些 3D 应用程序具有自动折射映射功能，可以将对象的形状考虑在内。

折射是光在经过模型对象时发生了弯曲的物理现象。不同的模型对象有不同的折射属性，光经过水时的折射和经过玻璃时就有区别。大部分 3D 应用程序允许对纹理指定是否应用以及应用多少折射。纹理投影也可以让光通过来实现透明的效果，如图 22.7 所示。

图 22.7　薄壁折射贴图控制

折射率(IOR)控制材质折射透射光线的程度,IOR越高,对象的密度越大。IOR为1.0时,是空气的折射率,表时透明对象后的对象不会产生扭曲;IOR为1.5时,表明后面的对象扭曲严重(像透过玻璃球一样);在IOR稍低于1.0时,对象沿着自身边缘反射(就像从水下看到的气泡)。常见的折射率(假设在空气或真空中)如表22.1所示。不同折射率的效果如图22.8所示。

表22.1 常见折射率

材质	IOR值	材质	IOR值
真空	1.0	玻璃	1.5～1.7
空气	1.000 3	钻石	2.419
水	1.333		

除了折射的透明投影,在不透明度贴图通道和其他投影中还可利用alpha映射将不透明的实心模型对象变成透视对象。

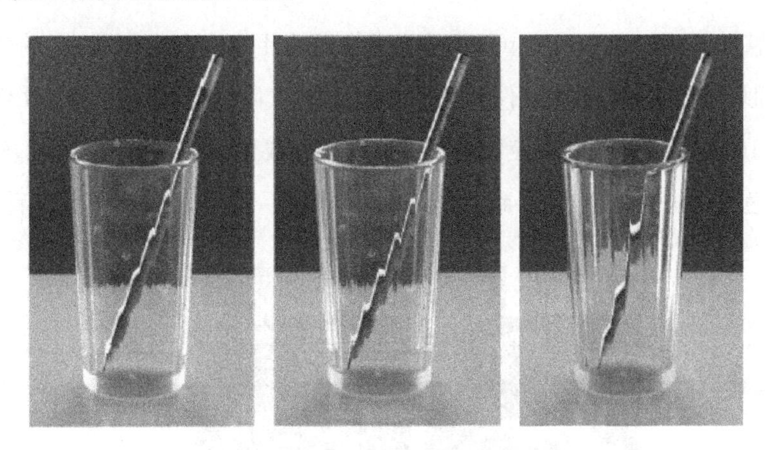

图22.8 不同折射率效果

6. 凹凸纹理贴图通道

凹凸纹理贴图(bump map)通道允许在模型对象的表面设置虚拟的凹凸纹理,但是并不会改变多边形的几何特征。由于这个通道主要用于渲染出纹理的阴影,需要在模型对象表面上定义凸起和凹下的区域(图22.9)。这是一个非常强大的功能,通过使用凹凸纹理投影让模型表面呈现小的凹凸纹理和细节。凹凸纹理投影可以在不增加额外多边形的情况下描述复杂的表面,在渲染时可以节省不少时间。

需要注意的是,凹凸纹理投影不会改变给定形状的几何特征,通过凹凸纹理投影的形状的轮廓并不精确。注意:图案的边缘是平滑的,并无凹凸纹理挤压,尽管在模型对象的表面可以清晰地看到凹凸纹理挤压。

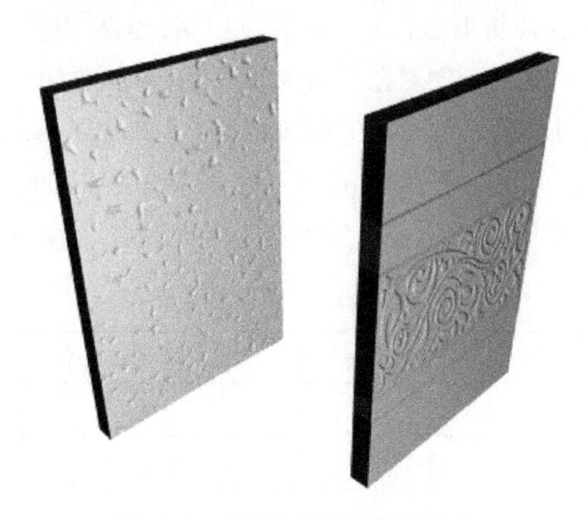

图 22.9　凹凸纹理贴图通道效果

7. 置换位移贴图通道

置换位移贴图(displacement map)可以使曲面的几何体产生位移，它的效果与使用位移修改类似。与凹凸纹理贴图不同，置换位移贴图实际上更改了曲面的几何体或面片细分(图 22.10)。置换位移贴图应用贴图的灰度来生成位移。在 2D 图像中，较亮的颜色比较暗的颜色更多地向外突出，导致几何体的 3D 置换。置换位移贴图可以看到轮廓。

图 22.10　置换位移贴图通道效果

需要注意的是，为了使用置换投影，需要大量多边形的支持。如果一个平面只由少数多边形组成，没有足够多的多边形可利用，结果是不可预见的。因此，为了使置换投影正常工作，所设置的几何体需要有很多边。尽管计算机的处理速度不断提高，但是置换投影处理的大量多边形会让计算机运行速度极慢。

8. 自发光贴图通道

如果我们想设置霓虹灯、光子灯或者其他的发光设备，那么可以使用自发光贴图通道。自发光贴图(self-illumination map)通道允许你对模型对象设置内部或者外部光晕(图 22.11)。发光投影可以使模型对象部分发光而其他部分不发光。你可以选择模型对象发光的颜色和强度。自发光贴图通道的一个缺点是在大多数 3D 应用程序中通常为后渲染，也就是说，只有在场景被完全渲染并且所有的反射和光源都计算完成以后，3D 应用程序才回头增加发光效果。这意味着发光不会出现在反射面而且不会发出任何光线。

图 22.11　自发光贴图通道的效果

选择正确的投影方式灵活使用贴图通道，可以制作出逼真得令人惊奇的效果，如图 22.12 所示。

图 22.12　巧克力包装渲染效果

二、贴图通道示例

贴图通道中的图像定义通道的行为，不同的贴图通道用不同的方式来解析和映射。例如，颜色通道（有时候也称为漫反射）在贴图（只能是位图）按颜色导入时效果最佳。而其他通道则在导入灰度图像时更为合适。例如，凹凸纹理通道按灰度图像解析输入的贴图，接近白色的区域凸起，接近黑色的区域下凹。图 22.13 所示的是应用低对比度凹凸纹理贴图与高对比度凹凸纹理贴图的模型对象的效果对比。

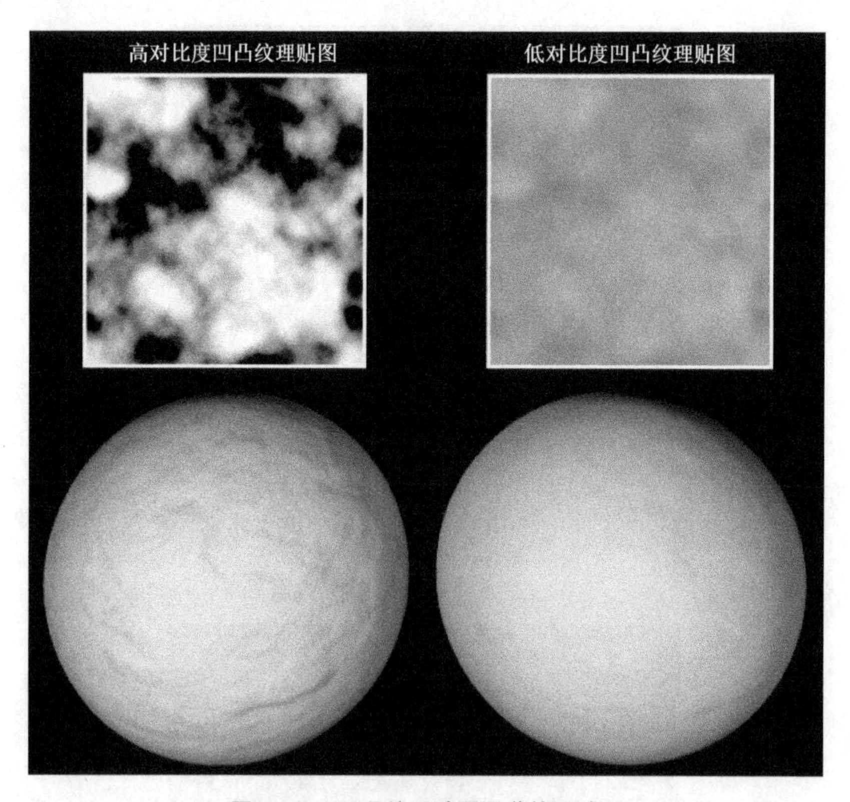

图 22.13　凹凸纹理贴图通道效果对比

类似地，不透明度通道也通过黑白灰度来控制。3D 动画设计软件解析不透明度通道中的贴图时，通常将黑色区域转换为透明的，白色区域转换为不透明的（或相反，具体取决于使用的 3D 应用程序）。一些程序还能根据灰度值处理半透明效果，如图 22.14 所示。

给定纹理的特征是通过通道来定义的，每个通道表示纹理的一定性质。

图 22.14　不透明度贴图通道导入不同灰度背景的四张贴图的渲染效果

第二十三章

无缝纹理

一、制作纹理贴图

多数三维动画设计软件都自带很多纹理，这些纹理十分有用，通常是优化过的，随时能应用在模型上，让你迅速创建纹理模型。自带的纹理可以使用户轻松入门并且产生一些有趣的结果，但是对专业人员而言却不够，这意味着设计师需要了解如何创造新的纹理贴图，学会如何去创建属于自己的纹理，这在数字艺术中显得尤为重要。创建程序贴图十分复杂，涉及算法公式，本书不做讨论，本章将介绍如何创建基于位图的纹理。

前面已介绍过，纹理由许多个通道组成，通道贴图定义了纹理的特征。这些贴图是一些二维图像，一些设计师热衷于通过一些软件如 Photoshop、Painter、Illustrator、Freehand 来创建这些图像。要创建一些固定样式的图像时，绘制纹理是一种极好的方法。当然也可以通过照片来创建纹理，不过有些时候照片中含有大量的可视噪点，绘制纹理的过程比较花时间。如果找不到需要的纹理，则可以从草图中创建贴图。

利用照片或者其他已有的图像来创建纹理贴图是目前应用最广泛的方法，在互联网上有很多图像可以作为纹理，而且是免费的。网上的这类图像基本上是带颜色的贴图，不过可以根据需要将其转换为灰度图像，把这些带颜色的贴图创建为其他类型的贴图，如凹凸纹理贴图、漫反射贴图和反射贴图。从一个贴图创建出更多类型的贴图是很有用的，这样凹凸纹理贴图与颜色贴图、镜面贴图和发光贴图等就可以配合使用。

从自己拍摄的照片中创建纹理是不少设计人员喜欢的方式，这样可以得到看起来更加真实的纹理。下面让我们利用一个图片小样来创建一个纹理贴图。由于纹理贴图是动画材质设计必不可少的，所以这里不深入研究每个设计软件的所有细节。这里的介绍是概述性的，你可根据自己所选用的设计软件进行调整。

图 23.1 是一幅街道沥青路面的局部照片，它将成为沥青纹理的基础。在三维动画设计软件中最好将其保存为. tif 格式的文件，当然根据所选择的工具，也可以将其保存为其他格式的文件。

开始下一步前，需要讨论一个无缝贴图的问题。当三维动画设计软件将纹理应用到模型对象上时，是根据输入的贴图坐标来进行的。如果贴图比模型实体小，可以采取拼

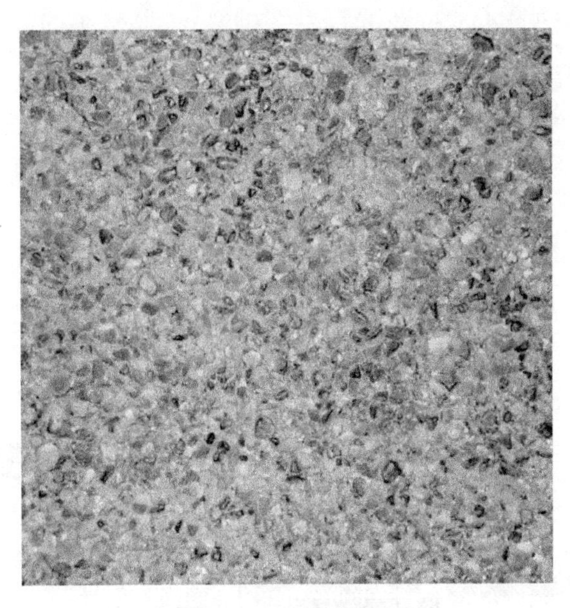

图 23.1 沥青纹理

凑的方式在第一个贴图旁边对其进行复制,如图 23.2 所示。

图 23.2 拼接复制后的图像

制作无缝纹理是个关键。目前市场上能购买到的纹理都被处理为无缝的,三维动画设计软件中集成的纹理也是无缝的。不幸的是,通过扫描或者从照片中获得的自然纹理并非如此。

使用 Photoshop 的偏移工具是消除缝隙的强有力方法。例如,要由图 23.2 创建无缝隙的纹理,首先在 Photoshop 中打开图像文件,单击"滤镜"→"其他"→"偏移"选项,如图 23.3 所示。

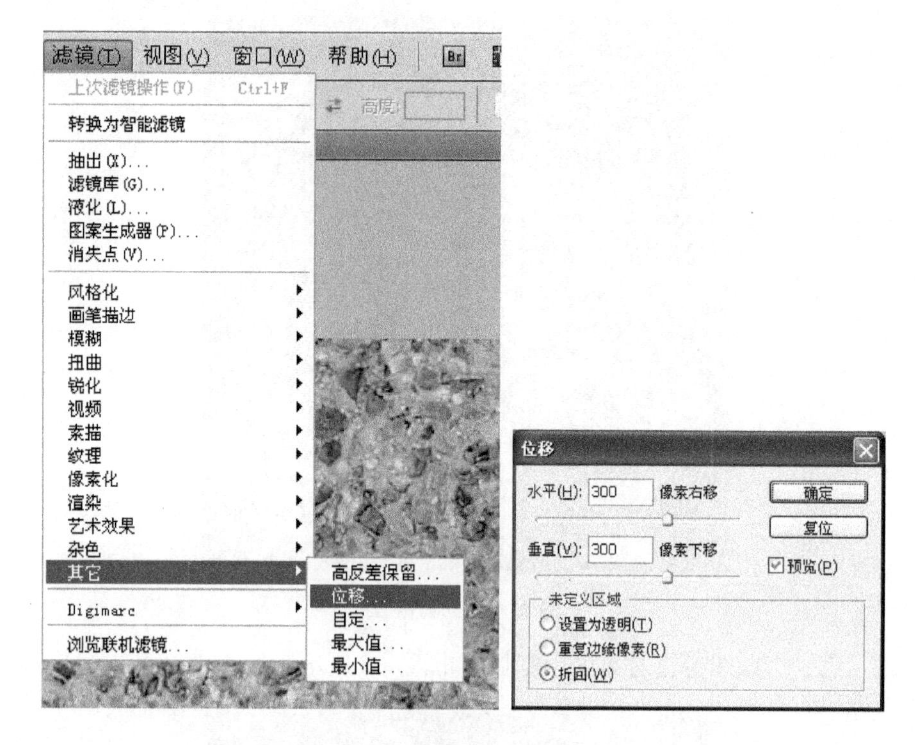

图 23.3　Photoshop 操作界面

在“位移”对话框中选中“折回”单选框，在“水平”和“垂直”文本框中设置参数为 300 像素。处理后的图像如图 23.4 所示。

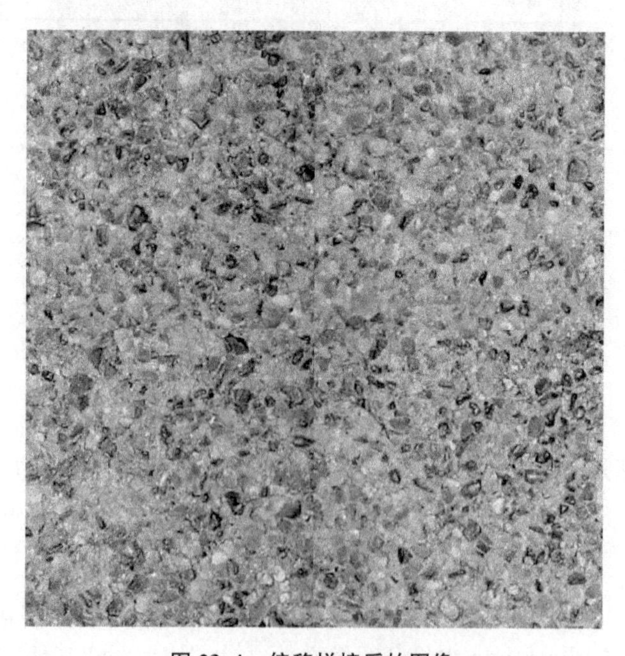

图 23.4　偏移拼接后的图像

我们可以对图像中间看到的缝隙进行操作。因为图像是被环绕的，图像的左边与右边是无缝结合的，上面和下面也是一样。可以用“橡皮图章”工具(图 23.5)对有缝隙的区域进行处理。拖动鼠标用其他位置的图像覆盖缝隙，待缝隙不明显后，重复偏移的过程。注意不要在擦除缝隙的过程中不经意地又产生出新的缝隙。

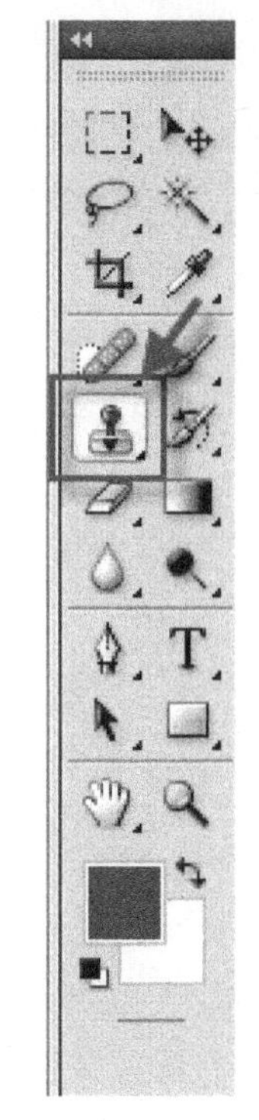

图 23.5 “橡皮图章”工具

使用偏移滤镜处理完毕，在图像中央看不到瑕疵后，我们就有了一个无缝的图像可用来创建贴图的其他部分。如果将这个无缝的图像应用到模型对象上，结果如图 23.6 所示。

图 23.6 渲染结果

二、扩展贴图

新创建的无缝贴图通常会首先作为漫反射颜色贴图使用。为了便于区分，将它保存为 color. tif。在图 23.6 中，实体看起来像个画出来的塑料球，为了改善它，我们由颜色贴图创建一个凹凸纹理贴图。将图像 color. tif 转换为灰度图像，为了强调路面的坎坷不平，通过单击“图像”>“调整”>“等级”选项来调整对比度，因此图像中暗的区域变得更暗，亮的区域变得更亮，区域越亮，看起来越高。许多石头实际上要比沥青暗，反转图像使得暗石头变亮，颜色浅的沥青变暗，这样石头看起来是凸起的(图 23.7)，将图像保存为 bump. tif。

在凹凸纹理贴图通道中应用此凹凸纹理贴图，结果如图 23.8 所示。

进一步完善纹理，改变反射贴图通道(或高光贴图通道)，这样高光的宽度变窄，就会在纹理中每个小圆石的顶部出现一个小点(图 23.9)。

图 23.7　灰度纹理

图 23.8　应用凹凸纹理贴图

图 23.9　反射贴图通道添加贴图

现在最大的问题是实体的轮廓看起来很平滑，这是因为我们使用了凹凸纹理贴图，它在对象表面绘制了凹凸纹理，并非实际的凹凸。

图 23.10 是纹理模型的网格图，可以看出表面光滑无棱角。考虑到真实感，为模型制作棱角，可以使用灰度图像作为置换位移贴图通道的贴图。

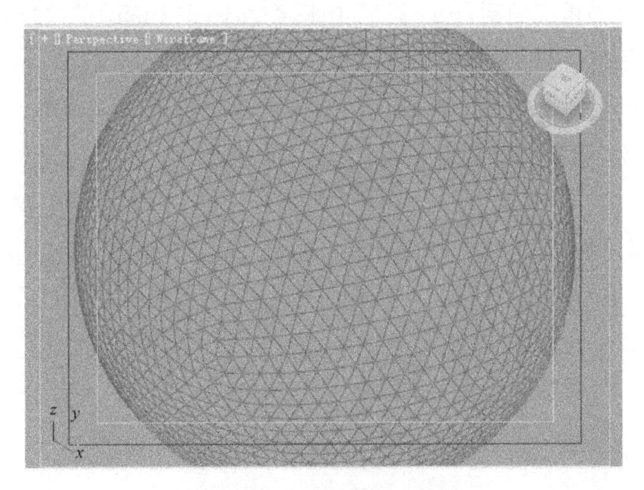

图 23.10　模型光滑无棱角

在置换位移贴图通道中可以使用相同的 bump. tif 贴图，于是实际的几何变化与置换贴图相匹配。渲染结果出现了突起边缘，如图 23.11 所示。

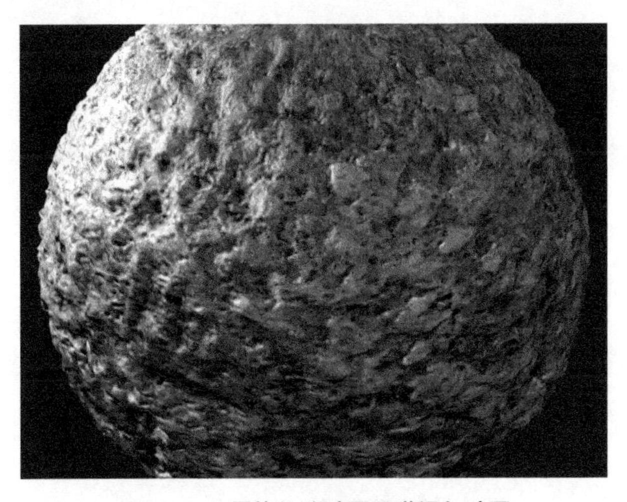

图 23.11　置换位移贴图通道添加贴图

除了前面介绍的无缝贴图制作方法外，你也可以利用一些无缝贴图的生成工具。目前这方面的算法还在不断涌现，生成高分辨率的贴图已经不再困难。

思考题：

1. 什么是着色器？请列举几种。

2. 使用贴图的目的是什么？

3. 举例说明几种材质的区别。

4. 如果你有数码相机的话，给一段墙拍张照片，制作无缝隙的纹理，并且创建适当的凹凸纹理和其他贴图，使墙面更具质感。

5. 为汽水瓶创建一个纹理。可以从刮擦中创建也可以扫描平整的瓶子。要求创建一个反射贴图使瓶子的某些部分反光，其余部分不反光。

第六部分

三维摄像机

第二十四章

动画中的摄像机

在日常生活中，我们一般把拍摄静态图片的 camera 称为照相机，把拍摄录像或影片的 camera 称为摄像机，但是为了便于称呼，camera 在动画设置中通常被称为摄像机（图 24.1）。毕竟在动画中是产生静态图片还是动画影片，只是几个参数选项设置的问题，并无实质上的区别。

图 24.1　专业摄像机

摄像机是一类特殊的动画制作工具，在动画设计软件中可以很方便地对其进行创建、参数修改、拍摄操纵。由摄像机还可以创建出从某一视点进行场景拍摄的视图：摄像机视图。利用这台虚拟的摄像机，可以拍摄现实或超现实主义的静态图片、动态的动画影片，如图 24.2 所示。

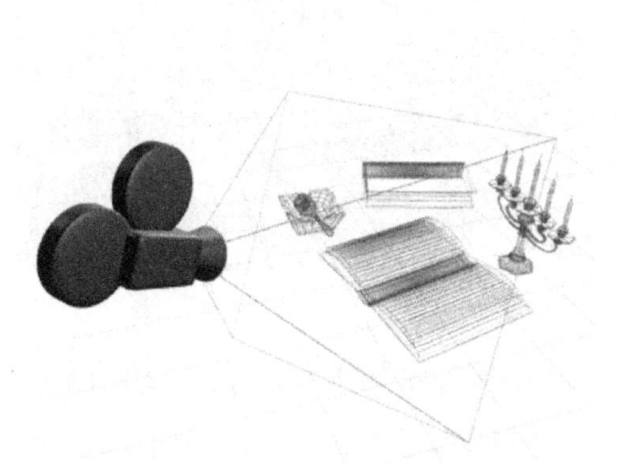

图 24.2　动画设计中的虚拟摄像机和拍摄效果

一、使用摄像机的必要性

摄像机在进行动画制作时是必不可少的，很少见到产品级动画采用透视图渲染而不用摄像机视图。摄像机在动画制作的很多方面是不可替代的。可能有很多人是生活中的摄影高手，也可能有些人对摄影知识一无所知，但是无论如何，我们在这里都要重新认识动画制作中的摄像机，这是因为动画制作中的摄像机虽然与现实中的摄像机类似，但却有着一些特殊的属性，更具有其自身的优越性。

1. 动画制作中摄像机的优势

动画制作中的摄像机具有一些真实摄像机所不具有的优势：

- 动画制作中的摄像机可以在任意地方建立。例如可在 3D 空间的任意地方架设摄像机，并可逗留任意长的时间，这使空间漫游动画变得极其便利。而在现实生活中，为了拍摄城市鸟瞰图这样的场景（图 24.3），往往需要动用直升机或无人机进行航拍，花费较大。对于大型场面的摄影，架设摄像机往往要花费不少时间与精力，而在动画制作中摄像机的架设根本不需要考虑空中有无立足点，非常方便。

图 24.3 俯拍场景

- 动画制作中的摄像机几乎具备现实世界中的摄像机的所有功能，包括推拉镜头、平移、摇镜头、旋转角度等，更强大之处在于可以动态地随意改变摄像机镜头的尺寸，这跟目前现实世界中的一些高级摄像机非常类似。至于景深效果的模拟，可以通过环境特效中的 DOF（Depth of Field，景深）特效轻松实现。运动拍摄和旋转镜头拍摄场景如图 24.4、图 24.5 所示。

图 24.4 运动拍摄场景

图 24.5 旋转镜头拍摄场景

- 在动画中可以创建任意数量的摄像机用于创造分镜头与镜头切换的效果，而不需要考虑成本。而在现实世界中由于摄像机比较昂贵，连接和设置复杂，动员更多的摄像机与摄影师意味着需要投入大量的成本。

2. 使用摄像机视图

有不少初学者由于学习三维动画设计时间不长，一直喜欢在透视图中预览渲染，可能是因为他们觉得创建和使用摄像机比较麻烦，还要了解一些摄影常识，因此不愿意使用摄像机视图。这种错误的观念应该改一改。

通常我们可能觉得透视图比较自然，调整视图时也可能更容易一点(其实是没掌握摄像机视图调整的诀窍)，但是如果要做出产品级动画作品，就不能不学会使用摄像机视图(图 24.6)。

图 24.6 摄像机视图和最终渲染效果

摄像机视图要比透视图更优越，理由如下：

- 摄像机视图可以完全模拟透视图的效果，适当的时候可以随心所欲地转换为透视图。
- 摄像机视图的调整可以生成动画，例如摇镜头、平移镜头等动作都可以生成动画，而对透视图的调整不会被记录下来做成动画。
- 按一次“全部居中”按钮不会影响到摄像机视图，但是会影响到透视图（当然可以用 Shift+Z 快捷键撤销某个视图的变化）。
- 制作场景漫游动画，例如在某个建筑物内进行漫游，用摄像机视图加路径可以轻松处理，而利用透视图则难以实现。
- 动画制作中的摄像机作为一个物体有很多参数，更重要的是，它的每个参数几乎都可以做成动画，从而可以创造出更具艺术性的效果。

当然，习惯使用摄像机视图可能有一个过程。一旦搭建好场景（建模中最好使用透视图或用户视图而不是摄像机视图），我们就应该转到摄像机视图去工作（图 24.7），用得多了，自然就熟练了。

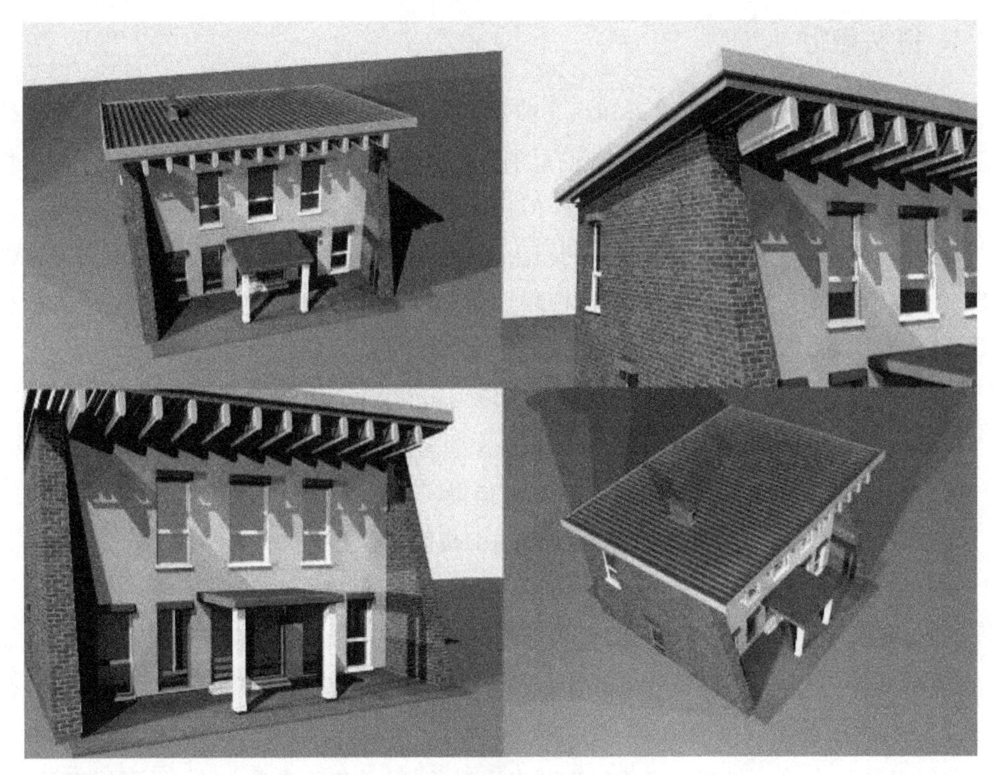

图 24.7　不同角度的摄像机视图

二、摄像机的主要参数

真实世界摄像机通过镜头将场景中的光线聚焦到感光平面上。图 24.8 展示了真实世界摄像机的分段焦距参数。在 3D 环境中创建摄像机时，首先需要确定摄像机的位置，然后需要调整焦距等各种参数，这些参数设置会直接影响动画场景的最终渲染输出效果。

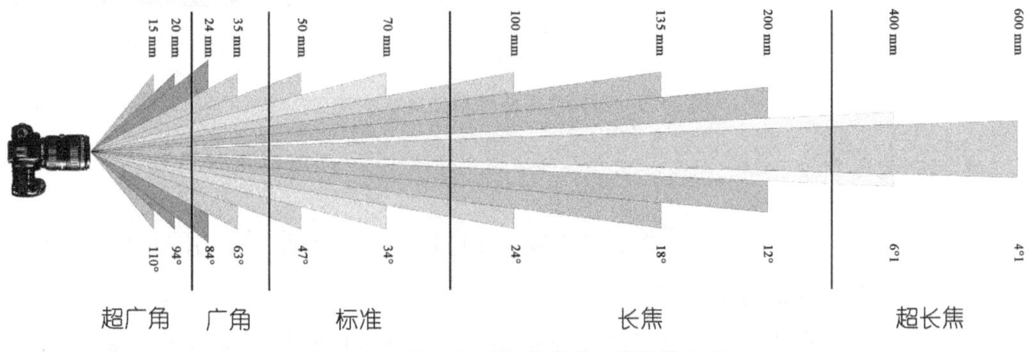

图 24.8　真实世界摄像机的分段焦距参数

1. 镜头焦距

焦距是指镜头的长度，即镜头和感光曲面间的距离。焦距影响视野，改变焦距可以适应摄像机视图的范围，影响对象出现在图像上的清晰度。焦距越小，图像中包含的场景就越多。加大焦距将包含更少的场景，但会显示远距离对象的更多细节。

在现实世界中必须更换摄像机上的镜头，但在3D设计中，可以根据需要调高或调低参数。焦距始终以毫米(mm)为单位进行测量，一般可分为超广角、广角、标准、长焦和超长焦。

- 20 mm 以下焦距称为超广角(ultra wide-angle) 焦段。
- 24～35 mm 焦距称为广角(wide-angle) 焦段。
- 50～70 mm 焦距称为标准(standard)焦段。
- 100～200 mm 焦距称为长焦(telephoto)焦段。
- 400 mm 以上焦距称为超长焦(super telephoto)焦段。
- 50 mm 焦距因为视野与人眼较为接近，所以 50 mm 的定焦镜头就是标准镜头，简称标头。焦距小于 35 mm 的镜头称为短焦或广角镜头。焦距大于 85 mm 的镜头称为长镜头或远摄镜头。

焦距参数越小，视野越宽，摄像机表现出离对象越远；焦距参数越大，视野越窄，摄像机表现出离对象越近。

图 24.9 是一组由同一摄像机在相同位置用不同焦距拍下的图像。

焦距 15 mm

焦距 35 mm

焦距 200 mm

图 24.9　不同焦距摄像机拍摄的图像

2. 视野

视野(Field of View，FOV)定义了摄像机在场景中所看到的区域(图 24.10)。FOV 参数的值是摄像机视锥的水平角。

当镜头的焦距改变时，视角以反比例的量变化。例如，如果将镜头的焦距减小到 28 mm，则 FOV 会扩大到 65°；同样，焦距增加到 200 mm，FOV 会缩小到 10°。

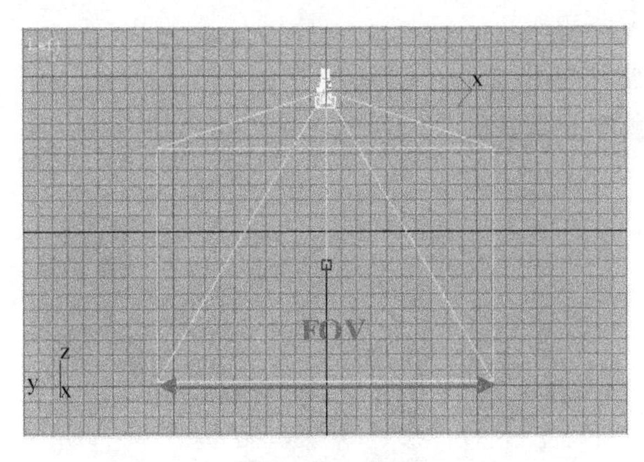

图 24.10 视野

3. 光圈

光圈是表示镜头明亮程度的参数。摄像机的光圈是镜头内部的一个可变开口,就像人眼中的虹膜一样。说到光圈,就要先介绍一下孔径。在镜头中有一个可以通过改变光圈叶片位置而改变自身孔径的装置,这个孔径就是镜头中控制通光能力的装置。对于一个镜头来说,孔径越大,光线通过的能力也就越强。

当光圈大开时,允许最大光量;当它关闭到精确点时,只有很少光线通过。镜头都有自己的焦距,对于同样大小的孔径来说,焦距越长,视角越窄,视角范围内获取的光线总量就越小。所以只有强通光能力,但是受到长焦的影响,光线总量小了,镜头也不够明亮。光圈 f 值的计算公式如下:

$$光圈\ f\ 值=焦距/孔径$$

可以看出,焦距不变,孔径越大,光圈 f 值越小,镜头越明亮;孔径不变,焦距越短,光圈 f 值越小,镜头越明亮。

4. 景深

景深(Depth of Field, DOF)是一种用于在场景中聚焦特定点,并控制前后景物清晰度范围的摄影技术(图 24.11)。焦平面的区域保持聚焦,而比焦平面更近或距离更远的物体则显得模糊,这就是真实世界中摄像机的工作方式。在 3D 设计中,使用景深可以使渲染效果看起来像是一张照片。

景深最直接的表现就是在拍摄人物照的时候,如果景深深,我们会将人物和背景都拍摄清晰;如果景深浅,我们会拍摄出清晰的人物和模糊的背景。因为小孔成像原理,浅景深往往需要大孔径,需要大光圈(即小光圈 f 值)。

景深主要由以下三个参数决定:

(1) 光圈越大,景深越浅。

(2) 焦距越长,景深越浅

(3) 拍摄距离越近,景深越浅。

图 24.11 景深效果示例

在 3D 设计中,有多种方法可以在视觉效果中添加景深。不同的场景需要不同的解决方案。就动画制作而言,应尽可能多地在摄像机内做,以尽量减少后期制作的工作量。

在真实世界摄影中,每台摄像机都可以通过设置来实现景深效果。通常,人们更喜欢使用浅景深,但广角镜头使用更深的景深也能带来出色的视觉效果。通过调整摄像机与被摄物的距离,可以有效控制景深。在 3D 制作中,使用物理摄像机时,也可以根据这些原则来增强画面的真实感。

第二十五章

操纵摄像机

制作三维动画需要了解和熟悉摄像机镜头的表现技巧，例如什么样的镜头运动技巧表现什么样的主题。通常镜头的基本表现技巧无非就是“推、拉、摇、移、跟、甩”。当然这说的是镜头运动技巧，其实在摄像机拍摄中还有相当多的技巧也被称作为镜头技巧，本章我们将做详细介绍。

在3D空间中，摄像机可以在场景中的任何位置自由移动，甚至可以在物体内部移动。在视图中选中摄像机后，拖动鼠标可以实现移动或旋转摄像机。利用虚拟摄像机完成运动摄像，就是利用摄像机的推、拉、摇、移、跟、甩等形式的运动进行拍摄的方式，是突破画面边缘框架的局限、扩展画面视野的一种方法。

通过在镜头中加入各种不同的摄像机移动，可以增加更深层次的视觉感受，为作品增添趣味。与决定如何拍摄照片一样，在选择最合适的摄像机移动时要小心。每个动作的效果在观看者的感受方面会有很大差异。

常用的摄像机操作如图25.1所示。

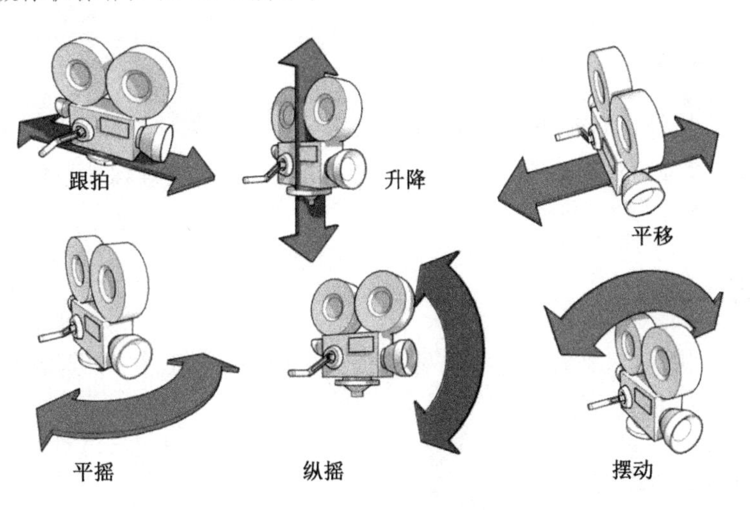

图25.1　摄像机的六种操作

一、镜头运动技巧

1. 镜头推拉(zoom)

毫无疑问,镜头推拉是最常用的摄像机移动操作。当摄像师不确定还要做些什么来增加观看者对镜头的兴趣时,通常使用这种技巧。如果要使用镜头推拉,请尝试创造性地使用它,如放大或缩小镜头中意外但重要的物体或人物。虽然快速缩放有助于在正确使用时增加戏剧性和能量感,但要避免过度使用缩放作为默认移动。

2. 平摇(pan)

平摇是指水平移动摄像机时,从左到右或从右到左移动,而摄像机的基座固定在某一点上,不调整摄像机本身的位置,只是调整方向。这种镜头运动非常适合用来在故事中建立一种位置感。

3. 纵摇(tilt)

纵摇是指将摄像机向上或向下围绕基座一点垂直旋转。这种移动通常需要使用三脚架,摄像机位置不变但指向的角度在垂直方向变化。这种镜头运动在电影中引入角色,尤其是重要角色时很受欢迎。

4. 跟拍(dolly)

跟拍指整个摄像机向前和向后移动时,通常会架设在某种轨道推车或机动车辆上。如果操作正确,这种镜头运动可以创造美丽、流畅的效果,但要确保轨道稳定并可以平顺移动。

5. 平移(truck)

平移与跟拍相同,只是要从左到右移动摄像机而不是进退。同样,最好使用平滑的运动轨道来消除颠簸或摩擦。

6. 升降(pedestal)

升降是指在摄像机固定位置的情况下,垂直向上或向下移动摄像机。

7. 虚实焦点

虚实焦点不移动摄像机位置,它只是一种拍摄技巧。虚实焦点是指调整镜头以使图像模糊，然后慢慢使其变得清晰，反之亦然。这是一种非常有效的方式，可以让观众的注意力从一个主题转移到另一个主题。

二、拍摄景别类型

有很多方法可以在一个镜头内对一个主题构图，其范围可以从显示整个身体到固定在更精细的细节上。将关键物体精心放置，有助于传达信息和创造美感，在绘画、摄影、版面设计，以及电影和传统动画设计领域都是值得研究的课题。

作为动画的制作者考虑这些因素是很重要的。第一重要的因素是镜头尺寸，有时候也叫图像尺寸，镜头尺寸与物体在图像帧的尺寸相联系，不同的镜头尺寸描绘不同的场景范围。一般来说，如今的动态图像中有以下几种类型的镜头尺寸：全景（FS）、远景（LS）、中景（MS）、近景（NS）、特写（CS 或者 CU）和大特写（ECU）。图 25.2 中列出了各种镜头尺寸标准。

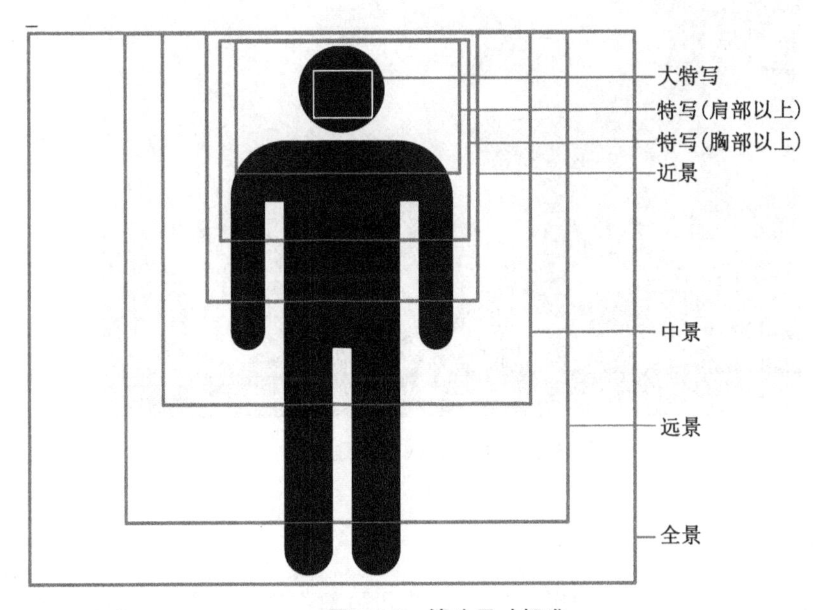

图 25.2　镜头尺寸标准

表达的含义不同，使用的镜头（景别）也不同。每种含义都有不同的表达目的。约瑟・马斯赛里（Joseph V. Mascelli）在他的著作《电影的语言》（*The Five C's of Cinematography*）中列出了这些镜头要表达的含义，下面列举一些最常见的镜头类型以及如何使用它们。

1. 建立镜头

建立镜头通常出现在场景的开头，它有助于建立氛围，交代即将发生的事情的背景。

它通常以长镜头的形式出现，并指示场景发生的时间、地点及位置。

2. 全景镜头

全景镜头就如同它的名字所暗示的那样，从头到脚显示整个主体。这类镜头倾向于更多地关注角色的动作和手势，而不是他们的心态。

3. 中景镜头

中景也称为3/4拍摄，是远景和近景之间的过渡，如图25.3所示。采用中景拍摄人物时通常选取人物的膝盖以上部分。中景镜头允许观众看到背景环境和角色的手势，同时开始捕捉角色的情绪。不要低估中景镜头的重要性。中景镜头给观众传达人物处于何种状态、使用何种姿势等关键信息，常常显现的是场景中人物的表情和运动。实际上，中景镜头常被用于将人物由环境的一部分移动到另一部分。

图25.3　动画短片《棋逢敌手》

4. 近景镜头

近景镜头采用近距离拍摄，拍摄对象的头部和脸部占据了大部分画面，这样可以突出主角的表情和情绪，使其主导整个场景。这种方式有助于观众与主角建立个人联系，而不被背景干扰。

这种近距离的镜头被电视行业定为标准。近景镜头最重要的是以人物的眼睛给我们以亲近感，如图25.4所示。

在《电影镜头设计》(*Film Directing*: *Shot by Shot*)一书中，史蒂文·卡茨(Steven D. Katz)说："近景除了表达亲近外，还可以让我们对屏幕上发生的事有身临其境的感觉。"

图 25.4　游戏动画《最终幻想》

5. 大特写镜头

大特写是指极端近距离地拍摄，非常接近拍摄对象，只能看到一个特定细节，例如人的眼睛或嘴巴。由于镜头的不自然接近，应该谨慎使用大特写镜头，但如果使用得当，可以非常有效地为场景添加戏剧效果。大特写镜头使观看者可以看到可能已被忽视的细节，并且可以真正突出拍摄主体。

6. 仰拍镜头

仰拍镜头是从拍摄对象的视线下方向上拍摄的，并产生观看者从较低视角观看拍摄对象的感觉。这种类型的镜头可以给人一种印象，即拍摄对象在某种程度上是强大的、英勇的，甚至是危险的。

7. 俯拍镜头

俯拍镜头是从拍摄对象的视线上方向下拍摄的，并且可以使拍摄对象看起来脆弱或无能为力。

8. 对拍镜头

对拍镜头是从另一个角色的肩膀后面拍摄的，并且通常以中等或近距离拍摄对象。对拍在群组对话场景中特别有效，有助于确定哪些角色彼此对话。

9. 反打镜头

反打镜头是指从正反方向进行两次拍摄，画面中同时呈现两个角色。这是介绍两个拍摄对象的自然方式，可以用来阐明他们之间的关系。可以应用两个镜头的不同变体来传递关于角色的不同消息。例如，当角色彼此相邻时，可能会给人一种印象，即他们在场景中具有相同的突出性。

10. 视点镜头

视点镜头描绘了一个角度，站在主角的角度显示角色正在看什么。这种类型的镜头让观众以角色的视角进行观察，并开始在更个人的层面上理解角色的心态。

三、多镜头组接

几乎在每个电视节目或者电影中我们都可以看到，先是一个远景交代事情发生的场所，然后是一个中景将人物联系起来，接着是人物的近景。

图 25.5 至图 25.7 展示的两个机器人在一个场景中，可以分成一系列的镜头，这样可以更好地理解。使用镜头的组合通常比一个长镜头更能有效地表达内容。

(1) 一开始使用远景将观众引入到动作在哪发生(图 25.5)。可以稍微拉近或者推远镜头。

图 25.5　远景

(2) 中景可以让观众明白人物之间的相互联系(图 25.6)。

图 25.6　中景

(3) 拉到近景可以让观众洞察当时情况下人物的感情(图 25.7)。

图 25.7　近景

一旦确定了近景,我们就可以知道人物之间的相互关系,场景的其他部分也是一系列的近景。

在 3D 动画设计中这些规则并不是绝对的。不过,尽管 3D 动画开创了一个新的方向,我们也不能有太大的跳跃,否则我们的观众会感到困惑,理解不了我们制作的动画叙述的内容。

第二十六章

摄像机匹配与追踪

摄像系统的匹配也称为运动匹配追踪，对于任何视觉特效(Visual Special Effect，VFX)艺术家来说都很重要。没有它，将无法将3D数据合并到实时动作镜头中。例如，电影《金刚》中一个典型的视觉特效镜头——一只大猩猩毁坏房屋的墙壁后横跨街头进入一条巷子，大猩猩和车窗破碎效果都是在计算机中利用三维动画完成，而街道上的人群是实拍的，如何将两者结合，这就是摄像机匹配与追踪需要解决的。

三维动画中的摄像机是现实摄像机的近似模拟。随着计算机硬件和软件的进步，运动追踪变得更加容易实现，便于将3D虚拟元素加入真实世界的镜头中。例如，电影《复仇者联盟》中的绿巨人或《变形金刚》中的擎天柱。为了实现3D虚拟角色与真人演员一起表演，需要一台虚拟摄像机，其移动方式与实时动作镜头中的摄像机完全相同，以确保3D渲染中的任何内容都能始终与真实场景的运动素材所拍摄的角度相同。三维场景被平面化为二维空间来呈现这一场景。

摄像机的工作是拍摄三维世界并制作二维图像，那么运动匹配模式的工作正好相反。运动追踪必须采用二维图像并创建一个三维世界。两者之间的介质是摄像机。如果可以重建有关摄像机的参数，将大大有助于弄清楚拍摄时三维环境的设置。三维环境和摄像机的信息最终被提供给动画师使用的。

运动匹配追踪的工作流程如图26.1所示。

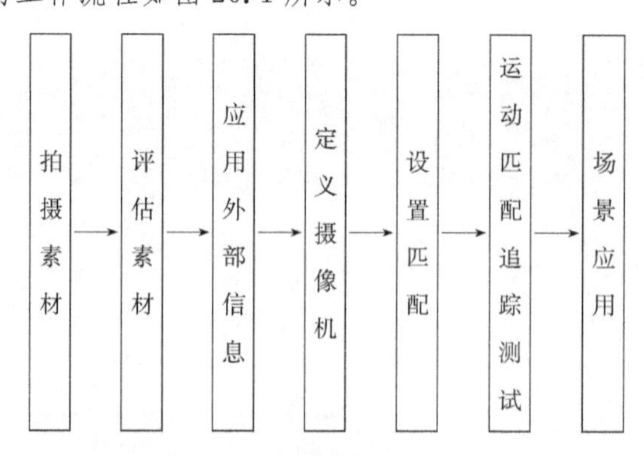

图26.1　运动匹配追踪流程

评估素材

评估素材是匹配过程中非常重要的一步。在评估镜头期间询问的一些典型问题包括：

- 摄像机似乎在做什么？它在移动吗？如果是的话，怎么移动？是锁定还是平移？移动速度有多快？
- 镜头中可见什么？有追踪标记吗？有什么阻挡标记吗？
- 素材的格式是什么？电影数字视频、高清视频图像是否过度压缩，有颗粒或噪声吗？
- 镜头中需要放置什么？它有多准确？
- 谁将使用运动追踪？他们将如何使用它？

当然，这些只是表面上的问题，但问的问题越多，你就越了解自己需要做什么。评估清单可用作指导，帮助确定运动匹配的难度。

二、应用外部信息

解决运动匹配追踪就像解决一个谜题一样，信息越多，就越容易获得良好的结果。有时可能只有图像序列，没有拍摄时记录下来的摄像机参数。但大多数情况是介于两种情况之间的，尽管仅有少量数据，但仍然有助于解决运动匹配追踪问题。

以下是运动匹配追踪可能包含的典型数据，如图 26.2 所示。

- 摄像机信息，包括焦距、光圈和影片类型。
- 内外参数测量值，包括摄像机高度、焦距以及镜头的其他测量值。
- 调查数据，包括非常详细的测量集，通常由专业测量员完成。

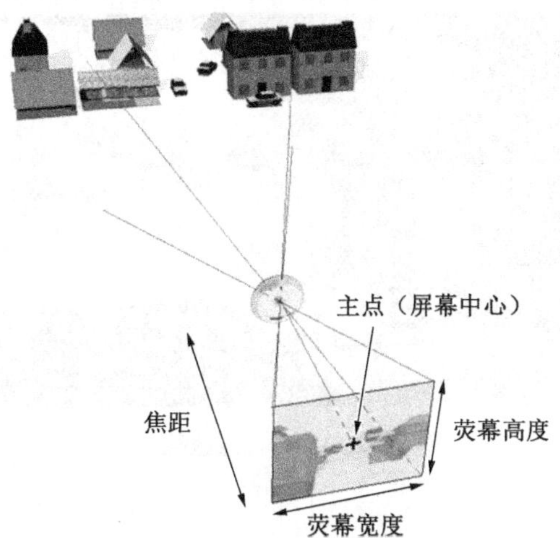

图 26.2　摄像机的内部参数

三、定义摄像机

如前所述，运动匹配追踪的工作是定义摄像机的所有内部和外部参数，有很多方法可以做到这一点。从广义上讲，有两种主要的解决方案：手动和自动。

1. 手动方法

采用透视匹配，匹配单个背景图像的透视图，而不是图像序列和老式的手部追踪。这种追踪序列的方法包括对摄像机的位置进行推测，然后在多次迭代中对其进行细化，直到达到匹配。手动追踪摄像机并非易事，通常需要花费数周才能真正弄清楚发生了什么，因为这个过程只是做出有根据的猜测，还需要在工作之前进行调整。

2. 自动方法

采用摄影测量软件自动追踪摄像机，如图 26.3 所示。工作流程如下：首先，图像中的特征，例如场景中的道具或标记(通常用于蓝屏画面以标记墙上的点)，在图像中以 2D 平面移动方式被“追踪”；然后，软件通过数学分析 2D 追踪标记的移动来对摄像机执行校准(或求解)。通常会生成 3D 动画摄像机和 3D 标记值，表示已在 2D 环境中追踪的要素的 3D 位置。这是目前实现运动匹配追踪最简单的方法。

从图像序列中获取 2D 信息，进而获取 3D 摄像机参数的过程称为摄像机校准。从 2D 图像序列中估计所有摄像机参数，包括内部参数，如焦距和非线性失真、摄像机位置和随时间的方向以及 3D 点坐标，可以提供有关镜头的一些特定信息，从而通过减少其参数空间来约束该匹配过程。

图 26.3　特征点跟踪

3. 关键帧

关键帧是包含足够的参数数据的帧，用于摄像机求解过程。使用从2D追踪过程获得的数据，初始化摄像机并为序列创建3D点。计算过程从一个固定的关键帧对开始，称为参考帧(1和2)，解算器会自动选择这些帧。

4. 3D点间关系

在摄像机匹配过程中，可以通过使用点间关系获取场景的空间几何信息。例如，多个点可能共享相同的坐标(如水平面上的所有点共享相同的Y值)，或某些点的坐标是已知的，这些已知点可以用于测量，从而为摄像机匹配提供关键信息，帮助提高匹配的准确性。

5. 测点

如果知道场景的某些属性或约束，则可能知道场景中某些点的3D坐标。可以在计算之前设置它们，而不去计算其3D坐标。可以手动设置这些坐标，也可以使用其中一个3D对象的顶点坐标。

6. 摄像机约束

摄像机约束告诉我们，匹配参数在与摄像机关联的帧的子集上是恒定的。由于它减少了计算参数的数量，可以减少计算时间。有四种摄像机约束：焦距、水平运动(nodal pan)、跟拍和平面移动(planar)。

7. 运动控制

某些硬件设备(例如吊臂或拍摄手柄)输出所谓的“运动控制数据”，可以使用运动控制文件解析器将部分数据导入运动匹配软件。这些数据直接输入到校准引擎中，作为初步的解决方案。随后，可以对这些数据进行细化，并计算出其他摄像机参数。此外，用户还可以手动输入或调整特定数据，以在启动解算器之前将最终解决方案限制在一个有效的范围内，从而提高解算的精确度。

一些方法结合了手动和自动方法，围绕两种类型的工作流程制定解决方案。例如，运动匹配追踪软件生成的2D追踪信息可以与自定义脚本结合使用，从而解决平移镜头的匹配问题。

四、设置匹配

虽然获取摄像机参数很关键,但这只是运动匹配追踪过程的一部分。匹配过程需要重建真实环境的空间布局。

图 26.4 展示了获取摄像机参数在运动匹配追踪过程中的重要性。图 26.4(a)显示摄像机使用不正确且建筑物位置错误;图 26.4(b)中的摄像机使用正确,但建筑物太靠近摄像机;图 25.4(c)中建筑物处于与摄像机的正确距离和位置,但由于摄像机使用不正确,建筑物仍然没有对齐;图 26.4(d)显示正确放置了摄像机,实现建筑物位置匹配。这个例子说明运动匹配不仅是求解摄像机参数,还需要解决环境空间的布局问题,需要处理好两者之间的关系。

(a) 摄像机使用不正确,建筑物位置错误

(b) 摄像机使用正确,建筑物位置错误

(c) 摄像机使用错误,建筑物位置正确

(d) 摄像机使用正确,建筑物位置正确

图 26.4 正确使用摄像机和正确放置布景的关系

如果只是一个走路的角色，动画师可能只需要一个简单的地面来作为接受投射 3D 阴影的介质。但在某些情况下，匹配过程可能需要极其精确的摄像机参数、详细的几何体定点定位参数。因此在开始匹配之前，3D 对象的类型以及放置位置是重要的信息。

由于 3D 环境可能有各种来源，通常动画师会创建一个简单几何形状或一组适配平面，有时也会使用模型的低细节水平的版本。此外动画师还会使用获得的 3D 标记作为理解有关场景空间关系的参考，创建出环境和设置场景是这个阶段的主要任务。

五、运动匹配追踪测试

运动匹配完成后，需要对其进行准确性测试。糟糕的匹配通常表现为真人版和 CG 元素之间的明显脱节。例如，CG 元素跟随真人场景的运动和旋转，但中间有可能会突然跳到另一个位置，偏离它正确的位置姿态。测试包括在图像序列上合成 3D 对象，并在序列移动时查看是否存在任何异常的弹出或抖动。

大多数情况下，运动匹配测试使用低分辨率对象或代理对象检验质量。查看对象是否滑动的最佳方法之一是在其上放置棋盘纹理并将其渲染出来，这有助于突出 3D 空间的滑动。

六、场景应用

场景应用阶段将匹配结果传递到场景，并应用于动画生成的后续流程单元。需要考虑场景的方向和比例、包含的对象、命名约定和格式等。

一个组织良好、布局清晰的场景将使工作变得更容易，并且不需要在事后向其他制作人员进行解释说明。

思考题：

1. 如何利用摄像机产生景深效果？
2. 如何使摄像机没有透视感？
3. 请制作一个简单场景，用摄像机进行不同景别的拍摄。
4. 摄像机匹配的目的和流程是什么？

第七部分

动画灯光系统

第二十七章

灯光的基本原理

灯光有助于表达情感,也可以引导观众的视线到特定的地方,为场景提供更大的深度,展现更丰富的层次。因此,在为场景创建灯光时,你需要自问:想要表达什么基调?所设置的灯光是否增进了故事的情节?

在创作逼真的场景时,应当养成从实际照片和电影中取材的习惯。好的参考资料可以提供一些线索,让你知道特定物体和环境在一天内不同时间或者在特定条件下看起来是怎样的。通过认真分析一张照片中高光和阴影的位置,通常可以重新构造对图像起作用的光线的基本位置和强度。通过使用现有的原始资料来重建灯光布置,也可以学到很多知识。

下面来深入了解一下动画中的灯光。

一、有关光的理论

在自然界中,光源发出的光线最终会传播到一个中断其前进的表面。可将光线视为沿着相同路径行进的光子流。在完美的真空中,这条光线将是一条直线(忽略相对论效应)。这条光线可能会发生四种情况的任何组合:吸收、反射、折射和荧光辐射。表面可以吸收部分光线,导致反射和折射,带来光的强度损失。表面可以在一个或多个方向上反射全部或部分光线。如果表面具有透明或半透明属性,则它会在某个方向上折射一部分光束,同时吸收一些(或全部)光谱(并可能改变颜色)。不太常见的是,表面可以吸收一部分光并且以随机方向用较长波长的有色荧光重新发射光,这是非常罕见的。在吸收、反射、折射和荧光辐射之间,必须考虑所有入射光的总和。例如,在折射率为50%的情况下,表面不能反射66%的入射光线,因为这两者的总和将达到116%。反射或折射的光线可以再次碰触其他表面,被它们吸收、折射、反射和荧光辐射,这些特性再次影响入射光线的衰减。这些光线一直不断地以这样的方式传播,射向我们的眼睛,使我们看到场景,最终渲染出图像。

下面我们解释一下光的几个特性。

- 强度:光的强度与光源的能量距离以及传播介质有关。直观的感觉就是光的明暗程度。

- 方向:指光源的方向。但是在多光源或者漫反射的情况下就不太容易确定方向。
- 色彩及色彩平衡(色温):主要表现在光源的颜色上。

1. 光强与衰减

光的强度是最明显和可感知的光质量之一。强度涉及光线的明亮程度,不发光的强度为零,刺眼的光强度很高。灯光强度影响灯光所照亮对象的亮度。投影在明亮颜色对象上的暗光只显示暗的颜色。大多数摄影师拍摄照片都是在空气中,如果是水下摄影,也只是感受到光线传播介质的不同。世界上最大的光源就是太阳。尽管太阳离我们很远,但是因为其巨大的能量,依然是地球上能看到的可持续的最强光源。

在计算机图形学中,光源除了需要定义位置(如果是球形或点光源)或方向(如果是远距或定向光源)外,还需要定义其他属性。光源发射的光可以表示为颜色和强度的组合。通常情况下,光的颜色用[0,1]范围内的值来定义,光的强度用从 0 到无穷大(或者在代码中可表示的最大浮点数值)之间的值来表示。最终发射的光量通过将光的颜色乘以其强度来计算:

$$光量=光色\times光强$$

抛开传播介质不谈,光的强度与光源能量和距离的关系是:光的强度与光源能量成正比,光的强度与光源距离的平方成反比,即遵循平方反比定律(又称反平方定律),如图 27.1 所示。

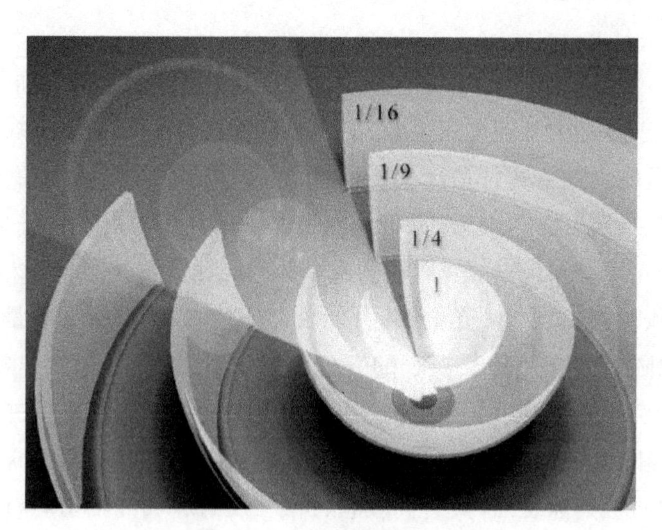

图 27.1　光的强度衰减法则

平方反比定律解释了光线如何随着距离的增加而逐渐变弱。实际上,这个定律适用于所有类型的辐射,也许最容易通过考虑热量来解释。物体接收辐射的热量与离辐射源的距离的平方成反比,也就是说离火越远,接收到的辐射热越小,当距离增加 1 倍时,接收到的辐射热是原来的 1/4;当距离是原来的 3 倍时,接收到的辐射热是原来的 1/9。

举例来说，当光源的亮度变为原来的2倍时，摄像机接收到的光强度也变为原来的2倍。当光源的距离变为原来的2倍时，摄像机接收到光的强度则要变为原来的1/4。

CG中灯光强度可以设为负值。小于零的值可以用作乘数，非常有用，尽管它们实际上不应该低于−1.0。负值设置会导致光线使对象变暗而不是照亮它们。最常见的是，负值灯用于巧妙地使像房间角落这样的区域变暗，尽管它们可以用来伪造阴影本身，并且计算时间更短。这在获得对场景照明的严密控制方面也很有用，可以从灯光的影响中排除或包含物体。此功能显然不会在自然界中出现，它允许添加灯光专门照亮单个对象，但不包含其周围的环境；或者灯光从一个对象投射阴影，而不从另一个对象投射阴影。

使用反平方衰减并不会减少光的计算时间，因为光实际上从未衰减到零。为此，大多数解决方案实际上提供了输入两个值的能力：近衰减和远衰减，以控制衰减开始和结束的位置。使用远衰减值来指定灯光照明的结束时，渲染时间通常会稍稍增加，因为光仅在此衰减范围内传播，渲染器可以保存计算此区域外的任何内容。对于精确可控的结果，这两个值也可以用于精确控制光衰减的方式，并提供使用反平方衰减的选项。线性衰减算法通过非常直接的方式计算光的衰减，在近衰减和远衰减值之间，光的亮度从最大值到零线性衰减。线性衰减产生的结果不如反平方衰减那么逼真，但好处是衰减更容易预测。

2. 方向

光源方向可以分为四种：

- 顺光，即光源在被摄物体正面。
- 侧光，即光源一般在被摄物体正面45°。
- 90°侧光，即光源一般在被摄物体90°位置。
- 逆光，即光源在被摄物体背面。

3. 色彩基础

色彩是光作用于眼睛的结果，但光线照射到物体上的时候，物体会吸收一些光色，同时也会漫反射一些光色，这些漫反射出来的光色到达我们的眼睛之后，就决定物体看起来是什么颜色，这种颜色在绘画中称为“固有色”。吸收使物体具有独特的颜色。白光由构成可见光谱的所有颜色组成。当白光照射物体时，其中一些光线会被吸收，而其他光线会被反射回来。这些反射颜色混合在一起，定义了物体的颜色。在阳光下，如果物体呈现黄色，可以假设它吸收蓝光并反射红光和绿光的组合，它们组合在一起形成黄色。黑色物体吸收所有颜色的光，而白色物体反射它们。物体的颜色是由该吸光材料的独特属性所决定的。

这些被反射出来的光色除了会影响我们的视觉之外，还会影响它周围的物体，这就是光能传递。当然，影响的范围不会像我们的视觉范围那么大，它要遵循光能衰减的原理。因为物体在反射光色的时候，光色就是以辐射的形式发散出去的，所以它周围的物体才会出现"染色"现象。

(1) 光谱(图 27.2)

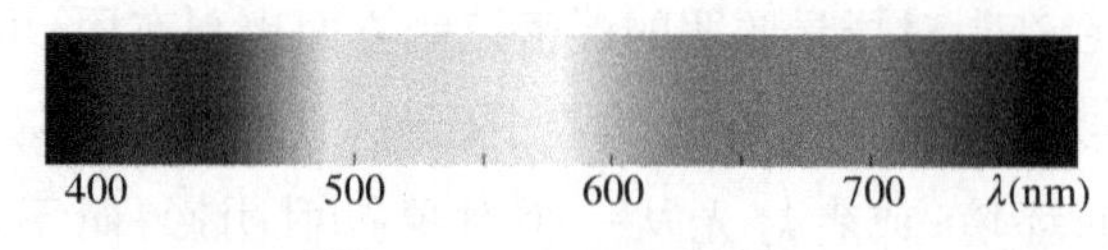

图 27.2　可见光谱波长

在计算机和照明设计人员的世界中，原色是红、绿、蓝。在绘画人员的世界中，原色是黄色、品红色和青色。因此混合颜色有两种主要方案：加色模型和减色模型。

加色模型以加性方式混合红色、绿色和蓝色光，将创建白光。此模型是当今计算机显示器采用的主要方式。图 27.3 中左图显示了这种加色模型。

减色模型基于颜料或染料混合物。使用此模型时，在绘画中混合红色、黄色和蓝色，或在打印中混合青色、品红色和黄色会产生黑色。图 27.3 中右图显示了这种减色模型。

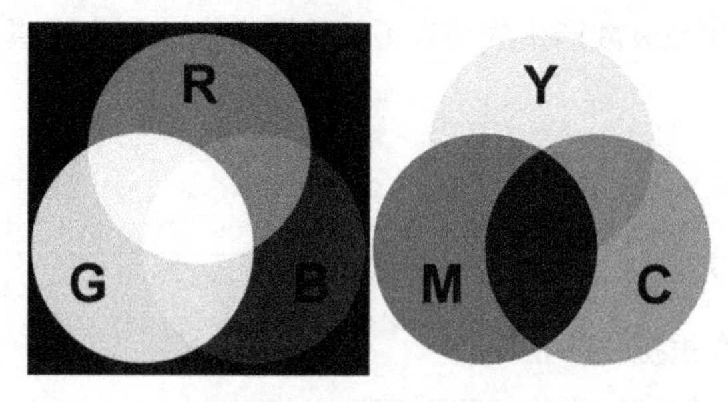

图 27.3　色彩混合模式

颜色也是所有 3D 灯光类型都有的参数。有些使用 HSV(色相、饱和度、明度值)模型，有些使用 RGB(红色、绿色、蓝色)模型指定颜色。RGB 模型更适合颜色选择，但 HSV 模型在增加颜色亮度方面非常有用。

对于 HSV 模型，色相(Hue)字段从颜色模型中选择颜色，饱和度(Saturation)字段选择颜色的纯度(饱和度越高，颜色越浅)，明度值(Value)字段设置颜色的明亮程度，可用于控制灯光的强度，并结合其倍增值。倍增值放大光的功率(正或负)，因此将倍增值设置为 2.0 会使光的强度加倍。使用此值来增加灯光强度可能会导致颜色出现烧坏，以及生成不适用于视频的颜色。例如，如果将聚光灯设置为红色，然后将其倍增到 10，则灯光在热点处为白色，而红色仅在未应用倍增的衰减区域中为红色。因此，如果不使用曝光控制来补偿显示设备的有限动态范围，则不要将倍增值设置为 2.0，这在处理光能传递时特别有用。

3D设计软件中的光度灯的颜色是在内部控制的，当选择与灯具匹配的灯源规格时，灯光的颜色和强度会根据此设置进行调整，可以更改强度和色温，还可以使用滤镜颜色值，就好像在光源上放置了滤色器一样。光度灯的颜色、强度可手动控制，强度使用的物理单位是流明(lm)、坎德拉(cd)或勒克斯(lx)。

(2) 颜色的亮度

虽然人眼感觉某些颜色比其他颜色要亮，但实际上人眼对可见光谱中的所有波长都不敏感。一般来说，人眼会觉得蓝色是最暗的，而绿色通常被认为是最亮的，蓝色和绿色之间是红色。更确切地说，人眼感觉到555～560 nm波长范围内的颜色(绿色朝向黄色)是来自可见光谱的所有颜色中最亮的颜色。如果需要参考人眼感知的亮度，可以使用HSV模型。请注意，颜色亮度的概念是主观的，这些颜色对人眼的亮度可以通过亮度函数来描述人眼对不同波长光的平均视觉灵敏度。在低光(暗视觉)和光照条件(明视觉)下，亮度函数不同。在低光条件下，负责暗视觉的视杆细胞对500 nm波长附近的光更敏感，并且对波长大于640 nm的光不敏感。

控制色彩亮度时，需要了解伽马校正的概念。伽马校正是在编码图像时减少带宽和比特分配的一种优化方法。这个过程基于人眼对亮度的感知特点，人眼对亮度的感知更接近于亮度的立方根。具体来说，人类视觉系统(Human Visual System，HVS)对较暗色调的相对差异更为敏感，而对较亮色调的差异不那么敏感。如果不使用伽马校正，就会浪费大量比特资源在HVS无法有效区分的色彩区域上。在数字图像的创建过程中，通常会使用编码伽马函数(如sRGB的OETF或gamma 1/2.2)对图像进行编码，以便在显示设备上呈现。然后，显示设备会使用其解码伽马函数(EOTF)对图像进行解码。一般情况下，计算机显示器的伽马值设置为2.2，以确保图像在显示时能够准确反映出原始的色彩和亮度。

线性色彩空间本质上没有伽马校正，也就是说它的伽马值为1.0，这样可以进行正确的线性计算。然而，为了让渲染后的图像在显示设备上正确呈现给观看者，必须将图像从线性空间转换为伽马空间进行编码。

(3) 配色

纹理和灯光设计师的另一个课题是配色方案，以及如何在工作中更好地利用它们。

第一个是互补配色方案，即在色轮上使用彼此相反的颜色。例如，红色和绿色，黄色和紫色，以及蓝色和橙色。图27.4中左图显示了指示互补色的色轮。这种配色方案通常用于设计突出的图形和徽标，因为它们具有很多视觉能量。

第二个是通常在自然界中看到的近似配色方案(图27.4中图)，通常是一种易于查看的配色方案。此方案通常使用色轮上彼此相邻的两到三种颜色，例如绿色和黄绿色，红橙色、橙色和黄橙色。

第三个是分裂互补配色方案(图27.4右图)由主色和除其互补色之外的两种颜色组成。例如，绿色、红色和红紫色。与补色配色方案一样，该方案具有视觉能量，更容易长时间观察。这种配色方案通常适用于网站和演示文稿。

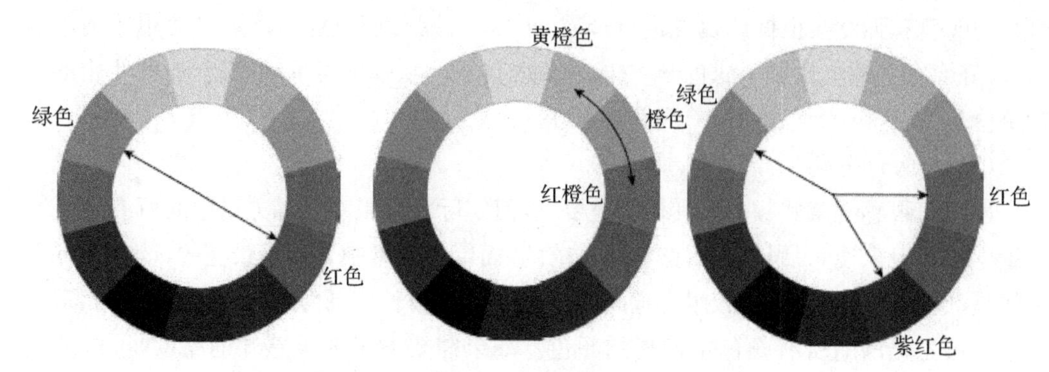

图 27.4　互补配色、近似配色、分裂互补配色

（4）光谱功率分布

我们周围的灯光通常不是纯白色的，每种灯具在可见光谱中发出的颜色和强度各不相同。荧光灯在光谱中有强烈的尖峰，而白炽灯发出连续的光谱，红光和红外光较强。这些特性通过光谱功率分布(Spectral Power Distribution，SPD)来表示，SPD 定义了光源在不同波长下的强度和颜色。

在 3D 渲染中，使用光源的光谱响应而非简化的 RGB 模型，可以更真实地模拟真实世界的照明效果，特别是在建筑渲染中。色温是影响色彩感知的重要参数，它以开尔文(K)为单位，描述光源发出光的颜色随温度变化的规律。物理学家开尔文勋爵发现，随着加热物体温度的升高，光的颜色从红色变为黄色，再到蓝色和紫色。这一发现形成了色温标度，用于描述不同光源的色温。表 27.1 为真实世界的光源色温。

表 27.1　真实世界的光源色温

光源	K 值(色温)
烛火	1 900
阳光：日落或日出	2 000
100 W 家用灯泡	2 865
钨灯(500～1 000 W)	3 200
荧光灯	3 200～7 500
钨灯(2 000～10 000 W)	3 275～3 400
阳光：清晨/傍晚	4 300
阳光：中午	5 000
日光	5 600
阴天	6 000～7 000
夏天阳光＋蓝天	6 500

值得注意的是，色温描述的是光的颜色特性，而不是光源的物理温度。例如，要模拟

日光的高色温(5 600 K),需要使用特殊的光学涂层来调整光谱。对于基于物理光源的照明,色温调节可以用于设置光的颜色。

色温虽然看似无关紧要,但在渲染中与色彩平衡密切相关,能够帮助模拟真实的电影效果。专业电影摄影师通常使用在特定色温下具有色彩平衡的几种胶片,这些胶片决定了拍摄时哪种光会呈现白色,以及其他光源的颜色变化。在 3D 环境中,由于摄像机不具备自动色彩平衡功能,需要根据色温表手动调整灯光颜色。

钨平衡胶片(3 200 K)在室内使用,使钨灯光呈现白色;日光平衡胶片(5 500 K)则用于户外,使日光看起来是白色的。要在 3D 渲染中模仿这种效果,首先需要确定整体的色彩平衡,然后为每个光源选择合适的色调。如图 27.5 所示,如果光源色温低于色彩平衡,可以添加黄色或红色调;如果高于色彩平衡,则应添加蓝色调。色调的强度取决于色温差异,但要避免过度饱和,以免影响高光细节。最终效果的选择依赖于美学判断,而不是固定的公式。

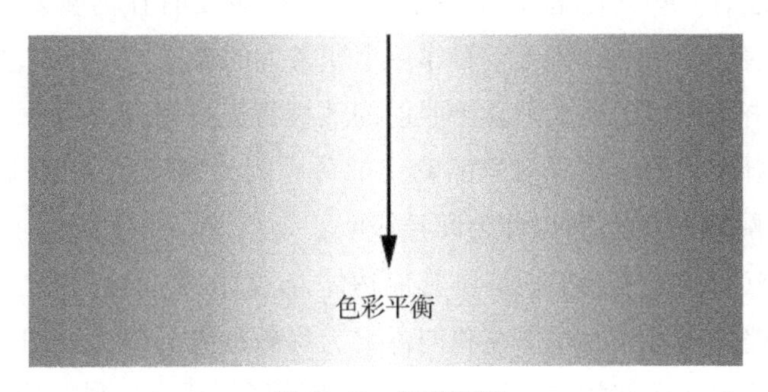

图 27.5　色彩平衡

4. 反射与散射

反射有两种情况:镜面反射和漫反射。漫反射物体表面上方的所有光源(无论是直接还是间接)都对该表面亮度有贡献。在光学中,兰伯特(Lambert)余弦定律阐明从理想的漫反射表面观察到的反射光强度与入射光方向和表面法线之间的角度的余弦成正比。

现实世界中很少有表面是完美的镜面。实际上,大多数表面都是闪亮(shiny)或有光泽(glossy)的,或亚光(matte),或漫反射(diffuse)。在 CG 中,提到亚光有时会用朗伯(Lambertian)来描述。而有光泽的表面可以看成很多“破碎”的镜子,可以看作一个小切面的集合。光线在反射时,如果偏离了理想的镜面方向,其偏离角度取决于表面切线方向与镜面方向之间的差异。差异越大,光线反射的角度就越偏离镜面方向,也就是说,表面越有光泽,反射光线越接近镜面方向;相反,表面越粗糙,反射的图像就越模糊。

与有光泽表面的反射不同的是漫反射。光泽表面反射的物体或光源取决于视角,而漫反射与视角无关。无论使用哪个视角观察场景,漫反射表面始终具有相同的亮度。光滑表面反射的光线在反射锥(镜面波瓣)范围内反射。锥体的宽度取决于表面粗糙度。

表面越粗糙，锥体越大。

光也遵循简单的反射定律，即反射角等于入射角（图 27.6）。入射角是相对于入射点处的表面法线测量的。CG 中对此法则的模拟使用称为光线追踪的渲染过程，该过程模拟准确的反射和折射。

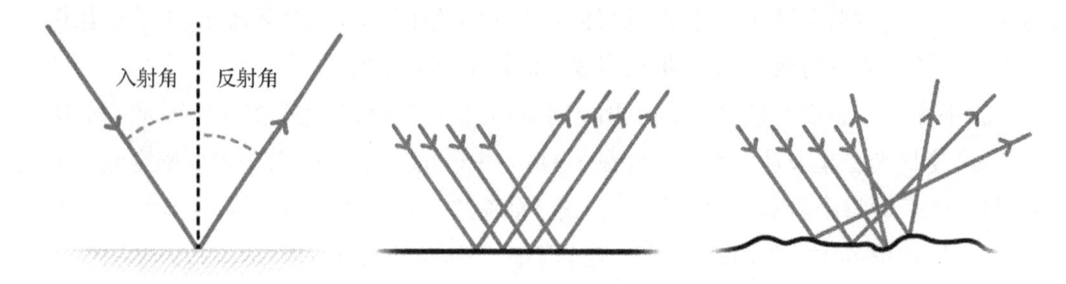

图 27.6　光线反射定律（左）、光线镜面反射（中）与粗糙表面的光线散射（右）

反射和散射还有一些其他情况：一些物体表面根本没有任何直射光，它们没有面对太阳，甚至没有面朝天空（可以将天空看作一个非常大的光源）。然而，它们并非完全是黑色的。发生这种情况是因为被太阳直接照射的地板将光反射回环境中，并且一些光最终照亮了未接收来自太阳的任何直射光的物体部分。因为表面间接地（通过其他表面）接收诸如太阳等光源发出的光，所以称为间接照明。

漫反射物体反射的光线会射向周围其他物体，反射物体间接照亮了周围的物体。水面上的镜片或波浪也会将光线聚焦在我们称之为焦散的奇异线条或图案中（我们所熟悉的暴露在阳光下的水池底部的光的舞蹈模式）。当镜子构成迪斯科球的表面，或当强光照射在玻璃物体上时，反射光也会经常出现焦散。常见的散焦效果如图 27.7 所示。

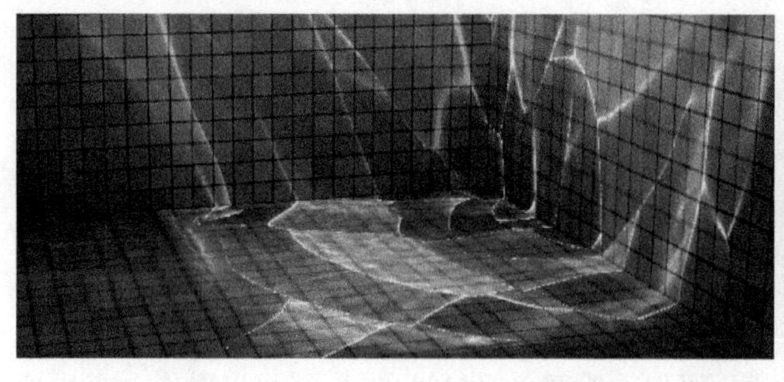
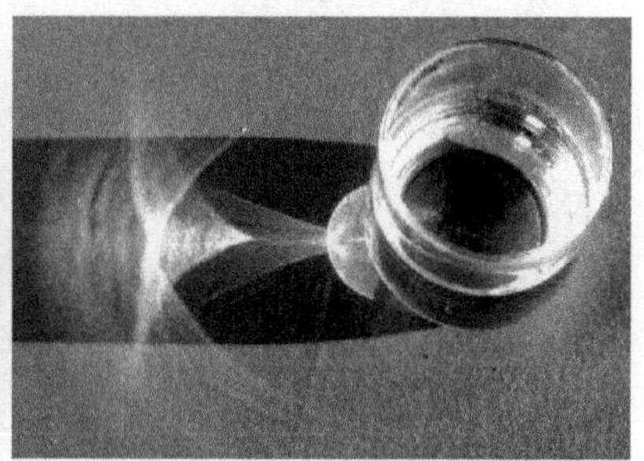

图 27.7　散焦效果

5. 折射与透明

透射和折射在现实世界中非常普遍，每天都可以观察到。玻璃和水是两种非常常见的材质，具有两种性质。光线可以穿过它们，我们称之为透射现象，它们同时也反射光线。在设计材质时我们要了解一个重要问题：透射的光量与反射的光量之间的关系是什么？要回答这个问题，我们需要了解菲涅耳效应。

玻璃球以及几乎所有其他透明表面（水、钻石、水晶等）都可以透射和反射光线，它们既有折射性又有反射性。问题是我们如何知道它们传输的光量与它们反射的光量有多大，这个比率由菲涅耳方程给出。它们反射的光量与它们传输的光量实际上取决于入射角度。当入射角减小时，透射光量会增加。根据能量守恒原理，反射光和折射光的总量必须等于入射光的总量。因此，当入射角增加时，反射光量也会增加，接近 90°时，反射光量的比率可达到 100%。从技术上讲，玻璃球的边缘是 100%反射的。然而，在其中心球体仅反射约 6%的入射光。

可以使用菲涅耳方程来计算反射光量与折射光量。解释这些方程的起源以及如何推导它们远远超出了本书范围，在此不详细讨论。光由两个垂直波组成，我们称之为平行偏振光和垂直偏振光。因此需要使用两个不同的方程（每种类型一个）来计算这两个反射光的比率，并对结果求平均值。

在自然界中很容易观察到菲涅耳效应。如图 27.8 所示，背景中有一些山脉，而前景中有鹅卵石，可以看到反射似乎随着距离的增加而增加。还要注意，虽然远处的反射很强，但我们在远处看到的前景中的湖水更清晰。这是由菲涅耳效应造成的，入射角随着距离的增加而增加，反射与透射的比率随着入射角的增加而增加。因此，当我们从远处观察时，水面反射更多光线。当我们以较小的入射角观察水面时，大部分光线会透过水面，因此我们能清楚地看到水下的景象。然而，随着入射角的增加，反射光的比率增大，接近 90°时，反射光几乎达到 100%。这种现象也可以在其他光滑或透明的物体上观察到，比如玻璃建筑的外立面远端或玻璃球的边缘，它们在这些角度下更具反射性。

图 27.8　菲涅耳效应

折射描述了光线如何弯曲并遵守斯奈尔（Snell）定律，该定律涉及透明和半透明物体。当光线从一个透明介质传递到另一个透明介质时，它们会改变方向。这种现象如图 27.9 所示。光线在两种介质（可以是空气到玻璃，空气到水，水到玻璃等）的边界或界面处弯曲。当入射角大于临界角时，根本没有任何折射。这只发生在光线从一种介质传递到另一种具有较低折射率的介质时，如从水到空气，这种现象称为全内反射。

光线的新方向取决于两个因素：光线入射角和新的介质折射率。玻璃和水的折射率

图 27.9　折射

分别约为 1.5 和 1.3。对于固定的入射角，弯曲量取决于折射率。折射率通常用字母 η 表示。光在水中的传播速度比在玻璃中的传播速度快，但比在空气中的传播速度慢(空气的折射率非常接近 1，在 CG 中我们几乎总是将空气视为真空)。光线的折射或弯曲解释了为什么通过透明物体(如玻璃或水)看到的物体变形了。它可以产生一些非常奇怪的效果，如图 27.9(左图)中所示的破损笔的错觉；通过玻璃球观察物体可以看到球后面物体的倒像，如图 27.9(右图)所示。这些都是由折射引起的。

在自然界中还存在一种散射形式，次表面散射(Subsurface Scattering，SSS)，是"半透明"的学术称谓，也称为次表面光传输(Subsurface Light Transport，SSLT)。例如蜡、玉石或大理石制成的小物体，背面强光照射薄的有机材料(皮肤、树叶)，其内部散射效果清晰可见。次表面散射是一种光传输机制，光穿透半透明物体的表面，通过与材料相互作用而散射，并在物体表面不同点离开(图 27.10)。光线穿透表面，在材料内部以不规则的角度反射多次，从与表面反射不同的角度返回材料。次表面散射对于大理石、皮肤、树

图 27.10　半透明(次表面散射)

叶、蜡和牛奶等材料的真实感绘制是必不可少的。实际上渲染这种次表面散射模拟相当复杂。

二、光源种类

我们需要深入了解3D光源类型和正在使用的渲染引擎的知识,以便能够实现有效的渲染。了解现实世界中的光是如何表现的,这对于在数字世界中模拟重要的光线行为非常重要。

例如,3ds Max中提供了两类灯光。如果转到“创建”选项卡并单击“灯光”按钮,下面的下拉列表将显示两个选项:标准灯光和光度学灯光。标准灯光曾经是默认选项,现在应该将光度学灯光视为重要的学习内容。但这并不是说标准灯光应该被放弃,其实它非常通用,可以模拟从太阳到台灯的任何类型的光,这种多功能性使标准灯光非常有吸引力。光的颜色,它的衰变和强度,所有这些东西都可以控制,以满足照明设计师的需要。标准灯光的渲染速度也相对较快,这在设计中始终是一个重要考虑因素。

另一方面,光度学灯光的灵活性较差,但这也是其优势。与标准灯光不同,光度学灯光基于物理照明的真实世界,并围绕光能参数构建。因此,光度学灯光使用实际参数,例如分布、强度和色温。这对于寻求超逼真和物理精确渲染的用户非常有吸引力,由于模拟的准确性,光度学灯光也可以用于照明分析。

虽然这些灯光可以与扫描线渲染器一起使用,并且支持扫描线渲染器中的两种高级照明模式:光能传递和光追踪,但这两种模式正逐渐被淘汰,因为它们的渲染效果已经落后于全光线追踪类渲染器。光能传递是一种扫描线模式,虽然渲染速度较慢,但设置简单且效果接近全光线追踪类渲染器,尤其适合用于光度学灯光的渲染,这也是它仍具有吸引力的原因之一。

除了标准和光度学灯光,还有专门设计用于全光线追踪类渲染器的灯光选项,仅切换到对应的全光线追踪类渲染器时才能进行选用,对这部分灯光本书不作介绍,感兴趣的读者可以查阅相关渲染器的手册了解使用方法。

1. 泛光灯

泛光灯(omni light)又称为点光、全向灯,就像电灯泡,它从一个位置发出光并向各个方向放射。图27.11展示了一组泛光灯,这种光源发出的光线在所有方向均匀分布,是最容易设置的光源类型。在现实世界中,例如恒星、蜡烛火焰或萤火虫等,都在所有方向上均匀地发光。

使用泛光灯时可以将其放置在几何建模的灯光配件中,并打开灯光的阴影功能。泛光灯最适合用于提供填充照明,非常有用。

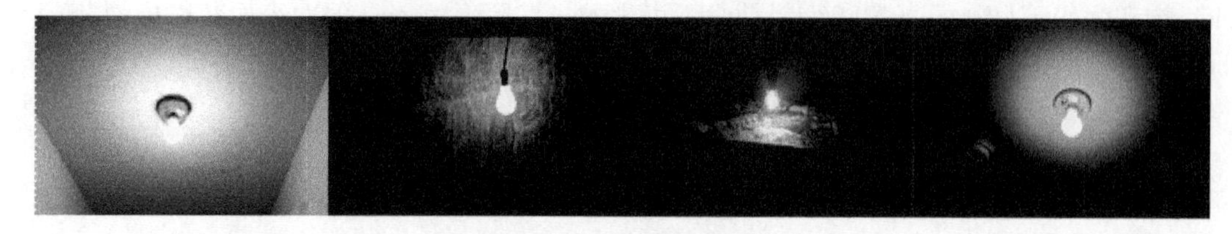

图 27.11　泛光(点光源)

我们既可以控制泛光的亮度也可以控制泛光照亮的范围,在 3D 应用程序中,有时用两个圆来表示泛光的照射范围(图 27.12)。可以拖拽这些圆来增大或者减小光照的范围。里面的圆表示光线能完全照亮的范围,外面的圆表示光线能照亮的最远距离。对于泛光来说,视图只显示泛光的效果,而不会显示其来源。也就是说,你可以看到电灯泡的效果,而看不到灯泡。如果所有的光束都来自一个可见的挂起来的灯泡,你需要对灯泡建模,然后将之放到泛光所在的位置。

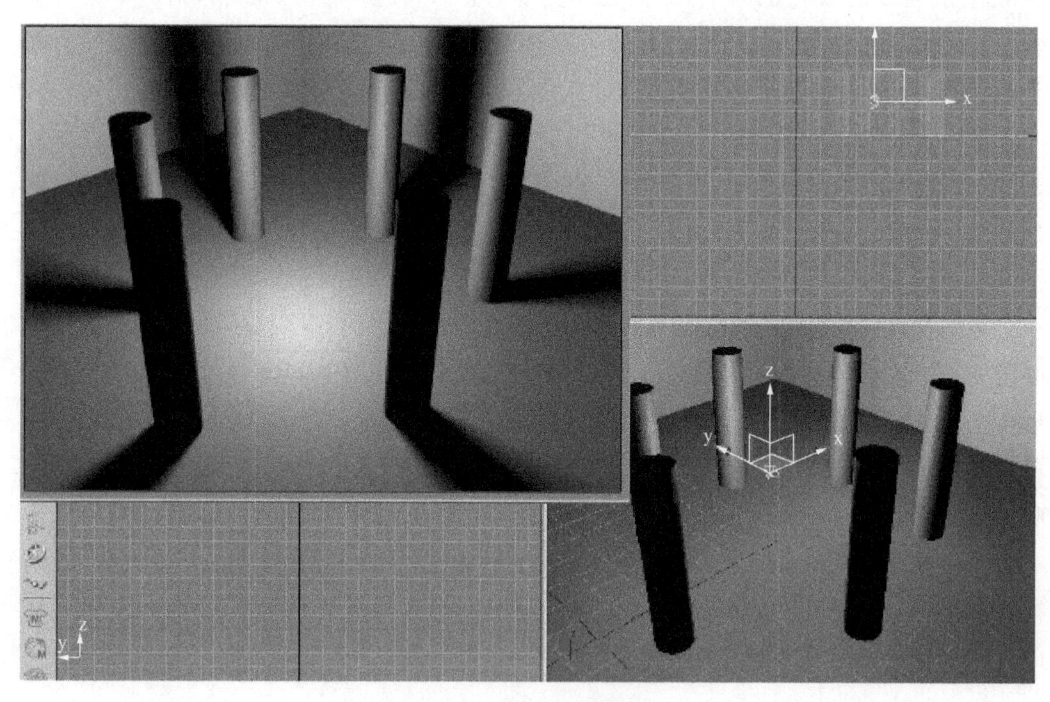

图 27.12　泛光的照射范围

2. 射灯

射灯(spots light)又称聚光灯,其投射的光束在其方向上是可控制的。射灯投射的是聚焦光束,类似手电筒光束。像泛光灯一样,射灯从一个无限小的点发出光,光照被限制在锥形区域。聚光灯瞄准可以通过几种方式完成:一种方法是自由定位光线并旋转它直到它正确瞄准,这可能不是最简单的方法,但可能最接近真实世界的情况;另一种更有用的方法是给予目标物体光，因此无论光线如何定向，它都会指向物体。

聚光源或许是光照中最有力的工具，能控制其亮度、方向、颜色和效果。在3D应用程序中聚光源一般由以下几个部分表示：光源、方向、半径角、衰减角、完整强度半径以及衰减半径（图27.13）。

除了能够操纵聚光灯的方向外，还可以控制其锥体。锥体由两个值定义：一个值定义热点（方向点），另一个值控制衰减。光的强度从光轴线（中心线）处的100%逐渐下降到光锥边缘的0。改变这两个值之间的差距可以控制锥体边缘处光线的柔和度。当这两个值之间的差异很小时，光线出现在一个明确定义的圆圈中；当这两个值差距很大时，光线的边缘会变得更柔和。当给出非常柔和的边缘时，光斑将失去其定义的边缘并且光本身的位置将变得模糊。聚光源是非常有用的工具，有效、巧妙地向特定区域提供填充光。

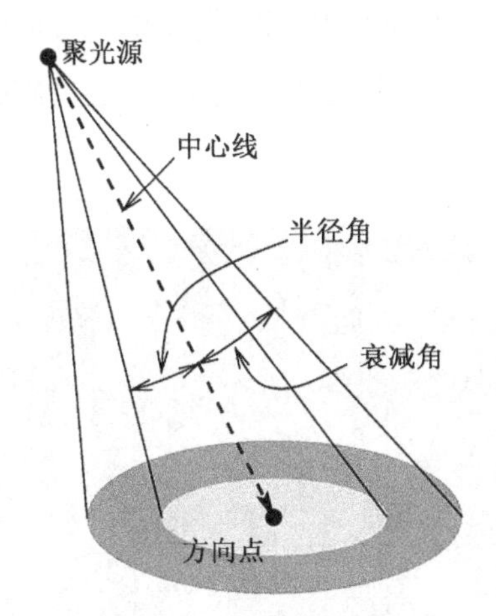

图 27.13　聚光源示意图

拖拽光源图标可以移动光线的位置，拖拽方向图标可以设置光线方向。完整强度半径（里面的圆）表示在完整强度下光线扩散的广度，衰减半径（外面的圆）表示能看到从泛光源发出的光线的最外端。如果外圆明显大于内圆，则光线是柔和的；而如果外圆与内圆大小接近，则光线边缘会很硬（图27.14）。

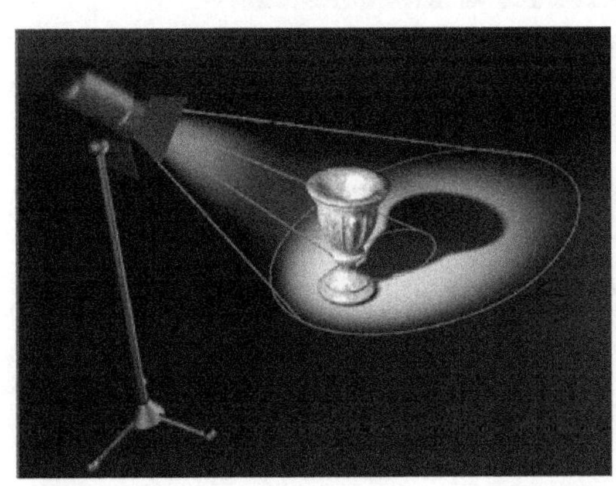
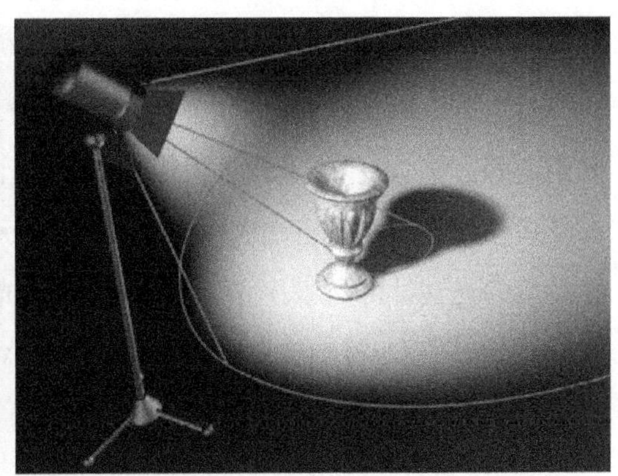

图 27.14　聚光源的衰减

3. 平行光

平行光(direct light)又称为方向光、定向光源、无穷远光源,就像太阳。光源在遥远处,距离物体很远,以致光线相互平行地到达场景(图 27.15)。在三维动画中常用平行光来模拟无穷远光源。无穷远光源的表现就像天空中的星星。但与星星不同,计算机模拟的无穷远光源可放在场景中的任何地方,是无质量的,而且可以调节它们的强度。平行光会影响到场景中所有的物体,所有的东西都会被照亮或者留下投影。

如果将泛光灯放置得相对靠近一个或多个物体,会看到这些物体投射的阴影取决于它们与光源的相对位置。将光线移开更远,会看到阴影变得越来越平行。移动此光源无限远,光源会投射平行光线。方向光的作用就是在单一方向上投射平行光线。方向光非常容易控制,由于光线平行不变,它的位置无关紧要,通过旋转灯光本身或移动它所在的物体来控制,就像聚光灯一样。

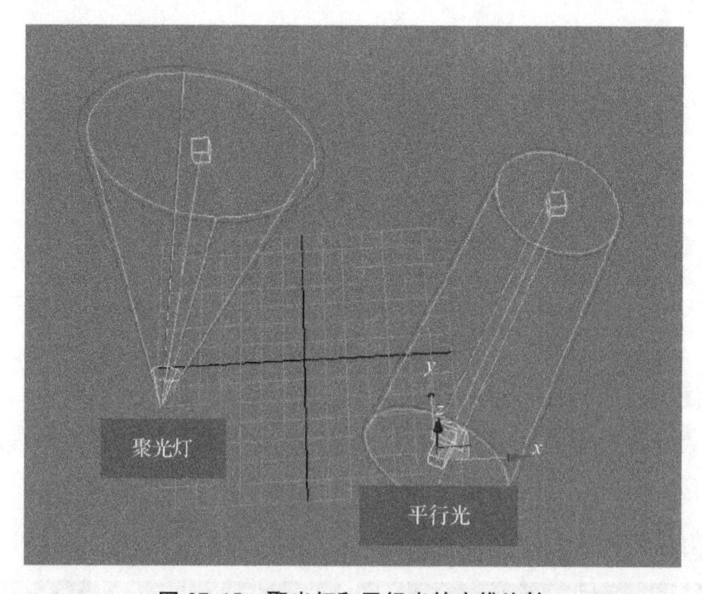

图 27.15　聚光灯和平行光的光锥比较

除了可以模拟阳光,方向光也经常用于填充照明,即辅助照明。方向光是模拟环境光的良好方案,可以将其视为没有可辨别光源或方向的普通光,这是光从场景表面散射的结果。当天空的大范围照明产生均匀的反射光,分布到不在阳光直射下的表面时,这种类型的光在外部场景中最为明显。方向光可以为大区域提供均匀照明。如图 27.16 所示,聚光灯在一排圆柱上投射阴影,形成 V 形阴影图案(左图)。平行光在一排圆柱上投射阴影,创建一个平行的阴影图案(右图)。

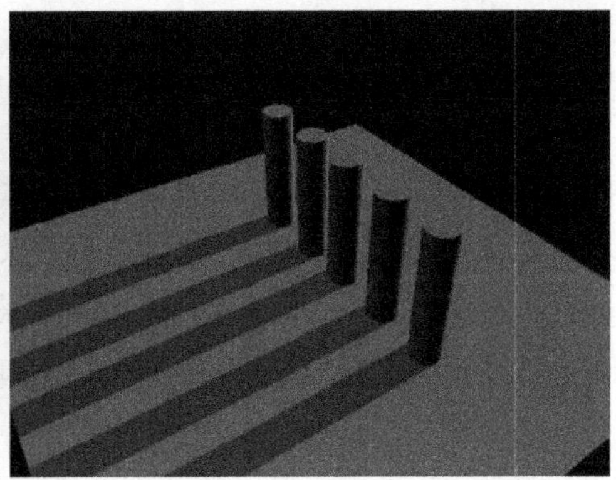

图 27.16　聚光灯和平行光的阴影

4. 天光

天光(skylight)类型的光充当场景上方的穹顶并模拟日光,可以将其视为散射在大气中的光。此灯光可与扫描线渲染器一起使用,可以投射柔和阴影。它还可以与光线追踪器(light tracer)一起使用。光线追踪器用于外部场景,会产生与全局照明相关的颜色渗色,但是与其他光能传递不同,它不会计算物理上精确的照明模型。这对于户外场景来说是一个非常适合的解决方案,因为可以快速设置日光组件而无光能传递的计算要求。除了天空的颜色和强度之外,天光的控制项较少,值得注意的是贴图可以分配给天光以产生颜色,使用 HDR 贴图可以获得特别好的效果,如图 27.17 和图 27.18 所示。

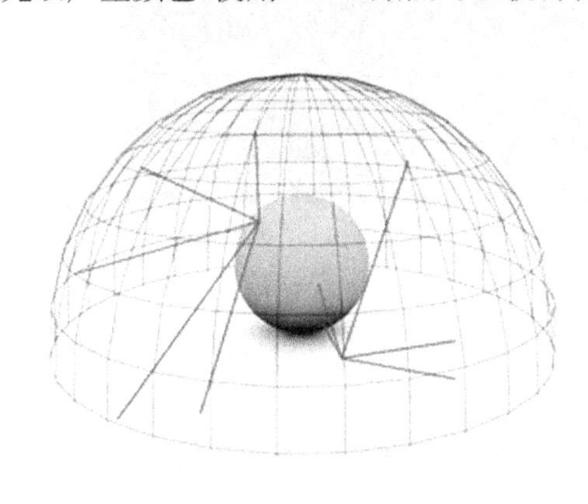
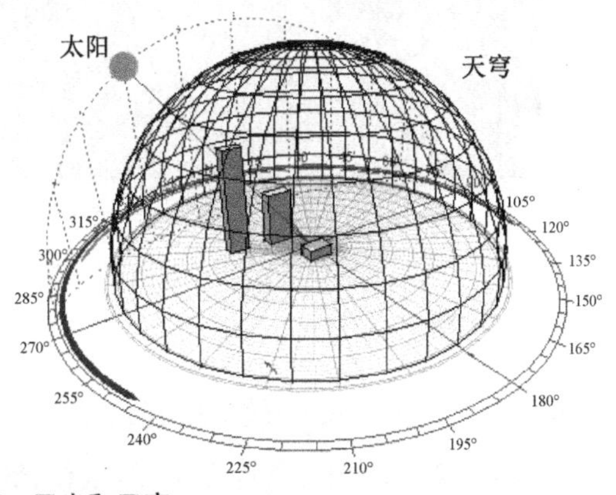

图 27.17　天光和天穹

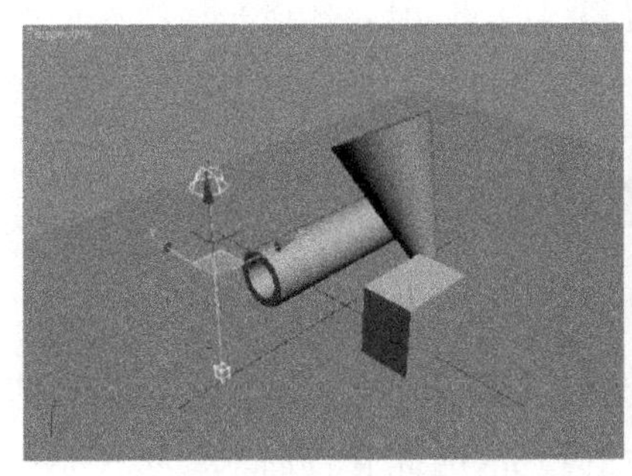

图 27.18　天光的照明效果

5. 区域灯

在现实世界中没有光照来自无限小的光源，光源总是具有一定的物理尺寸。区域灯(area light)是具有尺寸(甚至体积)的灯光类型，从中发出光线，为描绘日常灯具提供了更加真实的解决方案。区域灯尺寸越大，阴影越柔和，光线越平均。当光源比物体大时，光线会绕过物体，投射出的阴影会变得柔和且模糊；相反，当光源逐渐变小时，阴影也会变得越来越清晰，直到光源缩小到足够小的尺寸时，它就会像点光源一样，投射出锋利和清晰的阴影(图 27.19)。

区域灯可以产生非常可信的光，能够产生逼真的效果，但其缺点是计算密集，需要花费大量时间来渲染。因此，它们通常仅用于最终质量输出或用于产生静止图像。区域聚光灯具有热点和衰减值，用于控制光锥，就像常规聚光灯一样。

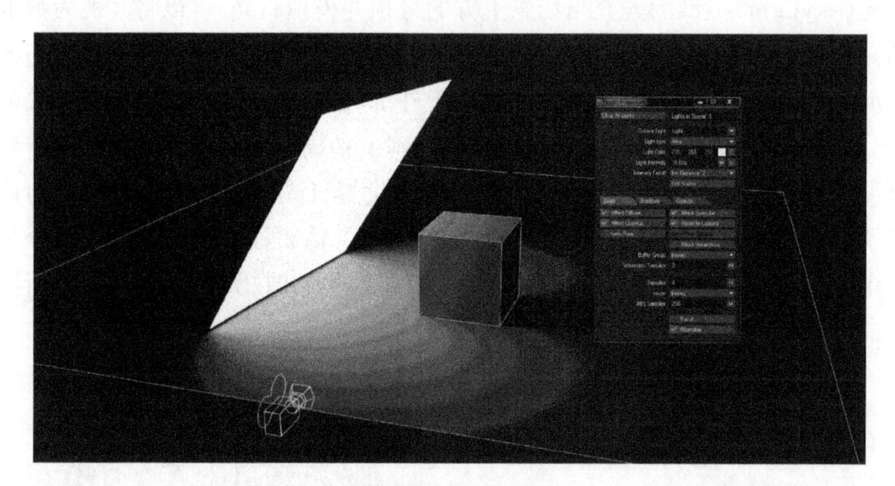

图 27.19　区域光源

6. 环境光

环境光(ambient light)效仿所有光照射下的情景。当我们点亮灯泡时，光线从灯泡中发出，被墙、桌子、椅子、瓷砖等反射，这种光线会照亮周围其他的物体。如果 3D 应用程序试图追踪这些光线在场景中的踪迹，将会花费很多时间，因此环境光模拟漫反射曲面反射光源照射的常规照明，是对这些光线的照射效果的模拟。环境光会使整个场景变得明亮而不会有阴影，但无法控制光的聚焦类型。

环境光源常常决定场景的照明级或黑暗级，而且每个场景仅有一个环境光源。环境光设置决定阴影曲面的照明级别，或决定不接收光源直接照明曲面的照明级别。图 27.20 所示为具有相同着色器的两个球体的环境光示例。左边的球体只有一个直射光，所以球体的背面进入完全黑暗。在右边，对球体施加了一点点环境光，因此其背面不会落入完全黑暗中。

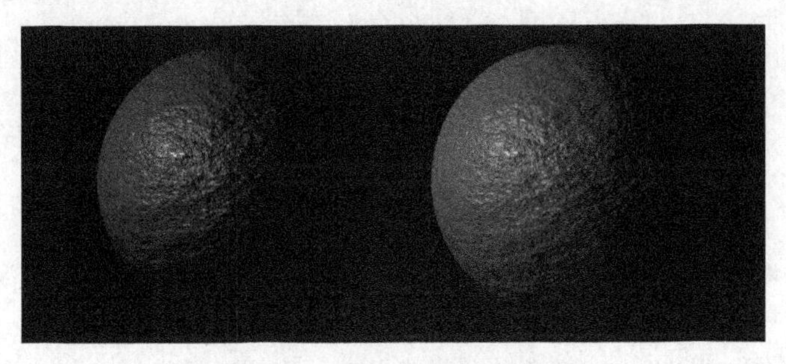

图 27.20　环境光对暗部的影响

环境光通常用于室外场景，当天空的主要照明在背向太阳的曲面上产生均匀分布的反射光时，用于加深阴影的常用技术是对环境光颜色进行染色，以补充场景主灯光。

与室外场景不同，室内场景通常拥有很多灯光，并且常规的环境光级别对于模拟局部光源的漫反射并不理想。室外场景照明通常将场景的环境光级别设置为黑色，并且只使用影响环境光效的灯光来模拟漫反射的区域。

7. 阳光和日光系统

阳光(sunlight)和日光(daylight)两类模拟光源可用于在给定位置提供太阳在地球上的地理性正确运动。用户可以输入位置，还可以输入日期和时间，它们非常适合用于阴影研究。此外，还可以从 EnergyPlus 网站获取天气数据文件。该网站包含 1 300 多个地点的天气数据。

3ds Max 中阳光和日光系统在两个位置进行控制："修改"面板提供访问常用的光照相关功能，而"运动"面板则用于指定位置、日期、时间等。日光系统包含两个组件：太阳光和天光。两种光通过相同的基于位置的系统连接在一起，这使得非常容易设置和控制逼真的室外光，如图 27.21 所示。此外，天光和太阳光组件内置了很多灵活性和附加功能，可以在标准灯光、IES(照明工程协会)灯光之间切换。

8. 光度学灯光

光度测量是对光的物理性质进行测量。当使用光度学灯光(photometric light)时，基于物理原理来模拟光在环境中的传播过程。这种模拟结果不仅高度逼真，而且在物理上非常准确。然而，需要注意的是，如果场景设置使用的是真实的物理单位，那么这些灯光的渲染效果将更加真实。例如，放置在 1 m^3 大小空间内的灯泡与放置在 100 m^3 大小空间内的同一个灯具，其照明效果会大不相同。可以想象，用来照亮卧室的光源如果被放置在一个体育场内，照明效果会截然不同(图 27.22)。

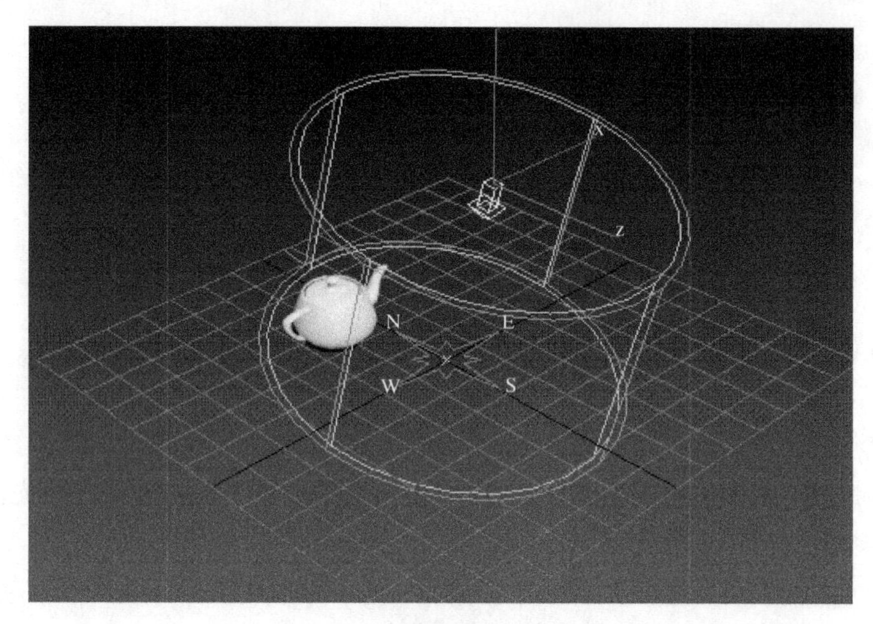

图 27.21　带指南针的日光系统

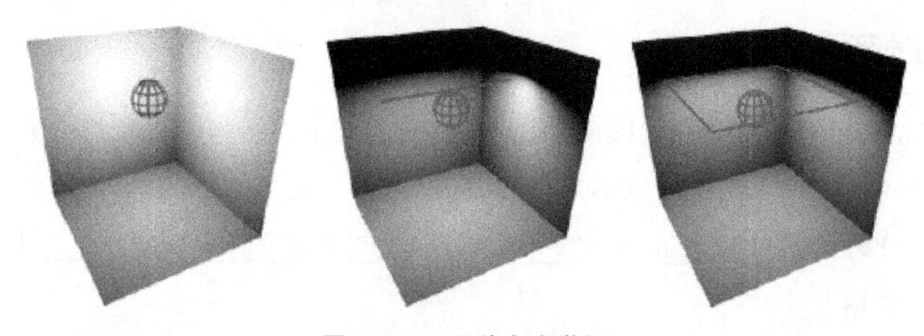

图 27.22　三种光度学灯

光度学灯光使用不同类型的光分布：IES 光源（如图 27.23 所示，又称 Web 光源）、聚光灯、均匀半球和均匀球形。这些分布方法确定光从光源如何分布。均匀球形是最简单的，仅适用于一种光源类型，即点光源，全向光、各向同性光在所有方向上均匀地分布。但是，点光源还具有其他分布类型，如均匀半球分布，又称为漫反射，它在半球中均匀分布光。

与标准聚光灯不同，光度学聚光灯定义了光强度降至 50%的位置，而不是在热点/光束角度 100%处的光衰落。IES 光源使用光域网（Web）来描述光源在三维空间中的强度分布。光域网数据通常以 IES 标准文件格式等多种格式存储和传递。许多照明设备制造商提供与其产品对应的光域网文件，包含完整的灯具光度数据。这些文件通常可以在互联网上获取，对于实现逼真的光照渲染效果非常有效。光度数据通常通过测角图来显示光源在不同方向上的发光强度，而光域网将这些测角图扩展到三维空间，以精确展示光强度的空间分布。

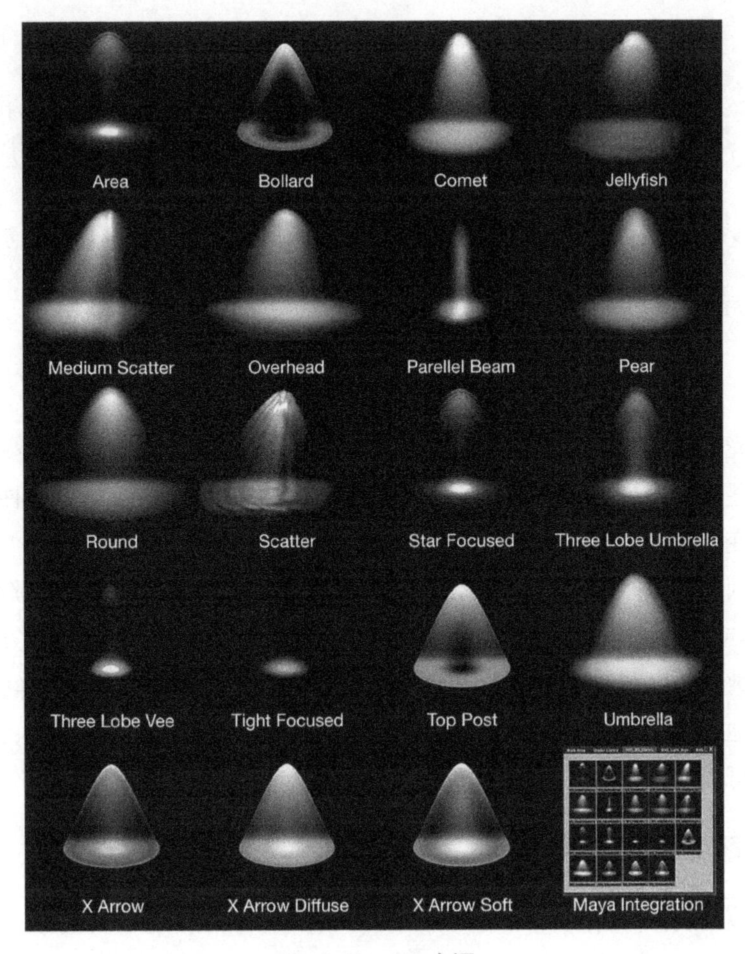

图 27.23　IES 光源

光度学灯光的分布会影响光在整个场景中的传播方式，用于投射阴影的光形状有六种选择：点、线、矩形、圆盘、球体、圆柱体。例如，“线”选项会投射阴影，就好像灯光从线条发出一样，如荧光灯管；而“圆盘”选项会投射阴影，好像光线是从圆盘发出的，像圆形舷窗一样。这种光强分布模型提供了广泛的选择，并且可以额外控制独立区域的阴影效果，使得光度学类型的光源非常强大。通过使用照明制造商提供的光域网文件，用户可以准确地模拟真实世界的照明灯具，包括精确指定灯具的颜色和强度值，从而实现高度逼真的照明效果。

9. 灯光阵列

灯光阵列是非常有用的照明工具。在设计软件帮助文件、手册和 3D 设计相关书籍中通常找不到关于它的介绍，相关资料非常缺乏。当灯光照射需要环绕物体时，单个灯光是不够的，在这种情况下可以使用灯光阵列（图 27.24）。灯光阵列是由一定数量的灯光遍布一个区域。

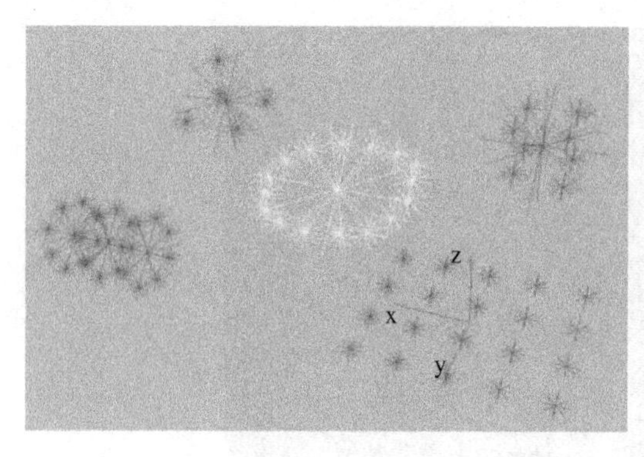

图 27.24　灯光阵列

如果将光源散布在矩形上，就拥有了矩形灯光阵列。通过使用多种空间排列形式，可以建立一些有趣的灯光效果，创造一个真实的环境。这主要是因为以这种方式创建的大型阵列改变了来自环境不同区域的光的强度和色彩。

灯光阵列最好像照明装置一样进行组装，可以使用工具将灯光精确地附加到基本对象（如立方体或半球体灯）的顶点上。对于矩形排列的灯光设置，最有效的方法是使用一个包含适当数量长度和宽度分段的平面对象来进行布置。这种方式可以确保灯光阵列均匀且精确地排列。设置完成后，可以反复使用这个灯光阵列来代表天空、特殊灯具等。灯光阵列也可以作为补光灯，在物体周围提供颜色和强度的细微变化。

10. 高动态范围成像

高动态范围成像（High Dynamic Range Imaging，HDRI）用来实现比普通数字成像技术具有更大曝光动态范围（即更大的明暗差别）的特殊图像。高动态范围（HDR）图像能够全面表示现实世界中极大的亮度范围，从阳光直射的高亮度到最暗阴影的低亮度，都可以精确再现。动态范围是指图像或者图像设备能够表示的信号的最大值与最小值之间的比值，人眼大概可以看到 10 000∶1 的动态范围。

HDR 图像呈现的效果是：在最长曝光时间下，场景中最暗的部分能够清晰可见，而在最短曝光时间下，图像中最亮的部分不会过度曝光成白色。这两种曝光设置之间的间隔步骤取决于多个因素，特别是相机响应曲线的校准程度。如果按照光圈等级（f-stop）的间隔进行曝光，可以确保在不同的曝光条件下捕捉到完整的亮度范围（图 27.25）。使用 HDRshop 等应用程序可将拍摄的一系列图像生成单个 HDR 图像。

我们习惯使用的 24 位 RGB 彩色图像中，每个颜色通道被限制为 256 级，即构成图像的每个像素的红色、绿色和蓝色值由 0 到 255 之间的单个整数表示。这通常是标准显示设备或数码摄像机可以处理的。在 24 位图像中，相同的白色像素值（R：255，G：255，B：255）可能分别表示白墙、天空的一部分和太阳本身。虽然在现实生活中，我们知道这三种白色的亮度差异很大，但在 8 位图像中，它们都会显示为相同的白色。不同 f-stop

图 27.25 HDRI 的 f-stop

设置下的 HDRI 照明效果如图 27.26 所示。

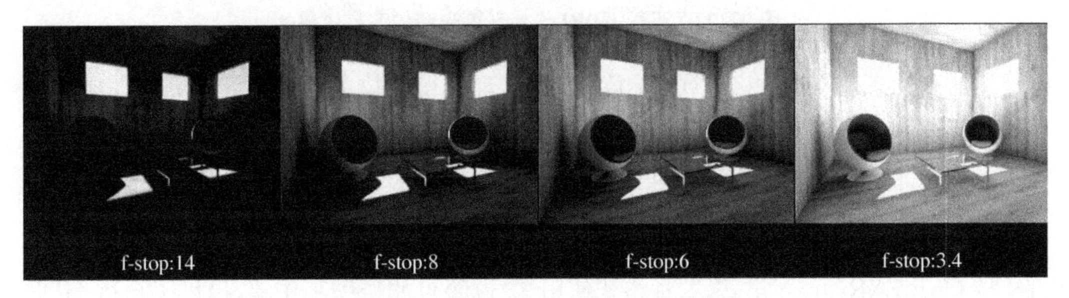

图 27.26 不同 f-stop 的 HDRI 照明效果

另外，HDR 图像具有以非渐变格式存储的像素值。虽然 PC 显示器只能显示 8 位颜色，将上面三种不同的白色元素显示为相同的 RGB 值(255，255，255)，但其内部其实是以浮点格式存储的，HDR 图像中最暗和最亮部分之间可以相差高达 100 万个亮度级别。例如，浮点亮度值为 300 的白色像素略微超出了常规的 0 到 256 的级别范围，可以用来表示涂漆的白色表面。而浮点亮度值为 10 000 的白色像素则可以用来表示图像中非常明亮的部分，如天空或太阳本身。因为 HDR 图像中的像素值与实际物体的亮度成正比，渲染器能够区分这些不同亮度值之间的差异，从而生成更加逼真的图像。

HDR 图像可以通过两种方式生成，第一种是使用全局照明算法进行渲染并以 HDR 格式存储信息；第二种是组合使用一系列曝光设置拍摄的大量照片，首先曝光最亮的光源，然后逐渐降低到最低亮度。由于这些图像需要捕获场景中的全部亮度信息，图像采集者需要进行过度曝光和曝光不足，以捕捉中间色调曝光级别的所有高光和阴影(图 27.27)。

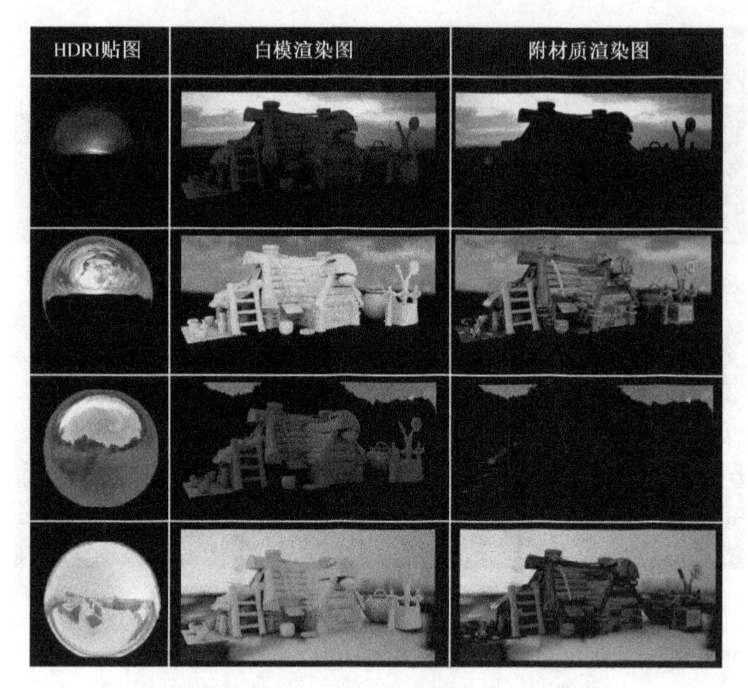

图 27.27　不同 **HDRI** 作为环境光源的渲染效果

新的高动态范围文件格式(OpenEXR)的出现使得该技术的使用范围更广。这种由 Industrial Light & Magic 开发的文件格式首次用于影片《哈利·波特与魔法石》的制作，现已成为专业设计行业的标准文件格式，这是因为该格式具有高动态范围和每个 f-stop 强大的色彩分辨率，与当前图形硬件兼容，无损压缩。许多 3D 应用程序和合成应用程序都支持 OpenEXR(.exr)格式，这种格式使用 32 位浮点非压缩工作流，提供了合适 HDR 图像处理的友好合成环境。

三、阴影相关

在照明中，黑暗与光一样重要。这种黑暗可能是由没有光(阴暗)或光线阻挡(阴影)引起的。

1. 阴影的作用

阴影落入正在照明的任何场景中都有助于构图和情绪呈现。移动阴影还可以帮助场景营造出一种不安、危险或悬念感。

在构图和空间关系定义中，阴影的作用至关重要，它是设计照明方案时需要考虑的重要方面。人眼从阴影中获取暗示，判断出光源所在的位置，以及物体的构成、物体的距离、空间与周围环境的关系。阴影的形状以及形状随着照明变化而改变，是获得逼真渲染的基石之一。

除了审美考虑之外，在CG世界中，阴影也是重要的技术方面之一，在大多数三维动画设计软件中，控制阴影比在胶片上更容易实现。可以选择性地关闭灯光上的阴影投射或更改对象上的渲染设置，使其不会接收或投射阴影。阴影算法的选择会影响渲染时的计算时间，因此了解阴影的设计规律至关重要。无论是从讲故事还是从质量控制的角度来看，阴影在视觉效果中起到的作用远比我们想象的要大，在构图、细节展现和色调范围方面都具有很多用途。

在CG中，阴影最明显的功能是作为深度和位置的视觉提示。没有阴影，如图27.28所示，很难判断不同元素相对于环境的位置。对象的相对大小提供了关于它们在图像中的深度的线索。在存在阴影的情况下，更容易判断对象的位置。如果没有阴影，我们将很难判断物体之间的空间关系。阴影还有助于隐藏场景中不希望突出表现的部分，也就是说，可以反衬出那些需要突出表现的部分。缺少阴影，场景将变得十分不合理，感觉更像是剪切贴画。

图 27.28　没有阴影就很难判断物体之间的关系

阴影还可以指示时间和方位。下午的太阳投射的阴影比中午的太阳投射的阴影更长更柔和，中午时阴影更短、更清晰。这是中午的阳光被称为硬光的一个原因，而傍晚的光线是柔软的。

此外，阴影有助于为渲染提供更好的色调范围。特别是在处理主要由相似颜色组成的环境时，这一点尤为重要。没有阴影，组成这样一个场景的元素将难以分辨。阴影带来的对比为我们提供了重要的视觉线索，有助于塑造空间并定义其中的元素，如图27.29所示。

图 27.29　阴影密度从左到右增加

从原理上讲,所有的光源都产生阴影,但 CG 光源是否投射阴影是可以控制的,因为阴影投影也是一个可选的属性和着色技术。阴影投射的视觉呈现不仅由阴影的属性决定,而且还由阴影投射物体的属性和采用的计算方法决定。阴影可由几个参数决定,包括阴影的颜色、半阴影的颜色和阴影边缘的模糊程度。

一起阻挡直射光的阴影的部分被称为全影,这是阴影的内部部分;与环境中的其他光相混合的阴影边缘区域被称为半阴影。阴影边缘的模糊程度可用各种方法控制。

CG 制作以三维形式呈现,渲染输出为一系列平面图像,照明在增强作品的 3D 效果和立体感方面起着至关重要的作用。例如,场景中可以有目的地放置照明以产生阴影,该阴影显示垂直于摄像机的轮廓,因此通常不会明显。此外,阴影不仅能够呈现在图像帧中,还能提供关于帧外的内容线索。画面之外的感觉在电影中是很重要的,长长的渐变阴影可以表现一个角色正在走近,在观众没有看清角色身份时揭示出一些故事。阴影告诉观众周围的空间是什么,呈现出气氛和情绪。阴影还可用于为平坦的大区域提供细节,构建关键元素并将观众吸引到图像的特定区域。

此外,阴影确保了虚拟 3D 对象与真实对象共享相同的空间。我们都知道恐龙灭绝了,但我们愿意在电影中接受它们的存在。如果在环境中恐龙角色没有阴影地走向摄像机,整个幻觉就会立即被打破。阴影有助于将不同的元素组合成一个视觉上有凝聚力的整体。如果希望观众接受一个有些难以置信的场景,那么阴影可以成为创造令人信服的互动的绝佳工具,从而向观众保证他们所看到的内容实际上正在发生。如果没有阴影的微妙相互作用,即使是最逼真的场景也会变得不那么可信。人眼也习惯于看到阴影,即使对于最随意的观察者来说,有没有阴影造成的观看体验也截然不同。深度映射(depth mapping)阴影和光线追踪阴影的效果及渲染时间的比较如图 27.30 所示。

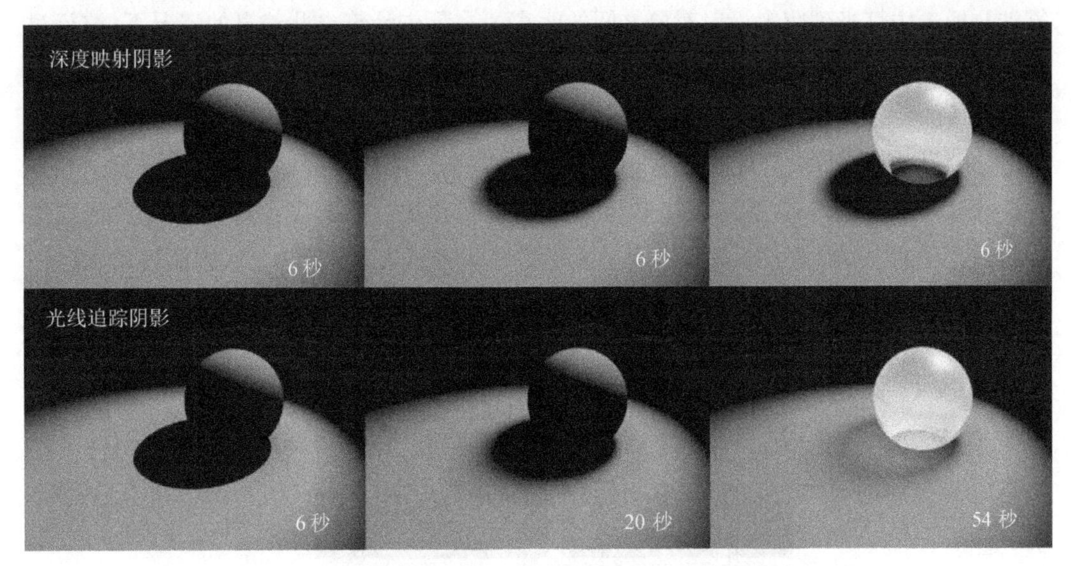

图 27.30 深度映射阴影和光线追踪阴影的效果及渲染时间比较

2. 阴影的设计

照明算法大致可分为两类：直接照明和全局照明。

想象一个由物体和灯光组成的场景。直接照明很好理解，它仅计算直接在物体处接收的光。灯光直接将光线投射到物体上，如果场景中还有其他物体，阴影就会渲染到这些物体上。使用此模型无法计算从地板和场景的其他表面反弹回到环境中的光。这种使用直接照明的方式将涉及使用标准灯和扫描线渲染器。

全局照明不仅模拟这种直接照明，还模拟光线照射到表面并反弹回场景时引入的间接光。如果使用直接照明渲染具有单个默认阴影投射光源的场景，则阴影将为纯黑色，任何未接收直射光的曲面也是如此。在现实生活中，没有直接照明的物体是可见的。环境光在一定程度上解决了这个问题，通过在场景中添加均匀的光量来解决。这并没有考虑到现实世界环境光所展示的强度和颜色的变化，而这正是为什么使用全局照明的原因。

全局照明功能的环境光组件计算场景环境周围不同直接光源的反射。熟悉直接照明和全局照明的人都会知道，在全局照明条件下，只需一盏灯即可获得非常漂亮的效果。

相比之下，如果使用直接照明，放置许多灯也可以用以模拟场景内的这种反射环境光。阴影也需要进行模拟，并且在工具方面，可以使用两种基本类型的阴影：贴图阴影和光线追踪阴影。虽然两种算法都可以产生阴影，但是在柔软度、形状、质量、颜色以及最重要的渲染时间方面，两种算法之间的差别很大。

贴图阴影使用渲染器在场景的预渲染过程中生成位图，然后从光的方向投射该位图，称为阴影贴图(或某些应用中的深度贴图)。深度映射可能是更准确的术语，因为计算涉及场景中灯光到阴影投射对象之间的距离。在预先计算出此信息的情况下，渲染过程不会将光投射到阴影贴图指定的距离之外。贴图阴影的优点是可以产生柔和阴影，是计算最快的阴影类型。

贴图尺寸(分辨率)对阴影具有很大的影响，阴影贴图尺寸为贴图指定细分量。如果它们的分辨率太低，阴影最终看起来会呈块状，显得粗糙。贴图尺寸越大，对贴图的描述就越细致(图 27.31)。如果渲染时阴影显得过于粗糙或有锯齿状边缘，则需要增大贴图的尺寸。然而，贴图尺寸越大，所需的内存就越多，渲染时间也会相应增加。

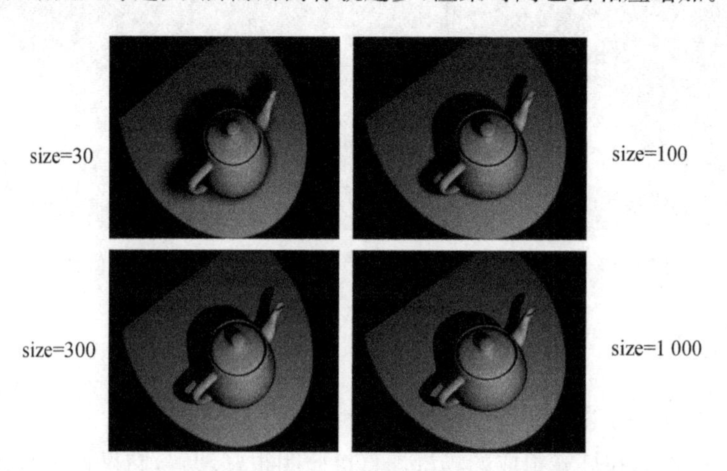

图 27.31　阴影贴图尺寸(分辨率)越大，阴影边缘越清晰

贴图阴影不会显示透明或半透明对象投射的颜色。贴图阴影是从光源方向投射的，可以生成边缘较为模糊的阴影。与光线追踪阴影相比，其所需的计算时间较少，但精确性较低。为了生成边缘更加清晰的阴影，可以对阴影贴图的设置进行调整，包括更改分辨率和阴影位图的像素采样。因为阴影贴图是唯一的位图，所以必须记住相应的分辨率和阴影所需的细节。其中，分辨率与到阴影的距离有关。如果分辨率太低，且摄像机太近，则阴影看上去可能更像浓烟。如果阴影在渲染后显得太粗糙，可以提高贴图分辨率，大小可以介于 0 和 10 000 之间。但要注意，值越大，所需内存越大，渲染时间也就越长。4 096 行的阴影贴图所占用的内存是 64 MB(4 096×4 096×4)。如果内存足以保存整个场景(包括阴影贴图)，阴影就不会影响性能，但是如果渲染器必须使用虚拟内存交换文件，那么渲染时间可能相当长。贴图阴影的优势在于它们的柔软性更加可控，因此更容易在输出质量和渲染时间之间做出权衡。阴影贴图所用的位图必须填充聚光灯衰减时覆盖的区域。衰减幅度越大，阴影就显得越粗糙。还有一点值得注意的是，由于泛光灯相当于六个阴影投射聚光灯，应尽可能避免阴影投射使用泛光灯，因为这对内存的需求可达到聚光灯的六倍。

通过追踪从光源采样的光线的路径来生成阴影，这个过程称为光线追踪。以这种方式追踪光线，软件能够以很高的精度计算哪些物体在光的照明区域内并投射阴影，光线追踪阴影最适用于锐化和准确的阴影。光线追踪阴影比贴图阴影处理的阴影更精确，它始终能够产生清晰的边界。如果尝试使用透明对象渲染场景，只有光线追踪阴影才能处理。光线追踪阴影使透明和半透明对象看起来更逼真，而且只有光线追踪能为线框对象生成阴影。对光线追踪阴影不需要像对经贴图阴影处理的阴影那样进行计算，也不需要调整分辨率。

光线追踪能够生成较为真实的阴影，这样的阴影在距离对象近的地方浓度深，边缘清晰，扩散范围小；在远离对象的地方浓度浅，边缘模糊，扩散范围大，如图 27.32 所示。三维动画中的阴影都是近似模拟，完全真实的阴影是不存在的。

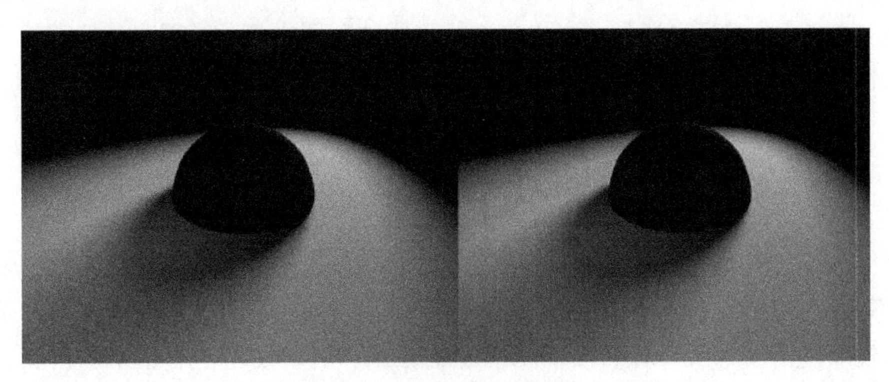

图 27.32　光线追踪阴影

贴图阴影适用于柔和阴影，而光线追踪阴影适用于锐边和精确阴影。在全局照明的世界中，光线追踪阴影更常见，因为它们最适用于具有透明度的材质，这在设计可视化中尤为常见。使用全局照明时，自动计算透射以及在这种材料的表面之间反弹的光；而在使用直接照明时，必须手动设置。虽然全局照明听起来很棒，但是它使用基于光线追踪的算法计算在场景环境周围反射的光，渲染时间大大增加。

虽然精确的光线追踪阴影能提供最佳效果，但计算时间过长，因此我们需要更快速的解决方案。在 CG 中有一些技术可以帮助节省渲染时间，其中最常用的是利用负亮度的灯光来创建假阴影。通过添加负值灯光，可以使场景中的某些区域变暗，比如房间的角落，从而快速实现柔和的阴影效果。

这种方法通常在物体底部使用聚光灯，将其定位在假阴影的位置。为了避免不必要的阴影重叠，将灯光设置为不投射阴影，同时排除那些需要保持亮度的对象。通过调整灯光的强度为负值，可以使该区域变暗而不是变亮，并通过调节灯光的热点和衰减来控制负照明的边缘柔和程度。

减少阴影的使用也是加快渲染速度的有效途径。比如，在灯罩内使用两个聚光灯（一个朝上，一个朝下），使光线看似从灯罩投射出阴影，再引入第三个灯来模仿光线穿过半透明阴影的效果。通过使用三个不投射阴影的灯光代替单一光源，不仅加快了渲染速度，还能更好地控制光照效果。

另外，使用阴影灯也是一种有效方法。阴影灯只生成阴影而不添加光线，使得阴影的颜色和饱和度可以更个性化地控制。这种方法是通过复制原有的光源，关闭克隆光源的阴影投射功能，并设置负强度值来实现。通过这种设置，可以创建只负责阴影的光源。也可以通过单一光源，将强度值设为0，阴影颜色设为白色，阴影密度设为负值来实现同样的效果。

调整阴影的饱和度是实现逼真效果的关键。太亮或太暗的阴影都会影响现实感，即使在明亮的光线下，环境中的反射光也会影响阴影的亮度。可以通过调整阴影的颜色和密度来控制阴影效果，但要确保阴影与物体的背光区域之间的对比不过于明显。应避免过度调整全局环境光，因为这会使黑色区域显得灰暗并丧失细节。

最有效的方法是通过添加填充光灯来模拟物体周围表面的反射光。这不仅可以使阴影与物体的背光部分保持一致，还为场景增添了视觉深度和真实感。

四、动画中的灯光

真实电影画面所产生的效果是一种完全逼真的感觉，它的灯光必须给观众带来真实感，来不得半点虚假。而艺术有时候并不需要完全逼真，完全真实的东西反而抹杀了一些艺术效果，艺术并不是照搬自然，所以才会有绘画和后期处理。作为动画片，真实感并不是它所追求的，三维动画灯光可以做到真实电影难以实现的观感，随心所欲地产生想得到的观感。三维动画场景中的灯光是建立在真实电影场景布光理论基础上的，它一直追求在视觉效果上的合理性，同时在数学运算上也尽量和真实电影世界中的各类光源接近，比如三维动画灯光同样有“聚光灯”“点光源”和“直射光”等。然而三维动画灯光完全可以超越真实电影灯光的自然特性，并具有一些真实电影光源不具有的属性，发挥出三维动画灯光应有的魅力，从而创造出令观众惊叹的画面效果(图27.33)。

图27.33　3D场景中的各种灯光

三维动画灯光与真实电影灯光具有相同的亮度概念，但是三维动画灯光的亮度可以设置成负值，也就是它可以不具有照亮物体的功能，而具有吸收光的功能，将原本照射到物体的灯光吸收掉。同样，三维动画灯光的亮度也可以设置得无限大，当然超过一定的值就没有意义了。另外，三维动画灯光的亮度可以仅仅与灯光的位置有关，与离物体的远近无关，也就是说，三维动画灯光是可以设置成无衰减的。这些都是真实电影灯光无法做到的。

三维动画灯光在场景中可以选择照亮哪些物体和不照亮哪些物体，而真实电影灯光在这方面是不可能做到的。在三维场景中，我们完全可以将灯光设置为只照射一个物体，而对于其他物体，这个灯光就像不存在一样。

在真实电影场景中，让灯光照射一个物体，这个物体必然会投下阴影，但在三维场景中，灯光具有投射阴影与不投射阴影的选择，而且阴影的浓淡、颜色都可以自由选择，物体也可以选择是否接受别的物体投来的阴影。阴影完全可以由人为控制，你可以随心所欲地设置灯光阴影(图 27.34、图 27.35)。

图 27.34　室内效果图的光影表现

在真实电影布景中，不能够在摄像机的前面放置光照设备，这将会破坏视域。然而在三维动画制作布景中则可以这样做，光照设备是看不见的，渲染不出来，而且我们可以将光照设备放于地底下或侧墙里面，因为光照设备是可以任意穿透的。

三维动画采用一系列的数学方法来实现灯光设计与制作，它不受客观存在的限制，不仅可以逼真地模拟出现实存在的光影效果，而且可以拟造出现实中不存在的光影效果。这个功能是实景拍摄手段无法企及的。

三维动画可以创造随心所欲的灯光动画。在三维动画中，灯光的变化和运动同样不受客观条件的制约，我们可以任意指定灯光的运动方向、运动轨迹。

与真实电影灯光相比，三维场景中的灯光不需要任何三脚架和吊轨，可以任意悬浮

图 27.35　人物造型的光影表现

在任何空间位置,也可以在场景中自由自在地运动。大群的灯光除了会干扰我们的视线,需要我们对它们进行一些管理之外,不会有任何其他影响(图 27.36)。

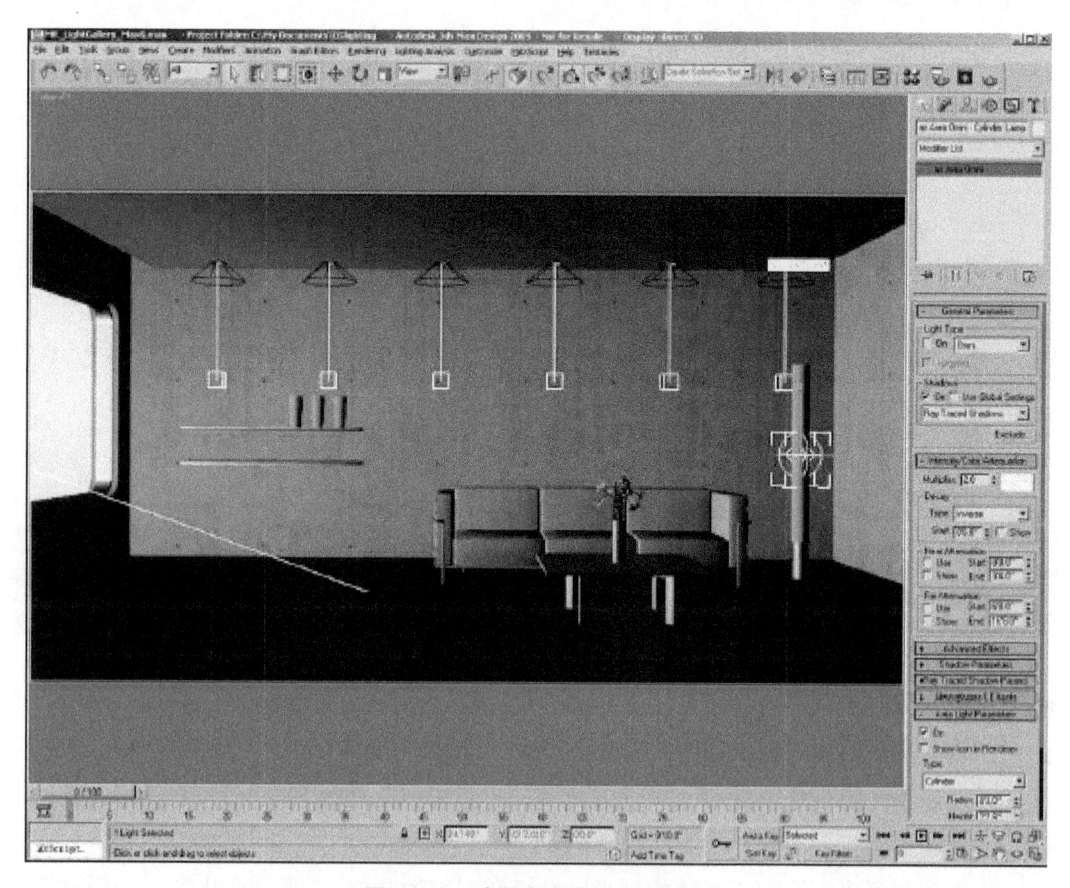

图 27.36　动画中设置的多个灯光

可见三维动画灯光与真实电影灯光相比具有如此多的优势，可以达到真实电影灯光完全达不到的效果，大大拓宽了灯光艺术的表现空间。人们可以随心所欲地去表现灯光效果，真正发挥出了三维动画灯光的优势，从而给观众带来更多更好的艺术享受。虽然三维动画灯光有这么多的优势，它当然也是有劣势的，要实现三维动画中的每一个灯光效果，都需要去调节很多的参数，不断地渲染测试实现，相对来说也是很繁琐的。而且三维动画的画面是由计算机通过渲染计算出来的，特别是一些很复杂的、很精细的效果，计算机需要花费很多时间去渲染计算。

第二十八章

灯光的使用技术

在3D照明中，灯光是强化场景情绪并与观众建立情感联系的关键工具，无论是在摄影、摄像还是CG制作中都是如此。如果灯光设计成功地传达了情感，那么灯光的具体设置方式反而显得不那么重要。在CG制作中，灯光布置有很大的灵活性，不同的方法可以达到相似的效果，但照明设置可能会有所不同。

照明设计的基本步骤是先确定光源的强度和方向，然后根据需要添加颜色，接下来根据光源类型调整阴影属性。例如，舞台聚光灯会投射出强烈的光线和清晰的阴影，而普通灯泡则会产生柔和的光线和模糊的阴影。为了提高渲染效率，通常一次只使用单一灯光。一旦所有灯光设置完成，可以将场景分解为多个渲染过程。这种方法不仅加快了渲染速度，还可以在合成阶段更好地控制灯光。例如，可以单独渲染背景，便于后期进行色彩校准。这种分解使得对场景的各个部分进行独立调整变得更加灵活和可控。

在照明设计中，不仅要关注如何照亮场景，更重要的是理解为什么要这样照明。这种思路将帮助你掌握不同的照明原则，知道在什么情况下应用它们，从而使照明设计更具目的性并且有更好的效果，而不是简单地按步骤操作。

一、灯光的功能

灯光的基本功能体现在三个方面：视觉引导、造型和渲染气氛。

1. 视觉引导

视觉引导是光线最显著的功能，可通过光线的数量、强度和聚焦方式来实现和确定光的可视性。学习素描之初，老师常常告诫学生“要把知道的画得更多，所看见的画得更少”。尽管一些学生正确记录了自己所看到的，但是并没有将视觉造型传达给观众。在可视性中，视觉焦点是个很重要的概念。虽然环境光可以轻松地照亮场景中的每个物体，但是不能帮助观众理解场景或者选择场景焦点。焦点选择是基于人类对场景明亮区域的本能选择。在3D环境中，设计师对光线有完全的控制权，可以指导观众去看哪些地方，并且可以隐藏场景中的缺憾（图28.1）。观众是不会注意到场景中没有照亮的部分的。

图 28.1　光照焦点选择

2. 造型

在光照场景中,通过阴影来增强几何体的可视清晰度非常重要,这被称为可视建模。好的造型效果通过在关键位置创建阴影,使物体的形状更容易被理解,同时确保物体有足够的光线,能够被清晰地看到。然而,过多的光线会减弱阴影效果,导致物体的形状不清晰(见图 28.2 左图)。

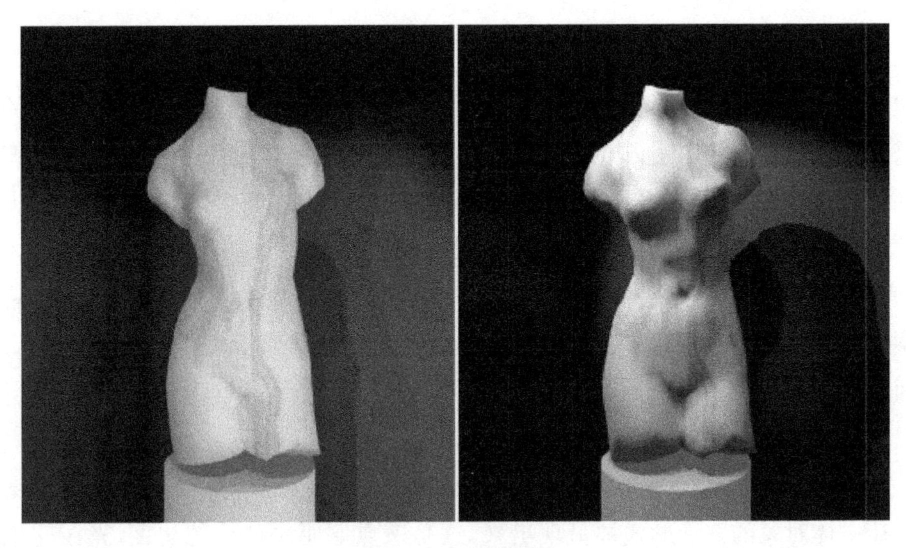

图 28.2　光线造型

3. 渲染气氛

使用光线来渲染气氛很简单，只要将一束浓浓的蓝光投射到物体上，物体立即会给人一种忧郁感；将一束红光投射到人物上，人物就会有种气愤的感觉。多数场景都需要一些气氛和情感的描述，但是很难把握，而微妙的情感光照常常将普通场景和情感场景区分出来(图 28.3)。

图 28.3　渲染气氛

二、三点照明法

三点照明法是一种广泛用于传统摄影和电影摄影的技术，其目的是以有效的方式适当地照亮对象。该照明法不仅令人赏心悦目，而且相对简单，通过使用三个单独的灯光源可以完全控制主体的照明方式。3D 设计中已经普遍使用这种三点照明技术，从产品可视化到角色半身像，都可以看到它的身影。因为三点照明法可以相对快速地实现出色的照明效果，所以它成为许多 3D 场景的首选照明技术。

如果要创建静止图像或者需要照亮单个主题或产品，三点照明法非常适合创建摄影棚类型的照明效果。三点照明法是在电影摄影中确立的，是今天 CG 照明的基础，一个主要原因是该技术有助于使用光来强调场景中的三维形式。使用这种简单方法进行的实验可以更好地理解各种 CG 照明方案，学习如何充分利用基本的三点设置将能适应许多情况。常识告诉我们，让场景中所有的东西都可见且明亮并不是一个好的照明方案。照明是要让主体对象的三维形式被呈现出来，这是三点照明法产生的初衷，光在这里被视为建模工具。

三点照明使用三个灯光源，每个灯光源都有特定的功能，如图 28.4 所示。

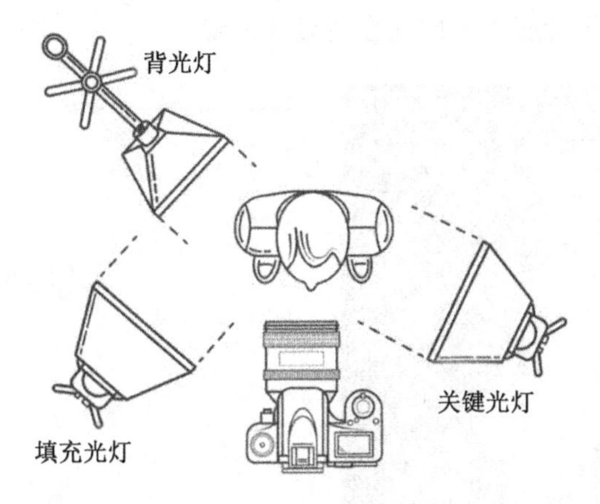

图 28.4　三点照明基本布局

关键光灯(key light)是在场景中提供主要照明的光源，会投射最明显的阴影。它可以是夜间室内拍摄的实用灯光，也可以是户外的阳光或通过窗户照射进入室内的光。关键光灯定义了场景的主导光照，为假定光源的位置提供了最大的线索。

填充光灯(fill light)的作用是模拟光从环境表面反射时产生的间接照明。填充光通常放置在与关键光相对的另一侧，以降低关键光产生的阴影密度。

背光灯(back light)的作用是通过照亮主体的背面，将主体与背景分离，从而增加场景的深度。这样可以在主体的边缘产生微妙的光晕效果，增强轮廓的清晰度，因此背光灯有时也被称为边缘灯(rim light)。

在放置这些灯光时，需要考虑整体效果，避免在场景中出现大的阴影区域。一个有效的方法是关闭模型的细分曲面平滑，或者使用低分辨率的代理模型来判断各个区域的光照情况。通过查看由较大多边形而非光滑表面定义的主体，可以更容易地确定光线在主体表面上的变化。这样显示模型，可以更快速地测试和调整照明效果。

1. 关键光灯/主光灯

关键光灯是三点照明中最重要的光源，因为它对场景的照明和阴影效果影响最大。关键光灯的光照角度、亮度以及边缘的柔软度决定了光源的类型和位置。因此，选择关键光灯相对于摄像机的角度至关重要，它将决定主体的主要光照效果和整体氛围。

在使用三点照明时，应始终将摄像头放在前面，在其后放置关键光灯。从镜头到镜头，场景中摄像机角度的变化可能需要微妙的光照变化。关键光灯通常放置在主体上方一定位置，以便阴影指向下方，因为这是我们习惯看到的照亮模式。但是将光源放得太高会导致阴影模糊，这可能不会令人喜欢。将光源移动到主体一侧的距离取决于尝试模拟的光源，但将光线移动到太远的地方可能会产生分散注意力的阴影(图 28.5)。如果正在制作外景，那么时间和季节将决定关键光灯的位置。将温暖的灯光置于低处以形成柔和的长阴影，产生的效果看起来好像是在清晨或傍晚。

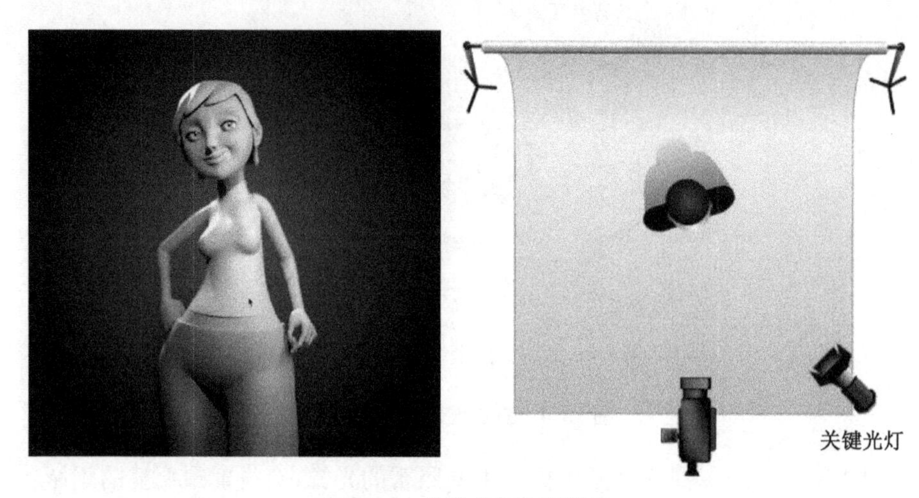

图 28.5　关键光灯造型效果

关键光灯并不总是位于拍摄对象的前方，因为它的作用是场景中的主向光源，如果场景主要是从一个窗口照亮，那么它可以位于拍摄对象的后方。这种将关键光灯放置在可以向摄像机呈现主体的戏剧性轮廓的地方，被称为舞台照明中的前台关键光。在这种情况下，关键光灯尽管位于主体的背面，但作为主导光，仍然具有最明显的阴影。

随着填充光亮度的增加，这些阴影的突出性将会降低。关键光强度与填充光强度的比例对于建立场景的氛围很重要，关键光与填充光强度的比值高，会引起不轻松、不快乐的情绪，产生压抑的气氛。这种灯在情绪方面的重要性最明显地体现在将关键灯放置在相对很低的高度上，会产生非常不自然的光线，并且可能使角色看起来很危险。在这种情况下，关键灯可能是篝火或角色本身下方的灯光。

放置关键光灯时最好的指南是投射的阴影。对于常规照明设置，灯光的角度应大致在摄像机侧面以及摄像机上方 10°～50°之间。灯光设置需要与角色的运动同步。

拍摄肖像时关键光灯是常用的设置。关键光灯在人物嘴的下方或朝向嘴角的一侧投射出小鼻子的阴影，这时需要关键光在垂直于摄像机的情况下在 10°～50°之间移动。放置关键光灯时，一定要牢记这些角度，但只能作为粗略的指南。更需注意的是阴影落下的角度以及光源产生的暗示信息。

2. 填充光灯/辅助光灯

填充光灯主要用于照亮阴影区域，通常放置在主体的另一侧。在电影摄影中，填充光灯通常放在眼睛高度附近，以避免产生不必要的阴影。但在 CG 制作中，由于可以轻松关闭灯光的阴影功能，垂直位置并不那么重要。不过，为了避免不自然的效果，填充光灯仍应尽量避免放置在低于眼睛高度的位置，因为从下往上照射的光线可能会导致不安的氛围。

在电影摄影和CG制作中，填充光灯的主要作用有两个方面：一是消除或减弱关键光灯产生的阴影，二是为主体对象提供辅助照明。然而，在CG制作中，填充光灯还必须模拟现实中自然发生的间接照明，这在电影摄影中通常通过自然反射或反光板实现。在CG制作中，除非使用全局照明，否则填充光灯必须代表这种间接反射光，因此应采用反射表面的颜色来设置填充光。

填充光灯的位置不必非常精确，建议将其放置在摄像机侧面10°～60°之间，摄像机上方大约15°的角度（图28.6）。确保填充光灯和关键光灯的照明区域有一定的重叠。由于填充光灯模拟的是从场景中的大物体和辅助光源反射的光线，单一的填充光灯可能不足以达到理想效果。在复杂场景中，可能需要多个填充光灯来实现更加均匀和自然的照明效果。

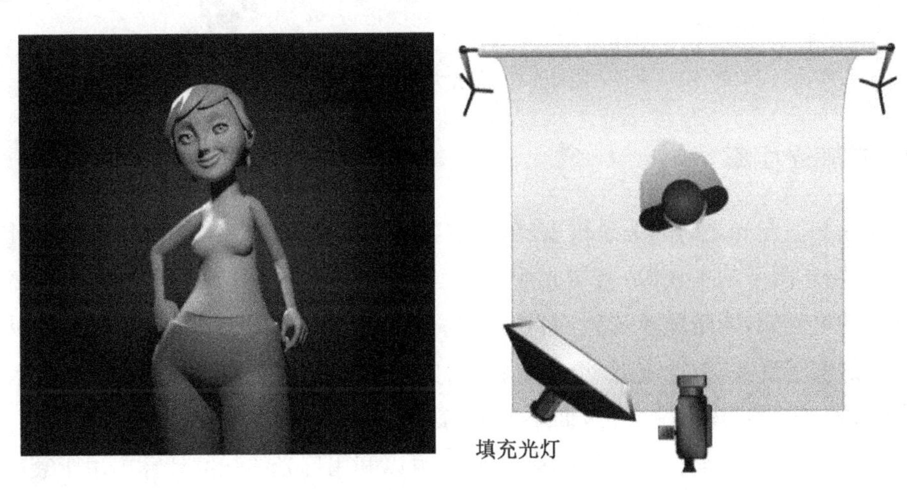

图28.6 填充光灯造型效果

3. 背光灯

背光灯在3D照明中非常重要，因为它可以将拍摄对象从背景中分离出来，增强立体感。通常，背光的强度是三种灯光中最大的。在摄影和电影中，背光灯通常放置在对象的后方和上方，角度约为45°。将背光灯放在较高的角度可以突出对象的轮廓，但如果角度过高，可能导致角色的前额和鼻子上的高光分散。相反，放置在较低角度的背光灯可能引发镜头眩光的问题，因此需要谨慎调整角度。

在CG的世界中，背光灯往往被固定在摄像机上方或下方50°～10°之间。CG制作中背光很难正确模拟实现，这是因为主体模型表面没有我们在现实生活中所拥有的头发、灰尘和纤维层等能产生轮廓的介质，所以将背光直接放在对象后面通常是相对无效的，缺少散射。为了模拟真实的背光物理效果，可以在主体材质的自发光通道中使用轻微衰减贴图，让向外的表面上产生轻微的光晕，从而将拍摄对象与背景分开(图 28.7)。

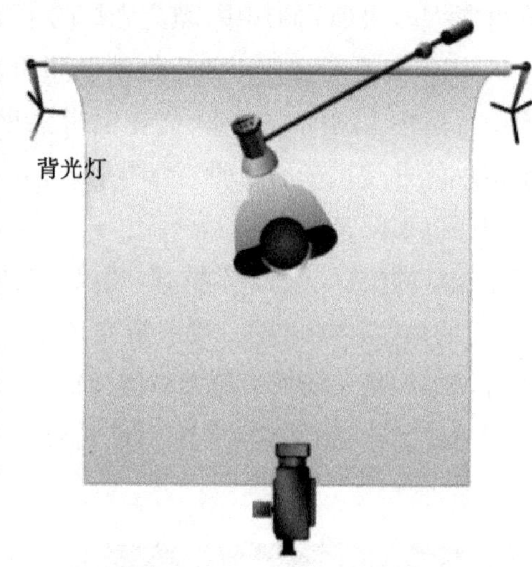

图 28.7 背光灯造型效果

4. 主辅光比率

关键光和填充光之间的关系很重要，对渲染的情绪呈现有很大影响。主辅光比率是指关键光(阴影落下的主光源)与填充光(填充阴影区域的光)的比。高主辅光比率具有相对较少的填充光，明暗反差强烈，对比度高；低主辅光比率具有较亮的填充光，从而产生不强烈的明暗反差，对比度低，情绪更轻松、更快乐。

光强是在拍摄主体上测量的，而不是光源本身。对于真实世界的灯和光度计来说，光强测量要容易得多，但在 CG 中要困难一些，可以利用灯光的强度计算出由于衰减导致的强度损失，得到关键光和填充光强度的数据。如果有多个填充光灯，只需要总计所有填充光灯的光强度。其中最难以计算的部分是反平方衰减。

需要指出的是，在物理光照世界中经常使用的术语“低调”和“高调”，“低调”是指高的主辅光比率，而“高调”是指低的主辅光比率。

(1) 低主辅光比率

2∶1 和 4∶1 之间的比率被划分为低主辅光比率，其产生明亮的渲染，使场景照明对比度较小，唤起快乐、积极的情绪。如果是阴天，外部场景总体上更有可能具有较低的主辅光比率。直射阳光通常不会产生低主辅光比率，除非有雪或浅色墙壁来反射阳光并提供所需的高水平填充。多云的条件散射阳光，这减少了太阳的关键光线，同时照亮了天空。在风格上，低主辅光比率可以实现的快乐、明亮的外观经常用于针对年轻观众的 CG 制作。

一般而言，室内场景比室外场景更可能产生低主辅光比率。具有浅色表面的内饰会将足够的光反射回场景，以产生低的主辅光比率。需要说明的是，应该避免主辅光比率接近1∶1，因为在这个水平上，关键光将开始被填充光所淹没，渲染效果将变得平淡混沌。

(2) 高主辅光比率

当主辅光比率为 10∶1 及更高时，导致暗色阴影与明亮区域形成强烈对比。由于缺乏反射光，这种类型的照明最有可能发生在现实世界的夜晚，那时不会有来自天空的补光，这解释了可能造成的戏剧性气氛。

成功运用主辅光比率的关键在于仔细调节光线，以便很好地照亮重要的视觉细节。当场景设置在黑暗条件下，需要保留黑暗区域不被照亮，并且不应该害怕观众无法弄清楚重要的细节和动作。高主辅光比率通常用于夜景，其中关键光代表月亮或人造光。在风格上，这种视觉效果是由 20 世纪 40 年代的黑色电影导演建立的，并且经常在恐怖电影中用来构建悬念。

(3) 对比反差

电视和电影的色调范围有所不同，这意味着如果最终输出的是电影，则可能需要调整建议的光比。电影可以支持 1 000∶1 的对比度，而电视只能支持 150∶1 的对比度。因此，在电视制作中，需要使用更多的补光。对于电视，主光和辅光的比例不应超过 9∶1，而在电影中，达到相同效果的比例约为 18∶1。

三、全局照明

到目前为止，我们所采用的每种技术都基于直接照明。这些算法仅考虑场景灯光的直接照明分量。使用扫描线渲染器，利用三点照明法制作逼真的照明，需要使用补光灯模拟场景表面的光线反射。这个过程被称为光照模拟，其渲染速度快但难以实现照片真实感等高质量渲染。

虽然认为大多数对象表面直接从光源接收光，实际上很多情况是间接照明在发挥核心作用。间接照明在我们所看到的世界中起着极为重要的作用，如果不模拟它，就很难让渲染出照片级真实图像。这就是本节讨论全局照明的原因。

如果仔细观察会发现，光线一直在碰撞阻挡的对象表面，直到它失去所有的能量。每次发生反弹时，光会失去一点能量，能量的多少取决于它撞击的表面的性质(它被反射或吸收的量取决于表面材料的性质)。当直射光无法直接照到场景的某些区域，光线会被反射后再照进这些区域，这就是次级反弹(secondary bounces)。计算首次和次级反弹对于渲染器来说不是一件容易的事，必须想象来自直射光的光线撞击表面，并从那个表面向所有方向反弹。假如它散射成 50 条光线，这 50 条光线撞击某些表面，并再次散射成

50 条新光线。在两次反弹之后，已经有 50×50＝2 500 条光线飞来飞去，而这只是直射光的一缕。因此当光线数量很大时，必须找到非常聪明的方法，确定哪些光线在最终照明上比其他光线更重要。

全局照明(Global Illumination，GI)又称间接照明(Indirect Illumination)，是物体被周围环境照亮的方式，它在3D设计中使用的一类算法的通用名称，旨在为3D场景添加更逼真的照明(图 28.8)。这些算法不仅考虑直接来自光源的光线(直接照明)，还考虑光线在场景中被其他表面反射后产生的间接光照效果(间接照明)。全局照明算法考虑了光能传递中的间接光，能够生成柔和的阴影、颜色渗透和更加自然逼真的光照效果，这些效果在传统的扫描线渲染器中是无法实现的。由于全局照明能够基于物理原理模拟场景的光照，它在建筑可视化中的应用尤为广泛。建筑师和设计师需要准确地表现特定照明装置在特定空间中的光照效果，而全局照明能够满足这种需求，提供精确的光能传递模拟。

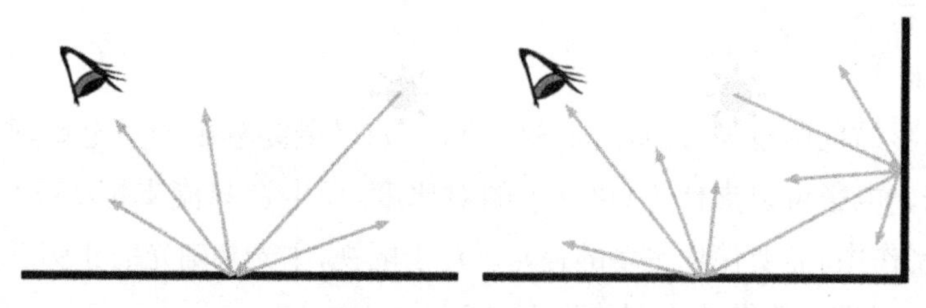

图 28.8　直接照明(左)和间接照明(右)

光线从光源发出后，可能经历多种复杂的路径。例如，光线可能先被物体表面漫反射，再穿过一杯水(导致折射，即光线方向的轻微改变)，然后被金属表面反射，再反射到另一个漫射表面，最终到达眼睛。光的传递过程有无数种可能的组合，这些光线从光源到眼睛的路径被称为光路。解决所有光路的通用算法非常困难，因为光线在到达眼睛之前可能与多种材料相互作用。数学上，通过反射和折射定律可以模拟光线与各种材料的相互作用，但直接从光源模拟光线到达眼睛的路径的效率很低。因此，更常用的方法是从眼睛开始，反向追踪光线路径，直到光源。这种方法在计算直接照明时非常有效，但在模拟间接照明时效果并不理想。

计算直接照明主要涉及从阴影点向场景中的各个光源投射光线。计算的速度取决于场景中光源的数量。相比之下，计算间接照明要复杂得多，因为需要模拟光线在场景中多次反射的路径，计算是一个递归过程。每次光线照射到表面时都会产生新的光线，这些光线需要继续计算反射点的间接照明。例如，如果光线每次撞击表面时产生 32 条次级光线，那么经过一次反弹后会有 1 024 条次级光线，而经过三次反弹后则生成了 32 768 条光线。随着反弹次数的增加，光线数量呈指数级增长，这使得光线追踪的计算成本非常高。此外，噪声问题也难以避免。

虽然光线追踪可以更容易地模拟这些光路，但其计算成本非常高。为了应对这些挑战，有研究人员提出了替代光线追踪的算法，例如蒙特卡罗光线追踪，它能够模拟间接照明并生成无噪声的图像。

全局照明并不适用于每个项目。例如，渲染卡通风格时通常不需要间接照明。全局照明更适合用于建筑可视化、室内渲染、直射阳光以及真实感渲染的场景。只要光线在场景中需要多次反射或散射，全局照明就是一种有效的方法。例如，门底部的缝隙可能会让光线进入房间，红色墙壁会反射光线而使得木地板带有红色色调。通过全局照明实现这些效果，可以在渲染中创造出更高的逼真度和可信度。

图 28.9 展示了一个有彩色墙壁的房间中的两个白球，其中绿色墙壁的颜色被投射到右侧的球体上。这种效应被称为间接照明，因为绿色光线不是直接从光源投射过来的，而是白光照射到绿墙后反射到球体上。全局照明在实现这种独特且必要的效果方面起着重要作用。

图 28.9　光线追踪测试示例

在使用全局照明之前，我们通常以任意单位指定所有的照明值。然而，光能传递引入了标准的照度单位，如流明(lm)和坎德拉(cd)等。这对于建筑师和设计师来说非常有用，因为他们可以使用来自实际照明制造商的真实数据设置灯光。行业标准的发光强度分布文件格式，如 IES、CIBSE 和 LTLI 等，使专业设计人员能够更加直观地展示真实世界的照明效果，从而更加专注于设计，而不是纠结于可视化技术。

下面简要介绍一下全局照明的光线分布和两种常用算法。

1. 光线分布

想象一下，一个简单的房间内部场景被太阳光穿过一个窗口照亮，来自这个光源的光可以被认为是以离散粒子的形式发射，这些离散粒子称为光子。这些光子从光源出发直到它们撞击场景中的表面。根据表面的材料特性，这些光子一部分被吸收，剩下的被散射回场景。

光子被反射的方式主要取决于表面的光滑度。非常光滑的表面在一个方向上反射光子，反射角度等于光子到达表面的角度，即入射角。这些表面称为镜面，这种类型的反射称为镜面反射。粗糙表面倾向于在所有方向上反射光子，这种类型的反射称为漫反射。镜子是镜面反射表面的一个例子，而涂漆的墙壁（特别是涂有亚光涂料的墙壁）是漫反射表面的一个例子。场景的最终照明由表面和从光源发射的数十亿光子之间的相互作用决定。在表面上的任何给定点处，光子可能直接从光源（直接照射）到达，或者间接地通过其他表面的一次或多次反射（间接照射）到达。

如果在房间里，少量的光子会进入人的眼睛并刺激视网膜的视杆和视锥细胞，这会形成大脑感知的图像。在 CG 中，视杆和视锥的等效物是屏幕的像素。全局照明算法旨在尽可能准确地重建我们在真实环境中所看到的内容。

2. 光线追踪

光线追踪是最早开发的全局照明算法之一，能够实现柔和光线和颜色渗透等效果，而无需运行复杂的物理模拟。因此，光线追踪是从直接照明到全局照明的重要学习步骤。光线追踪算法通过反向追踪光线，从屏幕上的每个像素回溯到场景中的光源。由于这种算法只计算构建图像所需的信息，计算效率较高。要通过这种方式创建图像，通常遵循以下流程：

① 从观察者的眼睛位置，通过屏幕上的像素追溯光线，直到光线与场景中的一个表面相交。虽然可以从材料描述中得知表面的反射率，但要确定到达该表面的光量还需要进一步计算。

② 从表面上的该交叉点跟踪光线到场景中的每个光源。如果光源的光线未被另一个物体阻挡，则该光源的光线贡献将用于计算物体表面的颜色。

③ 如果相交的表面有光泽或是透明的，还需要确定通过或在表面上看到的内容。在反射方向（或透射方向）重复步骤①和②，直到光线遇到另一个表面。然后，计算该交叉点处的颜色，并将其计入原点的颜色。

④ 如果第二个表面也是反射的或透明的，光线追踪过程将继续重复，直到达到最大迭代次数或不再有表面相交为止。

尽管光线追踪的计算效率相对较高，因为它仅计算构建图像所需的信息，但对于复杂的 3D 场景，其计算速度仍然较慢。光线追踪算法非常通用，可以模拟多种照明效果，如阴影、镜面反射和折射。然而，速度较慢是它的一个主要缺点，另一个缺点则是它无法模拟全局照明中的间接光散射。

传统的光线追踪仅考虑来自光源的直接光线。例如，在一个房间内，直射光从光源到达表面，但间接光线还会从其他表面反射到该表面上。然而，传统的光线追踪并不考虑这些间接光线，在阴影区域会显示为黑色，因为这些区域没有接收到来自光源的直射光。为了在这些阴影区域提供照明，通常会添加环境光或使用补光，但这并不是间接照明的理想做法。

3. 光能传递

热工程研究人员在20世纪60年代早期开发了模拟表面之间辐射热传递的方法。大约20年后，计算机图形学研究人员开始将这些现有技术应用于光传播建模，这项研究发展成为今天CG界所说的光能传递。

光能传递过程涉及将原始表面分割成更小的网格，称为元素。光能传递算法会计算从每个网格元素分配到其他网格元素的光量，并将最终的光能传递值存储在每个元素中。这种光能传递算法在屏幕上显示任何有用的结果之前，必须完全计算出网格元素之间的光分布。这个计算过程可能需要很长时间，即使在今天也是如此。

为了解决这个问题，1988年人们开发出了一种称为渐进式细化的技术，它能够即时显示初步的视觉效果，并在准确性和视觉质量方面逐步细化。十多年后，人们又开发了一种称为随机松弛光能传递（SRR）的技术，该技术构建一系列近似解，逐步汇聚成最终解。这种算法成为今天光能传递系统的基础。与光线追踪不同的是，光能传递计算整个环境中所有表面的光强度，而不仅仅是从屏幕追溯的表面。

第二十九章

布光的基本流程

毫无疑问，有条理且高效的设计流程是为满足不同设计需求建立的。不同的摄影棚可以通过不同的方式尽量有效地完成工作，但是建立初始照明的既定方法是相同的。虽然没有一种适合每个人的正确方法，但遵循布光工作的一些建议应该会非常有意义。

为场景设计灯光与简单地照亮一个场景有很大不同。照亮一个场景可能只需要一个泛光灯即可，但设计场景灯光则要求对每个光源的定位和亮度进行精确设置。每个灯都应放置在特定位置，并且照明方案应经过精心规划，以确保每个光源在整体设置中起到平衡和谐的作用，而不是相互冲突。设计照明的目的是强调 CG 场景的 3D 特性，使渲染效果最佳，而这无法通过单一的泛光灯实现。因此，了解不同类型光源及其特性非常重要。

在布光时，始终要记住照明的目的是营造特定的情绪和氛围，以在观众和场景之间建立情感联系。设置照明时，需要考虑许多因素并保持平衡：除了营造剧本所需的氛围和色调，还必须将场景统一为一个有凝聚力的整体，同时轻轻突出焦点，并强调场景的三维特性。此外，还需要关注技术细节，如保持渲染时间尽可能短。了解各种不同的照明方法可以大大节省时间，提高工作效率。

一、布光的指导原则

1. 用光要有依据

首先，用光的依据来源于客观现实生活。人们对光的感性认识产生于生活中的阳光、灯光等。在三维动画制作中，除非有某种特殊的构思，追求某种写意或戏剧性照明风格外，一般要少用假定性很强的光源。应根据场景中可以出现的光源位置、投射方向及光源性质等因素去设计布光方案。

其次，用光的依据来自文字稿本的提示。文字稿本（剧本）是三维动画制作的重要文件，对文字稿本的理解越深，布光成功的把握越大。

再其次，用光的依据是制作人员的整体构思。光线作为一个造型因素，应该是动画场景整体构思中的一个有机组成部分，三维动画制作人员应该在这个整体构思下发挥创造作用。

2. 要保持影调一致

在同一场景,同一光照条件下,对于三维动画主体运动的完整段落,要注意保持这一段落中每幅画面的影调一致。不同场景的动画影调也要保持一致,并要努力实现事先对影调的总体设计,避免出现与总影调相悖离的现象。

3. 注重阴影作用

三维动画在显示平面上虚拟出现实中的三维空间,当用聚光灯时会产生投影,如果主体需要就表现出主体的阴影,否则布光时应避免不合理的阴影投射,以保证时空关系的正确和统一。

4. 创造纵深透视感

在布光时除了要达到突出主体、塑造形象、渲染气氛等目的外,还要注意通过对光线的细心布设,再现生活中正常的纵深透视感,如近浓远谈、近暗远亮等,从而达到突破二维空间,创造三维空间的目的。

5. 把握不同景别的用光

一般对不同景别的布光要求是:全景布光要能很好地交代环境、时间概念和现场气氛;中景布光要在全景布光确定的主光投影方向及背景光线不变的情况下,通过对光线的调整,突出表现主体的动作;近景布光的主光方向仍不能变,可以通过适当调整填充光来充分表现主体;特写布光要充分表现主体的特点,细腻地表现其局部质感。

二、基本的布光步骤

在较小的场景和单帧画面中常使用传统的三点照明法,也称为三光灯照明。这包括主光灯、填充光灯(或副光灯)和背光灯。有时在特殊情况下,还会添加背景光灯。除了主光灯,其他光灯都可以视为填充光灯。

下面介绍 3D 照明设计的步骤。

1. 确定摄影机的位置及运动路线

光灯设置的前提是根据摄影机的位置和运动路线来确定光灯的照射范围。

2. 从主光灯开始设计

光灯设计通常从主光灯开始，这个光灯负责照亮整个场景。无论主光灯的方向如何，它应占据主导地位，成为画面中最引人注目的光线，否则会与其他光线冲突，削弱造型效果，或产生杂乱的阴影。主光灯通常使用聚光灯。

3. 添加辅助光灯和背光灯

辅助光灯（填充光灯）和背光灯用于突出主题，使其看起来自然。辅助光灯一般使用无阴影的软光，如泛光灯，以减弱主光灯产生的阴影，并降低明暗部分的对比，为阴影部分提供适当的照明，增强物体的造型表现力。背光灯（轮廓光灯或边缘光灯）用于勾勒物体的轮廓，通常使用亮度较强的聚光灯，使物体轮廓更加清晰，并增加画面的层次感和形式美感。

4. 应用最后的润色

最后，为场景添加任何需要的光学特效，例如镜头光晕或发光效果。

环境光灯用于烘托主体，营造特定的气氛和时间感，确定影片的整体调性。修饰光灯则用于增强主体某些细节部分的表现力，例如通过打亮金属环的局部，增加反光点，使其更具视觉吸引力。修饰光灯应避免显露人工痕迹，以保持整体效果的和谐，通常使用聚光灯来控制照明的亮度和范围。

在三维画面制作中，要实现出色的 3D 照明并非易事，只有通过深入研究和实践，才能达到理想的艺术效果。

思考题：

1. 创建一个阳光射入窗户照亮室内的场景。
2. 创建场景，设置光源在天花板上，体验颜色光的效果。
3. 动画灯光共分为几类？试举例说明。
4. 光线追踪阴影与贴图阴影有何不同？
5. 如何使物体不受光线影响？
6. 对静物拍摄场景进行布光。

第八部分

图像渲染

第三十章

渲染算法与渲染器

目前市场上常见的各种渲染软件，虽然从表面看用户界面都不算复杂，但其内部全部是以数据形式表示的，通过使用参数进行计算，从而绘出图像。用于计算的公式已经预先输入渲染软件，它们是包含行列式和微积分在内的多元公式，内容复杂，难度较高。如果你希望在CG图像获得方面取得一定的成就，理解和掌握这些复杂难懂的公式确实是非常必要的，同时这些公式也是三维动画学习中最难掌握的部分。

在很长一段时间，超现实主义都被CG研究者认为是极致的研究目标，而CG与计算机模拟之间的关系可以很好地解释这样的现象。计算机模拟利用数值公式研究自然现象，并通过计算进行模拟，人们希望得到可视化的物理现象分析。CG是以创作图像为第一目的，创作的过程和手段并不需要像计算机模拟那样完全忠实于物理现象。因此CG图像是可以超越现实的。

另一个极端是非真实感效果，这是近年来兴起的另一项CG研究方向。非真实感渲染(Non-Photorealistic Rendering，NPR)主要模拟艺术式绘制风格，也用于发展新绘制风格。和传统追求真实感的CG不同，NPR的目标不仅仅是再现真实的艺术技巧(如油画或水彩画)，还包括开发全新的风格，这些风格是计算机独有的，需要依靠计算机来创建和表现。

无论是进行超现实主义还是非真实感效果的渲染，理解渲染的一些概念都是必要的基础。在本章中，我们将了解渲染的含义，渲染3D场景图像需要解决的问题，并快速回顾为解决这些问题而开发的重要技术。

一、渲染的基本概念

在设置完三维模型的场景、纹理及光照效果后，接着就需要确定人们最终将看到何种效果。计算机将带有纹理和灯光的三维模型转换为二维图像的处理过程称为渲染。这种将任何几何体(2D或3D)转换为屏幕上的像素或保存在图像文件中的行为，简单地说就是告诉计算机“画出我告诉你的东西”。虽然听起来非常简单，但执行此操作所需的计算非常复杂，

场景通常不仅仅包含几何体。虽然几何体是场景中最重要的元素，但还需要摄像机和灯光来创建完整的渲染。摄像机用于捕捉场景的视角，而没有光线的场景则会一片漆

黑，因此灯光也是必不可少的。所有这些信息，包括几何体的描述、摄像机的设置以及灯光的配置，都会被存储在一个称为“场景文件”的文件中。这些场景文件可以被加载到3D设计软件（如Maya或Blender）的内存中。当用户点击“渲染”按钮时，特殊的程序或插件会遍历场景中的每个对象和光源，并将所有相关数据（包括摄像机的视角）导出到渲染器。此外，还需要为渲染器提供一些额外的信息，如最终图像的分辨率等，这些设置通常被称为全局渲染设置或选项。全局渲染设置决定了最终渲染输出的各项参数，是影响渲染质量和速度的重要因素。

一般来说，渲染环节贯穿整个3D工作过程。模型框架的视图呈现本身就是一种渲染。但是，基于视觉反馈呈现的视图渲染省去了一些重要的特征，如真实的反射、阴影和透明度等。

1. 渲染方式

第一种渲染方式为硬件渲染，主要指GPU渲染或实时渲染。GPU渲染的优势更体现在速度而不是质量上，例如在玩游戏或使用3D设计软件操控复杂场景时，人们总是喜欢更好的交互而不是显示质量。因此，显示像素需要被快速计算，以便让使用者与3D世界进行顺畅的交互。GPU通过特定的数学模型或API中的特定计算快速处理所有这些信息。目前流行的两种API是OpenGL和Direct 3D。

第二种渲染方式为软件渲染，是一种主要在计算机CPU上进行的渲染方式。软件渲染的目标是生成单帧静止图像或图像序列，而非实现实时交互性。与GPU渲染相比，软件渲染处理光照、阴影、材质、纹理和滤镜时需要更长的时间，有时每帧可能需要几个小时才能完成。尽管耗时更长，但软件渲染可以生成非常丰富、逼真的图像，达到惊人的真实性和深度，这在实时渲染中是无法实现的。但由于渲染时间长，在大型计算机图形工作室中通常使用渲染农场（分布式并行计算系统）来加速这一过程。此外，渲染高分辨率图像还需要大量内存。

需要补充说明的是，不要将GPU与实时渲染、CPU与离线渲染相关联。实时渲染和离线渲染具有非常精确的含义，与使用CPU还是GPU无关。当场景可以每秒24帧到120帧渲染时，我们说的是实时渲染（每秒刷新24帧到30帧是产生运动错觉所需的最小值。视频游戏的帧率通常约为每秒60帧）。低于每秒24帧且高于每秒1帧的任何内容都被视为交互式渲染。当需要几秒钟、几分钟或几小时才能渲染1帧图像时，就是离线渲染。在CPU上实现交互式甚至实时帧速率是非常有可能的。渲染帧所需的时间主要取决于场景复杂度。此外，渲染不仅仅是渲染3D对象，它还需要支持许多功能，例如运动模糊、位移等。

2. 渲染原理

在渲染中有两个重要的任务：一是将几何体投影到场景中；二是确定哪些部分是可

见的，哪些部分是隐藏的。

几何体投影最初的方法是通过绘制从物体的边角到观察者视点的直线，并找到这些直线与假想画布（垂直于视线的平面，如纸张或屏幕）的交点，然后将这些交点连接起来，重新创建物体的边缘。这个过程被称为透视投影。图 30.1(a) 展示了将这种方法用于在画布上描绘物体图像，线框效果如图 30.1(b) 所示。通过连接物体边角到视点的直线与画布平面的交点，可以得到场景的线框图。生成的图像看起来像线条勾勒出的形状，而不是逼真的照片。如果物体是不透明的，前面的面会遮挡或隐藏后面的面；如果场景中有多个物体，它们也可能相互遮挡。

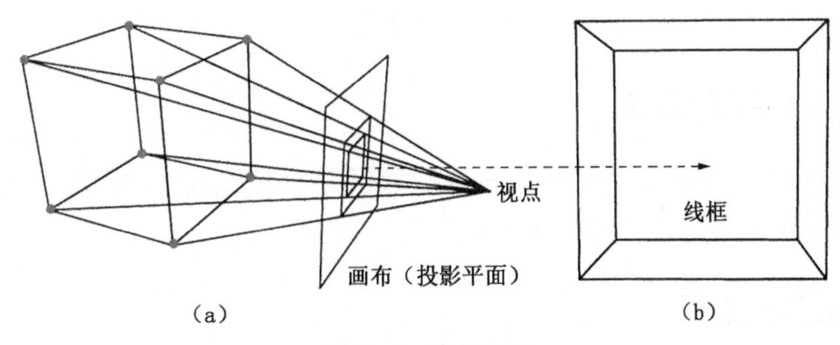

图 30.1　透视投影

确定几何体的哪些部分是可见的，哪些部分被遮挡称为可见性问题。在计算机图形学中，这个过程有很多不同的名称，如隐藏表面消除、隐藏表面确定、遮挡剔除、可见表面确定等。这是因为在计算机图形学发展的早期阶段，研究人员提出了多种解决这一问题的算法，并为它们赋予了不同的名称。

解决可见性问题的方法主要有两类：光栅化和光线追踪。在计算机图形学发展的早期阶段，光栅化因其速度快而更受欢迎。相比之下，光线追踪尽管能模拟更逼真的效果（如反射和阴影），但计算成本较高，速度较慢，因此在当时并不常用于实际生产中。

随着计算机性能的提升，光线追踪变得越来越常见，特别是在离线渲染中，因为它可以更简单地模拟复杂的光效和反射效果。像皮克斯的 RenderMan 渲染器在早期使用了基于光栅化的算法（称为 REYES），但现在已经转向了光线追踪渲染器（RIS），这使得图像的真实性和复杂性得到了极大的提升。

在渲染中，常用的坐标系包括屏幕空间和光栅空间。屏幕空间是一个二维坐标系，其原点位于投影平面的中心。光栅空间的原点通常位于图像的左上角，单位长度为一个像素，代表图像的实际尺寸（以像素为单位）。

二、渲染的基本过程

场景渲染需要包含以下三个关键要素：

- 几何体:一个或多个 3D 对象。
- 灯光:用于照亮场景,确保场景不会完全黑暗。
- 摄像机:定义从哪个视角渲染场景。

渲染的目标通常是创建照片般逼真的图像(也可能是非真实感渲染)。通常,照明设计师也是负责渲染图像或图像序列的人。

下面介绍 3D 渲染和照明设计的基本工作流程。

1. 设置灯光

首先设置基本的灯光,确保场景被适当地照亮。

2. 评估高级灯光需求

确定是否需要使用更高级的照明技术,例如全局照明或基于图像的照明。如果需要,则进行这些照明设置以评估其效果。

3. 建立渲染设置

配置渲染引擎的选项,以确保达到生产级别的渲染质量。每个渲染引擎都有自己的一套标准,以确保生成高质量的最终图像。

4. 多重渲染

如有必要,设置多重渲染(也称为元素渲染,如图 30.2 所示),这是一种将渲染分解为多个组件的方法,如漫反射颜色、反射、阴影、遮罩等。通过在合成或图像编辑软件中将这些组件重新组装,能够更精确地控制最终图像的效果。

图 30.2　元素渲染

多重渲染是在渲染时根据预先的设置生成渲染元素。每个渲染元素都有自己的参数设置,可以自定义以便在合成软件中使用。通常在渲染器的文档中有这些参数的详细说明,包括常见的用途和注意事项。

5. 渲染图像

渲染单个图像或动画序列,并使用合成软件(如 After Effects 或 Nuke)将渲染通道组合在一起,创建最终的图像。

通过这个流程,渲染师能够在不同的步骤中精确调整场景照明和图像效果,从而生成高质量的最终作品。

三、渲染的主要算法

1. 渲染引擎

目前常用的渲染引擎有 Phong、Gouraud、Raytracing、Radiosity、Toon 等。Phong 和 Gouraud 是主要的渲染引擎,其渲染速度很快(表 30.1)。

表 30.1 Phong 和 Gouraud 的区别

	Phong	Gouraud
颜色	对像素赋值	对顶点赋值
插值方法	• 双线性法向插值 • 根据每个顶点的法向量,用插值的方法计算多边形上各像素的法向量,决定每个像素的颜色值	• 双线性光强插值 • 对每个顶点颜色进行插值以决定像素的颜色值 • 计算顶点法向量,决定顶点的光照颜色 • 在绘制多边形上各点投影所对应的像素时,根据它们与各顶点的距离,对这些顶点的颜色进行插值计算
某点的光计算	环境光、镜面反射光	发射光、环境光、散射光、镜面反射光
优缺点	• 将镜面反射引入明暗处理中,解决了高光问题 • 速度慢 • 效果好	• 快速,粗糙 • 真实感图像颜色过渡均匀,图形显得非常光滑 • 镜面反射效果不太理想

实际上,有些软件,如 Cinema 4D,使用 Gouraud 着色法来快速渲染。这种方法速度快,适合交互式操作,但不能处理折射现象。Phong 是另一种常用的着色方法,它可以处理光线的折射、阴影和反射效果。例如,DOS 版的 3D Studio 使用 Phong 着色法,可以计算折射、阴影和反射。而 3ds Max 则使用改进版的 Phong 着色法,这种方法能更快地渲染,并且高光部分显示更自然。Gouraud 和 Phong 着色法的优点是速度快,但它们对阴

影的影响有限。如果要实现更逼真的效果，通常需要进行复杂的设置和使用更高级的渲染方法。图 30.3 展示了不同着色法的渲染效果对比。

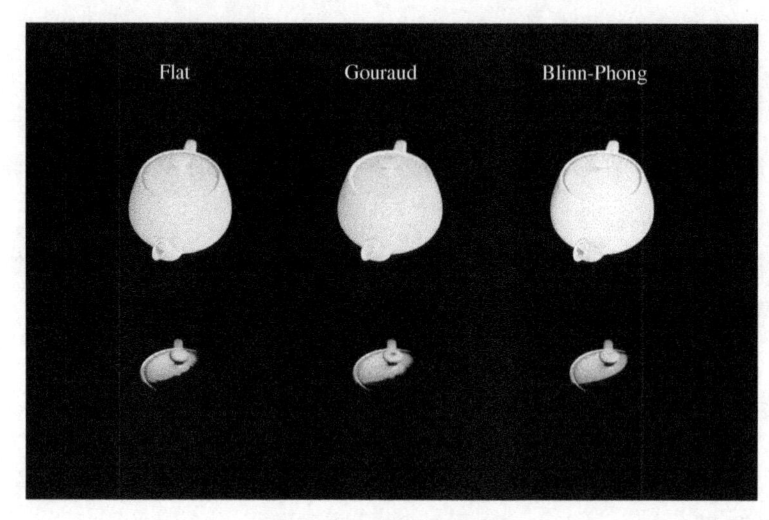

图 30.3 渲染效果比较

另外，模型表面的颜色曲面上某一点的颜色取决于材质属性和照明条件。材质属性决定了表面如何与光线互动，而照明条件则影响光线如何照射到表面。局部照明和全局照明是两种描述光线如何与表面相互作用的常见方法。局部照明仅计算直接光线效果，而全局照明则考虑光线的多次反射与折射，效果更逼真但计算量更大。

2. 扫描线

扫描线(scanline)算法是一种快速的渲染方法，常用于预览场景或进行快速测试，以查看渲染工作的进展。它的主要优点是渲染速度非常快，但无法处理反射、折射或复杂的全局照明效果，因此不适合高质量渲染。扫描线算法特别适用于卡通风格、平面或单元格着色的渲染。

扫描线算法的基本原理是将场景中的所有三角形和几何体排列在二维平面上，然后逐行扫描整个图像，确定每个像素与哪个多边形重合。然而，扫描线算法本身无法确定哪个像素位于场景的最前面，因此需要使用 Z-depth 来分离。这是一个基于像素的深度图像，用来表示几何体与摄像机之间的距离。虽然 Z-depth 可能产生误差，但它的计算速度快，适合快速渲染。

通过对多边形对象进行排序，扫描线算法可以避开计算摄像机看不到的内容，从而节省计算资源。

3. 光线追踪

光线追踪，又称路径追踪，是一种比扫描线更强大和完整的全局照明渲染算法，但需要付出计算代价。光线追踪是一种非常流行的渲染3D场景的技术，从模拟的角度来看，它提供了一种简单的方法来收集有关场景中表面反射光线的信息。

光线追踪的基本过程如下：

① 光线投射。首先从摄像机处投射光线到物体表面，采样获得物体表面的固有颜色信息。

② 二级光线发射。在采样点向环境四散投射二级光线，与其他物体表面、环境场景、光源进行交互采样。

③ 综合计算。沿光线投射路径返回摄像机，将二级光线采样信息与物体表面的颜色和材质信息综合，得到采样点的最终颜色并进行渲染。

如图30.4所示，光线通过一个像素从摄像机开始跟踪，经过几何体，然后回到光源。光线追踪依赖材质球着色信息，光线投射到物体表面，材质会将自身的信息（如反射强度、高光强度等）反馈，最终算法综合整个场景的采样信息，以确定该点上的颜色。

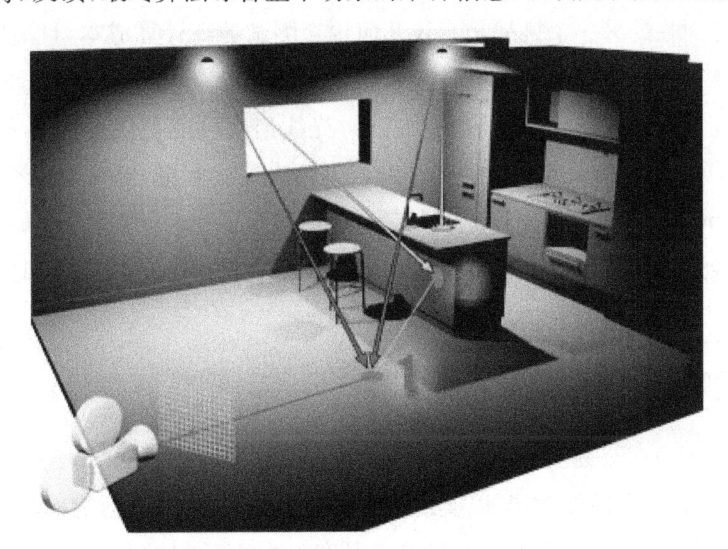

图30.4　光线追踪示例

光线追踪的优势在于可以实现复杂的光效，如全局照明（GI）、最终聚集（FG）、光在大气体积中的雾化效果（Ray Marching，光线步进）。这种算法可以计算每个渲染引擎中的反射、折射等效果，使得最终图像具有更强的真实感。

光线追踪算法的应用非常广泛，可以精确地实现直接照明的全局照明特性、阴影、镜面反射（如镜子）及通过透明材质的折射。如图30.5所示，反射递归（或反射深度）是控制反射次数的参数。例如，如果两面镜子面对面放置，理论上反射会一直进行下去；而在3D应用程序中，减少反射次数可以有效降低渲染时间。

然而，光线追踪也有不足之处。即使是中等复杂的场景，光线追踪也可能处理得非常慢。此外，它不会计算物体间的间接漫反射，仅考虑直接照明。比如，在光线追踪中，

图 30.5　反射递归示例

未被直接光源照亮的区域可能被渲染为全黑的，而现实中，这些区域仍会接收到来自周围表面的反射光。

光线追踪面临的另一个挑战是光线几何相交测试的高计算成本，且渲染时间会随着场景中几何体数量的增加而线性增长。虽然加速结构可以帮助缩短渲染时间，但找到适合所有场景配置的加速结构并不容易。此外，光线追踪可能在图像中引入噪声(方差)，并且在模拟某些光效(如焦散)时存在困难。为解决这些问题，通常会结合其他技术，如蛮力(brute force)引擎，通过增加光线数量来提高模拟质量，尽管这会增加计算成本。后面将介绍光线追踪与其他技术结合使用，以更有效地模拟一些单靠光线追踪难以实现的光照效果。

4. 全局照明

全局照明(GI)在渲染引擎中创建更逼真的光照和着色效果。全局照明算法基于光线追踪技术，并添加了额外功能，以实现更真实的渲染效果。与传统渲染器相比，全局照明算法不仅考虑直接光源(直射光)，还考虑从各个曲面反射的光线(间接光)，这使得照明效果更加自然。

下面介绍常见的全局照明算法类型。

1) 光子贴图(photon mapping)

光子贴图是一种全局照明算法，它从光源发射光子，而不是从摄像机发射光线。光子在场景中反弹，每次击中表面时留下辐射标记。这些标记之间相互采样，以确定最终的照明强度。尽管这种算法的计算量大，但能生成非常逼真的效果。图 30.6 展示了使用光子贴图前后的对比，在右侧图像中可以看到物体间的间接光反弹和颜色渗色。

光子是渲染中的微小能量粒子，它们从光源发出，在场景中反弹，继承并传递表面的颜色和能量值，直到被吸收，产生间接照明效果。图 30.7 展示了光子在场景中反弹的过程。默认情况下，渲染器会让所有对象投射和接收光子，但你可以精确控制哪些对象需

图 30.6　全局照明场景中的光子贴图

要投射或接收光子，以减少渲染时间。图 30.8 展示了通过调整光子设置来优化渲染效果。

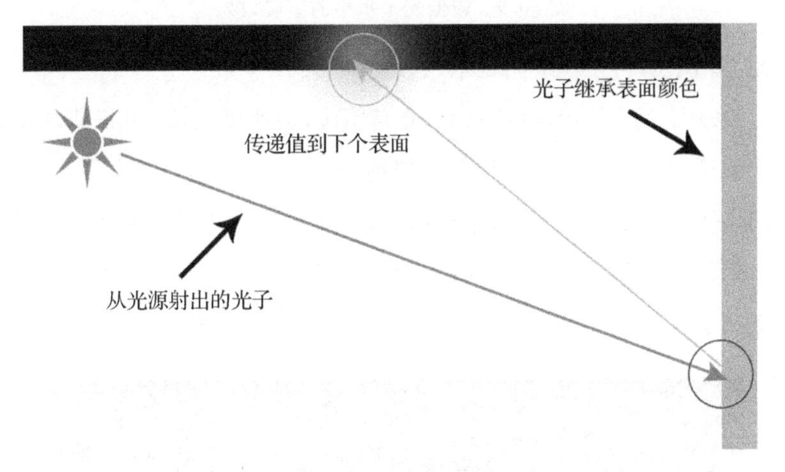

图 30.7　光子传递

图 30.8　光子投射和接收

全局照明有时会导致渲染中的斑点效果。为获得更平滑的结果，可以增加光子数量或结合最终聚集技术。图 30.9 展示了较低光子水平的渲染效果，结合了最终聚集后，渲染效果更为平滑。

图 30.9　较低光子水平的渲染效果

下面介绍 GI 使用的主要引擎类型。

• 蛮力：蛮力引擎逐点计算 GI 效果，非常精确，但速度较慢，尤其是在复杂的室内场景中。蛮力引擎适用于有大量次级反射光的场景。

• 辐照度图(irradiance map)：辐照度图通过优化场景中的采样点位置来加速 GI 计算，在平坦区域采样点较少，而在细节丰富的区域采样点更多。图 30.10 展示了辐照度图如何分布采样点。

图 30.10　辐照度图中的光子采样点

• 光缓存(light cache)：光缓存是一种用于计算 GI 的高效方法，尤其适合作为二次反弹的引擎。光缓存可以与辐照度图组合使用，适合相对平坦的室内场景。

实际渲染中会组合使用引擎。

• 辐照度图+蛮力:适用于没有太多次级反射光的场景,能够获得高质量图像,但速度较慢。图 30.11 展示了这种组合的效果。

图 30.11　辐照度图+蛮力引擎组合的效果

• 辐照度图+光缓存:适用于反射光量较多的场景,渲染速度快,图 30.12 展示了这种组合的效果。

图 30.12　辐照度图+光缓存引擎组合的效果

• 蛮力+光缓存:适用于细节丰富的高品质室内场景,虽然速度较慢,但比双蛮力引擎组合更快。图 30.13 展示了这种组合的效果。

辐照度图在处理移动物体时可能导致光线闪烁,而蛮力引擎尽管可以避免闪烁,但需要更长的渲染时间。图 30.14 展示了 GI 在图像质量与渲染时间之间的权衡。

图 30.13　蛮力＋光缓存引擎组合的效果

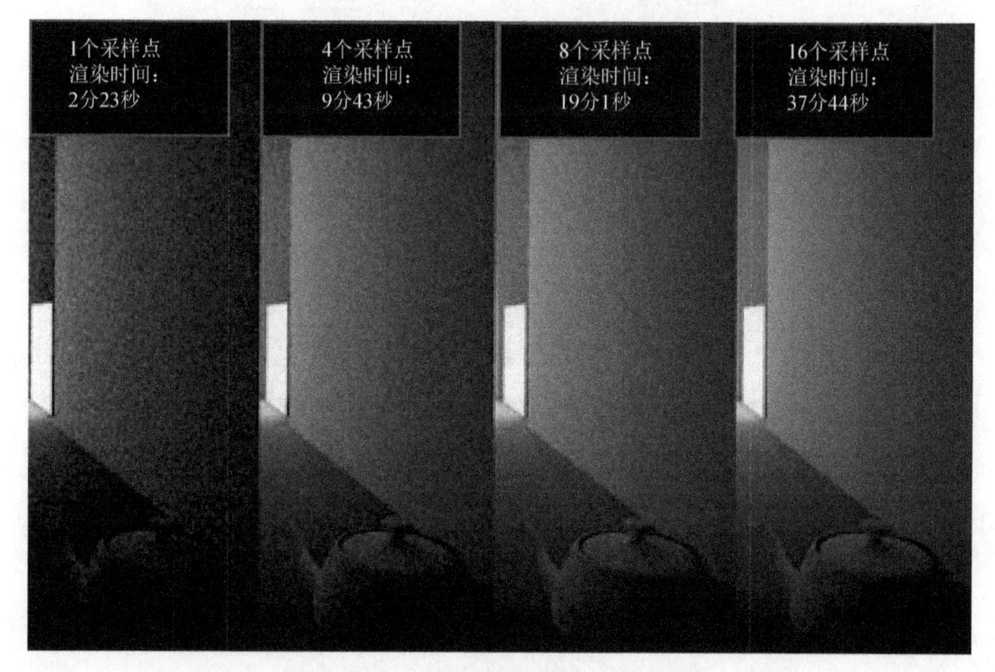

图 30.14　不同采样率与渲染时间的比较

2）基于图像的照明

基于图像的照明（Image-Based Lighting，IBL）是一种全局照明算法，通过使用图像而不是传统光源来照亮场景。IBL 创建一个包含场景的球体或圆顶，并使用图像的每个像素作为光源来模拟照明。每个像素不仅包含颜色信息，还包含光的强度，因此可以从各个方向为场景提供光照。

IBL 是一种强大的全局照明算法，通过使用高动态范围（HDR）图像来模拟复杂的光照效果。HDR 图像具有更高的动态范围，能够捕捉从最亮到最暗的光照范围。动态范围（D）是图像中最亮与最暗部分的比值，计算公式为 $D=\log_{10}$（最大亮度 / 最小亮度）。

图 30.15 展示了亮度对数标尺，用以解释 HDR 图像的动态范围优势。

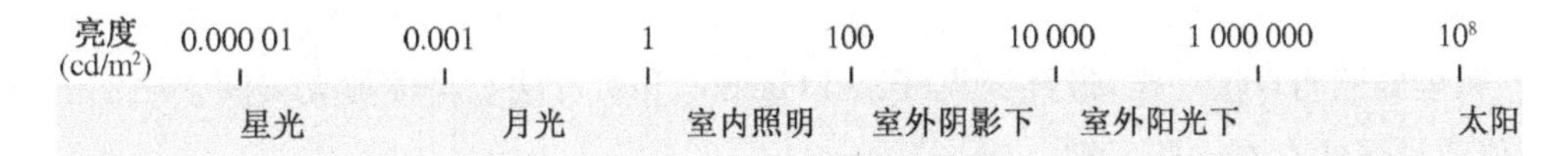

图 30.15　亮度对数标尺

HDR 图像能够捕捉更丰富的色彩和细节，从而提供更逼真的照明效果。在使用 IBL 时需要权衡图像质量与渲染时间。不同的 HDR 图像文件格式各有优劣，选择合适的格式和渲染方法对于实现最佳效果至关重要。常用的 HDR 图像文件有 OpenEXR、Radiance RGBE、FloatTIFF 三种格式。

- OpenEXR(.exr)：由工业光魔(ILM)开发，支持 16 位浮点数据，每像素 64 位，D 值为 9.03。
- Radiance RGBE (.hdr)：由 Gregory Ward 提出，支持 32 位数据，每像素包含 R、G、B、E 四个通道，D 值可达 76。
- FloatTIFF (.tif/.tiff)：支持 32 位浮点数据，每像素 96 位，D 值为 38。

IBL 将 HDR 图像映射到球体或圆顶上，然后模拟光线从图像的每个像素发射并在场景中反射。渲染时，摄像机会在场景中采样多个点，随机投射光线，收集来自图像的辐射数据。最后这些数据被返回摄像机，生成最终的渲染图像。

图 30.16 展示了场景周围的圆顶、场景中图形上的采样点以及最终的 IBL 渲染结果。IBL 可以实时渲染，提供高质量的视觉效果，特别适合模拟复杂光照条件下的全局照明。通过捕捉真实世界的光信息，IBL 能够逼真地再现环境光效。尽管 IBL 能提供逼真的图像，但在图像质量、细节和渲染时间之间始终存在平衡。由于 HDR 图像文件数据量大且复杂，IBL 渲染的计算成本较高，并且在实时渲染时可能受到硬件性能的限制。

图 30.16　围绕对象的 IBL 球

5. 最终聚集

和全局照明算法一样，最终聚集(Final Gather，FG)算法也是模拟真实间接照明的算法，但两种算法存在一些区别。

• 全局照明使用光子来计算光线在场景中的反射。光子从光源发射，经过多次反弹，生成间接照明效果。这种方法非常精确，但渲染时间较长。最终聚集则通过摄像机视角投射光线，对场景进行采样。FG 点会发出光线，采集场景中物体的亮度和颜色信息，从而创建间接照明效果。与 GI 相比，FG 的计算速度更快，但物理精度较低。

• FG 适合需要快速渲染的场景，尤其是在使用基于图像的照明(IBL)时，FG 是必不可少的。由于 FG 点是从摄像机发出的，因此无需直接光源也能模拟间接照明效果。GI 适合需要高精度光照计算的场景，虽然渲染时间较长，但可以生成更逼真的结果。

结合使用 FG 和 GI 能够同时利用两者的优点：FG 提供快速的间接照明效果，而 GI 提供更高的真实性。可以在场景中使用 GI，但降低光子数量以缩短渲染时间，然后启用 FG 来平滑结果，减少噪点，而无需增加光子量。

在实际渲染中，选择 GI 或 FG 取决于具体场景的需求。例如，室外场景可能只需要使用 FG 即可达到所需的效果，而复杂的室内场景则可能需要结合 GI 和 FG 来获得更好的渲染质量。图 30.17 展示了单独使用 GI、FG 以及二者结合使用的渲染效果对比，显示了不同方法在渲染时间和质量上的差异。

总结来说，GI 和 FG 各有优缺点，合理选择或结合使用这两种方法，可以在渲染速度和渲染效果之间找到最佳平衡。

图 30.17　GI(左)、FG(中)和组合方案(右)渲染结果对比

6. 路径追踪

路径追踪(path tracing)是一种模拟全局照明的渲染算法，使用蒙特卡罗方法随机选择光线路径。该算法通过分析大量光线，逐步构建最终图像。最初，图像会显得颗粒较多，随着光线样本数量增加，噪声逐渐减少，最终呈现出接近真实的图像。

路径追踪通过在物体表面聚合所有到达的光照，再通过双向反射分布函数(Bidirectional Reflectance Distribution Function，BRDF)来确定反射到摄像机的光量。这个过程会对每个像素重复，生成逼真的图像。路径追踪自然地模拟了柔和阴影、景深、运动模糊、焦散、环境遮挡和间接照明等效果。

路径追踪的渲染方程由詹姆斯·卡吉亚(James Kajiya)于1986年提出,并随后发展出路径追踪算法,用以求解渲染方程的数值解。路径追踪的无偏性质和高精度使其成为测试其他渲染算法质量的参考标准。自1998年蓝天工作室使用路径追踪渲染器制作的短片《兔子邦尼》(*Bunny*)获得奥斯卡奖开始,路径追踪逐渐成为高质量CG制作的标准技术。迪士尼、皮克斯等大型动画公司也在其渲染器中引入了优化的路径追踪算法,进一步推动了电影视觉效果的发展。

路径追踪的技术细节如下:

• 双向路径追踪:结合了光线的发射和聚集,增强了渲染效率。图像采样不仅从摄像机角度出发,还从光源发射光线,并在场景中创建路径。每个路径采样通过连接光线的发射路径和聚集路径,实现更快的积分收敛。

• 重要性采样:通过在亮度较大的方向投射更多光线来减少计算量,确保在关键区域投射足够的光线,从而有效降低噪声并提高渲染效率。

• Metropolis光传输:一种改进的采样方法,通过优化现有路径,实现更快速的积分收敛,特别适合用于光线必须经过狭窄路径(如走廊或小孔)才能到达场景的情况。

路径追踪存在的挑战主要是两个方面:一方面是噪声问题,由于光线的随机性,图像生成过程中往往会出现大量噪声,而为了获得高质量图像,通常需要大量光线样本,这导致计算时间较长;另一方面是性能瓶颈,投射光线的复杂几何计算是路径追踪的核心瓶颈。为了优化性能,应用重要性采样和Metropolis光传输等技术,可以减少所需的光线量并提高收敛速度。

路径追踪作为一种精确的全局照明模拟方法,尽管存在噪声和性能方面的挑战,但逼真的渲染效果使其成为高端影视制作和图像渲染的首选工具。

7. 高级着色器

高级着色器的功能每年都在更新,为3D设计人员提供了更多工具,双向反射分布函数(BRDF)和次表面散射(SSS)就是其中的两个重要功能。尽管这些功能占用大量计算资源,但它们在创建逼真的视觉效果方面非常强大。

1) 双向反射分布函数

BRDF是描述物体表面如何反射光线的函数。在计算机图形学中,物理合理的BRDF模型必须遵循两个原则:节能性和互易性。节能性确保反射光的总能量不超过入射光的总能量;互易性(亥姆霍兹互易原理)表明光的入射和出射方向可以互换,不影响反射结果。

迪士尼开发的BRDF模型基于GGX微面分布,能够更真实地模拟高光反射,如图30.18所示,与传统的Blinn分布相比,GGX提供了更逼真的高光衰减效果。

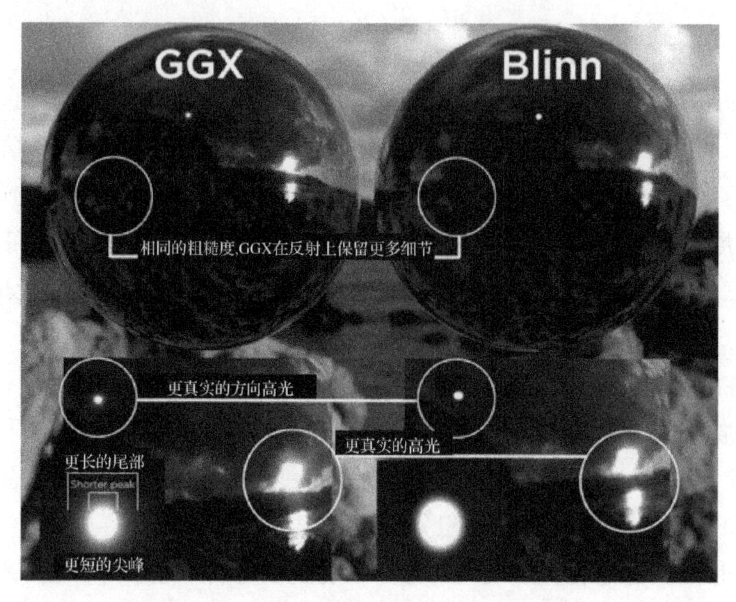

图 30.18　GGX 与 Blinn 的高光反射分布对比

BRDF 着色器还可以模拟各向异性反射和菲涅耳效应,如图 30.19 所示。菲涅耳效应是 BRDF 中的一个关键因素,决定了表面反射的光量随观察角度变化。例如,当光线以接近 90°的角度入射时,反射率接近 100%。图 30.20 展示了菲涅耳效应与不同入射角的 F0 值(反射率)的关系。

(a) 各向异性反射

(b) 菲涅耳效应

图 30.19　各向异性反射和菲涅耳效应示例

图 30.20　菲涅耳效应与不同光线入射角的 F0 值

2）次表面散射

SSS是一种用于渲染半透明材料的技术，如皮肤、大理石、牛奶等。具有高散射和低吸收特性的材料有时被称为参与介质或半透明材料。在这些材料中，光线进入表面后会在内部多次散射，再从另一个位置射出，因此光的入射点和出射点之间的距离可能较大，这对渲染效果的影响不可忽略。

理论上，漫反射和镜面反射都依赖于光线与物体表面相交时的表面不规则性（称为粗糙度）。然而在实践中，由于材料内部的散射作用，表面粗糙度对漫反射的影响较小，光线的出射方向与表面粗糙度和入射方向无关（图30.21）。最常见的漫反射模型（如Lambertian模型）忽略了粗糙度对漫反射的影响。

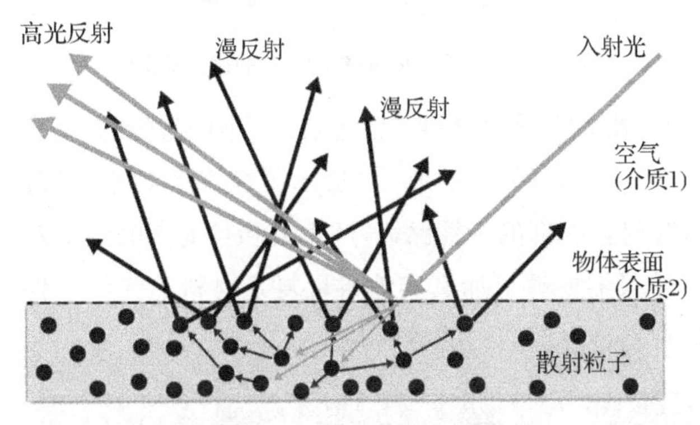

图30.21　光线在物体内部散射

这些表面不规则性，也就是粗糙度，可以在PBR（基于物理的渲染）工作流程中通过粗糙度贴图或光泽度贴图来实现。图30.22展示了基于微面理论的BRDF模型，其中假设表面由许多小尺度的平面（称为微表面）组成，每个微表面都基于其法线方向反射光线。图30.23展示了微观水平的表面不规则性如何导致光线扩散。这种散射导致高光反射变得模糊，而不是锐利的反射。

图30.22　基于物理的BRDF

SSS使光线能够穿透物体表面，在内部发生散射，然后从表面重新射出。这种效果

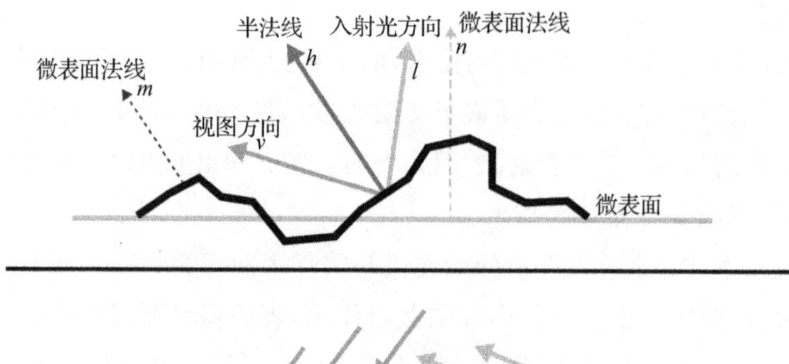

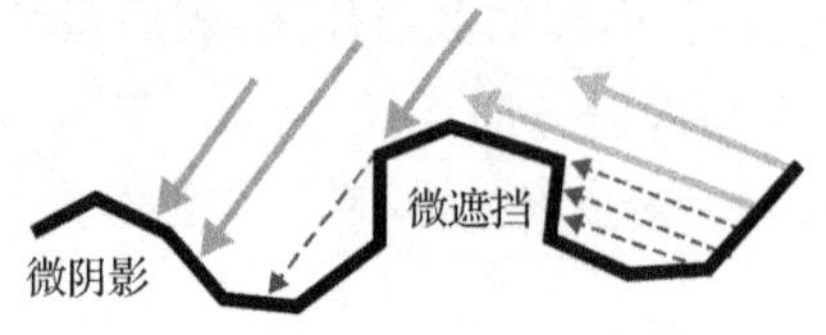

图 30.23　基于物理的 BRDF 的微观理论

对于渲染皮肤、大理石、蜡等半透明材料非常重要。不同的渲染引擎有各自的 SSS 模型，以实现更快或更精确的渲染效果。图 30.24 展示了在多个对象上应用次表面散射的效果，显示出光线在这些材料内部的传播路径，产生柔和且逼真的光影效果。

通过 SSS 建模，渲染器能够更加真实地再现复杂材料的光学特性，尤其是在处理像皮肤、大理石这类具有复杂内部结构的材料时。

图 30.24　次表面散射效果

3）间接镜面反射与焦散

除了漫反射，反射物体还可以通过间接反射光线来照亮其他物体，这种现象称为焦散(caustic)。焦散常见于水面、玻璃或镜子反射光线时，产生明亮线条或图案，如水池底部的光影效果或玻璃杯边缘的光斑。

8. 光能传递

光能传递算法，又称辐射度算法，它模拟真实世界中的光照原理，在场景中的每个位置收集所有在该位置能看到的颜色信息，然后对这些颜色信息进行汇总处理，作为最终该位置的颜色并对当前的位置进行着色。在现实世界中，这个位置就代表了无穷多个无限小的像素点，但在计算机中不可能做到这样一点，因此只能进行近似的模拟操作，这就是将几何空间场景进行分割处理，得到一些相对于整个场景来说很小的多边形面片，然后以这些面片为单位来代替现实世界中的无限小的像素点进行渲染着色。当然，如果我们将整个场景分割得越细，得到的最终照明效果也就越好，但随之而来的代价就是渲染的时间越长。光能传递在 20 世纪 80 年代初和 90 年代非常流行，现在人们已经很少使用了。

光能传递算法之所以需要对整个场景中的所有表面计算光照，而不像光线追踪那样只对场景中的可见点进行追踪的原因是，算法考虑的是所有表面之间漫反射的相互影响，包括半球内的所有方向，而光线追踪只需要考虑反射方向。

Radiosity（辐射度渲染）或许是最强大和效果最像照片的渲染引擎，但是它也有缺点，即计算所有反射回来的光线将花费很多时间。通常使用 Radiosity 渲染会比使用射线追踪渲染多花费 4 倍至 100 倍的时间。因此，我们应慎重选择 Radiosity 渲染，如果有和 Radiosity 渲染效果相同的其他方法，应当用射线追踪来仿造它。例如，使用带颜色的光来处理球的侧面。仿造 Radiosity 有时候会花费较长时间，但是在渲染的时候会比 Radiosity 节省时间。

光能传递算法的早期版本必须完全计算网格元素中灯光的分布才能在屏幕上显示有用的结果，即使结果是视图独立的，预处理也会花费很多时间。1988 年，出现了逐步细化技术。该技术可以立即显示可视结果，并在精确度和可视质量上有了逐步改善。1999 年，出现了一种名为随机弛豫辐射度（Stochastic Relaxation Radiosity，SRR）的光能传递算法。SRR 算法构成了由 Autodesk 提供的商业光能传递系统的基础。

9. 集成解决方案

虽然光线追踪算法和光能传递算法不同，但它们在许多方面是互补的，两种算法各有优缺点，具体如表 30 - 2 所示。

光能传递和光线追踪各自擅长不同的全局照明效果，但都无法单独提供完整的解决方案。光能传递在处理漫反射之间的相互反射时表现出色，而光线追踪在处理镜面反射方面更有优势。为了获得两者的最佳效果，可以结合使用这两种技术。

表 30－2　光线追踪和光能传递的对比

照明算法	优点	缺点
光线追踪	• 能精确渲染直接照明、阴影、镜面反射和透明效果 • 内存使用效率高	• 计算量相当大，生成图像所需时间受光源数量影响较大 • 对每个视图必须重复处理（视图独立） • 不考虑漫反射的相互反射
光能传递	• 计算曲面间漫反射的相互反射 • 为任意视图提供视图独立的快速显示解决方案 • 提供立即可视的结果，适合快速预览	• 3D 网格比原始曲面需要更多的内存 • 渲染图容易出现人工伪影，比光线追踪更影响曲面采样算法的精度 • 不考虑镜面反射或透明效果

首先使用光能传递创建场景的基础照明效果，然后使用光线追踪添加额外的细节，如阴影、反射和折射。这种组合方法能够生成比单独使用任何一种技术更加逼真和精细的场景。

通过将光线追踪与光能传递结合使用，可以在不同的场景中实现多种视觉效果，从快速的交互式照明学习到高质量和高度真实的图像渲染。这种混合技术的应用使得渲染既能保持速度，又能达到前所未有的视觉真实感。

四、智能光

自然界的光线非常智能，像魔法师一样，将世界变得绚丽多彩，甚至奇幻无比。然而，在渲染程序中，光线显得相对简单和笨拙。尽管渲染程序提供了多种光源类型来模拟现实中的光源，但这些光源通常只解决了直接照射的问题。而在现实世界中，光线不仅仅是直接照射的，它还会在表面之间反射多次，这就是我们常说的光能传递，现在更常称为全局照明。

光的智能还体现在它能生成复杂的反射和折射效果。焦散是这种光学效果的典型例子，常见于透明物体（如玻璃球、凸透镜）和反射表面（如水面、镜子），它能表现出光线聚焦和散焦的效果。高级渲染程序通常能够自动生成这些复杂效果，这标志着光源的智能程度。

因此，衡量一个渲染程序中的光源是否智能，主要看它是否能自动处理间接照明效果，而不仅仅是提供丰富的光源类型。天空光（天空光是一种特殊的光源，严格来说，它不应被视为一个独立的光源，而是由大气对太阳光的漫反射形成的，因此也可以看成是太阳光的一种间接照明）、全局照明、焦散特效等，都是间接照明的结果，是由光线的漫反射、光能传递、反射和折射共同作用的结果。如果一个渲染程序能够高效自动地产生这些效果，就可以认为它的光源具有较高的智能。

不过，值得注意的是，不能自动产生间接照明效果的渲染程序并不意味着它是低级的。我们仍然可以使用填充光源来模拟间接照明，最终的目标是实现令人满意的图像效果，而不必拘泥于采用何种方法。正所谓“条条大路通罗马”，实现目标才是最重要的。

五、抗锯齿

抗锯齿(anti-aliasing) 是一种用于消除在 3D 渲染中出现的锯齿状边缘问题的技术。锯齿问题通常发生在图像的边缘，当 3D 应用程序渲染图像时，像素块在图形边缘上显得不平滑(如图 30.25 所示)。抗锯齿技术通过平滑这些边缘，使图像更加精致。

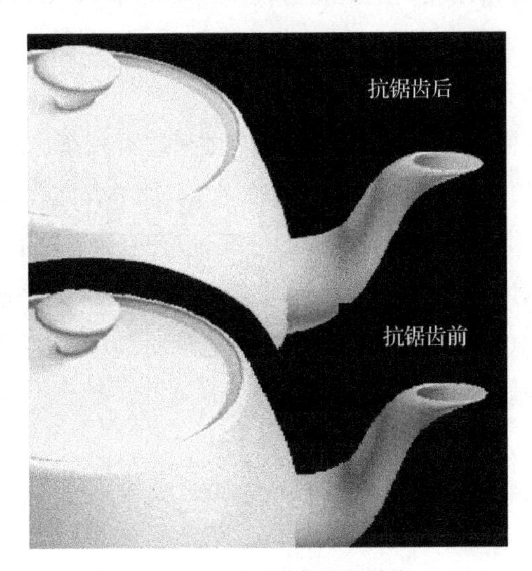

图 30.25　抗锯齿前后对比

抗锯齿的常用方法有以下 3 种。

1. 超级采样抗锯齿

超级采样抗锯齿(Super Sampling Anti-Aliasing, SSAA)通过将当前分辨率提高数倍来减轻锯齿。例如，如果当前分辨率为 1 024×768，开启 2 倍 SSAA 后，分辨率将变为 2 048×1 536。然后将图像缩小到显示器的分辨率。这一过程相当于在同样的显示尺寸下提高了分辨率，使得单个像素变得更小，从而大幅减轻了锯齿感。

SSAA 的大致工作流程是：首先，在一个分离的高分辨率缓冲区中创建图像，缓冲区的分辨率比屏幕分辨率高；然后，对每个像素的邻近像素进行采样，并将这些采样混合。这样生成的最终像素颜色过渡更加平滑，图像整体看起来更加清晰。

2. 多重采样抗锯齿

多重采样抗锯齿(Multi-Sampling Anti-Aliasing, MSAA)是 SSAA 的一种优化版

本。与 SSAA 不同,MSAA 并不会对整个图像进行超级采样,而是只针对图像的边缘部分进行处理。MSAA 在 Z 缓存(Z-buffer)和模板缓存(stencil buffer)中识别出需要处理的边缘区域,然后在这些区域进行超级采样。这样,MSAA 在保留边缘平滑效果的同时,大大减轻了硬件的负担。正因为如此,MSAA 是最流行的抗锯齿方案。

3. 快速近似抗锯齿

NVIDIA 在 2012 年推出了快速近似抗锯齿(Fast Approximate Anti-Aliasing, FXAA)方案,它是一种资源占用较少的抗锯齿技术。不同于 SSAA 和 MSAA,FXAA 不分析 3D 模型本身,而是分析像素数据。这种方法能快速地得到较好的抗锯齿效果,但对图像的细节保留不如前两者精细。

抗锯齿方法的选择需要在图像质量和性能之间进行权衡。SSAA 提供了最好的图像质量,但也最耗费资源;MSAA 提供了良好的平衡,能够在减轻锯齿感的同时降低对硬件的压力;而 FXAA 提供了一种性能优先的方案,适合资源有限的场合。

在动画制作中抗锯齿是必要的,因为它能保持物体边缘的平滑,避免在逐帧动画中出现闪烁现象。通常,渲染测试图像时为了提高速度,可以暂时关闭抗锯齿功能,而在最终渲染时再启用以保证质量。

六、主流渲染器

在 3D 渲染中有两类主要的渲染器:有偏渲染器和无偏渲染器。它们在处理光线和图像生成的方式上有所不同,各有优缺点。无偏渲染器通过物理上精确地模拟光线行为,生成的图像非常接近真实世界的光照效果。由于它不断计算和反复逼近最终结果,图像的真实感很强,适用于需要高保真度的场合,如产品可视化和建筑效果图。但这一过程耗时较长,渲染速度相对较慢。

相比之下,有偏渲染器通过使用各种近似和优化技术,显著提高了渲染速度。虽然它在某些情况下可能不完全遵循物理准确性,但仍能在视觉上提供足够逼真的效果。设计师可以通过调整参数,灵活地控制图像质量和渲染时间的平衡。有偏渲染器广泛应用于影视制作、动画制作和实时渲染等需要快速结果的领域,尽管在极端场景下它可能会产生一些不真实的伪影。

无偏渲染器如 Arnold、Maxwell 和 Corona,适合那些对真实感要求极高的项目,而有偏渲染器如 V-Ray、RenderMan 和 Final Render,则因其高效和灵活的特点,成为许多动画设计师和工作室的首选工具。选择哪种渲染器,通常取决于项目的需求和时间限制。以下是目前一些主流渲染器的简要介绍。

1. V-Ray

V-Ray 由 Chaos Group 开发，是一款高效的光线追踪渲染器，广泛应用于建筑可视化、影视制作和产品设计等领域。V-Ray 以渲染速度快、易用性强而闻名，特别是在全局照明、光子映射和焦散效果方面表现出色。V-Ray 采用有偏渲染，灵活性和易用性使其成为许多设计师和工作室的首选工具。最新版本为 V-Ray 6。

2. Arnold

Arnold 是由 Sony Pictures Imageworks 开发的蒙特卡罗光线追踪渲染器，专为电影和视觉效果制作而设计。Arnold 是一款无偏渲染器，以稳定性和高效的内存管理能力著称，能够处理极其复杂的场景，如毛发、流体和体积效果等。Arnold 支持多平台和多种 3D 软件，如 Maya、3ds Max 和 Houdini，广泛应用于电影制作中，如《重力》和《环太平洋》。最新版本为 Arnold 7.2。

3. RenderMan

RenderMan 是由皮克斯开发的渲染引擎，长期以来一直是电影工业的标准工具，广泛用于皮克斯的内部制作和其他大型动画公司。RenderMan 是一款有偏渲染器，以强大的可编程性、先进的照明技术和稳定的渲染性能而闻名，支持复杂的几何体、粒子、毛发等元素的渲染。许多经典动画电影如《玩具总动员》和《汽车总动员》都使用了 RenderMan。最新版本为 RenderMan 25。

4. Corona

Corona 是一款高性能、无偏的物理渲染器，广泛应用于建筑可视化和超写实渲染。Corona 因易用性和出色的光线追踪速度而受到欢迎，特别是在复杂的光照和材质处理方面表现优异。Corona 还支持与 3ds Max 和 Cinema 4D 的无缝集成。Corona 已被 Chaos Group 收购，进一步提升了其市场地位。最新版本为 Corona 10。

5. Maxwell

Maxwell 是由 Next Limit 开发的无偏渲染引擎，以高度物理真实的光照计算而著称。Maxwell 通过模拟光谱的光线传播来渲染场景，非常适用于高精度的产品可视化和建筑效果图。虽然渲染速度相对较慢，但其出色的光影表现使其在需要极高品质的场合中受到欢迎。最新版本为 Maxwell 5.3。

6. Final Render

Final Render 是由 Cebas 开发的一款结合了有偏和无偏渲染技术的物理渲染器，它的功能多样，设置相对简单，是很多设计师的理想选择。Final Render 因其快速渲染和高效的次表面散射功能而受到欢迎，特别适合商业市场和卡通渲染。最新版本为 Final Render 4。

7. Illustrate!

Illustrate! 是一款独特的非真实感渲染器，专注于卡通风格和技术插画的渲染。它支持丰富的线条风格和有限色彩的表现，广泛应用于动画、插画和技术图解领域。Illustrate! 还支持矢量输出，使得 3D 场景可以轻松转换为可编辑的矢量图形。Illustrate! 是一款有偏渲染器，能够快速生成所需的艺术效果。最新版本为 Illustrate! 5.8。

这些渲染器各有特色，满足不同领域和用途的需求，从超真实感的渲染到卡通风格的表现，都能从中找到合适的工具。

第三十一章

渲染输出

动画通过快速切换一系列略有不同的图像来产生活动的视觉效果。例如，每秒播放31帧的动画需要渲染3秒共90帧。为了节省时间和资源，在正式渲染前通常会预览渲染。预览渲染只使用简单的照明，不涉及复杂的材质或纹理，因此渲染速度快得多，便于快速检查动画的运动和节奏是否符合预期。通过预览，用户可以迅速发现并修正问题，而不必等待正式渲染的长时间。确认动画效果符合要求后才进行正式渲染，此时需要确定图像精度、文件格式、分辨率和视频压缩方式等参数，以确保最终动画的画质和文件大小达到预期要求。

一、输出方式

在渲染动画时，应根据最终用途来选择生成的动画格式和尺寸。通常有两种主要的渲染输出方式：图像序列和视频文件。

1. 图像序列

这种方式将动画保存为一系列静态图像（帧序列）。例如，如果动画长度为20秒（600帧），可以渲染出文件名为 Animation001. tif 到 Animation600. tif 的图像序列。随后，使用 Adobe Premiere、AfterEffects 或其他视频编辑软件将这些图像序列导入并输出为电影文件（如 QuickTime、AVI 等格式的文件）。这种方式的优点是，如果在渲染过程中发现某些帧有错误，例如第41至第90帧有错，只需重新渲染这些帧，再将其导入编辑软件中重新生成视频文件即可。这样可以节省大量时间。这种方式的缺点是图像序列会占用大量存储空间，但对于需要较长渲染时间的大型项目来说，这种方式能有效节省整体渲染时间。

2. 视频文件

另一种方式是直接将动画输出为视频文件，常见的视频文件格式包括 . avi 和 . mov 等。如果在 Mac 上工作，通常输出为 . mov 格式（QuickTime 电影文件）；在 PC 上，可以选择 . avi、H. 264 等格式。直接渲染为视频文件的优点是最终输出结果是一个完整的影片，所有帧都已连接在一起，可以立即播放查看；缺点是如果某些帧出现问题，需要重新渲染整个动画。此外，视频文件可能存在较大的图像压缩，导致图像质量劣化，并不适合再次进行剪辑或编码。

在使用光线追踪或光能传递渲染动画时，还需考虑渲染的尺寸和压缩比。文件的尺寸和压缩比决定了作品的发布方式：较大尺寸的文件适用于 35 mm 电影、电视或数字视频发布；中等大小的文件适合光盘或硬盘播放；较小的文件则通常用于网络发布。最终媒体的选择将决定动画渲染的尺寸和压缩比。

三、输出参数

在输出动画之前，需要设定输出图像或视频的分辨率、纵横比和像素宽高比。这些设置对动画在不同设备上的显示效果至关重要，尤其是在当前高清（HD）、超高清（UHD）显示器，以及蓝光 DVD 和数字电影的使用越来越普遍的情况下。

分辨率指的是屏幕上显示的像素数量，以下是常见的分辨率。

- 720p(HD)：1 280×720 像素。
- 1 080p(Full HD)：1 920×1 080 像素。
- 1 440p(2K/QHD)：2 560×1 440 像素。
- 2 160p(4K UHD)：3 840×2 160 像素。
- 4 320p(8K UHD)：7 680×4 320 像素。

例如，1 080p 分辨率表示屏幕上有 1 920 个水平像素和 1 080 个垂直像素，总计 2 073 600 个像素。4K UHD 则提供了比 1 080p 高出四倍的像素数，适用于更大尺寸的屏幕或需要极高细节的场合。图 31.1 所示为从标清到 8K 超高清的几种分辨率对比。

图 31.1　8K UHDTV、4K UHDTV、HDTV 和 SDTV 分辨率的比较

纵横比是屏幕的宽高比。高清（HD）和超高清（UHD）显示器通常具有 16∶9 的纵横比，这是最广泛使用的宽高比标准，适用于电视、计算机显示器和大多数移动设备。

高清和超高清设备使用正方形像素，因此在这些设备上，图像不会出现拉伸或压扁的失真问题。在旧式显示器如 NTSC 或 PAL 制式电视机上，非正方形像素可能导致图像变形。为了在这些设备上正确显示图像，必须考虑像素宽高比的调整。

例如，NTSC 制式电视机的像素宽高比为 0.9，PAL 制式电视机的像素宽高比为 1.066，因此在渲染时需要相应地调整图像的比例。图 31.2 所示为三种像素的形状对比。

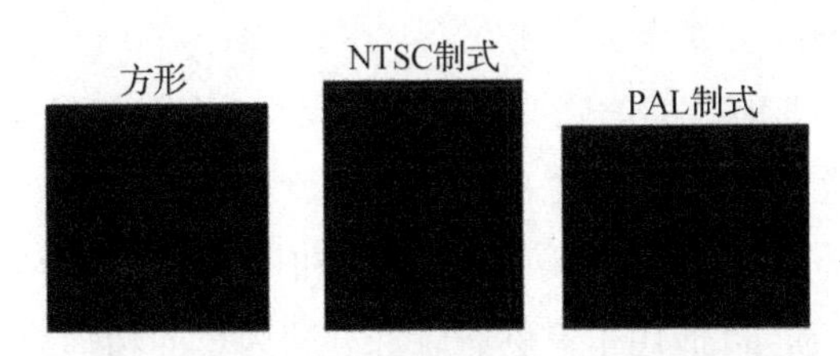

图 31.2　方形、NTSC 制作和 PAL 制作的像素形状

下面详细说明一下高清(HD)、超高清(UHD)、蓝光 DVD 和数字电影标准的分辨率和纵横比。

(1) HD：这是最基础的高清分辨率，适合较小的屏幕和流媒体应用。其分辨率为 1 280×720 像素，纵横比为 16∶9。

(2) Full HD：Full HD 是目前最常见的高清分辨率，广泛用于电视、计算机显示器和流媒体服务。其分辨率为 1 920×1 080 像素，纵横比为 16∶9。

(3) 4K(UHD)：4K 分辨率已成为高端电视和影院投影的标准，分辨率为 3 840×2 160 像素，提供了比 1 080 p 更清晰、更细致的图像。

(4) 8K(UHD)：8K 分辨率是目前最顶尖的显示标准，分辨率为 7 680×4 320 像素，适用于超大屏幕或需要极高细节的应用。

(5) 蓝光 DVD：蓝光 DVD 是用于高清内容的光盘格式，通常支持 1 080 p 和 4K(UHD)分辨率。蓝光光盘具有较高的数据存储能力，可以支持更高的比特率和更好的视频质量。其标准纵横比为 16∶9，与现代高清和超高清显示器兼容。

(6) 数字电影(digital cinema)：数字电影的分辨率标准通常更高，通常使用的纵横比是 1.85∶1 或 2.39∶1，用于影院银幕的宽银幕效果。这些格式保证了高分辨率的画质，同时适应了电影银幕的独特需求。

① 2K：2 048×1 080 像素，常用于数字电影的基本格式，纵横比为 1.9∶1。

② 4K (DCI 4K)：4 096×2 160 像素，数字影院的标准格式，纵横比为 1.9∶1 或 2.39∶1(宽银幕格式)。

③ 6K 和 8K：一些高端电影制作可能使用 6K(6 144×3 160)或 8K(8 192×4 320)分辨率，以实现更高的图像质量，尤其是在大屏幕显示时。

以下是适合不同发布平台的常见设置。

(1) 光盘发布：使用 640×480 的分辨率和 15 fps 的帧率。

(2) 移动网络传输：对于较低带宽的情况，使用 320×240 的分辨率和 15 fps 的帧率。如果带宽允许，可以使用 640×480 的分辨率和 31 fps 的帧率。

(3) 网络发布：常用设置为 640×480 的分辨率和 15 fps 的帧率，并根据带宽选择合适的压缩比。对于高清视频发布，可以选择 720p 或 1 080p 分辨率。

(4) 高清和超高清发布有多种设置：

① 1 080 p (Full HD)：像素为 1 920×1 080，帧率为 30 fps 或 60 fps。

② 4K (UHD)：像素为 3 840×2 160，帧率为 30 fps 或 60 fps。

③ 8K (UHD)：像素为 7 680×4 320，帧率通常为 60 fps。

(5) 蓝光 DVD：通常支持 1 080p (Full HD) 和 4K(UHD)分辨率，可以选择更高的比特率来保持最佳视频质量，适用于家庭影院和高清内容的物理分发。

(6) 数字电影发布有多种设置：

① 2K：2 048×1 080 像素，通常以 24 fps 或 48 fps 输出，用于大多数数字电影发布。

② 4K (DCI 4K)：4 096×2 160 像素，通常以 24 fps 或 60 fps 输出，用于高质量影院放映。

③ 6K/8K：6 144×3 160 像素或 8 192×4 320 像素，适用于超高分辨率的电影制作和放映。

三、压缩方式

在准备渲染项目时，可以选择将结果输出为静止图像、帧序列动画或单个视频文件(如 .mov 或 .mp4)。由于未压缩的图像或视频文件通常非常大，不利于存储和传输，3D 应用程序通常会对渲染结果进行压缩。因此，选择合适的压缩方式和编/解码器至关重要，以平衡视频质量与文件大小。

在准备渲染项目时，可以选择将结果输出为静止图像、帧序列动画或单个视频文件(如 .mov 或 .mp4)。由于未压缩的图像或视频文件通常非常大，不利于存储和传输，3D 应用程序通常会对渲染结果进行压缩。因此，选择合适的压缩方式和编/解码器至关重要，以平衡视频质量与文件大小。

随着 4K 和 8K 显示设备的普及，H. 265 和 AV1 已逐渐成为超高清视频的主要压缩标准。这些标准能够大幅减少文件大小，同时保持高质量的画面。网络流媒体技术，如 VP9 和 AV1，在降低带宽需求和提高视频质量方面表现出色，特别适合制作在线视频内容，尤其是超高清视频。

高动态范围(HDR)视频的普及促使现代编/解码器和容器格式(如 H. 265 和 MKV)支持更广的颜色范围和更高的亮度水平。因此，在选择压缩格式时要确保其能够保留并传输 HDR 信息，这对于高质量的视频输出至关重要。

总结来说，现代编/解码器如 H.264、H.265 和 AV1 提供了高效的压缩和卓越的图像质量。选择适当的编/解码器和压缩格式，不仅能确保视频的高质量输出，还能有效控制文件大小和兼容性。理解并应用这些新标准，如 HDR 支持和超高清标准，将使动画作品在各种平台和设备上获得最佳展示效果。以下是一些常用的编/解码器和压缩格式。

- H.264 (MPEG-4 AVC)：这是目前最流行的编/解码器之一，广泛用于高清视频的压缩。H.264 能够在实现高压缩比的同时提供优秀的图像质量，是流媒体、蓝光和大多数在线视频平台的标准选择。
- H.265 (HEVC)：H.265 是 H.264 的继任者，设计用于超高清视频压缩。它在实现相同图像质量的情况下压缩效率是 H.264 的两倍，因此非常适合 4K 和 8K 视频的流媒体或存储应用。
- VP9：这由谷歌开发的开源视频编/解码器，提供与 H.265 相似的压缩效率，但免费且无专利限制。它主要用于 YouTube 等平台，支持高分辨率视频流。
- AV1：AV1 是 VP9 的继任者，由开放媒体联盟(Alliance for Open Media)开发，提供比 VP9 和 H.265 更高的压缩效率，是未来超高清流媒体视频的主要候选技术。
- MPEG-2：这是仍用于 DVD 视频的主要编/解码器。尽管它的压缩效率较低，但在标准 DVD 格式中提供了足够的图像质量和广泛的兼容性。
- WMV (Windows Media Video)：这是一款由微软开发的编/解码器，曾广泛用于互联网流媒体。虽然现在不如 H.264 和 H.265 普及，但它仍然用于一些特定场景。
- ProRes：这是由苹果公司开发的一种高质量编/解码器，广泛应用于视频编辑和后期制作。ProRes 提供卓越的质量，支持高分辨率视频，特别适合专业的影视制作。
- DNxHD/DNxHR：这是由 Avid 开发的高质量编/解码器，主要用于高端视频编辑和后期制作。与 ProRes 类似，DNxHD/DNxHR 在保证质量的同时提供了高效的压缩。
- MP4 (.mp4)：这是基于 MPEG-4 标准的容器格式，广泛支持 H.264 和 H.265 视频。MP4 是目前最常见的视频文件格式之一，兼容性强，适合各种设备和平台。
- MKV (.mkv)：这是一个灵活的开源容器格式，支持多种编/解码器(如 H.264、H.265)和字幕轨道。MKV 广泛用于高质量视频存储和播放。

四、渲染时间

渲染时间受多种因素影响，其中使用的渲染引擎是一个关键因素。除此之外，其他影响渲染时间的主要因素包括：

- 场景中的多边形数量：多边形越多，渲染所需时间越长。
- 光源数量：随着光源的增加，计算光线的复杂度增加，渲染所需的时间也相应增加。
- 阴影数量：投射的阴影越多，渲染所需的时间越长。
- 反射和透明特性：场景中涉及反射或折射的部分越多，渲染所需的时间也越长。
- 纹理图像的大小：用于纹理的位图图像越大，处理所需的也就信息越多，从而延长了渲染时间。

为了节省渲染时间，可以采取以下措施：

- 对于不显眼的物体，使用低多边形模型。
- 控制图像映射的尺寸，保持位图文件较小。
- 删除不必要的光源，尤其是那些不对场景或物体产生显著影响的光源。

此外，硬件性能对渲染速度也有显著影响。处理器主频越高、内核数越多，渲染速度越快；内存容量越大且延时越短，渲染的效率也会更高。因此，如果预算允许，增加内存容量是提升渲染速度的有效方式。

第三十二章

后渲染效果

渲染引擎对图像的渲染结束后可以提供许多有趣的效果。这些“后渲染效果”是渲染计算后的最终渲染效果。例如，发光就是一种后渲染效果。这也是发光灯泡不会在反射中被看到的原因。3D动画应用程序运用后渲染效果时，相关的反射和发光都已经生效。尽管后渲染效果有一定的局限性，但它们仍然可以为图像或动画增添不少视觉魅力。

一、景深效果

我们的眼睛并不是一直都能看见场景中的所有东西。我们可以看到显示器上的橡皮鸭子，但是它后面3 m处的墙却不在我们的视线范围内。摄像机也是如此，视觉上有个焦点，我们可以看到在焦点之前和之后的物体而看不见焦点之外的物体。图32.1显示的是景深效果。

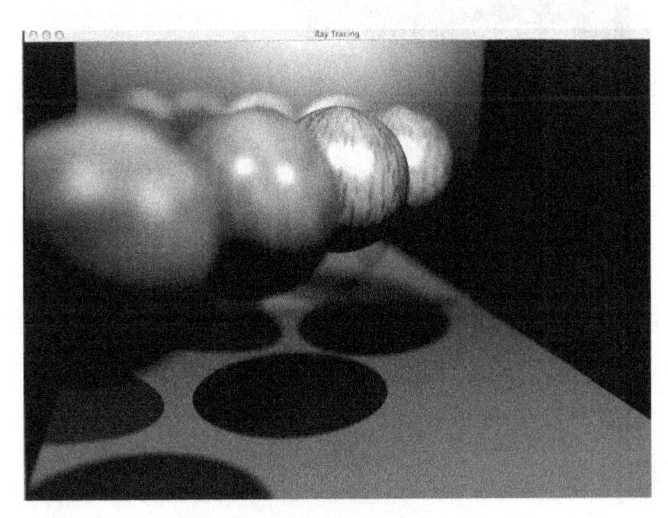

图 32.1　景深效果

景深效果模拟在通过摄像机镜头观看时，前景和背景的场景元素的自然模糊。景深的工作原理是：将场景沿 Z 轴按次序分为前景、背景和焦点图像，然后根据在景深效果参数中设置的值使前景和背景图像模糊，最终的图像由经过处理的原始图像合成（图32.2）。

图 32.2　景深原理示意图

在 3D 动画应用程序中，有多种方式可以控制景深，通常通过一个摄像机对象来实现。除了可以调节视角范围外，还可以设置焦点平面和定义焦点位置(如图 32.3 所示)。景深效果只有在渲染时才会生效。

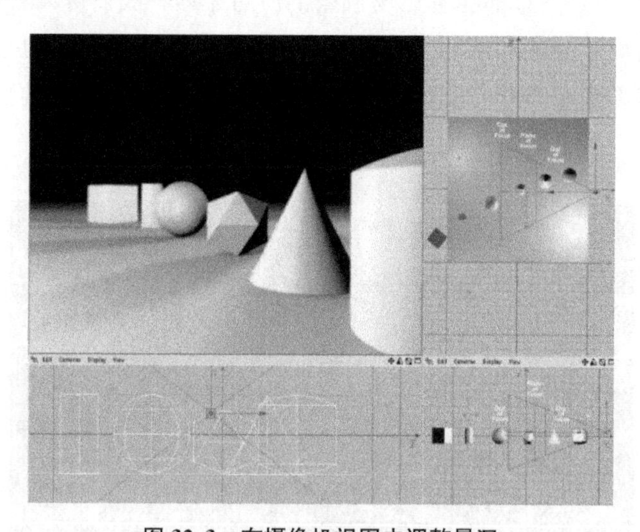

图 32.3　在摄像机视图中调整景深

二、运动模糊效果

当观看武打动作电影时，如果突然按下暂停键，画面会产生模糊。这是因为摄像机的快门打开的速度太慢而未能捕捉到快速运动的物体，从而留下一个模糊的图像。3D 动画应用程序是按帧记录图像的，运动就像被冻结了一样，因而不存在这个问题。但是可以告诉3D动画应用程序来创建运动模糊效果。首先给定一帧画面并进行渲染，然后将运动帧往前和往后移动一些，再渲染这些帧，最后将这些帧组合起来形成模糊的图像（图32.4）。

图32.4 纹理运动模糊效果

通过降低快门速度可以产生运动模糊效果，使3D动画看起来更加生动。然而，这种效果也有一个缺点：为了实现运动模糊，3D渲染程序需要多次渲染同一场景。渲染的次数越多，模糊效果越明显，但渲染时间也会更长（如图32.5所示）。例如，如果选择5次渲染，3D渲染程序将对同一帧渲染5遍；如果选择16次渲染，则会渲染16遍。

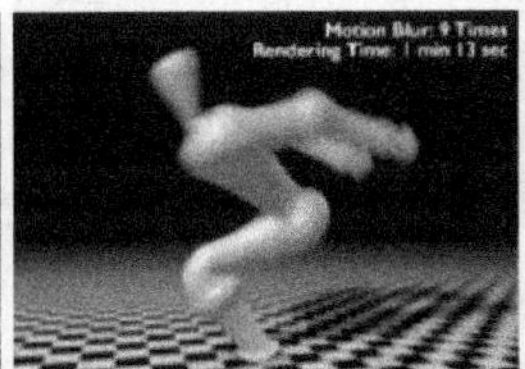

图32.5 不同运动模糊参数与渲染时间的效果对比

需要补充说明的是，图像运动模糊是通过创建拖影效果模糊对象，而不是将多个图像叠加。它考虑了摄像机的移动，且是在渲染完成之后应用的。

- 因为图像运动模糊是在渲染之后应用的，所以它没有考虑对象重叠。当模糊的对象发生重叠时，模糊就不能产生正确的效果，并且在渲染中会存在间距。要解决该问题，可以分别将每个经过模糊处理的对象渲染到不同的层，然后使用合成工具将两个层合成。对象用光线追踪折射进行渲染之后也会发生重叠问题。
- 图像运动模糊无法处理拓扑结构变化的对象，如动画化的NURBS对象、细分曲面或使用位移贴图的对象。
- 图像运动模糊不适用于对象的反射，仅适用于实际几何体。

三、镜头光晕

镜头光晕是仿效摄像机镜头折射光的效果。所谓“镜头效果”是一套用于创建真实视觉效果的工具，通常与摄影机拍摄相关。这些效果包括光晕(glow)、光环(ring)、射线(ray)、自动二级光斑(auto secondary)、手动二级光斑(manual secondary)、星形(star)和条纹(streak)等(图 32.6)。

图 32.6　镜头光晕效果

四、大气效果

1. 体积光

体积光(Volume Light)根据灯光与大气(雾、烟雾等)的相互作用提供灯光效果(图 32.7)，例如提供泛光灯的径向光晕、聚光灯的锥形光晕和平行光的平行雾光束等效果。如果允许这些灯光产生阴影，体积光效果可以让对象在灯光的光束中投射阴影。

图 32.7　体积光效果

2. 体积雾

体积雾(Volume Fog)提供雾效果,雾密度在 3D 空间中不是恒定的。体积雾是真正三维的雾化效果,例如吹动的云状雾效果,似乎在风中飘散,可创建随时空变化的雾。在默认状态下,体积雾填充整个场景,还可以使用辅助的大气组件定义雾的效果(图 32.8)。

图 32.8　体积雾效果

3. 云雾

云雾(Fog)效果提供普通云雾或烟雾的大气效果,实现雾随着与摄像机距离的增加逐渐褪光(标准雾);或者提供与地面平行的分层雾效果(层雾),使所有对象或部分对象被雾笼罩。云雾效果如图 32.9 所示。

图 32.9　云雾效果(左为层雾,右为标准雾)

4. 火焰效果

火焰效果可以生成动画的火焰、烟雾和爆炸效果,可能的火焰效果包括篝火、火炬、火球、烟云和星云。可以向场景中添加任意数目的火焰效果(图 32.10)。

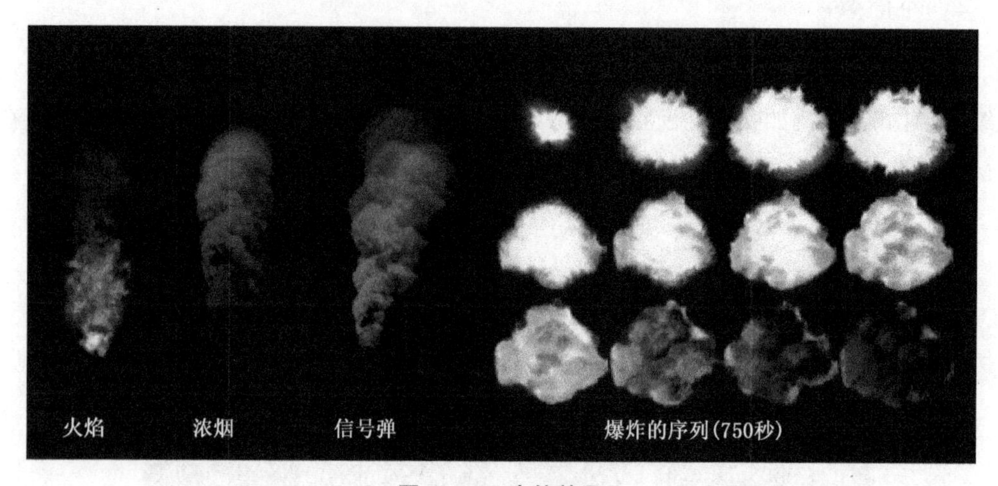

图 32.10　火焰效果

第三十三章

网络分布式渲染

三维动画创作过程中,设计者往往会遇上尴尬的事情——他们大都使用图形工作站来完成渲染的任务,单机渲染所需时间往往让人难以忍受,10 帧的序列就可能耗费数小时,而在电影和高清节目的制作上渲染时间显得更加的困窘,往往是以数天乃至以月计算,这不仅降低了动画产品的制作效率,甚至影响了作品的及时交付。

三维动画网络渲染的目的就是提高渲染速度。网络渲染的原理是让所有的计算机一块儿参加计算,每台计算机计算一帧图像,算好后空闲计算机会自动找到还没有计算的图像进行计算,这样就让原本需要计算 N 小时的动画序列的计算量平均分配到了网络中的 N 台计算机中去。网络渲染系统如图 33.1 所示。

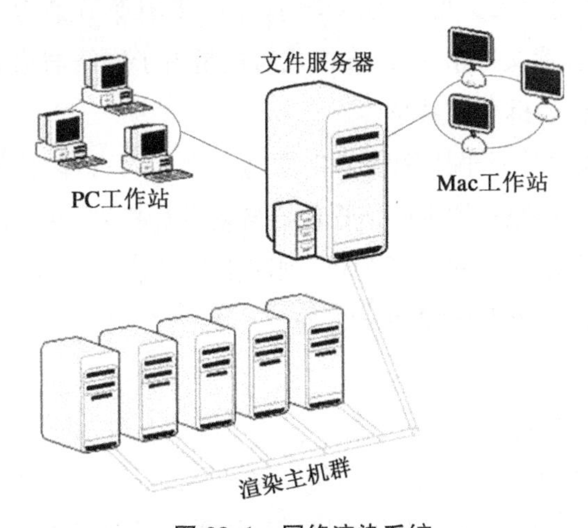

图 33.1　网络渲染系统

一、网络渲染

在网络渲染中,我们可将一台计算机设置为网络管理器。该管理器向渲染服务器“外包”或分配作业。我们也可以使同一计算机同时具有管理器和服务器的功能,从而不浪费计算周期。

如果正在进行渲染作业,使用“队列监视器”程序可直接监视和控制网络渲染作业量的操作。使用队列监视器可编辑作业设置,重新排序渲染处理场中的作业和服务器(图

33.2)。

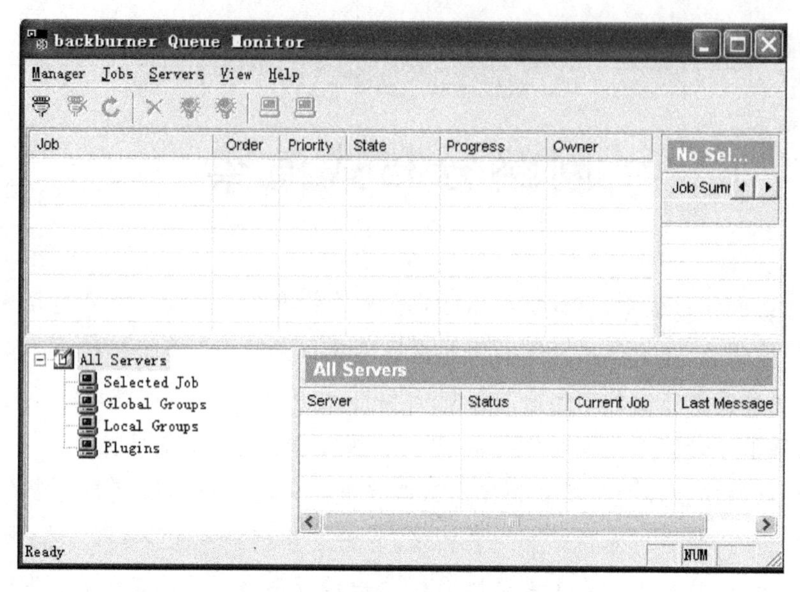

图 33.2　网络渲染的队列监视器

需要说明的是，在使用渲染处理场渲染时，始终将图像渲染为单帧图像格式(.bmp或.png)，不能输出为影片文件格式(.avi 格式)，这是由于网络渲染无法在不同的服务器之间进行单个影片文件的拆分并共享。

网络管理器在确定如何分配帧和作业时要考虑很多因素，以便始终最有效地使用渲染网络。一台空闲的渲染服务器由网络管理器自动进行检测，并考虑是否向其分配作业或帧。如果渲染服务器由于某些原因脱机，则网络管理器将回收当前帧，然后将该帧重新分配给下一台可用的渲染服务器(图 33.3)。

网络渲染的基本过程如下：

① 用户向网络管理器提交作业。

② 在提交的计算机上准备压缩文件，将模型和贴图文件打包压缩。

③ 文件压缩之后，将压缩文件上传到网络管理器的共享文件夹。在文件夹中有一个描述作业本身的 .xml 文件，该文件指定帧大小、输出文件名、帧范围、渲染设置等参数。

④ 网络管理器接收到 .zip 和 .xml 文件之后，查找哪台渲染服务器正空闲并且可以进行渲染作业。它一次向几台渲染服务器指定作业。

⑤ 每台渲染服务器从网络管理器的共享文件夹下载压缩包和 .xml 文件。

⑥ 渲染服务器解压缩文件，启动渲染软件进行渲染计算。

⑦ 渲染服务器成功渲染一个帧之后，网络管理器会向渲染服务器分配要渲染的一个帧段，例如可以一次指定 20 个连续的帧。这样做有利于减少服务器和管理器之间的通信量。

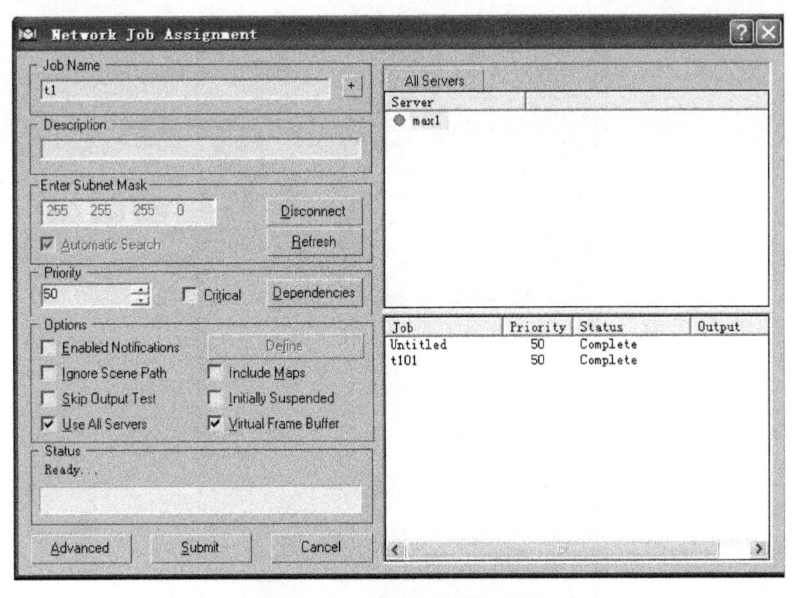

图 33.3　分配网络任务窗口

⑧ 渲染服务器继续为作业渲染帧，直到该作业完成为止。帧文件将按顺序编号，以便以后轻松集合这些文件。

⑨ 渲染服务器关闭渲染软件，转为空闲状态。如果队列存在其他剩余作业，则渲染服务器拾取下一个作业并且再次启动该进程。

根据渲染任务的类型，可以设置网络渲染的基本要求。如果帧渲染速度很快，需要一台快速的文件服务器来处理多个渲染服务器的即时输出。对于需要大量贴图文件的场景，建议将这些文件集中存储在一个中央位置，以便快速访问。如果经常处理大型文件，渲染时间会较长，并且文件分发到各渲染服务器时会占用较多带宽，因此需要更高的网络带宽。

二、分区网络渲染

分区网络渲染(Region Net Rendering，RNR)和网络渲染相似，不同的是网络渲染针对的是一个动画序列，而网络分区渲染则是令网络上的多台机器各自同时渲染一个大尺寸图像的一个部分，最后进行拼接。网络分区渲染充分利用了网络渲染的多点优势，还节省了时间，缩短了工期。下面介绍网络分区渲染的实现过程。

网络分区渲染的基本过程如下：

① 用户向网络管理器提交作业(图 33.4)。

② 在提交的计算机上准备压缩文件，将模型和贴图文件打包压缩。

③ 文件压缩之后，将压缩文件上传到网络管理器的共享文件夹。在文件夹中有一个

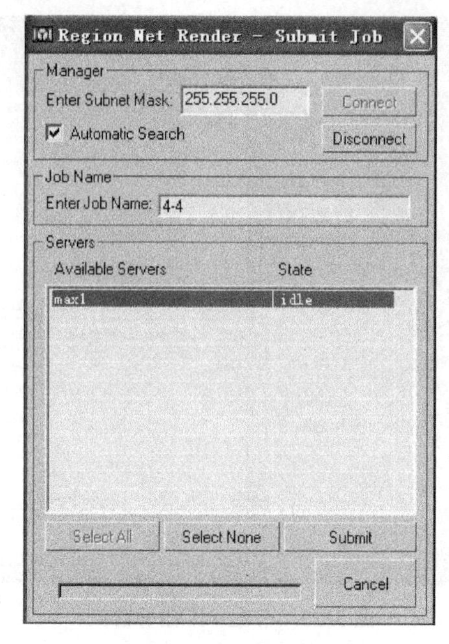

图 33.4　提交作业窗口

描述作业本身的.xml 文件，该文件指定帧大小、输出文件名、帧范围、渲染设置等参数。

④ 网络管理器接收到.zip 和.xml 文件之后，设置分区(Slice)数量，如图 33.5 所示。如果需要在 Photoshop 中手工缝接，应在“重叠区(Overlapping area)”选项区域选“Pixels”。在“图片尺寸(Image Size)”选项区域设置图片大小或者子分区图片大小。

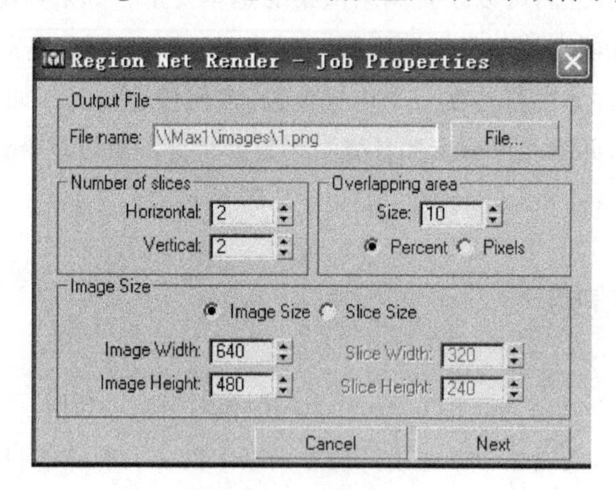

图 33.5　作业属性窗口

然后网络管理器查找哪台渲染服务器正空闲且可以进行渲染作业，它一次向几台渲染服务器指定作业。

⑤ 每台渲染服务器从网络管理器的共享文件夹下载压缩包和.xml 描述文件。

⑥ 渲染服务器解压缩文件，启动渲染软件进行渲染计算。

⑦ 缝接后的图片显示在缓冲区(Buffer)，同时缝接后的一张图片及缝接前的四张图

片都保留在原先我们设定的目录里。

⑧ 渲染服务器成功渲染一个帧之后，网络管理器会向渲染服务器分配要渲染的一个分区。

⑨ 渲染服务器继续为作业渲染帧，直到该作业完成为止。分区文件将按顺序编号，以便以后轻松集合这些文件。

⑩ 渲染服务器关闭渲染软件，转为空闲状态。如果队列存在剩余作业，则渲染服务器拾取下一个作业并且再次启动该进程。网络渲染队列监视器如图 33.6 所示。

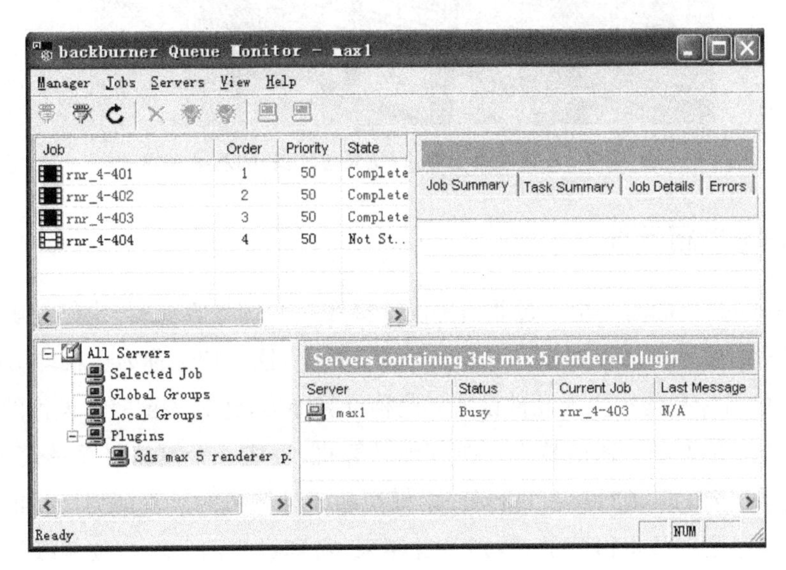

图 33.6　网络渲染队列监视器

在渲染大尺寸图像时，局域网内的多台机器同时渲染，渲染速度会快不少。

三、渲染农场

随着对数字电影和高清内容的需求日益增多，渲染农场(Renderfarm)正在成为关注热点之一，而集群渲染技术也已经成为三维动画、影视特效公司不可或缺的生产工具。由于渲染农场的系统架构和使用都有一定技术难度，在使用前应了解此技术的一些应用知识。

渲染农场其实是一种通俗的叫法，正式的名称为“分布式并行集群计算系统”，它是一种利用现成的 CPU、以太网和操作系统构建的超级计算机，使用主流的商业计算机硬件设备达到或接近超级计算机的计算能力。渲染农场的工作方式与前面的网络渲染十分相似，不同之处在于渲染农场的网络管理部分更为复杂和高效。渲染农场的示例如图 33.7 所示。

图 33.7　皮克斯用于影片《玩具总动员》的渲染农场

1. 集群与并行计算

集群(cluster)指的是一组通过通信协议连接在一起的计算机群，它们能够将工作负载从一台超载的计算机迁移到集群中的其他计算机上，这一特性称为负载均衡(load balancing)。它的目标是使用主流硬件设备的网格计算能力，达到甚至超过天价的超级计算机的计算性能。集群利用通信技术连接其他计算机，组成一个网格计算系统，可以分配负载任务给系统内的其他计算机进行处理，模拟超级计算机的计算能力。目前很多超级计算机也是通过集群技术得到的，特别是近年来，名列世界前 500 位的超级计算机多数指集群系统。集群计算已经是比较成熟的技术，并且仍在继续发展着。

并行计算的原理是将整个数据分割成 N 个模块分配给 N 个 CPU 计算，在每一个 CPU 中启动计算进程，由主进程调度各 CPU 的计算。并行计算有一个效率发挥问题，因为理论上的 CPU 数量和渲染时间与实际情况会有差异，而且不同系统的实际渲染时间也不尽相同。理论上来说 CPU 数量越多，渲染时间越短，它们成反比关系。例如，一个任务由 N 个 CPU 来完成，假设 1 个 CPU 完成此任务所需要的时间 T 为 1，则 N 个 CPU 的效率是 1 个 CPU 效率的 N 倍。

然而事实上，动画渲染花费的时间和 CPU 的数量并非成线性反比关系。当计算节点到某个数量级别的时候，简单地增加 CPU 数量或者计算节点根本无法有效地提高渲染的效率，CPU 达到一定数量后系统效率不会但不会增加，还有可能减少。造成这种问题的瓶颈主要在于通信(不止网络通信，还包括 PC 内部 CPU、内存和硬盘之间的通信)和软件的算法，系统中使用多少个节点计算机(基于 CPU 的数量)也是需要考虑的问题。这就需要一个拥有优秀算法的集群渲染管理软件进行调度并发挥每个 CPU 的效能，还要使用性能优异的硬件配置。

2. 工作原理

渲染农场的工作原理简单来说就是由多台计算机一起处理一个图形渲染任务,就像一个加工厂中的很多工人一起进行加工作业一样。要想让每个工人都能高效地工作,必须有一个能够为工人们合理安排工作的管理人员。当很多客户把半成品交给加工厂经理后,面对一大堆工作,经理需要根据工人的能力、工作的紧急程度等因素来安排哪些工人处理哪部分工作,这样才能多、快、好、省地完成各项工作。工人从经理那里接收到工作后可以立即开始工作,工作完成后就把成品交到客户指定的地点,供客户审核。在渲染农场中,"工人"就是渲染节点,更直接地说,就是节点中的 CPU,而"经理"就是管理服务器。每个渲染节点的工作可能是处理好几个完整的图像,或者是一个完整的图像,也有可能只是一个图像中的一小块。渲染农场的软件通常采用客户端-服务器端的形式。如图 33.8 所示,客户端的各个动画工作站在完成建模以及材质、灯光设计等工作后,将渲染作业提交给渲染服务器,管理服务器对渲染作业进行排序,然后分配给渲染节点,以优化渲染节点的效率。渲染节点完成图像渲染后,会把完成的图像交给客户端指定的存放地点,客户端的动画工作站允许用户从这里及时看到渲染完成的图像。

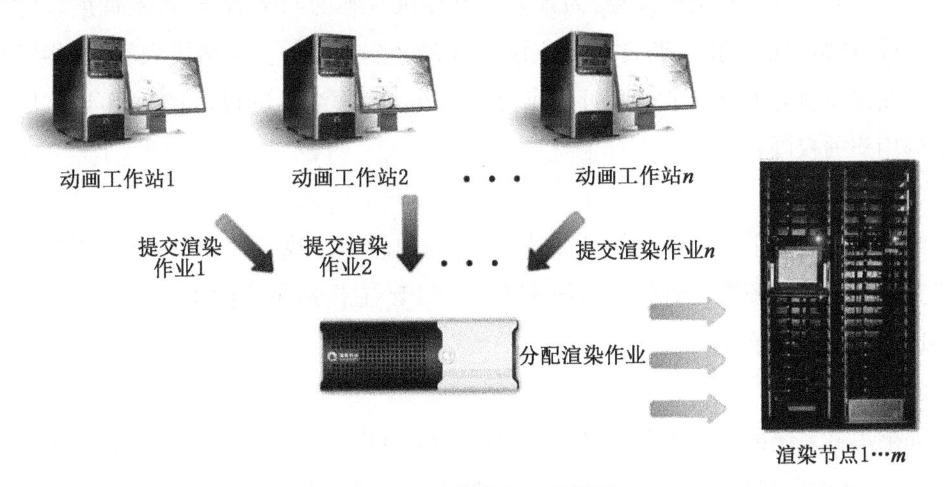

图 33.8　渲染农场工作原理

3. 构成

渲染农场是一种结合了软件和硬件的渲染系统,采用最新的网络管理方式,用于管理复杂的跨平台高级 3D 和 2D 网络渲染,它在渲染效率、稳定性、灵活性方面具有较强的优势。渲染农场的构成如图 33.9 所示。

渲染农场集群系统按照功能可以分为以下四类:管理节点、渲染节点、存储节点、高速硬件连接设备。

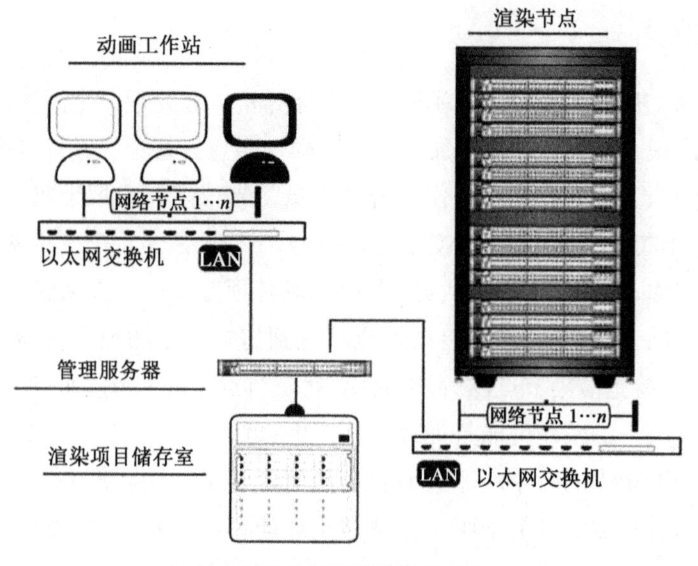

图 33.9　渲染农场构成

1）管理节点

管理节点主要承担两种任务：为计算节点提供基本的网络服务，以及调度计算节点上的作业，通常集群的作业调度程序应该运行在这个节点上。在渲染农场集群系统中，服务器端以及所有的计算节点都可以作为管理节点管理渲染进程，当然也可以在服务器端限制用户的权限。

2）渲染节点

渲染节点是整个集群系统的计算核心，它的功能就是执行计算，根据需要和预算来决定采用什么样的配置。对集群系统来说，多 CPU 工作站作为渲染节点具有广泛的用户群以及更高的性价比。

3）存储节点

如果集群系统的运行需要大量的数据存储（如 HD 素材），就需要一个存储节点。顾名思义，存储节点就是集群系统的数据存储器和数据服务器。

4）高速硬件连接设备

集群计算的进程迁移需要高速硬件连接设备，以进行计算机之间的数据传输。可选的设备包括千兆网卡、交换机、光纤及相应的光纤交换机。对中小型集群系统来说，千兆的传输速率完全能够满足应用需求。

4. 工作流程

在渲染农场里，所有提交的作业被记录在一个 Repository 文件夹中，其他计算节点和工作站都可以通过监视程序（Monitor）看到渲染进程，这些正在渲染和等待渲染的作业，在渲染农场管理程序中被称为渲染队列(Queue)。渲染农场的工作流程如图 33.10 所示。

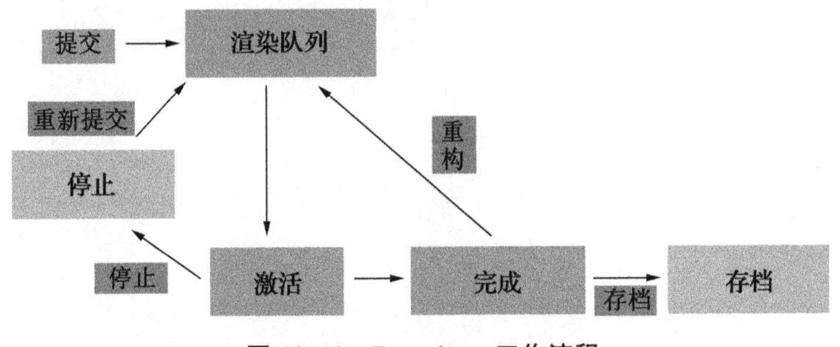

图 33.10 Repository 工作流程

计算节点在没有渲染作业的时候会自动检测 Repository 文件夹，如果找到新的渲染作业，会将这个渲染队列自动激活(Active)，然后开始渲染。

用户可以在渲染的时候通过监视程序对渲染进程进行管理，如停止一个渲染作业，激活作业继续渲染等。

渲染完成后若对渲染结果并不满意，可以重排任务(Requeue Task)，对已完成的作业重新渲染。

渲染作业最终完成以后，队列就可以将其存档(Archive)，存档的作业将不能被修改，以便检索和提交报告。

思考题:

1. 后渲染效果包括哪几类?
2. 使用简单的形状测试渲染，尝试创建反射和折射。
3. 网络渲染和分区网络渲染有什么区别?

第九部分

动画设计

第三十四章

动画基础

动画并不是一种新的艺术形式，虽然相较某些艺术形式如绘画来说，它确实算是崭新的艺术形式，但长久以来却没有得到发展。动画以人类视觉的原理为基础。如果快速查看一系列相关的静态图像，那么我们会感觉到这是一个连续的运动。每一个单独图像称为帧。

最基本的动画就是将一系列静止的图像放在一起，然后快速翻动来产生活动的效果。不像电影或者电视是将一系列的照片排列一起来创建运动，在动画中这些快速变化的帧都必须绘制出来。不同动画工作室或者媒体使用的帧数都不相同，高清电视通常是每秒 50 帧(fps)，标清电视通常是每秒 30 帧或 25 帧，电影是每秒 24 帧。动画可以在每秒 24 帧到 8 帧间变化。增加每秒帧数和动画时间会需要更多的帧(图 34.1)。

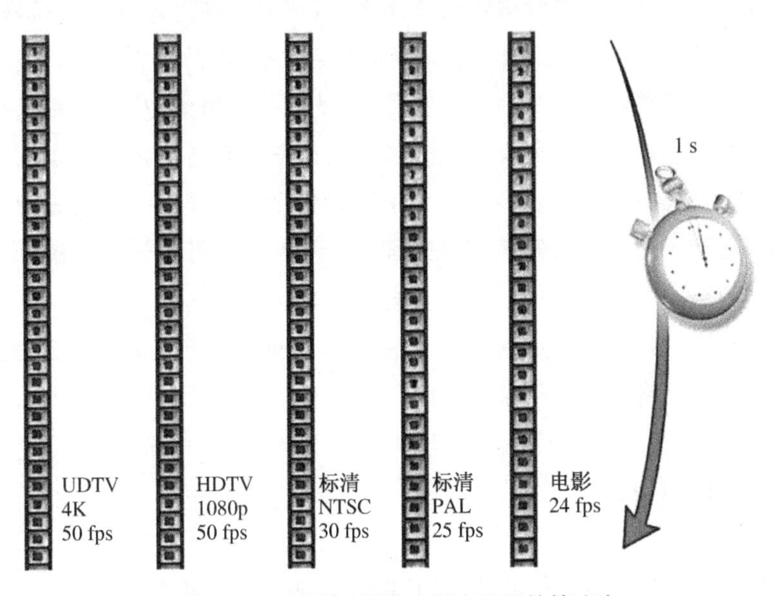

图 34.1　不同的动画格式具有不同的帧速率

动画业有种传统就是在动画工作室中存在师徒关系。学徒在师父的指导下学习动画。当制作动画时，通常是师父绘制关键帧，关键帧是动作序列中定义动作或者运动的最重要的帧(图 34.2)。例如，如果一个角色要跃过一根圆木，师父会绘制一个关键帧呈现角色跃起的动作，再绘制一个关键帧呈现角色接触地面，还有一个关键帧呈现角色站起来开始行走,然后学徒完成关键帧之间的所有帧来充实动画。这些学徒称为“中间者(In-Betweeners)”。有意思的是,通常是中间者绘制动画中的大多数帧,而运动、时间和动画的情感都是由师父控制的。在计算机动画中,也存在同样的现象,我们就是定义关键帧的师父,计算机充当“中间者”的角色来填充其他的帧。

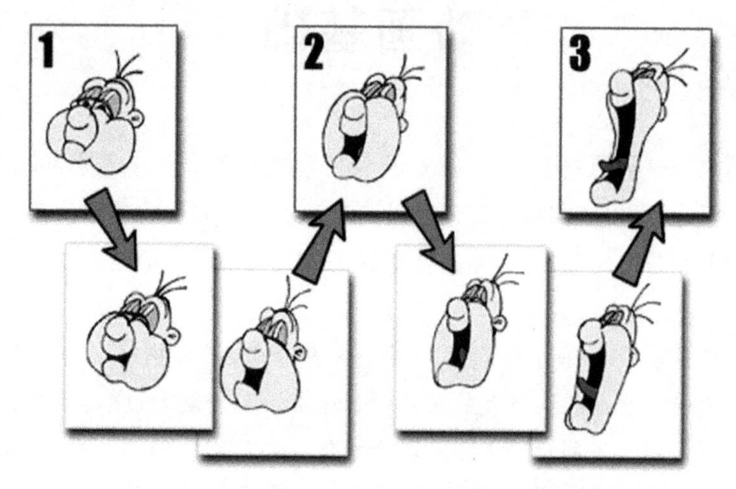

图 34.2　帧标记为 1、2 和 3 的是关键帧,其他帧是中间帧

动画师是三维动画行业中最困难的工作之一,因为实际上没有正确或错误的答案,只是解释。动画师必须成为他们自己所描绘的角色,完全理解正在努力讲述的故事。即使动画师正在处理角色本身以外的场景组件,也是如此。例如,从事产品可视化项目的动画师必须能够以干净有效的方式向观众展示他们需要看到的内容。如果用锤子将钉子钉入木块是动画任务,动画师必须以观众能够理解的方式使钉子和锤子动画化。动画师必须使用动画的十二个基本原理来传达这些信息。不要简单认为制作动画只是移动物体。对象或角色必须是在讲述一个活生生的故事才能真正生动起来。使用计算机可以轻松移动物体,但动画师需要使这些物体随着目的和生命而移动。下面让我们看一下三维动画师创建动画所需的一些标准工具。

一、动画制作工具

虽然不同的动画作品有不同的特点,但制作动画的工具却是类似的。三维动画设计软件中的基本要素是时间轴,不同动画设计软件的叫法可能不同。时间轴是用来表示时间的,表示在那个时间发生了什么。时间轴示例如图 34.3 所示。时间轴使动画师能够通过时间评估动画运动。大多数三维动画设计软件允许动画师在时间轴内复制、删除、移动或调整关键帧。在时间轴上移动的行为称为刷(scrubbing),使用功能强大的计算机通常可以实时刷时间轴以查看动作。刷时间轴类似于传统动画师创建他们的绘图翻页以查看动作。

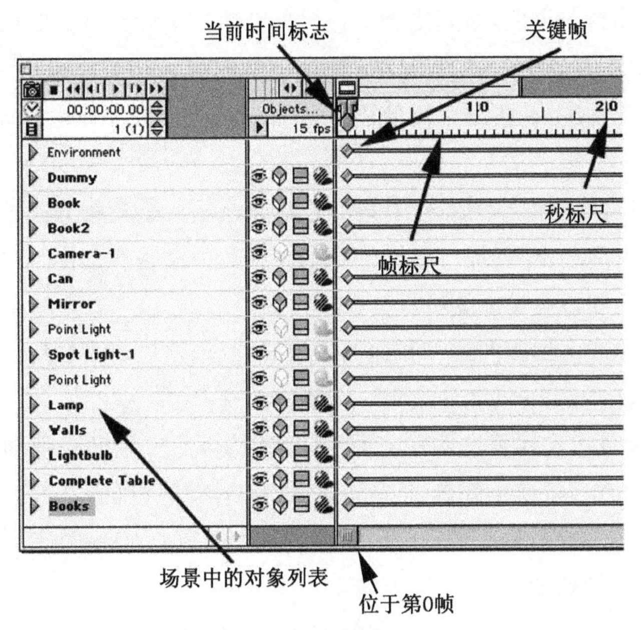

图 34.3　时间轴示例

1. 图形编辑器

在几乎所有的三维动画应用程序中，动画师都可以使用一种称为图形编辑器的工具来创建和操纵关键帧之间的插值。图形编辑器使用函数曲线来表示插值运动。大多数图形编辑器的外观相似，并且在垂直方向上表示所选属性的值，在水平方向上表示时间。图 34.4 显示了 3ds Max 中的图形编辑器。因为时间是常数，所以从左到右读取这些曲线的插值。

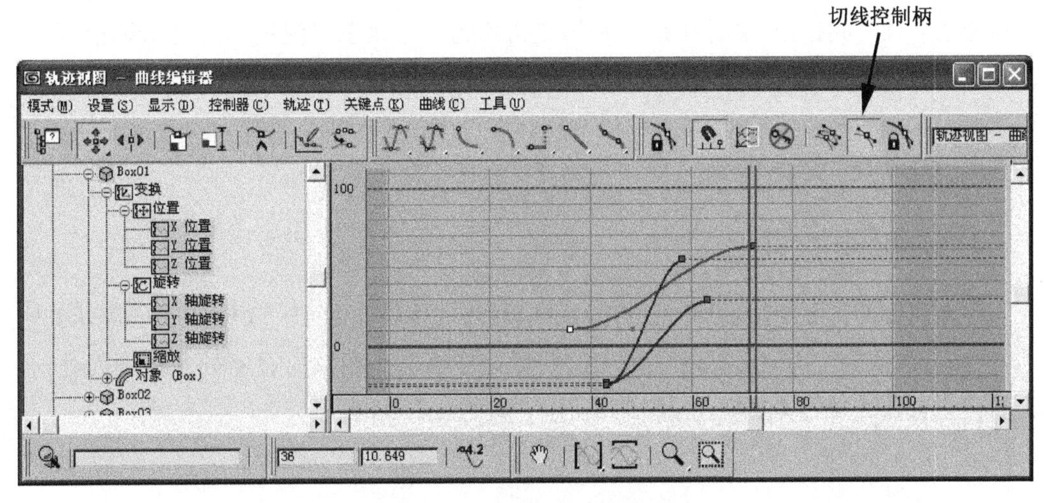

图 34.4　3ds Max 中的轨迹视图

三维动画应用程序中有三种标准类型的功能曲线：

- 步进曲线保持一个值，直到出现下一个关键帧。这种类型的曲线使每个关键帧保持状态不变，直到下一帧弹出。这种类型的曲线在初看时可能不显得特别有用，但在角色动画中，动画师可以使用这些曲线精确地控制角色的动作过渡，使动画更加流畅和自然。
- 线性曲线以恒定且均匀的速度移动对象，帧之间的距离相等。这种类型的曲线对于快速机械运动很有用。此外，许多动画师在关注基本动作时尽量不将阶跃运动曲线转换为线性运动曲线。
- 运动样条曲线由加速曲线和减速曲线组成，以创建更逼真的运动类型。如果希望运动平稳，使用运动样条曲线是一个不错的选择。

我们可以随时更改和操作这些功能曲线，让计算机而不是动画师创建所有动画。计算机将以最简单的方式扮演中间者，而不必去理解动画师的目标。可以使用切线控制柄在图形编辑器中更改曲线，如图 34.4 所示。可以打破切线，以我们认为合适的任何方式操纵曲线，创建所需的运动。

使用图形编辑器和曲线是微调动画的好方法，它们也是动画师使用的标准日常工具。但使用图形编辑器和曲线微调动画可能在旋转对象时出现问题。大多数三维动画设计软件使用欧拉角度曲线来计算物体的 3D 旋转，因为这些曲线可以作为函数曲线来表示和操纵。使用欧拉旋转的缺点是每个旋转值将以分层方式评估，这可能导致一些意外的旋转，甚至锁定对象的旋转运动。

2. 时间标记

不同的三维动画设计软件表示时间的方法可能不相同，但是所有三维动画设计软件都会有用于指示时间的标志。如图 34.3 所示，当前帧是第 0 帧。如果在场景中有动画，可以移动当前时间标记，单看在某个时间点物体的动作状态。使用当前时间标记，可以跳跃地前进或者后退到动画中的任意一个时刻。除了当前时间标记，一些动画设计软件可以标记动画的开头和结尾，例如使用绿色和红色书签来标识。这样可以在动画之前增加片头，在结尾继续制作片尾。

3. 帧和秒显示切换

不是所有的三维动画设计软件都显示帧和秒，一些软件如 Cinema 4D 只会显示其中的一种，具体取决于我们设置的参数。这些标记能够让我们知道目前处在动画何处，什么时间会有什么样的关键帧，关键帧或动作之间的距离如何。

4. 关键帧设定

关键帧设定是动画设计中最基础的操作。关键帧是在时间轴上设置的，用来定义物体或角色在动画中的关键姿势或位置。动画师首先在时间轴上选择一个时刻，设置物体或角色的姿态，并创建一个关键帧；然后在另一个时刻，设置新的姿态并创建新的关键帧。计算机会根据这些关键帧自动生成过渡帧，使动画在关键帧之间平滑过渡。

5. Dope 表

如图 34.5 所示，Dope 表来自传统动画的曝光表，可以通过列出动画制作人员的说明告诉摄像师如何拍摄每一帧。在三维动画中，Dope 表列出了对象或控件的关键帧，我们可以在时间轴上轻松更改这些关键帧的位置。Dope 表仅限于基础描述，以使动画师能够专注于关键帧的时间。

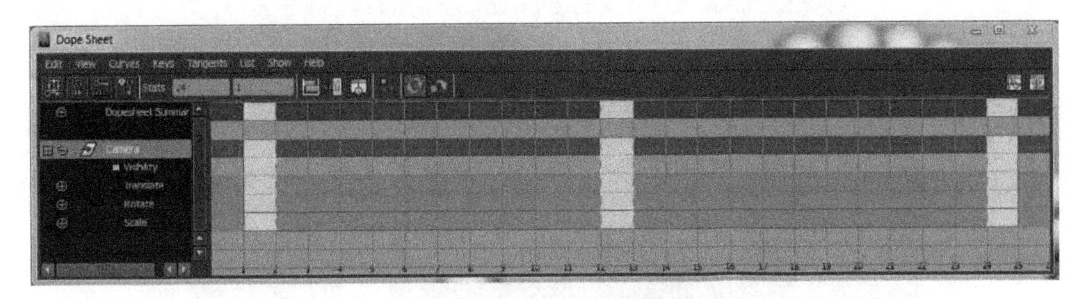

图 34.5 Maya 中的 Dope 表

动画制作过程

设置关键帧是动画创作过程中的一个重要部分。虽然不同动画软件的操作有所不同，但大多数软件都提供自动关键帧设定功能。

自动关键帧功能可以让用户移动当前时间标记到一个位置，然后更改对象的位置，旋转或缩放对象，或者更改任何设置或参数，三维动画设计软件会自动给发生变化的对象添加关键帧。

当在时间轴的非 0 时刻对参数进行更改时，系统会自动创建并记录一个新的关键帧标记。如果这是该参数的第一个关键帧，系统会在时间轴的 0 时刻创建一个关键帧标记，以记录更改前的初始值，同时在当前时刻创建一个关键帧标记，记录更改后的值。之后，动画设计师可以在时间轴上自由移动、删除或重新创建这些关键帧标记。

例如，如果还没有对圆柱体设置动画，它就没有关键帧(图 34.6)。如果启用自动关键帧功能(图 34.7)，并在第 20 帧将圆柱体沿着其 Y 轴移动一段距离，则会在第 0 帧和第 20 帧创建关键帧(图 34.8)。第 0 帧的关键帧存储圆柱体的初始位置,而第 20 帧的关键帧存储设置动画后的新位置。播放动画时,圆柱体将在 20 帧内沿着 Y 轴移动一段距离(图 34.9)。

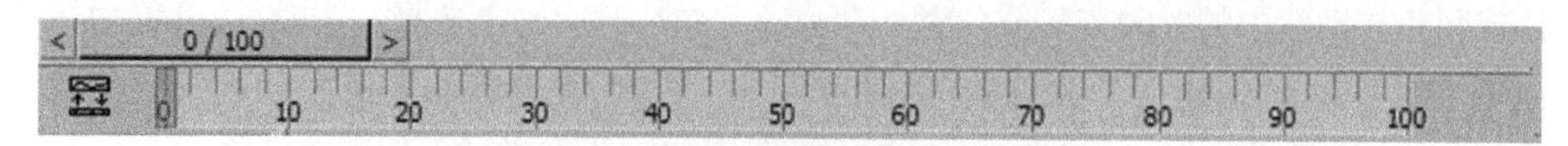

图 34.6　没有关键帧设置的时间轴

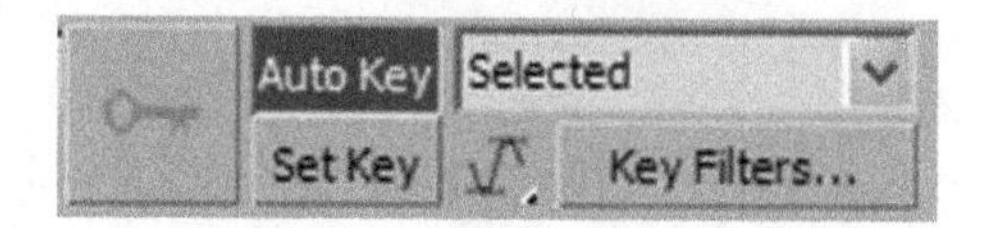

图 34.7　自动关键帧功能选择按钮

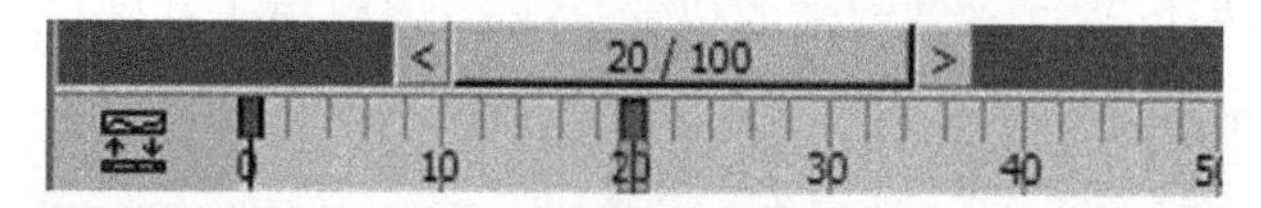

图 34.8　当前时间标记移动到第 20 帧

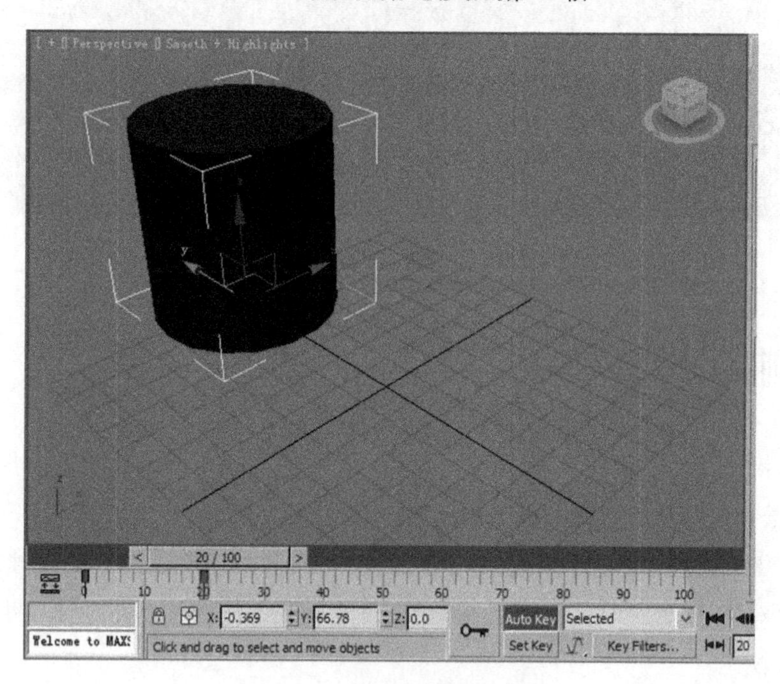

图 34.9　物体移动后的新位置

需要注意:第 0 帧处的关键帧定义了物体在第 0 帧的状态,第 20 帧处的关键帧定义了物体在第 20 帧的状态,两个关键帧中物体的位置不同,三维动画设计软件会在关键帧之间创建运动动画。这是制作几乎全部动画的基础:通过开始关键帧和结束关键帧设置物体的不同状态(位置、渲染或其他),三维动画设计软件自动补充之间的过渡。

在上一步的基础上,再将时间标记移动到一个新位置(第 40 帧),然后将圆柱体移动到另外一处。开启自动关键帧功能，将在第 40 帧处为圆柱体创建一个关键帧(图 34.10)。这样就定义了圆柱体在第 0 帧、第 20 帧、第 40 帧中所处的位置，运动的路径是条直角线。

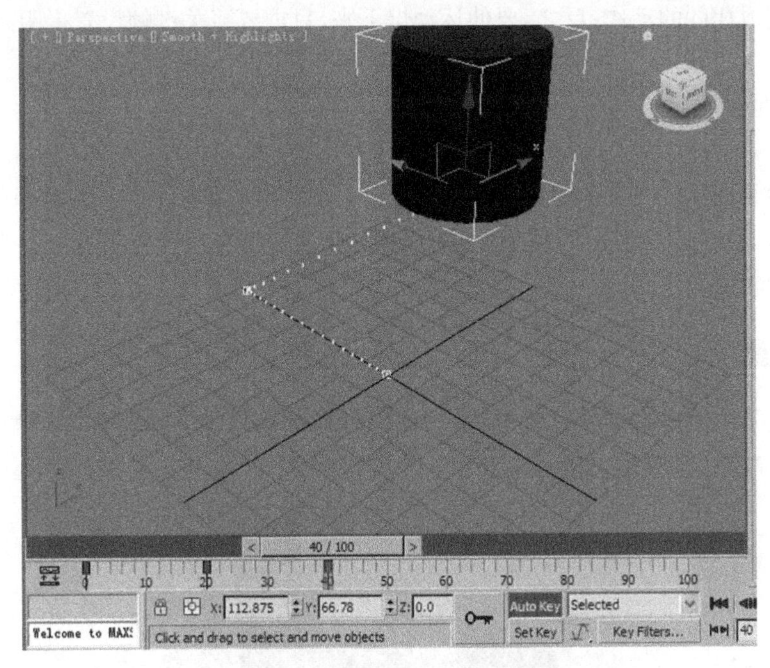

图 34.10　物体移动后的运动路径

时间轴上的关键帧为动画中的每一个物体定义了位置。物体的不同性质都可在动画中改变。我们可以让图 34.10 中的圆柱体在运动的同时旋转，也可以让它在前半段动画中变大，在后半段中变小。物体的任何属性或者参数都是可以做成动画的。运动还可以调节，三维动画设计软件可以在单独的轨道上让我们看到这些单独的动画参数(图 34.11)。在一些设计软件中，这些轨道是嵌套在一起的，必须放大才能看到其他的轨道。如果参数改变，就会有一个轨道来显示发生的变化。这些可以编辑的轨道的位置很重要，它们是 3D 动画的真正强大之处。

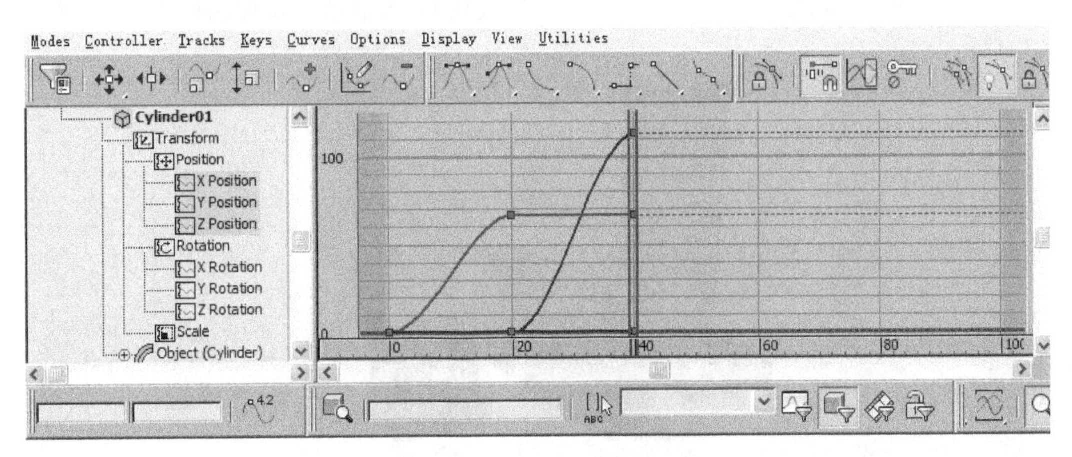

图 34.11　运动轨道编辑视图

通过在时间轴上调整关键帧之间的帧数可以增加或减少动作持续时间。例如，如果想让圆柱体运动更快些，只需要(通过拖拽)将两个关键帧靠近一点，这样物体会在更短的时间内完成相同的动作；反之，要使运动慢下来，只需要将关键帧设置得距离远一些。

三、动画轨道

动画中物体的每个属性对应着一个轨道，可以称之为属性轨道。在动画中不必激活所有的轨道，但有必要知道哪些轨道是可以用来设置动画的。下面列出了一些可以用来设置动画的轨道。

1. 位置

前面例子中使用的是位置轨道，有时候也称为运动轨道。当物体在场景中移动时，它的位置就改变了(图 34.12)。

图 34.12　移动对象

2. 比例

在动画中每个物体的尺寸或者比例是可以改变的，可以产生拉伸和挤压的效果(图 34.13)。

图 34.13　按相反方向沿两个轴缩放对象

3. 旋转

将一个球丢向地板时，球会有一个上下弹起的运动和比例的改变，并且球是旋转的。旋转轨道对运动的可信度十分重要(图 34.14)。

图 34.14　旋转对象

除了这些基本的轨道外，还有许多由这些属性轨道组合成的轨道。

4. 对齐到路径

当要设置动画的物体动作很复杂时，给每一个变化设置关键帧的工作是很冗长乏味的。假设现在我们要做的动画是蜻蜓在树上飞或者飞机在建筑物间飞过，使用传统的动画制作方法，需要为飞机飞行的每个动作的改变设置关键帧，也要设置飞行方向的改变。飞机返回时有更多的选项需要调节。然而使用对齐到路径轨道，可以创建一个物体运动的路径(图 34.15)，物体会沿着这个路径转弯或者盘旋。

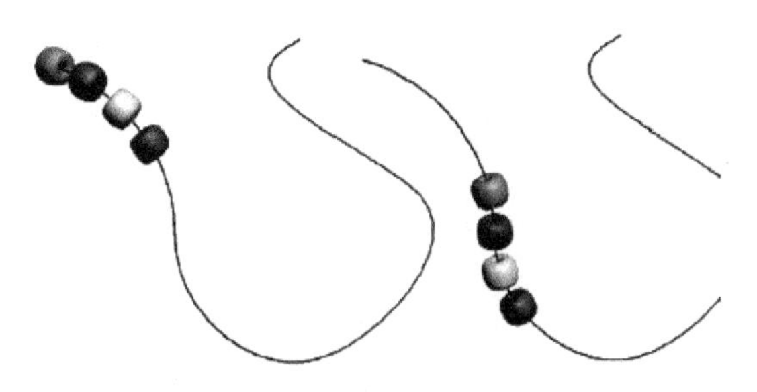

图 34.15　运动路径约束

5. 对象参数

对象参数可以包括很多种。例如，圆环的直径是一个参数，光源的参数可以是明亮程度、角度大小和颜色，摄像机的参数可以是焦距或者景深。利用这类参数轨道可以制作形变动画，如果改变其中的任意属性，就会产生动画(图 34.16)。

图 34.16　直径参数变化产生的动画

一些三维动画设计软件中还有其他类似的参数可设置为动画。例如 LightWave 有一些基于形变的动画如 Serpent(蛇形)、MathMorph(数学变形)、Inertia(惯性运动)和 Vortex(涡旋)。Cinema 4D 中有 Vibrate(振动)、Oscillate(振荡)、Morph(变形)和 Melt(融化)。

6. 纹理

通常在三维动画设计软件中可以改变纹理贴图的位置、方向或者纹理特征。多数情况下纹理是一个独立的轨道。

7. 点动画(PLA)

并不是所有的三维动画设计软件都具有点动画这个轨道，使用 PLA 可以让用户以点的层次改变模型。

第三十五章

索具与动力学

索具(Rigging)和动力学(Dynamics)是3D动画中的两个关键概念,虽然它们的功能不同,但常常互补使用。索具是为3D模型创建控制系统的过程,使动画师能够操控角色或物体的运动。通常,索具包括设置虚拟骨骼系统,并将其嵌入3D模型中。这套骨骼系统由关节和骨骼组成,动画师可以通过控制这些关节来移动角色的不同部分,如图35.1所示。

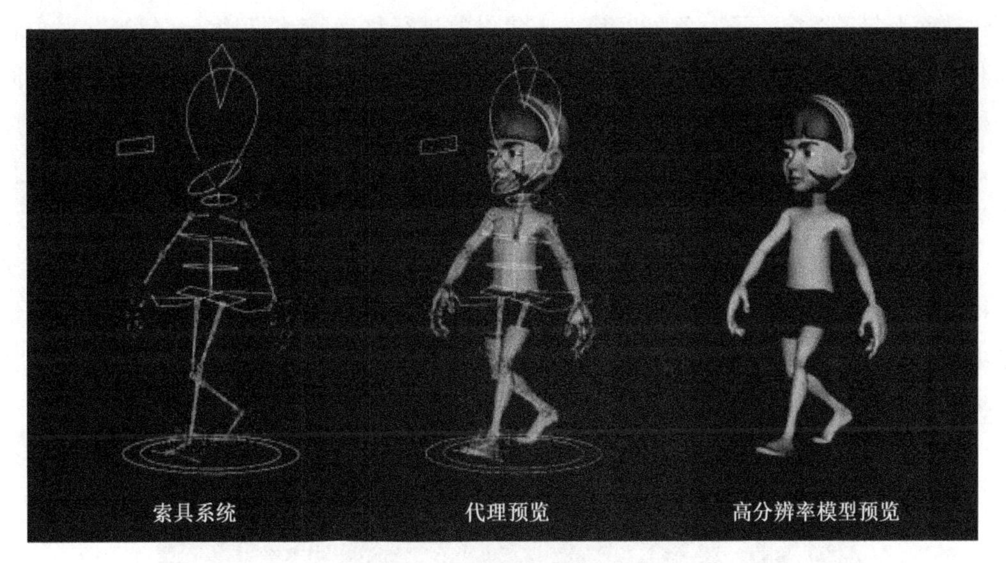

图35.1　人物索具的示例

索具的核心目的是为复杂的角色或物体提供直观、灵活的控制。例如,在角色动画中,索具不仅包括完整的骨骼系统,还包括控制角色面部表情的控制器。索具师负责创建这些系统,确保动画师能够轻松操作角色,实现逼真的运动效果。

动力学则涉及物理模拟,自动计算物体在场景中的运动和相互作用。动力学根据物理法则计算物体的运动,使动画更加真实。例如,动力学可以模拟角色行走时衣服的自然摆动,或爆炸场景中碎片的飞散。

在实际动画制作中,索具和动力学经常结合使用。索具提供精确的控制,而动力学为场景中的物体提供物理上真实的自动运动。通过结合这两者,动画师可以创建既灵活又逼真的动画。例如,角色的主要动作由索具控制,而披风则通过柔体动力学模拟随风飘动的效果。这样,动画师既能掌控角色动作,又能利用动力学增强动画的真实感。

索具的工作流程通常包括:首先为角色或物体设置骨架,使用关节或骨骼作为枢轴点,这些枢轴点可以旋转和移动。然后,索具师为这些关节或骨骼创建控制器,使动画师能够通过简单的界面调整角色动作。接下来,使用蒙皮工具将角色的几何体与骨骼系统连接,使角色外形随着骨架运动变化。最后,索具师创建其他变形器,使角色的运动更加逼真和自然。

下面让我们来看看当今索具师可以使用的一些工具和技术。

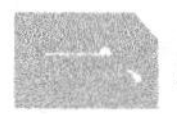

一、层级设定

所有索具都基于系统和控件的层次结构,这种结构按顺序工作来创建对象的动态。最基本的层次结构是父/子关系:一个对象是父对象,另一个对象是子对象。这种关系的创建被称为父子链接。子对象可以独立于父对象进行移动、旋转和缩放,但当父对象移动时,子对象也会跟随。在这个层次结构中,父对象可以有多个子对象,这些子对象之间被称为兄弟姐妹,层次结构可以继续向下延伸,如图 35.2 所示。在大多数 3D 应用程序中,父级和子级关系可以随时更改,可以重新指定父对象,或者将多个对象组合在一起,作为一个整体进行移动。

在为角色、机械装置或复杂运动设置动画时,可以通过将对象链接在一起形成层次结构或链条来简化这个过程。在这种链接的链条中,一个链条的动画可能会影响整个链条中的一些或全部对象,从而使得可以一次性设置多个对象或骨骼的动画。这种方法大大提高了动画制作的效率和灵活性。

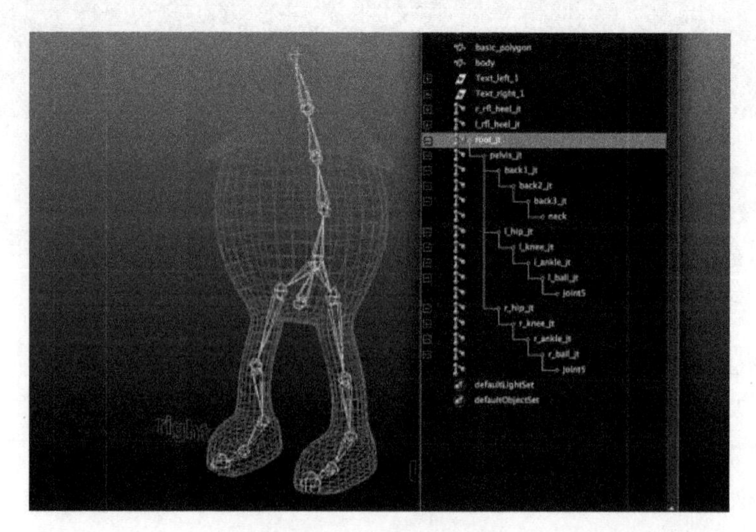

图 35.2　父子层级关系

二、轴的位置

轴的位置或轴点是对象围绕其旋转的位置。在3D动画中，轴点也是其他操纵器移动或缩放对象的位置。在创建索具时，设置轴的正确位置以创建正确的操纵点非常重要。图35.3显示了一个简单层次结构索具的示例。这个索具只是一个基本的亲子关系索具，其所有部件都连接在一起。为了以适当的方式移动头部球体以匹配可预测的头部旋转，轴点必须靠近身体的连接点。通过向颈部移动轴点，可以创建头部所需的正确运动。

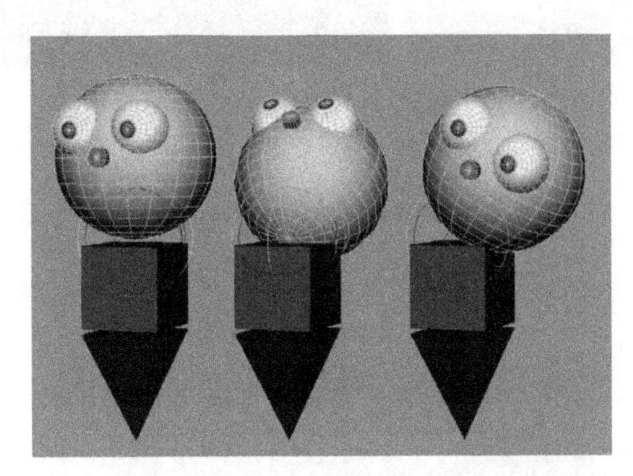

图35.3　头部索具轴点位置调整

三、骨架系统

索具师创建一个由关节和轴点组成的骨架系统，并配备特定类型的变形器。图34.4展示了一个骨架系统的示例，这是中级到高级角色索具的基础。除了用于角色模型外，骨架系统还可以应用于汽车、武器等非角色模型，使它们更容易进行选择和变形。

骨架系统是骨骼对象和关节对象的层次链接，可用于设置其他对象或层次的动画。在设置带有Skin网格的角色模型动画方面，骨骼尤为有用。骨骼在3D建模和动画中是个强大且重要的工具。骨骼本质上是个物体受动器(effector)，它们在三维空间可以改变物体的形状，但不改变几何体的形状。除非在编辑窗口中，否则这些骨骼不会被看到。骨骼曾经只在高端动画设计软件中使用，但现在的三维动画设计软件的工具箱中都会有一些骨骼形式。

不同动画设计软件中的骨骼创建方法不尽相同，但都有一个类似的工作流程。创建一个骨骼之后，新的骨骼可以从父骨骼中"长出"(图35.5)，然后自动分布到父子层次结构上，这种骨骼的层次结构常称为链。

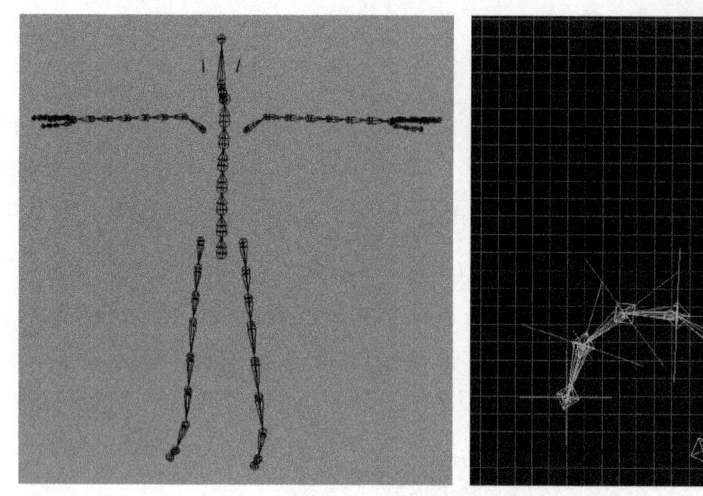
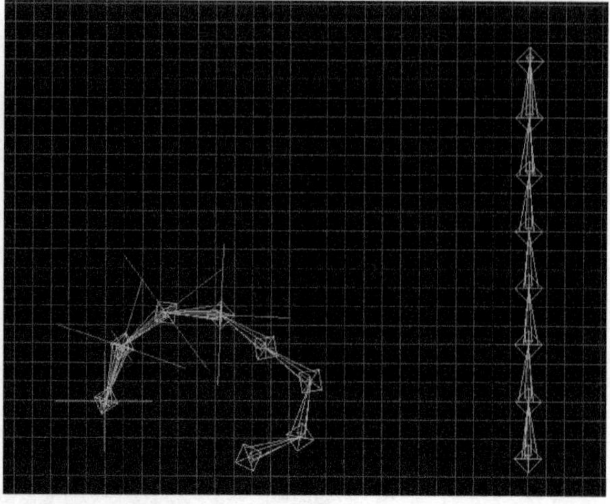

图 35.4　骨架系统示例

图 35.5　骨骼示意图

链上的第一个骨骼称为根(root),根是链上的父节点骨骼。如果创建一个腿部骨骼结构,则将大腿作为根,然后向下延续创建第二节骨骼对象。骨骼和骨骼连接的地方称为关节。一条链可以细化包含很多骨骼和关节,也可以是两个骨骼和一个关节的简单形式。

下面是由四种基本类型的关节创建角色关节的例子(图 35.6):

① 铰链接头在一个轴上旋转,如膝盖或弯头。

② 如果需要,铰接关节可以小幅度旋转,但有些关节的旋转会使得铰链的下层关节出现大范围的运动,如在脊柱中。

③ 轴关节围绕单个轴旋转,如前臂中的那些关节。

④ 球窝关节可以在任何方向旋转,如肩部或臀部。

要创建一个分段人体角色,可以利用 NURBS 方法,从一个多边形网格创建出单网格人体。NURBS 方法是最有效的建模方法。在单网格角色中,没有层次结构可以用,因为这是一个整体。

在人体工程中我们创建好了一个分段人体角色(图 35.7),每个对象分别对应身体的一部分:大腿、膝盖、小腿等。接下来做动画的时候,身体不同部分的组织和层次显得很

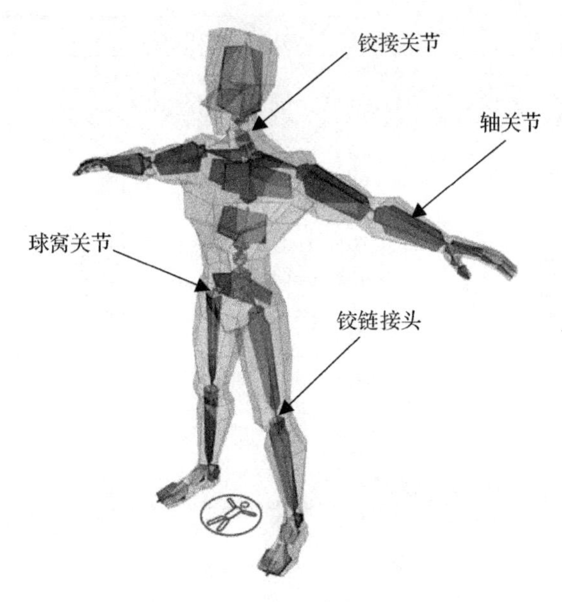

图 35.6　三维人体骨架索具

重要。群组或者层次顺序会告诉计算机物体是以何种顺序相互连接的，例如告诉计算机臀部连接到大腿，大腿连接到膝盖，膝盖连接到骨盆。

放置对象层次的顺序决定物体之间的控制连接关系。因此，以腿的树状层次结构为例，脚是踝的子节点，踝是小腿的子节点，小腿是膝盖的子节点，膝盖是大腿的子节点，大腿是臀的子节点。因此当父节点发生变化时会影响子节点，这意味着如果在层次结构的最顶层旋转臀部，下面的脚也会跟着旋转(图 35.8)。

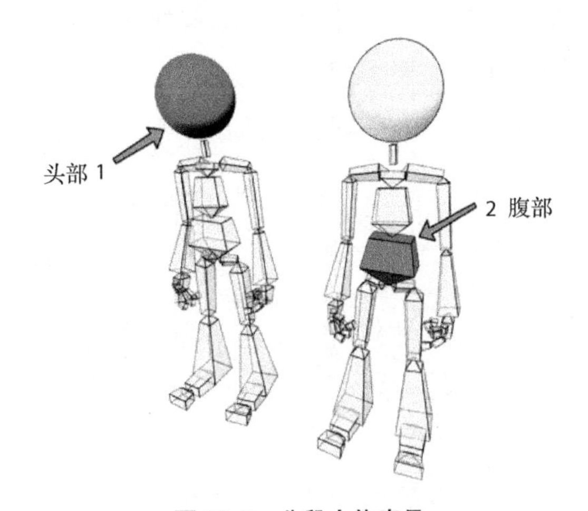

图 35.7　分段人体索具

创建层次结构时有以下基本规则：

① 针对两足对象(如人)，重心大概在盆骨，因此盆骨在层次结构中是个很好的父节点。

② 臀部(或者盆骨)支撑身体的上半部，并连接着下面的腿，因此层次树有两个分支：

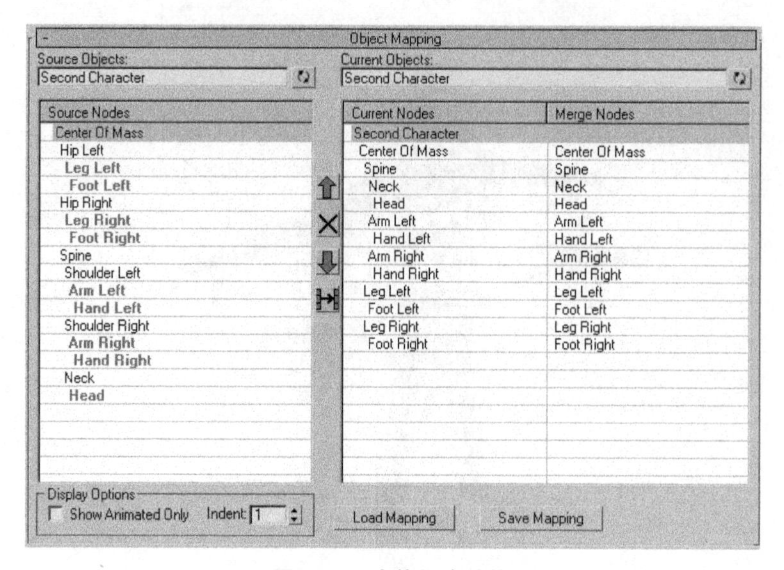

图 35.8　人体层次结构

上面的脊骨和下面的腿。

③ 臀部以上的脊骨又是两个新分支的父节点:两侧的肩膀和胳膊。

④ 臀部以下的腿是一个父子层次的组合:上面的大腿和下面的脚。

⑤ 并不是所有的物体都需要在层次结构中有自己的层次。比如,膝关节和小腿可以组合在一起作为大腿的子节点。如果两个物体总是一起运动,可以将它们放在一起。

⑥ 当创建物体或者组合物体时,三维动画设计软件会将枢轴支点放在物体的几何中心,而关节并不是在几何中心旋转的,所以注意将枢轴支点移到适当的位置。例如在图35.9中显示的是人偶的胳膊,其中图(a)显示的是缺省的枢轴支点的位置和胳膊的旋转,图(b)显示的是改变后的位置和正确的旋转。

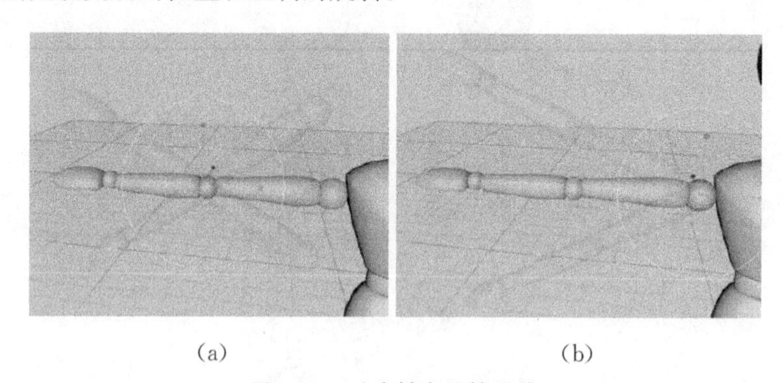

(a)　　(b)

图 35.9　改变轴点旋转胳膊

⑦ 将枢轴支点放置到能够正确旋转的位置以后,在关节缺省的位置并不能够旋转。这在创建关节限制和其他约束的时候可以节省时间。当关节静止时很容易确定旋转范围,沿着各个轴旋转的初始角度都是0°。

⑧ 对层次结构来说没有固定的规则,在作品中不一定要设置多个层次,也许只需要

一个简单的层次结构就够了，应灵活运用。

图 35.10 显示的是一个摩天轮的层次结构。这是 3ds Max 中的屏幕截图，使用严格的父子组织形式。可以用不同的方法组织层次，但是要通过旋转物体测试一下，保证层次关系中的物体都能够正常移动。

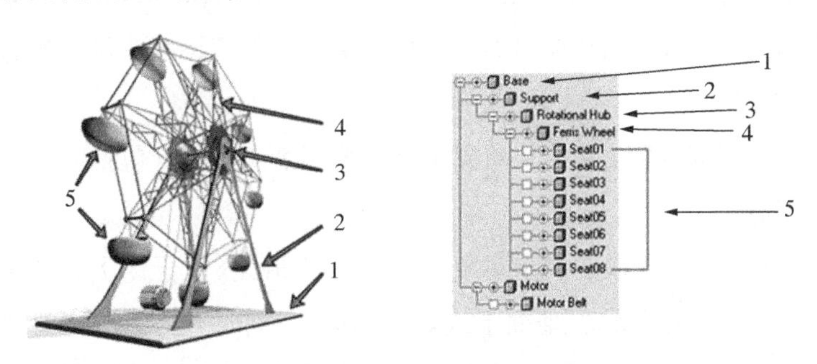

图 35.10　摩天轮和它的层次结构

1—基座；2—支架；3—旋转机构；4—轮架；5—轿厢

骨骼以多种方法影响和改变物体的形状和空间位置，例如手部的骨骼（图 35.11）可以控制每根手指的动作。不同的动画设计软件中控制每个骨骼的强度或者力量的方法都不一样。多数三维动画设计软件允许定义关节的弯曲程度。同样，骨骼影响或者骨骼拉出的多边形数量在不同的动画设计软件中也不一样，但是几乎都支持这种控制。

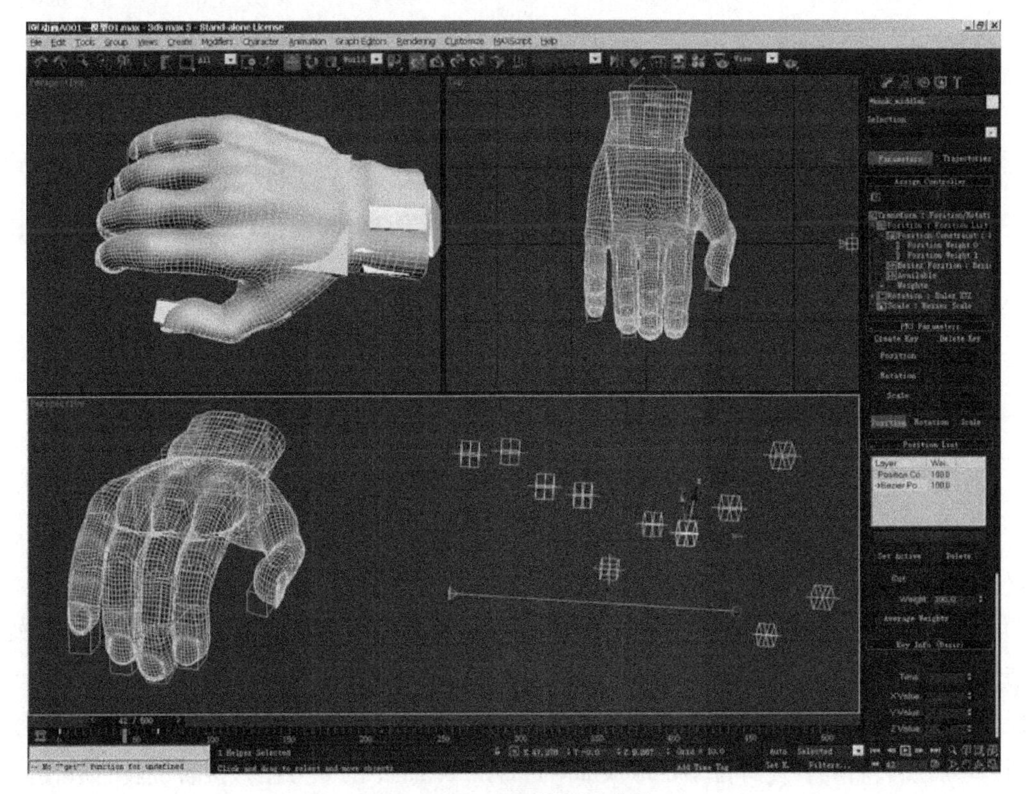

图 35.11　手部的骨骼索具

四、动力学

关节的运动方式可以分为两类:正向运动学(Forward Kinematics, FK)和反向运动学(Inverse Kinematics, IK)(图 35.12)。这两种类型的关节运动为动画师提供了完成特定动画任务的不同方式。

- 使用正向运动学,可以变换父对象来移动它的派生对象(包括它的子对象和子对象的子对象等)。
- 使用反向运动学,可以变换子对象来移动它的祖先(位于链上方的父对象等),还可以使用 IK 将对象粘在地面上或其他曲面上,同时允许链脱离对象的轴旋转。
- 动画师可以在这两种方式之间切换,以便在需要时灵活地创建特定的性能。

正向运动学是设置层次动画的最简单方法。反向运动学要求的设置比正向运动学多,但在执行角色动画或复杂机械动画这样的复杂任务时更直观。

当分段模型被合理组织起来或者单网格角色被绑定骨骼以后,就有可能改变原有的层次关系,摆出造型,产生动画。有些人喜欢用正向运动学,有些人偏向使用反向运动学,但是两者结合使用效果会更好。

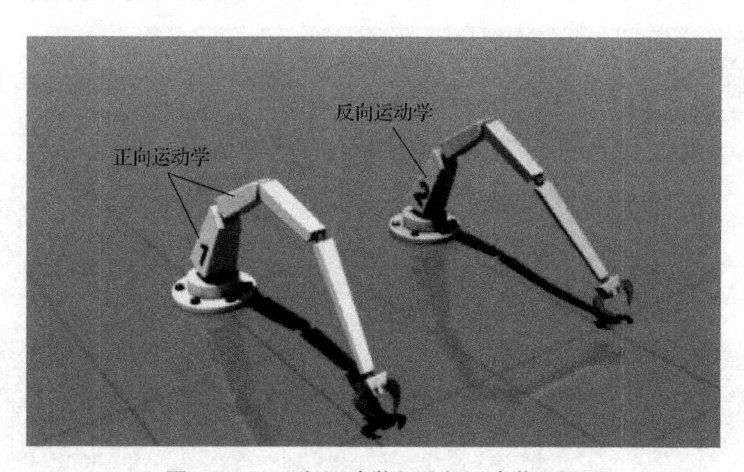

图 35.12　正向运动学和反向运动学示例

1. 正向运动学

正向运动(FK)也许是最直观的运动,可以实现从父节点物体由上而下地操纵层次结构。例如链接人体模型(图 35.13 中的 1 号图),要将人体模型的右脚放到旁边的足球顶上,可以执行以下步骤:首先旋转右大腿使整条腿位于足球之上(图 35.13 中的 2 号图),然后旋转右胫骨使脚位于足球顶部附近(图 35.13 中的 3 号图),接着旋转右脚使其与球顶平行(图 35.13 中的 4 号图)。

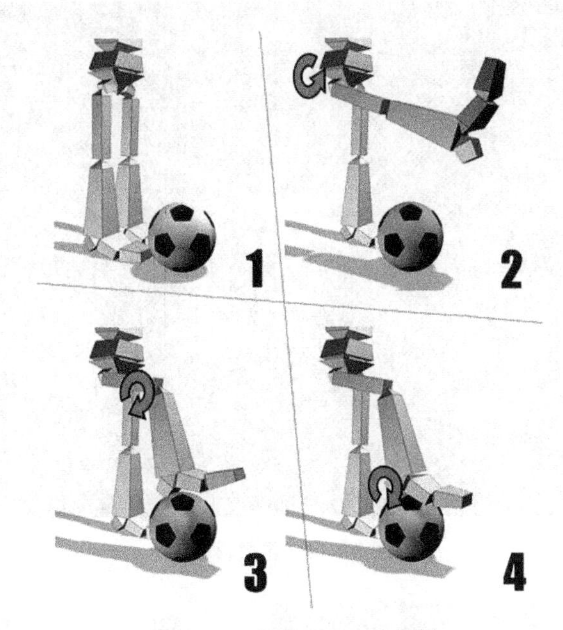

图 35.13　操纵腿部层次结构

FK 适用于一系列的复杂运动，如肢体的运动。

2. 反向运动学

反向运动学(IK)是层次结构中的子节点物体的改变带动父节点物体改变而产生动画。

现在举个手臂的例子。要设置使用正向运动学的手臂的动画，可以旋转上臂使它移离肩部，然后旋转前臂、手腕及以其下部位，为每个子对象添加旋转关键点。要设置使用反向运动学的手臂的动画，可以移动并定位腕部的目标对象。手臂的上半部分和下半部分因为 IK 而旋转，使称为末端受动器的腕部轴点向目标移动。

如果是腿部的话，脚部就被目标约束到了地面。如果移动了骨盆，脚部保持固定不动，因为目标并没有移动，这将使膝部发生弯曲。如图 35.14 所示的昆虫骨架，移动中心骨骼将可以观察到各条腿的 IK 仿真，并可以将姿态保存为关键帧。

为了辅助 IK 功能，许多动画设计软件允许在 IK 结构中定义约束条件和物体的关节限制。关节限制告诉骨骼允许弯曲的程度。例如，可以告诉膝关节它可以沿着 x 轴弯曲 $-65°$，但沿正方向和其他轴不能弯曲(图 35.15)。

事先必须对每个关节定义关节限制，这样 IK 效果更真实。在 3ds Max 中有专门的关节控件，在 LightWave 中，建立这些关节限制称为“控制/限制”；在 Cinema 4D 中，这些限制是通过在物体或者骨骼上创建一个 IK 标签来实现的。

另外一种强大的 IK 技术是使用受动器。受动器通常是在链末端的一个小骨骼或者没有几何形状的空物体(图 35.16)。

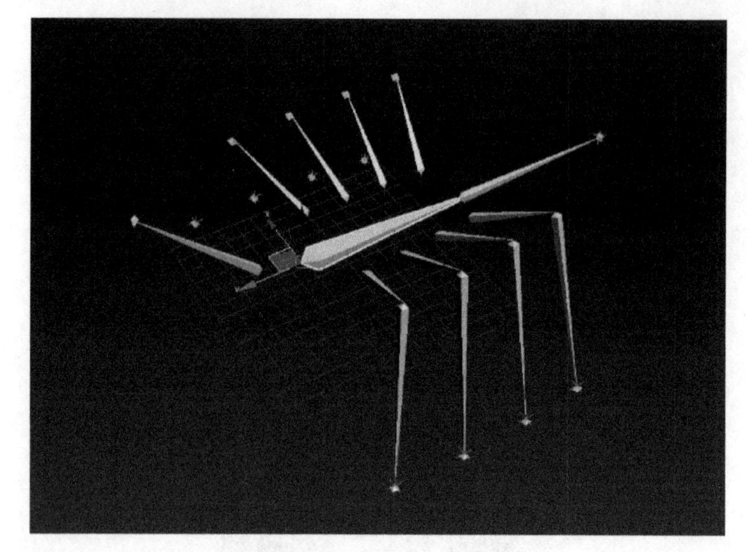

图 35.14　昆虫骨架

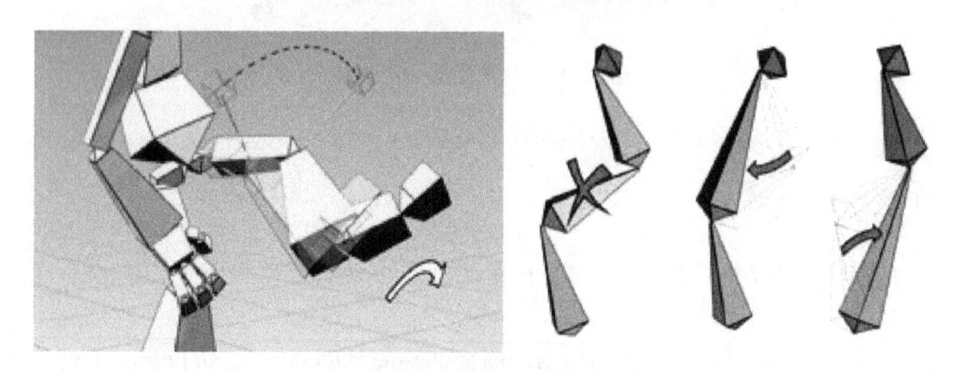

图 35.15　限制关节运动

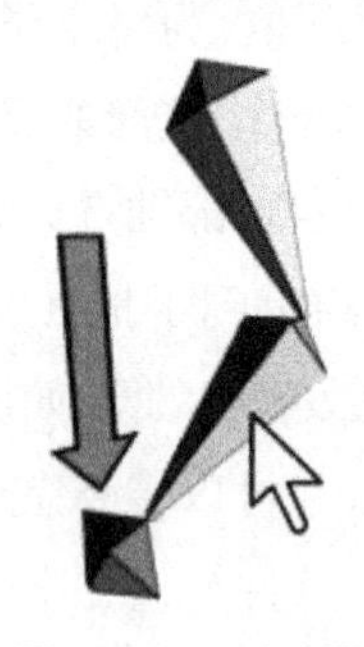

图 35.16　受动器

这些受动器可以作为子节点物体移动，其父节点物体会随之移动。由空物体创建的受动器可以脱离 IK 链，这样受动器可以创建为在 IK 链之外的 IK 目标。我们可以在脚步落下的地方设置受动器，创建走路动画。IK 链将指向这些目标，不会产生滑步。图 35.17 显示了使用 IK 设置手臂的动画。

FK 和 IK 各有特点，IK 需要事前计划，很具潜力；FK 直接，易用，更有效，可以将两者混合使用。

图 35.17　使用 IK 设置手臂的动画

五、变形器

在为角色创建骨架系统后，接下来需要将变形器应用于角色的几何体，以便几何体能够跟随骨架的运动。大多数变形器让索具师可以在几何体的组件级别（例如顶点、边和面）设置父子层级，而不仅仅是在对象级别上。换句话说，变形器操作的是对象的子层级，使得几何体的具体部分能够精确地响应骨架的动作。

目前有许多类型的变形器，不同三维动画设计软件中会有所不同，但是一般都包含一些标准类型，如蒙皮或包络、晶格和混合塑形（blendshape）。

1. 蒙皮或包络

蒙皮或包络（图 35.18）是一种变形器，它使索具师可以为几何对象的每个顶点指定一个值，使其受到骨架层次结构的每个关节的影响，从而使网格可以随着其下方的骨架移动。网格通常被称为皮肤。许多三维动画设计软件提供不同类型的蒙皮，包括平滑蒙皮和刚性蒙皮。

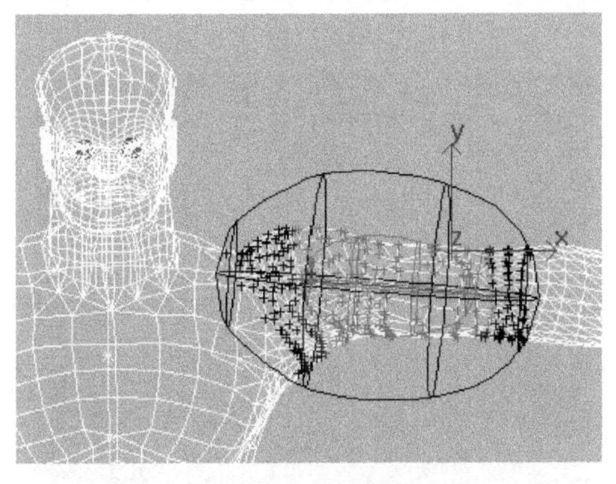

图 35.18　蒙皮外的包络（封套）

1）平滑蒙皮

平滑蒙皮可以使用多个值将每个顶点单独加权到不同的关节，并允许平滑变形，如图 35.19(a)所示。平滑蒙皮是目前最常用的蒙皮方法，它适用于几乎任何类型的有机物体，如角色、动植物、管道或电线。

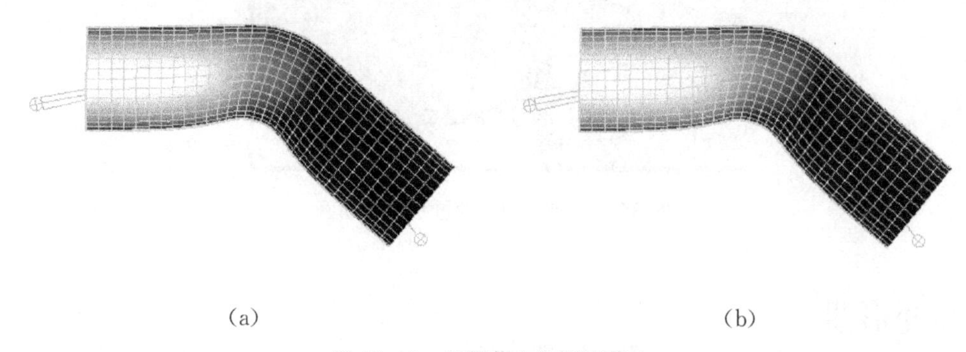

(a)　　　　(b)

图 35.19　平滑蒙皮和刚性蒙皮

2）刚性蒙皮

刚性蒙皮为单个关节的顶点提供一个有或无的加权，这意味着对特定关节的顶点只能赋予 100%或 0 的权重。默认情况下，刚性蒙皮会产生刚性和急剧变形，如图 35.22(b)所示。在技术上，刚性蒙皮是比平滑蒙皮更快的变形工具，但刚性蒙皮难以实现平滑变形。刚性蒙皮可用于与平滑蒙皮相同类型的对象(例如角色、动植物)，但这些对象还需要利用其他变形器来实现几何体的平滑过渡。

2. 晶格

晶格变形器是一个有顶点的笼子，它包围一个更密集的几何网格，并以平滑的方式变形，如图 35.20 所示，它可以一次变形单个网格或多个网格。晶格是一个功能强大且有用的变形器，因为它能以多种方式使用。例如为直线栅栏建模时，如果想使栅栏具有卡通直线外观，可以应用晶格使栅栏变形；还可以创建基本人体形状并使用晶格来变形身体的各个部分，以创建具有一个基本形状的众多角色。

图 35.20　晶格变形示例

3. 混合塑形

混合塑形变形器使动画师能够基于一个对象(如头部)进行复制并对其进行更改(如向面部添加微笑)以制作目标形状。混合塑形变形器将两个对象链接在一起,以允许原始形状在两个形状之间变形,混合塑形变形器也可以与多个目标形状一起使用,作为一种选择工具,用于在索具上创建面部形状和启用面部动画,如图 35.21 所示。混合塑形变形器还用于纠正肘部和肩部等部位的蒙皮,并且可以自动触发角色以特定方式摆放,以纠正不良变形。

图 35.21　混合塑形变形示例

六、约束

约束是允许一个对象控制另一个对象的系统。约束允许将一个对象的平移连接到另一个对象,或者将一个对象的旋转、缩放连接到另一个对象。约束条件类似但不同于数学上的父类,可以为索具师提供更多控制方法,可以更好地创建连接。大多数三维动画应用程序使用以下约束:

(1) 点约束,它约束一个对象到另一个对象的转换,使动画师能够将两个或多个对象连接在一起。

(2) 目标约束,它约束一个对象的旋转以瞄准或指向另一个对象。这种约束对于创建眼控系统非常有用,使眼球形状始终指向控制器,因此动画师可以根据需要将角色的眼睛锁定在特定对象上,如图 35.22 所示。

(3) 方向约束,它约束一个对象的旋转到另一个对象,使动画师能够附加两个或更多对象的旋转。方向约束与父子层级关系不同,方向约束允许受约束对象在自己的轴上旋转,而在父子层级关系中,子对象围绕父对象的轴旋转。

图 35.22　眼睛的目标约束

(4) 缩放约束，它约束一个对象的比例变换为另一个对象的比例。换句话说，一个对象的比例尺寸控制一个或多个其他对象的比例尺寸。

七、脚本

脚本是几乎每个三维动画设计程序中都提供的工具，使我们可以创建或者添加插件或自定义工具。脚本可以用许多编程语言完成，包括 C++、Python、Maya 嵌入式语言(MEL)和 JavaScript。脚本让我们可以创建自己的工具来帮助完成重复性任务，从而极大地提高在三维动画设计中的工作效率。例如创建自定义形状(如星形和箭头)非常耗时，但我们可以编写一个脚本，然后只要按一下按钮就可以创建这些形状，从而避免每次都要从头开始制作形状(图 35.23)。即使我们认为自己可能永远不会使用脚本，也应该学习脚本编写的基础知识，以帮助完成未来的三维动画设计工作。

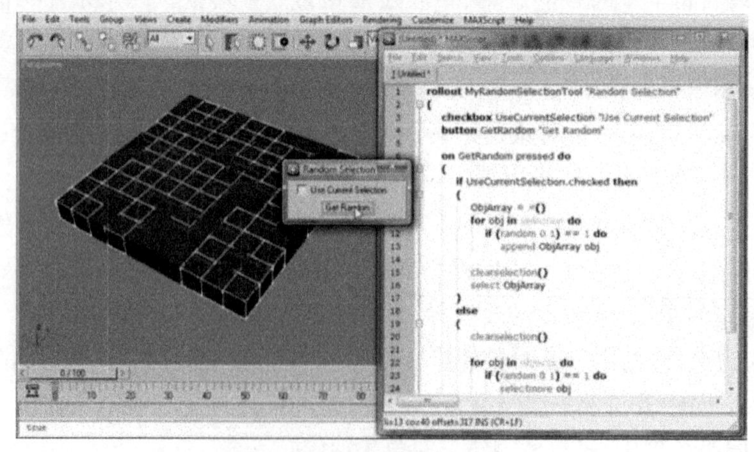

图 35.23　脚本程序控制

八、表达式

表达式是将一个对象的属性连接到另一个对象的一种方法。表达式允许在用户指定的脚本变量下更改属性。例如，可以使立方体的平移 Y 影响球体的平移 X，就像约束一样，移动立方体，球体的平移值就会加倍。这个简单的表达式如下所示：

Sphere1. translateX=Cube1. translateY×2；

图 35.24 显示了使用表达式的索具控制案例。表达式是一种脚本形式，每个程序都会以不同的方式处理语法。可以使用表达式为我们的索具、粒子效果或三维动画中的任何其他内容添加更多控件。

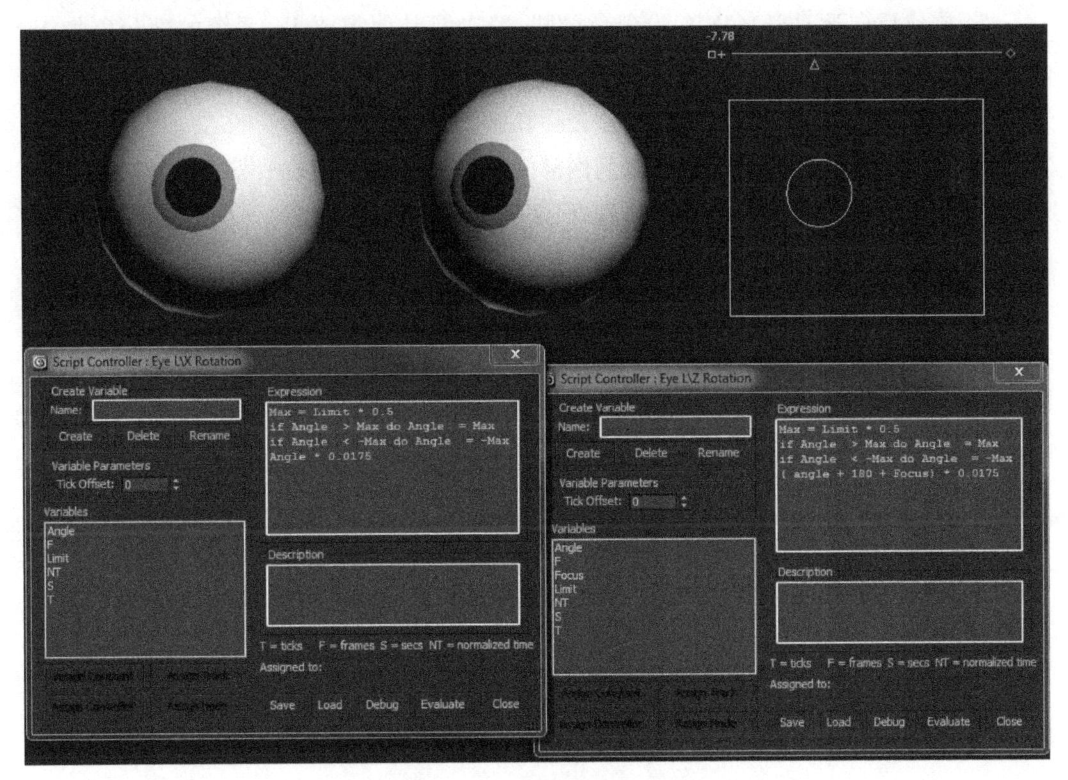

图 35.24　表达式关联控制索具

动画师需要功能强大但可以轻松使用的索具控制系统，为此索具师可以创建一个简单的界面，使动画师能够快速掌握索具的操作，完成动画的制作。在创建所有控件之后，索具师可能需要创建各种选项，如可见性开关，它使某些控件在需要之前隐藏不可见，例如通常不需要在整个设计期间都看到所有面部控制，因为面部通常是动画师最后制作的部分。

九、索具装配流程

以下是索具师为任何对象组织和创建控制索具所遵循的基本工作流程：

① 塑造角色：创建角色模型。虽然这一步不一定由索具师完成，但索具师可能需要修复网格中的问题，以满足对象变形的需求。

② 组织对象：索具师整理场景文件，确保文件中只保留必要的部件，并删除建模阶段留下的不必要节点和对象。同时，索具师为所有对象命名，方便后续选择和操作。

③ 构建骨架：创建骨架层次结构，并将每个关节正确放置在索具中。

④ 保存主骨架：在这一阶段保存骨架的基础版本。

⑤ 构建反向运动学（IK）：为角色的腿、臂以及其他需要 IK 系统的部分添加 IK 系统。

⑥ 创建角色控件：为角色创建易于选择和操作的动画控件。

⑦ 绑定皮肤和封套：将骨架绑定到网格模型上，使网格能够随骨架运动。

⑧ 固定权值点：修复蒙皮中的错误，以实现角色的可预测变形。

⑨ 与变形器合作：添加其他变形器以优化角色的整体变形，并在需要时提供面部动画支持。

⑩ 测试角色设置：通过动画测试角色的索具，确保角色在运动中的表现正常。

⑪ 保存主皮肤：保存经过调整后的主皮肤版本。

⑫ 创建低分辨率模型（如需要）：如果几何体过于复杂，影响实时动画性能，则创建低分辨率模型。

⑬ 创建面部设置：根据需要添加混合形状，以实现更精细的面部表情控制。

⑭ 创建 GUI 控制界面（如需要）：为动画师提供更快的工作流程，添加额外的 GUI 控制界面。

⑮ 保存最终的索具：保存完成的索具设置。

⑯ 设置对象动画：最后，为对象设置动画，测试和调整整个系统。

第三十六章

真实可信的运动

漂亮的模型很吸引人，引人入胜的纹理令人神往，但是如果运动感不真实，那么所做的一切都会逊色。动画中存在很多复杂的细节，许多是从真实生活、电影和其他动画大师那里学到的。这些会帮助我们创造完美的动画。

一、运动弧度

三维动画设计软件会在关键帧之间填充普通帧，尽管计算机的插补采用的是圆形路径，但是它通常选择的是两个关键帧之间的最短路径。例如，制作一个头由一边转向另一边的动画，在头转向的一个方向上设置了一个关键帧，在转向的另一个方向也设置了另外一个关键帧，计算机会以最短路径猜测一条平滑的曲线进行插补。

但是，原始的运动很少是沿直接路径进行的，多数以更大的弧度进行。图 36.1 显示了头部运动的不同方式。

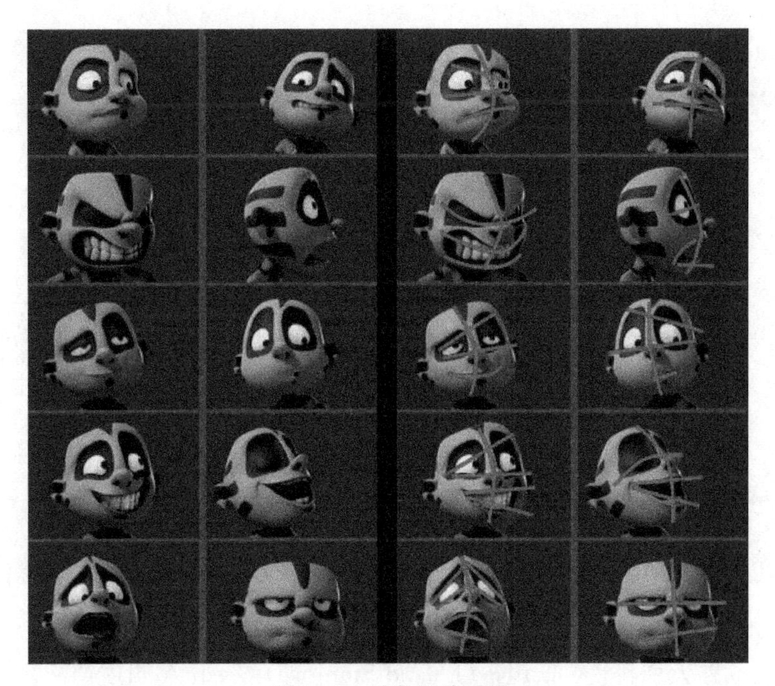

图 36.1　头部运动弧线

这个转头的过程在原始三维动画中是需要调整的。要牢记,虽然三维动画设计软件能够很好地创建曲线路径,但是这些路径不能准确描绘一个真实的运动。我们要注意减少使用关键帧,但是没有足够的关键帧定义的运动是不真实的。

二、重量变换

重力是制作优秀动画的重要因素。在现实世界中,每个动作都受到重力的影响,3D动画中也应如此,这样才能使动画更加真实可信。正确定义和应用重力,可以让 3D 物体稳稳"站"在地面上,真正成为场景的一部分,而不是看起来像飘浮在空中的无重量像素。

在动画创作中使用的最基本和最有力的技术也许就是拉伸和挤压。拉伸和挤压是在运动(尤其是跳跃)的预备中转移重量,贯穿运动的全过程。

计算机动画通常是这样的:物体匀速跳起,到达顶点,然后落下。创作者要做的就是定义物体离开地面、到达顶点和落下的关键帧。然而这个跳跃的物体常常很僵硬,似乎更像是个球形轴承。

为了有效定义物体的重量,我们可以先参考一个球的跳跃周期(静止→起跳→到达顶点→落地→静止)。

首先来看一个典型的计算机小球动画的例子。图 36.2 显示的是一个小球的跳跃。这个跳跃很平滑,却显得很僵硬,似乎有什么东西推动它上升下降,与其说是跳跃倒不如说是物体的移动。尽管看起来似乎是我们制作的动画,但却是不足以令人相信的运动。

图 36.2　球的机械跳跃

1870 年,铁路大亨利兰・斯坦福(Leland Stanford)与一位名叫埃德沃德・迈布里奇

(Eadweard Muybridge)的摄影师之间有个争论，他们争论马跑起来的时候四条腿是否都在空中。迈布里奇在草丛中使用一系列照相机拍下了马跑时的情景，这些“飞奔的马”照片使他出名。迈布里奇使用更复杂的装备捕捉到了更多的系列运动照片，后来他发现快速地查看这一系列照片，拍摄对象看起来像是活动的。托马斯·爱迪生从中获得灵感开始研究运动图像摄影。

分析迈布里奇的照片我们可以了解运动中身体的机制，这些研究对描述自驱动物体很重要。从这些照片中可以学习到一些重要的概念。例如，虽然看起来很直观，但经常被我们遗忘的一个方面是物体会倾向驱动的方向。一个成功的运动的关键因素是当物体运动的时候，它会倾向于运动的方向。图 36.3 显示的是一个人起跳的过程，他的头是指向将行进的方向的。当人跳跃至顶点时，方向改变，脚朝向身体行进的方向。

图 36.3　跳跃的运动图像

此外，时间也是实现真实跳跃的关键因素。尽管时间对真实运动至关重要，但它常常被忽略。一个不真实的跳跃通常表现为匀速跳跃，即起跳、到达顶点和落地的速度相同。实际上，在几乎所有运动中，物体的速度都会发生变化。

当一个人跳起(图 36.3)离开地面时会有一个很大的速度去克服重力。当他到达顶点时，速度减慢，向上的动力逐渐消失，动力开始向下。落地越远，移动的速度越快。

图 36.4 显示的是一个跳跃的球，它快速地弹起，在顶点处减慢，到达最高处接近停止，之后快速地下落。球落得越远速度越快。

重量是拉伸和挤压的关键。人在跳跃之前要蹲伏，身体弯曲得像个弹簧。这种动作告诉观众需要克服重力，这种蹲伏的预备称为挤压。同样，当运动停止或者物体着地，同样会有个挤压，看起来是重量带来的挤压被地面阻止。

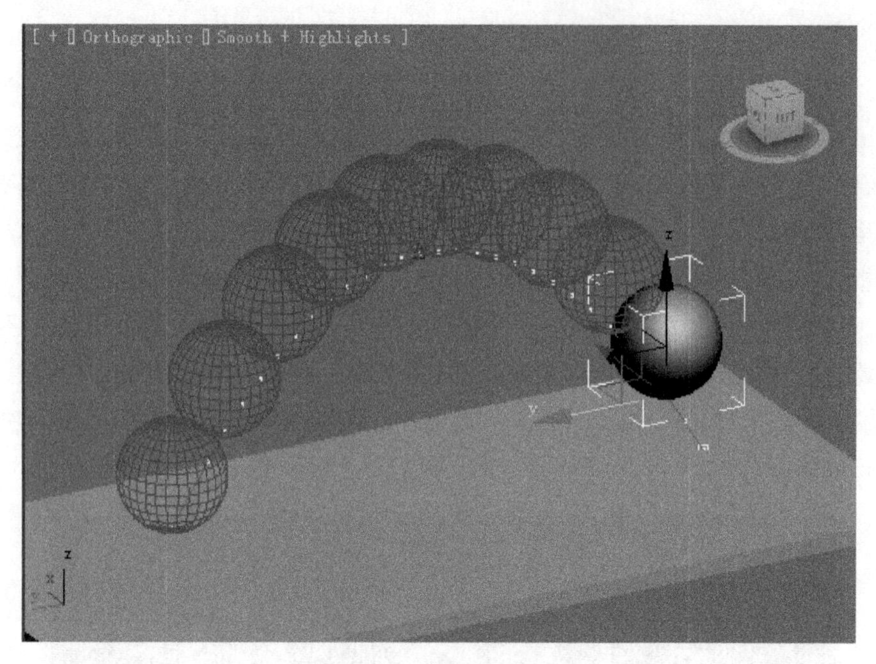

图 36.4　球的变速跳跃

物体在驱动自己向前/向上的预备阶段会挤压，接下来会在到达顶点前拉伸，顶点处的挤压仿佛是它的重量从向上的运动中转移到向下的运动中，落地前又会拉伸，到达地面再次挤压。

图 36.5 显示的是遵循上述步骤的小球动画。在这个动画中，小球第一次反弹上升的中间过程中增加了间隔，在跳跃顶部的挤压强调物体的橡皮质感，似乎底部要比顶部重。在跳跃的开始增加了运动预备，在跳跃的结束添加了回弹。预备和完结动作对任何运动都是基本要素。

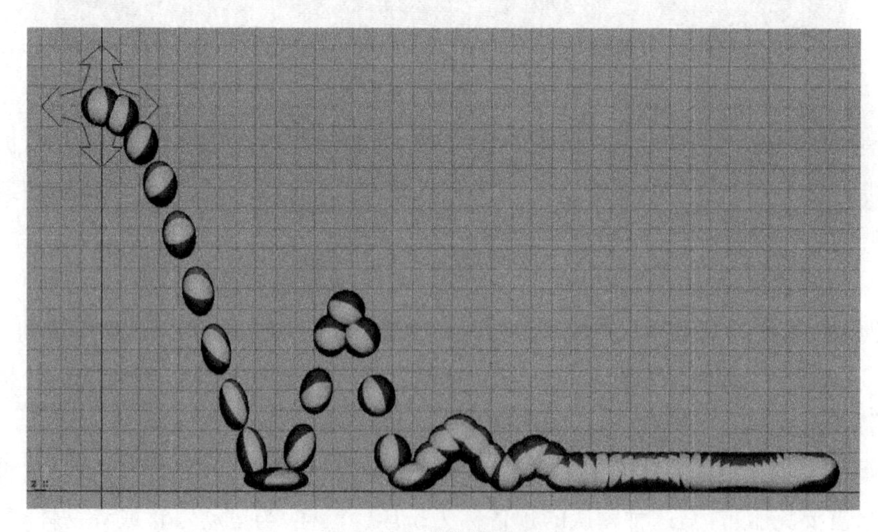

图 36.5　球的挤压变形

懂得拉伸和挤压背后的基本原则，就可以把它们运用到更复杂的角色上。

思考题：

1. 通过摄像机创建一张简单的动画。

2. 创建一个会跳舞的桌子，尝试使它移动、旋转、改变大小。

3. 使用摄像机创建一个飞行中的场景，可以让摄像机在四周转动。

4. 将飞行的场景与跳舞的桌子组合起来，创建一个包括运动和摄像机移动的场景动画。

5. 制作一段小球动画，并尝试增加真实效果。

第十部分

合成与特效

第三十七章

视频合成

视频合成是动画制作的最后阶段，其主要任务是渲染和生成最终的数字图像和视频。在这一过程中，掌握数字影像的相关知识以及计算机图像编辑和合成的原理至关重要。这些知识将极大地帮助完成视频合成的工作，提高效率和质量。

在制作动画的过程中，人们沉浸在复杂的运动或者光线技术里，没有时间或者只剩很少的时间去将前面制作出来的作品编辑在一块。在编辑的时候，遇到不太满意的部分可能你会毫不犹豫地剪掉，事实上通过灵活的裁剪和良好的配音，我们甚至可以将不太理想的部分变得富有艺术感，将好的部分变得更好(图 37.1)。视频合成的神奇之处正是在这里。

图 37.1　数字影片制作

用户可以使用编辑软件将多个视频和声音片段合并，生成一个完整的视频。常见的消费级编辑软件包括 Adobe 的 Premiere 和 After Effects，以及 Apple 的 Final Cut Pro。这些软件简单易用，视频编辑过程也非常相似：首先收集视频和声音片段，然后按照故事板的顺序将它们放置在时间轴上。在此过程中，往往需要导入大量图像文件，以便进行合成。

一、合成图像的文件格式

图像合成使用的文件格式定义了如何编码和存储图像信息。图像文件格式主要分为两大类:光栅文件格式和矢量文件格式。每种格式适合传递不同类型的数据,并具有各自的优点和局限性。下面介绍常见的图像文件格式。

1. 光栅文件格式

- JPG 或 JPEG 格式为彩色和黑白图像提供平滑的色彩和色调过渡,广泛用于数码摄影和一般打印。该格式使用有损压缩,多次保存会降低图像质量,但文件尺寸小,便于传输和发布。
- TIF 或 TIFF 格式是图形设计师、摄影师和出版业者常用的格式。此格式采用的存储方式可以是有损压缩,也可以是无损压缩或不压缩,这使得它可以用于图像处理,避免降低整体图像质量。此文件格式可以携带 Alpha 通道,这在将多个图像合成时非常有用。
- TGA 是动画和电视行业工作者常用的格式,匹配 NTSC 和 PAL 视频制式,是一种无损图像格式,可以携带 Alpha 通道。这种文件格式广泛用于显示器和电视机的最终输出,而非用于打印。
- GIF 格式图像的颜色数量限制在 256 种,所以它在传统网页里常用于基本线条和彩色图形显示。GIF 支持无损压缩以获得清晰锐利的线条,并可以在图像中显示动画和低分辨率视频。
- PNG 格式最初被设计为 GIF 格式的替代品。与 GIF 不同,PNG 格式可以支持 256 种以上的颜色,支持 Alpha 通道,用于处理透明度。不过,PNG 格式不支持动画功能。
- PSD 是 Adobe Photoshop 专有文件格式,适用于 Photoshop 支持的任何数字图像,可以携带 Alpha 通道和图像层选项。PSD 使用无损压缩,不会丢失任何数据或质量。
- PDF 是一种平面文档格式,内含文本、图形、字体、矢量线以及显示图像所需的任何其他信息。许多行业使用 PDF 作为显示工作的最终输出文件格式,但一般不用于图像编辑或设计过程中的原始素材文件。
- EXR 是由 Industrial Light&Magic 创建的高动态范围成像(HDRI)文件格式,可用于三维动画渲染,允许有损或无损压缩,每通道 16 位浮点信息;可用于 3D 渲染的多通道输出,不仅用于 RGB(红色、绿色和蓝色)通道,还可用于合成目的的 RGBA(红色、绿色、蓝色、Alpha)通道,例如在渲染漫反射、镜面反射、透明度和阴影时使用。

2. 矢量文件格式

- EP 格式用于要打印的图像或文本。ES 文件可以包含打印页面的设置命令，不存储像素信息。
- AI 格式可用于 Adobe Illustrator!。这种格式专门用于矢量图像，可以在其他图像处理程序中打开，包括 Adobe Photoshop、Adobe After Effects 和 Corel Paint。
- FLA 是 Adobe Flash 的文件格式，可生成矢量型动画文件，用于传统动画、网页设计和视频游戏。
- SWF 格式由 Adobe Flash 创建，是在 Web 浏览器中运行的游戏和视频的流行文件格式。

二、Alpha 合成通道

Alpha 通道是 32 位位图文件中的一种数据类型，用于指定图像中每个像素的透明度。通常，真彩色图像为 24 位，由红色、绿色和蓝色(RGB)三个通道组成，每个通道 8 位，可以提供 256 个颜色强度级别。通过添加第四个 Alpha 通道，图像变为 32 位，Alpha 通道同样为 8 位，提供 256 个透明度级别。Alpha 的值为 0 表示完全透明，值为 255 表示完全不透明，介于两者之间的值表示不同程度的半透明。这对于图像合成非常重要，能够让多个图层的图像平滑融合在一起。

在图像中，Alpha 通道以黑白通道的形式存在。白色表示不透明的部分，黑色表示透明的部分。这些信息可以在 Photoshop 的通道面板中访问(图 37.2)，并用于选择和编辑特定的图像区域。在视频编辑软件如 Adobe 的 After Effects、Premiere 或 Apple 的Final Cut Pro 中，Alpha 通道用于处理每秒 30 帧的图像，将计算机生成的元素与其他素材组合。在复杂场景中使用 Alpha 通道，可以大大节省时间和精力。如图 37.3 所示，可以利用 Alpha 通道进行抠像。

Alpha 通道特别适合用于处理渲染图像中对象边缘的部分透明像素，这些像素能够确保图像在不同背景中平滑过渡。在 3D 渲染过程中，Alpha 通道通常会自动生成，将背景像素设置为完全透明的，并显示物体材料的透明度效果。渲染窗口中的黑色像素表示透明，白色像素表示不透明，灰色像素则表示半透明。

在保存带有 Alpha 通道的图像时，应使用支持 Alpha 通道的格式，如 TIFF 或 TGA。TGA 格式的默认设置通常包含 Alpha 通道，而保存 TIFF 文件时则需确保选中“存储 Alpha 通道”选项。

在使用 Alpha 通道时，需要注意它会对场景中的所有物体创建轮廓，包括地面或天

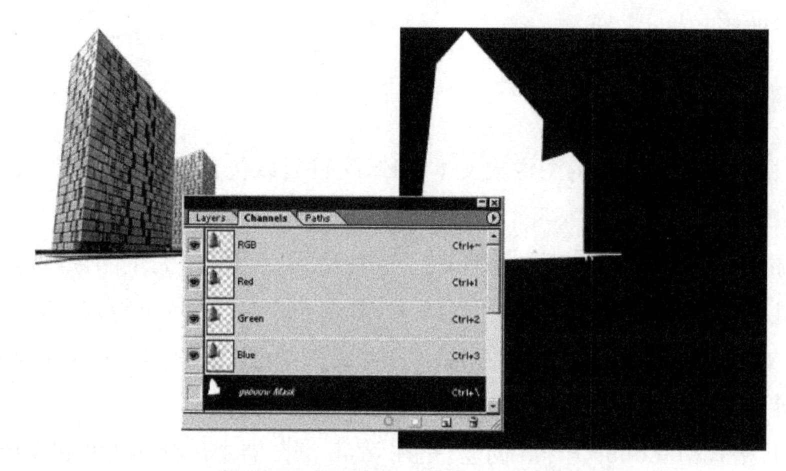

图 37.2　Photoshop 里的 Alpha 通道

图 37.3　Alpha 通道抠像

空等元素。如果要将物体放置到其他背景中,需将这些元素排除在场景之外。3D 渲染中可能出现的一个问题是将 RGB 通道与 Alpha 通道预先相乘时,在预乘图像中 Alpha 通道可能导致图像边缘出现色边。使用平直 Alpha(非预乘 Alpha)可以避免这个问题,确保 RGB 分量仅表示像素颜色,而不受透明度影响。

Alpha 通道是视频编辑和图像合成中不可或缺的工具,正确使用它可以显著提升视频和动画制作的质量和效率。

三、色彩校准

如果我们在自己的计算机上观看一张数码照片，然后朋友或家人在另一台计算机上打开这张照片，图像的颜色和亮度看起来都不同，那是因为屏幕未校准。色彩校准提供了一种方法，使所有显示器具有相同的颜色配置和颜色响应，以匹配输入和输出设备。色彩校准是必要的，因为我们不希望完成的项目成果在客户端计算机上显示的颜色和亮度看起来很糟糕。色彩校准需要的不仅仅是几个按钮去推动奇点、伽马和色调控制，还必须了解硬件、软件、照明条件和色彩空间的情况。虽然并非所有显示器都需要校准，但在最终输出之前，所使用的显示器应进行校准，以确保颜色显示正确。Mac 和 PC 显示相同图像时，由于显示器的差异，颜色显示结果可能会不同。校准显示器有助于在不同设备上保持一致的色彩表现。

对于 3D 设计人员，建议在有色彩管理控制的环境中工作，以确保输入和输出的颜色一致。色彩管理控制需要校正显示器，使不同设备上的颜色显示结果相同。通常使用色度计和分光光度计是确保颜色准确的最佳方法。

- 色度计：色度计放置在显示器上并连接到计算机，通过一系列测试确定显示器的色域，并为其创建自定义颜色配置文件。它还可以为多个显示器创建统一的颜色配置文件，确保显示效果一致。
- 分光光度计：分光光度计分析打印机打印的颜色，然后使用色度计创建匹配显示器的颜色配置文件，从而在不同设备之间检查和补偿色差。

如果图像在 PC 上显示正确，但在 Mac 上显示出现偏差，可以通过降低中间调的亮度来进行补偿。反之，如果在 Mac 上工作的图像在 PC 上显示效果不理想，可以稍微增加中间调的亮度，以改善图像在 PC 上的显示效果。由于不同设备之间的显示效果可能存在差异，因此有必要对所有显示器进行微调，以确保图像在各种设备上都呈现最佳效果。

1. 颜色模式

在色彩校准中必须研究的一个要素是要使用的颜色模式。颜色模式是最终输出的颜色选项。对于计算机屏幕显示，RGB 颜色模式最好；但对于调色操作，HSV 颜色模式却是最好的（图 37.4）。在图像编辑之前，可以将输入和输出设置为不同的颜色模式，以尽早解决可能出现的色彩变化问题。如果将图像从一种颜色模式转换为另一种模式，可能会导致某些颜色的变化或缺失，因为新模式可能无法包含原始调色板中的所有颜色。

1) *RGB 颜色模式*

RGB 代表红色、绿色和蓝色。在 RGB 模式下，这些颜色以相加的方式混合，以创建

图 37.4　具有色调、饱和度和亮度设置的颜色选择器

在显示器或电视机屏幕上看到的颜色。这种颜色模式基于人类对颜色的感知。人类看到的光波长在 400～700 nm 范围内，这个范围让我们能够看到从紫色到红色的连续色谱。视锥细胞是人眼中的感光受体，对红色、绿色和蓝色光敏感。

2）HSV 颜色模式

HSV 代表色调（Hue）、饱和度（Saturation）和亮度值（Value）。此颜色模式也称为 HSB（其中 B 表示 Brightness，即亮度）和 HSL（其中 L 表示 Lightness，即光度）。这种颜色模式实际上是 RGB 模式的转换，这意味着它是一种颜色选择器模型。所有图形软件中都有颜色选择器工具，可用来快速选择颜色。这些颜色选择器有多种不同的形式，在 HSV 模式下可以直接吸取和显示颜色。

3）YUV 颜色模式

YUV 颜色模式使用亮度（Y）和两个色差（U 和 V）分量。此颜色模式用于模拟设备和数字设备之间的接口，如数字化的旧 VHS 磁带。在将视频压缩为 MPEG 和 JPEG 文件格式时，会使用 YUV 颜色模式。

2. 色域

在色彩校准时，需要考虑的一个重要因素是色域。色域是指设备能够捕获和输出的可见颜色范围，或者是某种颜色模式所覆盖的颜色范围。CIE XYZ 色域被认为是标准色域，因为它代表了人眼能够感知的全部颜色。相比之下，RGB 颜色模式只能在 CIE XYZ 色域的部分范围内工作，因此无法显示人眼能够看到的所有颜色。这种限制是由于当前技术的局限性造成的，但随着技术的进步，我们正逐步接近显示所有颜色的能力。图 37.5 展示了 CIE XYZ 色域，其中两个三角形分别表示 UHDTV 和 HDTV 的色域范围，显示了它们能呈现的颜色。然而，可以看到，RGB 色域外仍然存在许多无法呈现的颜色。

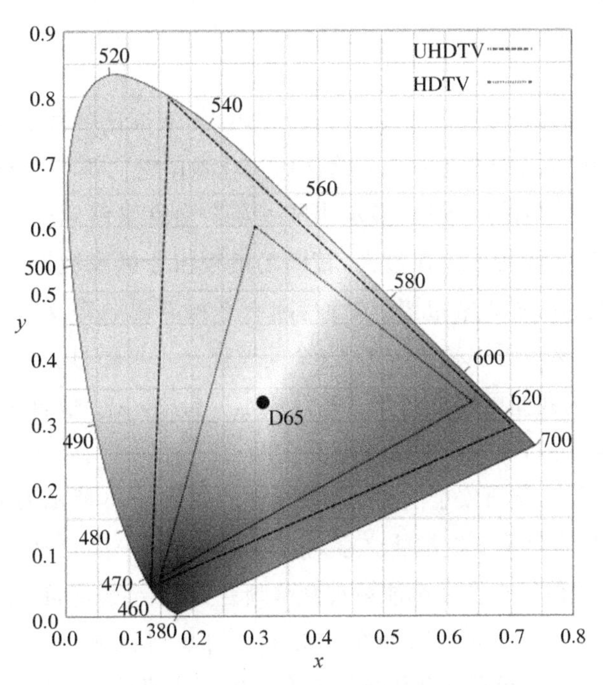

图 37.5　CIE XYZ 色域与 RGB 颜色模式(三角形内)

另一个需要考虑的色彩校准选项是设备或图像的白点。白点是指设备或图像中所有白色的参考点。设置白点可以影响图像的整体色调。例如，室内拍摄的照片可能比室外拍摄的照片显得更偏黄色，这是因为室内的白炽灯光源比阳光更偏黄色。通过调整白点，可以使这些照片的白色看起来更自然、更真实。这种调整称为白平衡或色调适应。改变白点会影响整个图像的颜色表现，确保图像呈现出你所期望的效果。此外，白点也可以通过显示器或电视机进行设置，帮助调整屏幕的颜色，使其显示得更白、更蓝或更黄。

3. 伽马校正

色彩校准中的一个重要问题是伽马校正，它是一种对图像或设备的亮度值进行编码的非线性操作。伽马校正的目的是让数字图像达到更接近人眼在现实世界中看到的效果。当图像的中间调显得过亮或过暗时，3D 动画师需要通过调整伽马校正来使整体效果更加平衡。有两种方法可以应用伽马校正：一是通过软件对图像进行动态调整，二是通过显示设备对显示属性进行调整。然而,如果同时应用这两种方法进行伽马校正,可能会导致过度校正,出现图像过亮或过暗的情况。因此,作为3D设计人员,需要了解伽马校正的原理,并在后期制作中进行适当的调整,以确保最终输出的图像具有最佳的亮度和对比度。

四、安全框

安全框(safe frame)是电视行业中的一个术语,用来描述屏幕上观众肯定能够看到的区域。在这一区域可以安全地放置图像和文本,确保它们不会被剪裁或超出屏幕范围。安全框类似于摄像机的取景框,显示出哪些部分会在最终画面中可见,帮助避免图像或文字在最终输出中被剪裁。在过去,较旧的电视由于屏幕边框的重叠,无法显示每个像素,因此安全框的使用非常重要。然而,随着平板电视的普及以及人们越来越多地通过计算机或手机屏幕观看视频和电影,这个问题已经不再像过去那样突出。但理解安全框仍然很重要,因为我们可以看到在一些低成本广告中,文字位置不合适,导致难以读取。因此,在创建视频内容时,仍需要考虑安全框。

安全框有两种类型:字幕安全框和运动安全框。如图37.6所示为图像长宽比为4∶3的电视屏幕的安全框。字幕安全框将文字内容限制在屏幕中央的80%区域,四周各留大约10%的边距。这确保所有文字都能被观众清晰看到,不会被屏幕边缘截断。动作安全框将主要的视觉动作和图像内容限制在屏幕中央的90%区域,四周各留大约5%的边距。这保证了关键的视觉元素和动作场景不会被屏幕边缘剪裁,确保观众能够完整地看到重要内容。这种边距设置帮助制作人员确保所有重要的图像和文字在各种显示设备上都能被完整且清晰地呈现。

图37.6　4∶3电视屏幕安全框

五、隔行扫描和逐行扫描

计算机显示器和电视机屏幕不能重复刷新整个图像，而是垂直扫描在小线条中看到的图像，即像素。计算机显示器或电视机屏幕有两种类型的扫描：逐行扫描和隔行扫描，如图 37.7 所示。

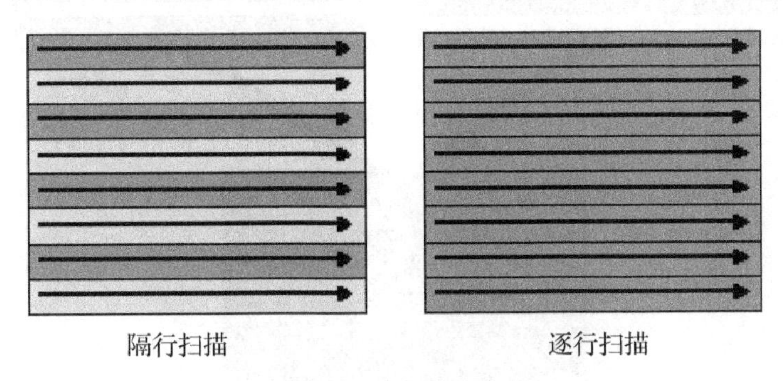

图 37.7 扫描方式

逐行扫描从上到下绘制整个图像，如照片，直到图像完成。这种渐进式垂直扫描以非常高的速率发生，基于视觉暂留现象，我们永远不会在显示器上感知到扫描的发生。扫描发生的速率称为刷新率。当感受到计算机显示器上的闪烁时，这通常意味着需要调整显示器的刷新率以实现画面稳定。今天大多数 LCD 屏幕的刷新率为 60～72 Hz。

创建隔行扫描是由于旧的电视机在扫描完成之前无法通过荧光粉在屏幕上保持足够长的图像，图像将在下一个周期之前消失。因此，线条被分成交替的偶数和奇数线，使电视机能够更快地绘制图像。这些交替的线称为场。实际图像将以通常显示帧率的两倍刷新(图 37.8)。例如，图像以每秒 60 个子帧刷新，最终组合的结果等于以 30 个整帧显示。这些子帧只需具有整帧一半的分辨率，在屏幕上两个子帧交替刷新以显示出最终图像。查看视频是否采用隔行扫描的快速方法是在快速移动的视频中寻找阶梯线。这种阶梯线在非移动图像中并不明显，但在暂停的快速移动图像上可以很容易地看到，如图 37.9 所示。

隔行扫描可以让每次扫描更快地发生，因为只需要扫描屏幕的一半像素。这使得用更小的模拟带宽和更快的读写速度，能够显示流畅的视频。模拟带宽不是像互联网那样的数字带宽，而是模拟同轴电缆带宽。即使在今天，高清电视也有 1 080i(interlaced，隔行扫描)和 1 080p(progressive scan，逐行扫描)两种选择。高清电视最初进入市场时，该技术还做不到每秒逐行扫描刷新 1 080 行以获得平滑运动。如今，虽然仍有一些隔行扫描的电视机出售，但大多数有线电视、卫星电视、DVD 和蓝光播放器现在都能够轻松支持逐行扫描的播放方式。

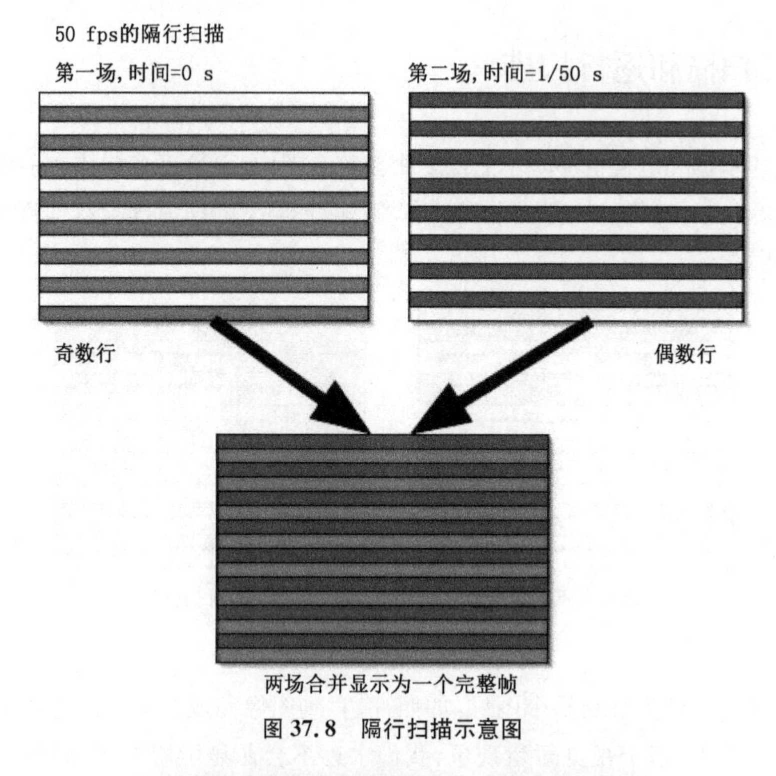

图 37.8　隔行扫描示意图

图 37.9　隔行扫描视频静止图像中的阶梯线

六、图像和视频压缩

数据压缩的目的是对文件中的数据进行缩减或重新排序，以使该文件更小，从而可以更轻松地分发和查看。但是，压缩图像和视频的方式可能会极大地改变这些文件的质量和可用性。

即使现在有强大的处理器、极大的硬盘驱动器和以前难以想象的互联网带宽，对数据压缩的需求仍非常迫切。文本文件和文档占用的空间很小，所需的传输带宽很小；图像、音频和视频文件的情况则完全不同。未压缩的数据，尤其是视频和音频内容，会占用大量空间。通过压缩文件可以减少占用的存储空间和带宽费用。

视频和图像文件的压缩包含两个基本部分:压缩和解压缩。压缩和解压缩行为总是配对的,并且编/解码器用于启动和完成此过程。编/解码器是压缩/解压缩编码器的缩写,是一种允许轻松查看或编辑视频和图像的程序。压缩文件的宗旨是保留重要信息,丢失不重要的数据,以缩小文件。

图像压缩有两种基本类型:有损压缩和无损压缩。

- 在无损压缩过程中不会丢失任何数据。解压缩后的结果与压缩前的数据相同。无损压缩不会导致数据质量下降。这种类型的压缩创建的文件比有损压缩大,但最终解压缩后的图像质量是无损的。无损压缩仅能将文件大小减少 50%～60%。
- 有损压缩通过永久丢失一些数据以缩小最终文件,从而仅保留和再现原始数据的一部分。编/解码器基于人类对视觉数据感受的特点,丢弃部分对图像还原显示不重要的数据。有损压缩轻微降低图像质量以换取更快的播放速度和更小的文件,并且在信息丢失之后就无法恢复(图 37.10)。大多数视频和音频压缩器以有损方式压缩数据,压缩率非常高。正确压缩的视频和音频文件几乎让人眼或耳朵无法区分。在音频压缩中,心理声学技术移除音频信号中人耳不敏感的成分,实现很高的数据压缩率。

图 37.10 有损压缩前后的画质变化(左为原始图像,右为压缩后图像)

此外,视频可以使用空域或时域压缩。这两种类型的压缩都使用了在视频范围内许多相同的颜色和形状。空域压缩分别查看每个帧,选择差异,并仅更改帧与帧之间不同的信息;时域压缩不是查看每个帧的差异,而是选择称为关键帧的某些帧来写入所有像素信息,然后对于关键帧之间的所有其他帧,编/解码器仅写入指示与这些关键帧的差异的像素信息。关键帧之间的帧称为 delta 帧。

图 37.11 为视频的时域压缩示意图。1 帧和 7 帧是关键帧,2、3、4、5 和 6 帧是增量帧。因为示例的白色背景永远不会改变,所以编/解码器不需要在中间帧保留背景信息,仅保留两个关键帧之间球的主要差异信息。在时域压缩过程中,如果原始图像快速移动或闪烁,则会出现大量图像失真,但是可以通过平滑运动视频获得一些优化结果。

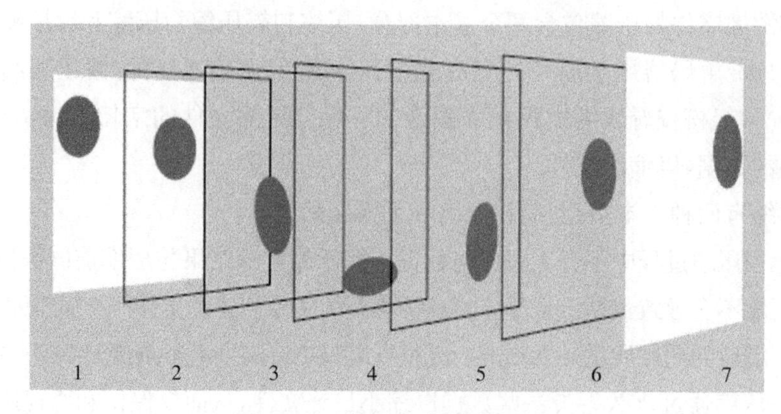

图 37.11 视频的时域压缩过程

压缩素材时，其分辨率和颜色可能略有损失，但其亮度（明暗区域之间的变化）几乎不受影响。原因是我们的眼睛处理图像信息时对亮度的依赖程度远远超过颜色或分辨率。

七、帧率和时码

帧率是视频、电影或视频游戏中每帧在屏幕上显示的次数。帧率的单位是 fps（帧/秒）。现代视频格式有各种帧率。由于电网的电源频率，模拟电视广播的帧率为每秒 50 帧或 60 帧，当使用隔行扫描，则可以在相同的可用广播带宽上发送更多的运动信息，有时视频帧率为 25 fps 或 30 fps，每帧都加倍。

目前使用的基本帧率如下：

- 24 fps 是电影的帧率。
- 25 fps 是 PAL 制式电视格式的帧率。
- 29.97 fps 是 NTSC 制式电视格式的帧率。
- 6 fps 到超过 100 fps 是视频游戏的帧率。
- 24、25、30、50、60 fps 是高清电视的几种帧率。
- 24、60、120 fps 是 4K、8K 高清电视的帧率。

这些基本帧率已经使用了一段时间，但由于技术的不断增强，帧率正在发生变化。据报道，电影可能会采用 48 fps 或更高的帧率，以便在屏幕上高质量呈现高速运动的电影场景。20 世纪 20 年代以来，电影和动画使用的帧率为 24 fps，有些专业人士认为现在是升级的时候了。

时码（timecode）是一种可以同步和识别视频材料中的记录数据的方法。此方法将数字与每个帧相关联，将音频和其他视频同步记录。

最常见的视频时码形式是 SMPTE，如图 37.12 所示。SMPTE 时码携带二进制代码,例如 18:53:20:06。从左到右,此时码表示 18 小时:53 分钟:20 秒:06 帧(HH:MM:SS:FF)。使用 SMPTE 时码,可以快速切到视频片段的小时、分钟、秒和帧。

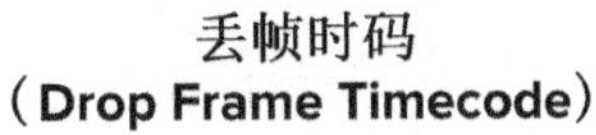

图 37.12　SMPTE 时码

但是,SMPTE 时码与 NTSC 标准帧率 29.97 fps 不兼容,因为 SMPTE 没有任何小数存储。为此视频编辑领域的专业人士创建了一个称为丢帧时间码的时码。它实际上不会从视频中删除帧,而是重新对时码编号以更准确地表示实际时间。在一天(24 小时制)中,以 29.97 fps 帧率运行的 SMPTE 时码将比实际时钟提前差不多一分半钟。使用丢帧时码将通过丢弃每分钟第一秒的 00 和 01 帧来匹配大约 1 ms 的时间,除了可被 10 整除的分钟。这主要是针对 NTSC 帧率计算时出现的小数。视频编辑软件包含一个负责帧同步的选线,显示是否正在使用丢帧时码。丢帧时码最后两组数字之间使用分号(;),而不是 SMPTE 时码中的冒号(:)(图 37.13)。

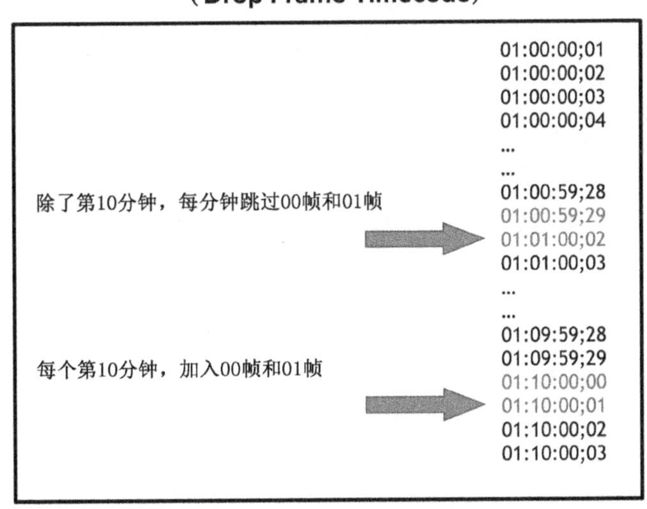

图 37.13　丢帧时码示意图

八、数字图像采集

我们可以使用各种工具来捕获高质量的数字图像,如扫描仪、数媒相机和数码摄像机。虽然这些设备在功能上有所不同,但它们都提供了类似的采集选项。不同类型的设备以不同的分辨率采集图像。

- 扫描仪提供最高的分辨率,但捕获图像所需的时间也最长。
- 数码相机可以拍摄非常高分辨率的图像,分辨率甚至可以达到 5 616×3 744 像素,是 1 080 分辨率高清视频的三倍,但在这种分辨率下数码相机每秒只能拍摄几帧画面,如果以 720p 和 1 080p 的视频分辨率拍摄,帧率可以达到每秒 24 至 60 帧。
- 数码摄像机可以多种帧率录制视频,并且有多种类型的摄像机可供选择。广播级摄像机可以更高的分辨率拍摄视频,并允许更换不同的镜头,能够捕获高达 4K (3 840×2 160)或 8K(7 680×4 320)分辨率的视频。消费级高清摄像机则是最受欢迎的摄像机类型,它可以在不同的分辨率下以不同的帧率拍摄视频,这类摄像机对普通用户来说价格较为实惠。
- 网络摄像头也被广泛使用,但它们通常需要连接到计算机,并且只能以有限的分辨率捕获图像。

第三十八章

特效制作

3D视觉效果(Visual Effects,VFX)设计师的工作充满创意和挑战,他们负责制作如烟雾、水、头发等复杂效果,以及一些非传统的3D动画,例如人物脚印激起的水面涟漪(如图38.1所示)。虽然大多数视觉效果可以在2D设计软件中完成,但有些效果(如头发、毛发和破碎物体的碎屑)在这些软件中很难实现。此外,3D VFX设计师还需要创建那些无法通过手工制作或动作捕捉生成的动画,这些动画通常涉及灰尘、烟雾、火焰、雨水、头发、毛皮、液体、布料以及爆炸等元素。这些动画是通过物理模拟系统生成的,该系统会考虑重力、风以及其他环境因素。为了完成这些复杂的视觉效果,3D VFX设计师必须深入了解3D动画的各个工作流程,包括建模、纹理制作、骨骼动画、关键帧动画、灯光设置以及渲染等。他们需要运用这些技能来应对日常工作中的各种挑战。

图38.1　纯数字特效

3D VFX设计中的模拟过程非常复杂,需要处理大量数据。由于这些数据的庞大规模,这些效果在操作和控制上难度较高,并且预览所需的时间也很长。然而,随着计算机硬件性能的不断提升,能够处理的数据越来越多,3D VFX 变得越来越普及,更多的 3D 动画设计师和工作室现在能够轻松使用这些技术。

虽然许多 3D 动画设计软件都配备了用于创建这些效果的子系统或模块,但 3D VFX 设计要求效果在视觉上与普通动画有所区别。在实际操作中,不同类型的模拟效果常常会有交叉。例如,你可以使用头发和毛皮系统来模拟移动的窗帘,而不使用柔体动力学仿真。同样,你也可以使用柔体动力学仿真来移动头发形状的几何体,并在其上应用毛发着色器,以模拟头发的运动。

这种交叉使用的原因可能有多个方面。一方面,设计师可能对某个特定的系统不熟悉,但可以利用其他系统实现类似的效果。另一方面,设计师可能选择较简单的解决方案,比如使用柔体动力学仿真来模拟水面运动,而不是构建更复杂的流体系统。

接下来,我们将介绍这些专业领域中的一些关键技术,并讨论在这些领域中,VFX 设计师需要掌握的三维动画效果。

一、粒子系统

粒子是三维空间中的点,由发射器创建和模拟,并用场或力进行动画驱动。

发射器的属性包括位置、体积和几何形状等,它用于在 3D 空间中生成并发射粒子。场和力是指自然界中的物理力量和运动方式,比如风、重力和摩擦力,这些力场可以用来移动或操控粒子。大多数 3D 动画设计软件可以同时处理数千个这样的粒子(如图 38.2 所示),通过模拟粒子的行为,粒子系统可以生成许多难以实现的效果,如烟雾、雨滴或火焰等。粒子模拟技术精确控制粒子的运动,创造出自然逼真的效果。

默认情况下,这些点只是空间中的点,不会渲染,但每个点都可以使用某种类型的着色器(渲染曲面的属性)、效果或几何图形来创建特定的外观,如灰尘、火、雨、雪、蜂群。例如,要创建一群追逐角色的蜜蜂,单独为数百只蜜蜂制作动画的效率不高,而使用粒子系统并将蜜蜂附着到那些粒子将更有效。除了灰尘或魔法效果之外,粒子模拟还用于许多目的,如用于人群或群体动画、星系和暴风雪等。

以下是创建和控制粒子系统的基本工作流程:

① 创建一个发射器。VFX 设计可以基于诸多选项选择创建发射器,如对象、体积(程序性三维形式)或位置。

② 为发射器设置动画。VFX 设计设置发射器的属性,以便以特定速度发射一定数量的粒子;接着将动画添加到物理发射器,将发射器约束到另一个对象。

③ 创建粒子运动。VFX 设计编写表达式或创建场/力来操纵粒子在空间中的运动或行为。

④ 效果制作。粒子可以是点、条纹、斑点表面、云状形式或精灵(应用了纹理的平面),并且可以附加几何体。

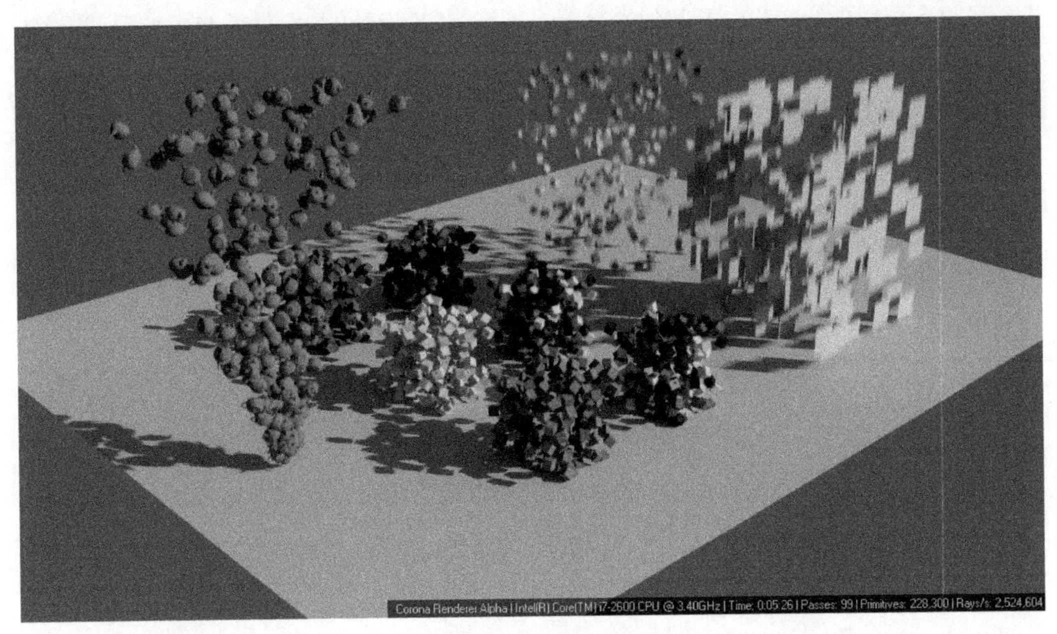

图 38.2　粒子系统

每个粒子都需要一些属性来使它区别于其他的粒子。一个系统中的所有粒子拥有一个相同的属性集合,下面是一些典型粒子的属性:

(1) 坐标(coordinates)

对于每一个粒子,最终我们都要把它映射到屏幕上,所以坐标(位置)成为一个粒子最重要的属性之一。每个粒子的坐标随时间的变化而变化,它通过每个粒子自身在各时刻的速度求得。

(2) 速度(velocity)

运动的粒子都有速度,每个粒子的速度可以各不相同。速度用来计算下一时刻粒子的坐标(位置)。

(3) 加速度(acceleration)

粒子可以做变速运动,此时加速度便会发生作用,它用来计算下一时刻粒子的速度。

(4) 生命值(life)

每个粒子都有着自己的生命值,随着时间的推移,粒子的生命值不断减小,直到粒子死亡(生命值为 0)。一个生命周期结束时,另一个生命周期随即开始,有时必须使粒子能够源源不断地涌出。

(5) 衰减(decay)

就像人会衰老一样,每个粒子也有它自己的生命周期,衰减就是用来控制粒子生命周期的一个物理量。

总的说来,粒子行为包括粒子生成速度(即单位时间粒子生成的数目)、粒子初始速度向量(例如什么时候向什么方向运动)、粒子寿命(经过多长时间粒子湮灭)、粒子颜色、在粒子生命周期中的变化以及其他参数等。进行 VFX 设计时，发射器产生粒子，并设置初始的生命值；粒子在整个生命周期中受力场影响（力场只影响粒子的轨迹，不会影响到其他因素）；粒子可以跟随粒子系统的消亡而消亡，也可以独立存在。

以爆炸视效为例，其本质是将一个多面体撕裂为其源结构形状，并透明抛撒（爆炸）或者直接倒塌（粉碎）。虽然在每个三维动画设计软件中都有所不同，但面数少的多面体渲染得快，爆炸得也快，只是爆炸的结果看起来像一束浮动的三角形（图 38.3 左）；面数多的多面体意味着模型复杂和渲染时间长，由于大量的小多面体碎片的出现，会呈现极好的爆炸效果（图 38.3 右）。

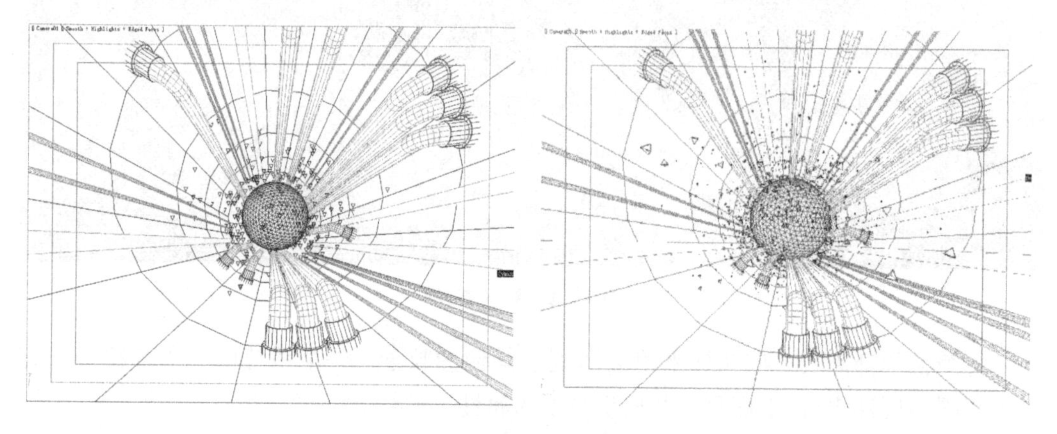

图 38.3 粒子制作爆炸视效的碎片

尽管不少小多面体碎片的面数都很高，但常常会在其中发现正方形或者三角形的碎片。为了隐藏这些碎片，可以增加一个纹理设置，使得物体碰撞飞溅（图 38.4）。飞溅的碎片会隐藏碎片的形状。

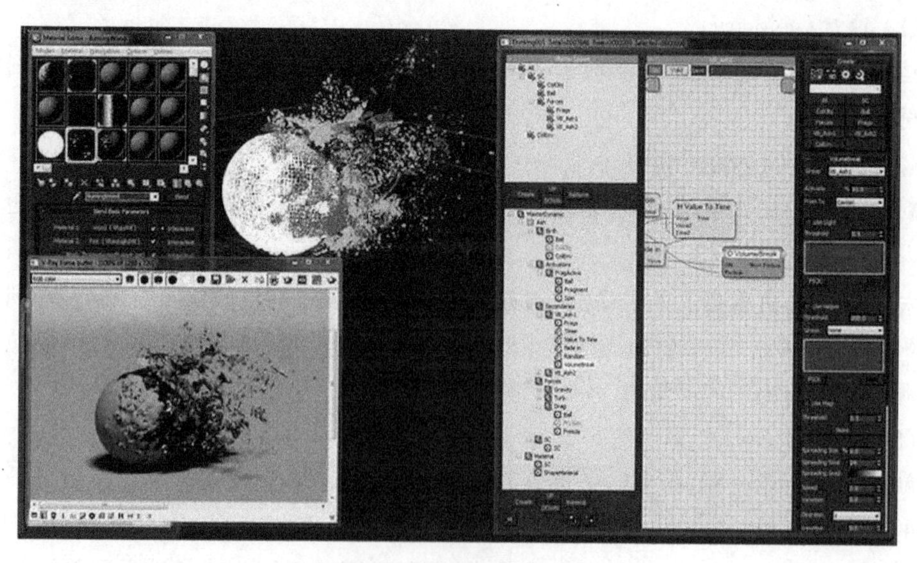

图 38.4 碰撞飞溅过程

二、头发和毛皮系统

头发和毛皮系统(Hair and Fur System)用于创建和渲染头发或毛皮,并模拟其自然的运动效果。除了头发和毛发,这些系统还可以用于动画中的其他元素,比如天线、尾巴和触角,模拟它们的自然摆动和移动。

头发和毛皮是最难以动态使用、控制和渲染的系统。虽然在许多电影和视觉效果电影中常看到这种效果,但由于渲染设置复杂和渲染时间较长,在低预算项目中一般不会制作这种效果。但这种效果如果做得好,可以真正使 3D 项目看起来不一样。大多数 3D 设计软件都集成了头发和毛皮系统(图 38.5),有些第三方还提供商业插件,如 Joe Alter 的 Shave 和 Haircut。

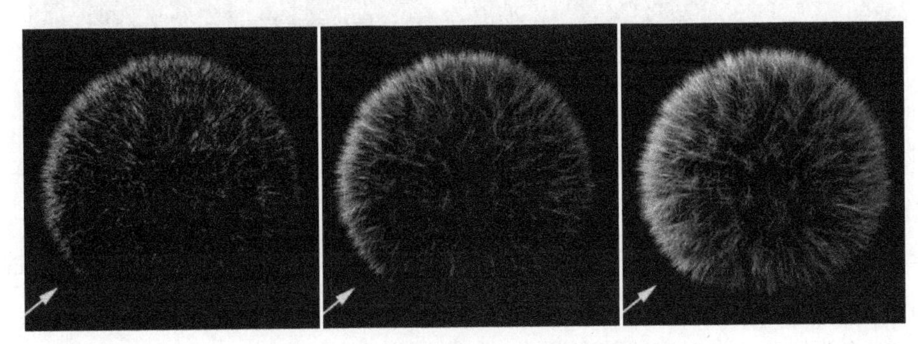

图 38.5　头发和毛皮系统生成渲染图示例

以下是创建和控制头发和毛皮系统的基本工作流程:

① 创造头发或毛皮。将头发或毛皮分配给一个物体。

② 定型头发或毛皮。可以根据需求设计头发和毛皮的样式,包括风吹风格、发型,甚至是像草的头发(应用了大量随机性)。

③ 确定颜色和外观。创建彩色贴图来创建头发或毛皮的颜色。

④ 设置动态。应用场或力,并指定头发和毛皮的任何碰撞物体以其应有的方式运动。

三、流体系统

流体系统是特殊的粒子模拟,它使用方程(例如 Navier-Stokes)来创建流体的运动。流体不仅仅意味着水状物质,还意味着烟雾、火焰和等离子体物质。流体系统可以呈现颗粒状的烟雾或火焰外观,或者可以将它们转换为几何体以创建具有适当运动的流体状表面(图 38.6)。一些软件可以帮助实现这种相对较新的模拟。

图 38.6 流体系统

创建和控制流体系统通常包括以下步骤：

① 设置场景。首先，搭建流体环境中的场景，包括液体的容器和其他相关物体。例如，设置一个喷嘴将水倒入容器中的场景，确保流体能够在杯中正确容纳和模拟。

② 定义流体属性。为流体指定物理属性，如黏度、密度、表面张力等。这些属性决定了流体的行为方式，并影响飞溅和飞沫的形成。

③ 建立流体源。设置流体的来源，如从喷嘴流出的水或溢出的液体，并定义流体如何进入场景。确保流体源的设置能够产生飞溅和飞沫效果。

④ 创建和配置流体模拟器。使用软件中的流体模拟器计算流体的运动。配置模拟器的参数，如分辨率、求解器类型和时间步长，以确保流体模拟的准确性和细节，同时捕捉飞溅和飞沫的细节。

⑤ 添加碰撞设置。配置场景中流体与其他物体（如杯子、桌面等）之间的碰撞设置，包括定义流体如何与固体交互，调整碰撞的弹性、摩擦力等参数。为了更精确地控制，可以解耦碰撞设置，使流体和碰撞物体的行为独立计算，从而提高模拟的灵活性和精度。

⑥ 添加次级效果。为了增加逼真度，可以添加次级效果，如飞溅的水滴和飞沫，模拟水与物体碰撞后产生的二次反应。

⑦ 运行模拟。启动流体模拟，观察流体及其飞溅、飞沫和碰撞行为，根据需要调整参数，以达到理想的效果。

四、刚体动力学仿真

刚体是指在碰撞时不会变形的物体。刚体动力学仿真通过设置物体的质量、速度和碰撞属性来实现。这种技术在 3D VFX 中广泛用于模拟硬物体的碰撞、破碎、运动以及布娃娃动画，如图 38.7 所示，广泛应用于电影、电视、视频游戏、医学和法律等领域。布娃娃动画是指一种物理仿真技术，模拟人体或其他生物在失去控制后的自然运动方式。

图 38.7　刚体碰撞模拟

刚体动力学仿真的典型工作流程如下：

① 设置场景。创建一个包含刚体的 3D 场景。

② 定义物体属性。为每个刚体设置基本属性，包括质量、体积、密度、摩擦力和弹性等。这些属性决定了物体在碰撞和运动时的行为方式。

③ 设置初始条件。为刚体设置初始位置、旋转角度、速度和方向。这些初始条件将决定物体如何开始运动或与其他物体发生碰撞。

④ 应用力场。在场景中添加力场，例如重力、风力或爆炸力，影响刚体的运动和相互作用。

⑤ 配置碰撞检测。设置物体之间的碰撞属性，包括碰撞的弹性和摩擦力，以确保物体在接触时产生合理的反应。

⑥ 运行仿真。启动刚体动力学仿真，观察物体在场景中的运动、碰撞和互动。根据需要调整参数，以达到理想的物理效果。

五、柔体动力学仿真

柔体动力学也称为布料动力学，用于模拟与其他物体碰撞后部分变形的物体。仿真方法通常是通过在几何对象的每个顶点上放置一个点或粒子，然后创建它们与周围顶点的虚拟关系来计算柔体，以在需要时保持形状(图 38.8)。这种类型的模拟和变形用于创建逼真的布料、肌肉、脂肪、风格化的卡通头发和一些类似流体的表面。在测试阶段，这种类型的模拟可能会对计算机造成极大的负担，具体情况取决于几何体的密度。

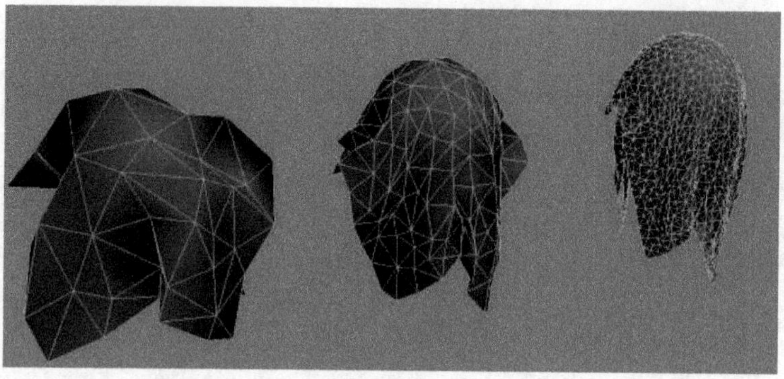

网格数：100　　网格数：500　　网格数：1 000

图 38.8　不同网格密度的柔体(布料)变形模拟

柔体动力学仿真的典型工作流程如下：

① 创建基础模型。首先，创建或导入需要应用柔体动力学仿真的 3D 模型。这些模型通常是具有柔性和弹性的物体，例如布料、橡胶、肌肉或柔软的生物体等。

② 设置柔体属性。为模型设置柔体属性，包括弹性、柔韧性、密度、阻尼、刚性和摩擦力等。这些属性决定了模型在受到外力作用时如何变形和恢复。

③ 定义固定点和约束。为模型设置固定点或约束区域。例如，布料的某些角落可能被固定，或者柔性物体的部分区域可能受到限制。通过这些固定点和约束，可以控制柔体的运动范围和变形方式。

④ 应用外力和重力。在场景中添加外力，如重力、风力、压力或拉力，来影响柔体的运动和形变。这些外力可以模拟真实世界中的物理现象，例如布料在风中飘动或橡胶在受到压力时的压缩。

⑤ 配置碰撞检测。设置柔体与其他物体之间的碰撞检测，以确保柔体在接触其他物体时正确变形和反应。碰撞检测会考虑柔体的厚度和弹性，生成自然的交互效果。

⑥ 运行仿真。启动柔体动力学仿真，观察模型在外力作用下的变形和运动。根据需要调整属性和参数，以实现理想的柔体效果。

六、VFX 设计基本工作流程

VFX 设计创建动态场景的典型工作流程如下：

① 接收镜头或镜头序列任务。首先，获取镜头或镜头序列的相关信息，包括摄像机的细节、环境设置和动画要求。这些前期材料和场景文件描述了项目中想要实现的效果和预期结果。

② 分解场景。分析并分解场景中的效果，寻找更容易创建和管理模拟的方法。例

如，在需要模拟爆炸时，VFX设计师可能需要打破岩壁。虽然可以同时模拟不同大小的岩壁碎片，但将它们分解为特定大小的碎片会使模拟更易于管理。

③ 开始分镜头操作。将场景分解为步骤②中选定大小的部分。例如，先将岩壁分成大块的石块，模拟这些大石块的运动并缓存其动画。

④ 进一步分解和模拟。按照计划逐步细分并模拟每个部分。例如，先缓存较大石块的分解模拟，然后再模拟和缓存中等大小的石块，因为中等石块的运动不会影响大石块的动量和方向。最后，模拟和缓存最小的石块。

⑤ 进行整理和完善。由于所有石块的模拟都已缓存，计算机不必一次性处理所有数据。接下来可以根据需要添加灰尘和其他碎片，补充并完善最终效果，从而创造出完整的动态场景。

思考题：

1. 刚体产生什么样的效果？
2. 3D VFX制作包含哪些方面的模拟？
3. 如果有摄像机，在蓝色背景前记录下你的步行动作，然后使用AfterEffects中的色度键控技术除去背景，将你自己放入场景中。
4. 在没有道具的场景中制作动画，使其移动，再使用Alpha通道渲染并将片段放到真实影片中。

参考文献

[1] Wallis S F, Wallis M. The art of cars[M]. San Francisco, California: Chronicle Books, 2015.

[2] Rall H. Animation: From concepts and production[M]. Boca Raton, FL: CRC Press, 2017.

[3] Kerlow I V. The art of 3D computer animation and effects[M]. New York: John Wiley & Sons, 2009.

[4] Sito T. Moving innovation: a history of computer animation[M]. Cambridge, Massachusetts: The MIT Press, 2013.

[5] Beane A. 3D animation essentials[M]. Indianapolis, Ind.: John Wiley & Sons, 2012.

[6] Peddie J. Ray Tracing: A tool for all[M]. Cham, Switzerland: Springer, 2021.

[7] Chopine A. 3D art essentials[M]. London: Routledge, 2012.

[8] King R. 3D animation for the raw beginner using Maya[M]. Boca Raton, FL: CRC Press, 2014.

[9] Zeman N B. Essential skills for 3D modeling, rendering, and animation[M]. Natick, MA: A. K. Peters, 2014.

[10] Saputra D I S, Manongga D, Hendry H. Animation as a creative industry: State of the art[C]//2021 IEEE 5th International Conference on Information Technology, Information Systems and Electrical Engineering (ICITISEE). Purwokerto, Indonesia. IEEE, 2021: 6 - 11.

[11] Chandramouli M. 3D Modeling & Animation[M]. Boca Raton, FL: CRC Press, 2021.

[12] Giesen R, Khan A. Acting and character animation: The art of animated films, acting, and visualizing[M]. Boca Raton, FL: CRC Press, 2017.

[13] Ratner P. 3-D human modeling and animation[M]. 2nd ed. New York: John Wiley & Sons, 2003.

[14] Maestri G. Digital character animation 2: Volume 2 Advanced Techniques[M]. Berkeley, CA: New Riders, 2006.

[15] Raju P. Character rigging and advanced animation: Bring your character to life u-

sing Autodesk 3ds Max[M]. Berkeley, CA: Apress, 2019.
[16] Lapidus R. Tradigital 3ds Max[M]. Waltham, MA: Focal Press, 2014.
[17] Milic L, McConville Y. The animation producer's handbook[M]. Maidenhead, UK: Open University Press, 2006.
[18] Winder C, Dowlatabadi Z. Producing animation[M]. 2nd ed. New York: Routledge, 2011.
[19] Brooker D. Essential CG lighting techniques with 3ds Max[M]. 3rd ed. Burlington, MA: Focal Press,2008.
[20] Vilar E, Filgueiras E, Rebelo F. Virtual and augmented reality for architecture and design[M]. New York: CRC Press, 2020.
[21] Kitagawa M, Windsor B. MoCap for artists: Workflow and techniques for motion capture[M]. London: Focal Press, 2008.
[22] Cardoso J. V-Ray 5 for 3ds Max 2020: Volume 2 Day & Night Interior Workflows for Parametric Designs[M]. Boca Raton, FL: CRC Press, 2023.
[23] Samanta D. 3D Modeling Using Autodesk 3ds Max With Rendering View[M]. Hershey, PA: IGI Global, 2022.
[24] Cardoso J. V-Ray 5 for 3ds Max 2020: Volume 1 3D Rendering Workflows[M]. 2nd ed. Boca Raton,FL: CRC Press, 2021.
[25] Nikita M. Create stunning renders using V-Ray in 3ds Max:Guiding the next generation of 3D renderers[M]. Boca Raton, FL: CRC Press, 2021.
[26] Katatikarn J, Tanzillo M. Lighting for animation: The art of visual storytelling [M]. Boca Raton, FL: CRC Press, 2016.
[27] De Leeuw B. Digital cinematography: Lighting and photographing computer generated animation[M]. San Francisco: Morgan Kaufmann, 1997.
[28] Patil G V, Deshpande S L. Distributed rendering system for 3D animations with Blender[C]//2016 IEEE International Conference on Advances in Electronics, Communication and Computer Technology (ICAECCT). Pune, India. IEEE, 2016: 91-98.
[29] Lin C H, Tseng P Y. Particle system applied to simulation technology of transformation between fluid and moving solid[C]//2021 IEEE 3rd Eurasia Conference on IOT, Communication and Engineering (ECICE). Yunlin, Taiwan, China. IEEE, 2021: 309-314.
[30] 甘来冬. 美国 3D 动画电影的美学解读[D]. 合肥: 安徽大学, 2017.
[31] 精鹰公司. 3ds Max/After Effects 影视包装材质与特效[M]. 北京:人民邮电出版

社,2013.
[32] 张坚. 3ds Max/After Effects 印象影视包装技术精粹[M]. 2 版. 北京:人民邮电出版社,20012.
[33] 刘婧. 由《阿凡达》想到中国 3D 动画的发展前景[J]. 大众文艺,2010(15):39.
[34] 耿晓雯. 浅探动画水墨风格与裸眼 3D 动画的结合[J]. 科技资讯,2014,12(2):11-12.
[35] 白桦. 皮克斯,推开 3D 动画那扇门[J]. 创意世界,2013 (12):28-29.
[36] 毕圣囡. 浅谈动画史之 3D 数字动画[J]. 大众文艺:学术版,2011 (17):288.
[37] 刘立明. 论 3D 技术在中国动画发展中的作用[J]. 现代交际,2014(3):95-96.
[38] 禹云. 浅谈影视动漫设计中 3D 技术的应用研究[J]. 计算机光盘软件与应用,2014,17(12):217-218.
[39] 居华倩. 3D 技术推动中外影视动画产业的发展[J]. 大众文艺:学术版,2015 (8):249-250.
[40] 代振. 二维动画场景设计中 3D 技术的应用与研究[J]. 数码世界,2017 (10):65-65.
[41] 喻冰奎. 论电视节目制作中动画技术的应用[J]. 中国传媒科技,2012(20):81.
[42] 刘杰. 电视包装中动画的内涵与应用研究[J]. 科技风,2013(8):106.